程序员典藏

C#开发实用指南

方法与实践

曹化宇 著

清华大学出版社
北京

内 容 简 介

本书是一线程序员凝聚自己多年开发经验的结晶之作,书中深入浅出地讲解 C# 编程语言、.NET Framework 资源、常用功能的封装、SQL Server 数据库系统以及 Windows 窗体程序与 ASP.NET 网站项目的开发。

全书内容可以分为五个部分:第一部分(第 1~9 章)主要介绍 C# 编程语言以及与数据处理的相关内容;第二部分(第 10~16 章)讨论常见的设计模式及其在 C# 和 .NET Framework 平台中的应用,并且介绍了常用的 .NET Framework 类库资源等;第三部分(第 17~20 章)讨论 SQL Server 数据库系统的应用,并讲解如何使用 ADO.NET 组件操作数据库和 Excel 文件等;第四部分(第 21 章和第 22 章)讨论了 Windows 窗体项目和 ASP.NET 网站的创建,涉及常用功能的实现以及一些技术和方法的应用特点;第五部分(第 23~25 章)通过三个完整的项目示例,让读者在实战中充分理解不同开发技术与方法的应用技巧。

本书内容安排合理,架构清晰,注重理论与实践相结合,适合作为零基础学习 C# 开发的初学者的教程,也适合作为有一定编程基础的程序员的参考手册。

本书封面贴有清华大学出版社防伪标签,无标签者不得销售。
版权所有,侵权必究。侵权举报电话:010-62782989 13701121933

图书在版编目(CIP)数据

C# 开发实用指南:方法与实践 / 曹化宇著. —北京:清华大学出版社,2018
(程序员典藏)
ISBN 978-7-302-49283-2

I. ①C… II. ①曹… III. ①C 语言—程序设计—指南 IV. ①TP312.8-62

中国版本图书馆 CIP 数据核字 (2018) 第 002428 号

责任编辑:	秦　健
封面设计:	杨玉兰
责任校对:	徐俊伟
责任印制:	李红英

出版发行:清华大学出版社
网　　址:http://www.tup.com.cn,http://www.wqbook.com
地　　址:北京清华大学学研大厦 A 座　　　　邮　编:100084
社 总 机:010-62770175　　　　　　　　　　邮　购:010-62786544
投稿与读者服务:010-62776969,c-service@tup.tsinghua.edu.cn
质量反馈:010-62772015,zhiliang@tup.tsinghua.edu.cn

印 刷 者:清华大学印刷厂
装 订 者:三河市铭诚印务有限公司
经　　销:全国新华书店
开　　本:185mm×260mm　　　印　张:36　　　字　数:899 千字
版　　次:2018 年 6 月第 1 版　　印　次:2018 年 6 月第 1 次印刷
印　　数:1~2500
定　　价:99.00 元

产品编号:073229-01

前言

为什么要写这本书

软件开发是一个充满乐趣和挑战的过程。对于开发人员来讲,学习一种编程语言、一套资源、一系列开发方法与理论,正是进入软件开发世界的必经之路。

易学、好用,相信这是大家对 C# 语言和 .NET Framework 平台的初步感觉。的确,C# 开发入门并不是一件难事,但是,如何掌握大量的 .NET Framework 开发资源,如何合理地应用这些资源,这些就需要深入学习和理解了。

微软的帮助文档是最完整的说明书,但是,只看这些文档并不能帮助我们有效地进行应用软件开发工作,为什么呢?因为这些文档最大的功能就是说明技术的应用,只是告诉开发者如何使用 C# 编程语言和 .NET Framework 类库的基本应用方法。但开发者的任务是如何创建一个应用软件,如何实现应用中的各项功能。例如,在开发工作中,大家可能会遇到以下一些问题:

- .NET Framework 类库中定义了一系列用于图形图像处理的资源,如 Color 结构处理颜色,Bitmap 类处理位图,Graphics 类处理图形绘制操作等,但是,如何在应用中处理图片的尺寸,如何转换图片格式,如何截取图像的一部分,如何打印出各种尺寸的图片呢?
- 在 .NET Framework 类库中,System.Data.SqlClient 命名空间中的资源可以用于操作 SQL Server 数据库,但是,如果项目中使用了不止一种数据库呢?如果项目需要更换数据库系统,难道只能完全重写代码吗?
- 在 Web 项目,如 ASP.NET 网站中,可以使用 C# 语言和 .NET Framework 资源实现很多功能,但是,如何实现验证码功能呢?用户数据如何在网页、代码库和数据库之间进行传递和操作呢?

相信大家在帮助文档中是找不到这些问题的答案的。本书的目的就是给出这一系列问题的答案。本书不但为初学者提供了 C# 语言、.NET Framework 类库,以及开发方法的基础知识,而且为 C# 开发者提供了大量软件功能的实现方法,并封装了很多实用的代码,以及完整项目的综合演示。读者可以在学习、工作中根据需要快速参考这些开发技术与方法。

本书特色

从代码到项目，从部分到整体

本书从基本的 C# 代码开始，逐渐介绍了一些常用的 .NET Framework 类库资源，并讨论了一些基本的软件开发方法。然后，通过 Windows 窗体项目和 ASP.NET 网站项目演示这一系列技术和方法的综合应用。

突出实用性，以功能实现为目标

书中介绍了大量的 .NET Framework 类库资源的基本应用，并以软件功能的实现为目标来组织。本书从基本的应用方法开始，再结合软件功能的实现，真实再现开发技术和方法在项目中的应用特点。

根据功能组织，方便参考索引

本书内容涉及从 C# 语言到 .NET Framework 类库、从代码和结构、从基本应用到功能封装、从技术应用到项目开发。从不同的角度精心组织内容，不但可以在学习中循序渐进，在实际开发中也能够快速参考相关内容。

封装大量实用代码，可直接在项目中应用

本书从实际需求出发，封装了大量的代码，大家可以从中了解代码到软件的形成过程，也可以在实际开发中使用这些封装的代码，或者根据需要扩展、修改使用这些代码。当然，大家也可以参考这些内容创建自己的代码库，并合理应用开发方法。要知道，软件开发的过程本来就不是一成不变的。

完整的项目实例，更加接近实战

本书介绍了三个完整的项目，分别是截图工具、Windows 窗体版的账本管理项目，以及 Web 版的个人助理项目。通过这些项目的创建过程，读者可以更加了解从基本的技术应用到完整项目开发的过程，以及不同技术与开发方法在不同类型项目中的综合应用。

读者对象

本书面向 Windows 与 .NET Framework 平台开发者，无论是 C# 的初学者、正在使用 C# 的开发者、Windows 窗体应用开发者，或者是 ASP.NET 网站开发者，本书都能够提供从 C# 语言到 .NET Framework 资源应用的完整内容，以及从代码到软件的完整过程。更重要的是，读者可以从本书开始，迈向可能无限的软件开发世界！

如何阅读本书

本书包括了 C# 编程语言、常用 .NET Framework 类库资源、数据库的应用、Windows 窗体项目和 ASP.NET 网站开发，以及项目的综合演示等内容。

第一部分（第 1 ~ 9 章）主要讨论 C# 编程语言，以及数据处理的相关内容，如值类型与引用类型的应用特点、基本的数据运算、数组与集合、日期与时间等。对于 C# 开发的初学者，可以从第 1 章开始，逐渐学习 C# 编程语言和 .NET Framework 类库的应用。

第二部分（第 10 ~ 16 章）讨论常见的设计模式及其在 C# 和 .NET Framework 平台中的应用，同时介绍了常用的 .NET Framework 类库资源，并结合软件功能实现和开发方法进行组织与封装。对于初次阅读本书的朋友，应该通读这些内容，然后，在学习或工作中，可以根据需要参考相应的部分，根据实际情况扩展或修改书中封装的代码库，并在自己的项目中灵活应用。

第三部分（第 17～20 章）讨论 SQL Server 数据库系统的应用，并介绍如何使用 ADO.NET 组件操作数据库和 Excel 文件，然后，通过创建自己的一系列数据组件综合演示设计模式、软件架构和数据处理等知识的综合应用。.NET Framework 平台的应用中，基于数据的应用类型是比较常见的，对于需要在项目中使用数据库的读者，可以在完成这部分内容的学习以后，进一步深入学习数据库系统和软件架构的相关知识。

第四部分（第 21 章和第 22 章）讨论 Windows 窗体项目和 ASP.NET 网站的创建，主要包括一些常用功能的实现，以及一些技术和方法的应用特点。通过这部分的学习，读者可以分别掌握 Windows 窗体项目和 ASP.NET 项目的开发特点。

第五部分（第 23～25 章）通过 3 个完整的项目示例，让读者在实战中充分理解不同开发技术与方法的应用技巧。建议对软件开发不太熟悉的读者，仔细领会这些项目中开发技术与方法的应用，能够深入理解开发技术与方法的特点，更能够在项目中灵活应用。

进一步学习建议

通过本书的学习，读者应该能够掌握 C# 编程语言和常用的 .NET Framework 类库资源，并能够实现很多软件功能。同时，还可以创建 Windows 窗体、ASP.NET 网站等项目类型，使用功能强大的开发资源灵活构建各种类型的应用软件。当然，如果感兴趣，还可以在本书的基础上深入学习更多、更有趣的开发技术和方法。

如果需要开发大型的软件系统（如 ERP 系统），对于软件架构、人机相互、大型数据库系统的深入学习都是非常有必要的。

如果是开发 Web 项目，本书中 ASP.NET 网站的相关内容主要讨论了服务器端的开发，而对于一个完整的网站来说，HTML、CSS、JavaScript 等技术，以及内容管理、信息架构、响应式页面设计等方面都是值得深入学习的。作为前端设计师，平面设计也是不得不考虑的问题。

对于应用软件来讲，会根据用户的不同而涉及众多的领域，所以，当需要开发某一领域的应用软件时，还应该虚心地向用户了解工作的本质，并与用户交流软件操作的最佳方式，然后，使用合理的技术和方法来实现。只有这样，开发出的软件才可能是良好的效率工具。

本书只介绍了 Visual Studio 系列开发工具的基本功能，即编写和调试代码，以及生成各种项目类型。在实际开发工作中，强大的开发工具是必不可少的，应该进一步深入学习 Visual Studio 的强大功能，以帮助提高工作效率。

下载提示

本书涉及的源程序请读者直接登录清华大学出版社官网（www.tup.com.cn），搜索到本书页面后按照提示进行下载。

勘误和支持

由于作者水平有限，书中难免会出现一些不太合理的地方，而读者的批评和指正，则是我们共同进步的强大动力，您可以将建议反馈给我们，同时，也欢迎大家与作者直接交流，作者的邮箱是 chydev@163.com。

致谢

　　感谢出版社的编辑老师耐心的交流与指导，使得本书能够顺利地与读者见面。

　　感谢我的家人，他们为我创造了一个温暖的家、一个安心的工作环境。特别是我的孩子们，他们总是说"爸爸在工作，我不打扰他"，这些正是我快乐生活和努力工作的力量源泉。

　　谨以此书献给我的家人，以及热爱软件开发的朋友们！

作者

目 录

第1章 概述 ··········1
1.1 编写 C# 代码 ··········1
1.1.1 第一个 C# 程序 ··········1
1.1.2 语句 ··········3
1.1.3 注释 ··········3
1.2 命名空间 ··········4
1.2.1 资源的组织 ··········4
1.2.2 使用 using 语句 ··········5
1.3 项目类型 ··········5
1.3.1 控制台应用程序 ··········6
1.3.2 Windows 窗体应用程序 ··········6
1.3.3 ASP.NET 网站 ··········7

第2章 数据处理（一） ··········10
2.1 变量与常量 ··········10
2.1.1 变量 ··········10
2.1.2 常量 ··········11
2.1.3 基本数据类型 ··········11
2.1.4 sizeof 运算符 ··········11
2.2 值类型与引用类型 ··········12
2.3 整数 ··········12
2.3.1 算术运算 ··········12
2.3.2 增量与减量运算 ··········13
2.3.3 位操作 ··········13
2.3.4 溢出检查 ··········15

2.4 浮点数与 decimal ··········16
2.4.1 类型转换 ··········16
2.4.2 算术运算中的类型转换 ··········17
2.4.3 处理小数位 ··········18
2.5 布尔类型 ··········19
2.6 字符串 ··········19
2.6.1 转义字符 ··········20
2.6.2 逐字字符字符串 ··········20
2.7 字符 ··········21
2.8 枚举 ··········21
2.9 结构与类 ··········22
2.9.1 字段 ··········22
2.9.2 属性 ··········23
2.9.3 方法 ··········24

第3章 流程控制 ··········26
3.1 比较运算 ··········26
3.2 条件语句 ··········26
3.2.1 if 语句 ··········26
3.2.2 ?: 运算符 ··········30
3.3 switch 语句 ··········30
3.4 循环语句 ··········32
3.4.1 for 语句 ··········32
3.4.2 foreach 语句 ··········34
3.4.3 while 语句 ··········34

   3.4.4 do-while 语句 ·················· 35
 3.5 goto 语句与标签 ·················· 35
 3.6 异常处理 ······························ 36
   3.6.1 try-catch-finally 语句 ········ 36
   3.6.2 throw 语句 ······················· 38
   3.6.3 应用中的异常处理 ··········· 38

第 4 章 面向对象编程 ················ 40
 4.1 类与对象 ······························ 40
 4.2 属性与字段 ··························· 41
   4.2.1 字段 ································ 41
   4.2.2 属性 ································ 41
   4.2.3 自动属性 ························ 43
   4.2.4 只读属性 ························ 43
   4.2.5 只写属性 ························ 43
   4.2.6 属性的应用 ···················· 44
 4.3 访问级别 ······························ 44
 4.4 构造函数与初始化器 ············ 45
   4.4.1 构造函数 ························ 45
   4.4.2 初始化器 ························ 46
   4.4.3 构造函数链 ···················· 46
   4.4.4 参数默认值 ···················· 48
 4.5 析构函数 ······························ 48
 4.6 方法 ······································ 49
   4.6.1 按值或按引用传递参数 ··· 50
   4.6.2 输出参数 ························ 51
   4.6.3 参数数组 ························ 52
   4.6.4 重载 ································ 53
   4.6.5 参数默认值 ···················· 54
   4.6.6 泛型方法 ························ 55
 4.7 索引器 ·································· 56
 4.8 分部类与分部方法 ················ 58
 4.9 静态类与静态成员 ················ 59
   4.9.1 代码封装 ························ 60

   4.9.2 工厂方法 ························ 60
   4.9.3 静态构造函数 ················ 60
 4.10 运算符重载 ·························· 61
 4.11 扩展方法 ······························ 63
 4.12 匿名类型与 var 关键字 ········ 64
 4.13 泛型类 ·································· 65

第 5 章 继承 ·································· 67
 5.1 父类与子类 ··························· 67
   5.1.1 构造函数的继承 ············ 68
   5.1.2 唯一没有父类的类（Object）···· 70
 5.2 成员的重写 ··························· 70
   5.2.1 虚拟成员 ························ 70
   5.2.2 重写 ································ 71
   5.2.3 隐藏父类成员 ················ 71
 5.3 抽象类与抽象方法 ················ 72

第 6 章 接口 ·································· 74
 6.1 创建接口 ······························ 74
 6.2 实现接口 ······························ 74
 6.3 接口的继承 ··························· 75
 6.4 泛型接口 ······························ 78
 6.5 泛型约束 ······························ 79
 6.6 using 语句与 IDisposable 接口 ··· 79

第 7 章 数组与集合 ························ 83
 7.1 数组与 Array 类 ···················· 83
   7.1.1 多维数组与成员数量 ····· 83
   7.1.2 成员访问与查询 ············ 84
   7.1.3 成员排序 ························ 86
   7.1.4 成员反向排列 ················ 89
   7.1.5 数组复制 ························ 89
   7.1.6 统计方法 ························ 90
   7.1.7 其他常用成员 ················ 91

7.2 ArrayList 与 List<> 泛型类……91
   7.2.1 成员访问与查询……92
   7.2.2 添加成员……93
   7.2.3 删除成员……94
   7.2.4 成员排序……94
   7.2.5 成员反向排列……95
   7.2.6 成员复制……95
7.3 Hashtable 与 Dictionary<> 泛型类……97
   7.3.1 成员访问与查询……97
   7.3.2 修改成员……98
7.4 foreach 语句与枚举器……98
7.5 小结……102

第 8 章 日期与时间……103

8.1 DateTime 结构……103
   8.1.1 获取日期和时间值……104
   8.1.2 日期与时间计算……104
8.2 区域……105
   8.2.1 CultureInfo 类……106
   8.2.2 日历类……106
8.3 日期与时间格式化……106
   8.3.1 GetDateTimeFormats() 方法……107
   8.3.2 ToString() 方法……108
8.4 中国农历……109
8.5 星期与季度计算……113
8.6 节日判断……115
   8.6.1 固定日期节日……115
   8.6.2 不固定日期节日……116
   8.6.3 给出节日信息……117

第 9 章 数据处理（二）……119

9.1 String 类……119
   9.1.1 常用成员……119
   9.1.2 字符串格式化……122
9.2 StringBuilder 类……123
   9.2.1 构造函数……124
   9.2.2 内容操作……124
   9.2.3 缓存功能……124
9.3 空值（null）处理……125
   9.3.1 可空类型……126
   9.3.2 ?? 运算符……126
   9.3.3 ? 运算符……126
9.4 类型判断与转换……127
   9.4.1 Type 类……127
   9.4.2 is 和 as 运算符……129
   9.4.3 隐式转换和强制转换……129
   9.4.4 装箱与拆箱……130
   9.4.5 TryParse() 方法……130
   9.4.6 Convert 类……131
9.5 封装类型转换方法……131
9.6 散列……132
   9.6.1 MD5 算法……133
   9.6.2 SHA1 算法……134
9.7 GUID……134
9.8 对象的复制……135
   9.8.1 浅复制与深复制……135
   9.8.2 实现 IClonable 接口……136
   9.8.3 序列化……137

第 10 章 设计模式……140

10.1 策略模式……140
10.2 单件模式……145
10.3 组合模式……146
10.4 委托、事件与访问者模式……149
   10.4.1 委托……149
   10.4.2 事件与用户控件……151
   10.4.3 访问者模式……153

10.5 "三层架构"模式·················153
   10.5.1 用户界面层················153
   10.5.2 业务逻辑层················154
   10.5.3 数据访问层················154
10.6 MVC 模式······················154
10.7 小结··························155

第 11 章 LINQ 与 Lambda 表达式·······················156

11.1 LINQ 查询语句···············156
   11.1.1 基本查询···················156
   11.1.2 集合方法···················158
   11.1.3 排序························159
   11.1.4 分组························159
11.2 Lambda 表达式···············160

第 12 章 路径、目录与文件············161

12.1 路径···························161
   12.1.1 Path 类······················161
   12.1.2 封装常用功能··············162
12.2 文件···························164
   12.2.1 File 类与 FileInfo 类······164
   12.2.2 文件的读写··················165
12.3 目录···························166
12.4 ZipFile 类······················167

第 13 章 图形图像·······················169

13.1 常用资源······················169
   13.1.1 Color 结构···················169
   13.1.2 Bitmap 类····················169
   13.1.3 Graphics 类··················171
   13.1.4 格式刷与渐变···············171
   13.1.5 画笔···························173
13.2 图形绘制······················175
   13.2.1 矩形···························175
   13.2.2 椭圆与圆形··················176
   13.2.3 线条与多边形···············177
   13.2.4 封闭图形····················178
   13.2.5 绘制文本····················180
   13.2.6 扇形与弧线··················181
   13.2.7 曲线··························183
13.3 旋转与翻转···················185
13.4 位图截取······················186
   13.4.1 截取矩形区域···············186
   13.4.2 截取椭圆或圆形区域······188
13.5 封装 CImage 类···············190
   13.5.1 图像的尺寸问题············190
   13.5.2 创建 CImage 类·············190
   13.5.3 基本图形绘制···············192
   13.5.4 绘制文本····················193
   13.5.5 保存与打印··················193

第 14 章 获取系统与硬件信息········196

14.1 环境变量······················196
   14.1.1 读取环境变量···············196
   14.1.2 设置环境变量···············197
14.2 CPU 信息······················198
14.3 内存信息······················200
   14.3.1 GlobalMemoryStatusEx() 函数····························200
   14.3.2 使用 WMI 获取内存条信息····························202
14.4 驱动器信息···················204
   14.4.1 使用 DriveInfo 类···········204
   14.4.2 使用 WMI 获取硬盘信息····205
14.5 操作系统信息·················207
   14.5.1 获取 Windows 版本·······207
   14.5.2 获取计算机与用户名称···208

第 15 章　网络 ··· 209

15.1　测试网络连接 ··· 209
15.2　下载与上传文件 ··· 211
15.2.1　下载文件 ··· 211
15.2.2　上传文件 ··· 212
15.3　发送电子邮件 ··· 212

第 16 章　正则表达式 ··· 216

16.1　匹配模式 ··· 216
16.1.1　字符匹配 ··· 216
16.1.2　转义字符 ··· 217
16.1.3　应用规则 ··· 217
16.2　Regex 类 ··· 218
16.3　封装 CCheckData 类 ··· 219
16.3.1　验证 E-mail 地址 ··· 219
16.3.2　验证手机号 ··· 220
16.3.3　验证 18 位身份证号 ··· 220
16.3.4　验证用户名格式 ··· 221
16.3.5　验证是否为汉字 ··· 222
16.3.6　验证是否可以转换为数值 ··· 222
16.3.7　限制数据范围 ··· 223

第 17 章　SQL Server 数据库 ··· 225

17.1　应用基础 ··· 225
17.2　准备数据库 ··· 226
17.3　数据表与字段 ··· 229
17.3.1　常用数据类型 ··· 229
17.3.2　字段与约束 ··· 230
17.3.3　添加新记录 ··· 231
17.3.4　更新记录 ··· 232
17.3.5　删除记录 ··· 233
17.3.6　主键 ··· 234
17.3.7　外键 ··· 235
17.4　数据查询 ··· 235
17.4.1　查询条件 ··· 237
17.4.2　排序（order by 子句） ··· 240
17.4.3　函数 ··· 241
17.4.4　分组（group by 子句） ··· 242
17.4.5　连接（jion 子句） ··· 243
17.4.6　自动行号 ··· 245
17.5　视图（View） ··· 246
17.6　存储过程（Stored Procedure） ··· 247
17.7　事务（Transaction） ··· 248
17.8　使用 ADO.NET ··· 249
17.8.1　连接数据库 ··· 249
17.8.2　执行 SQL 和调用存储过程 ··· 252
17.8.3　使用事务 ··· 256
17.8.4　脱机组件 ··· 257

第 18 章　创建数据基本操作组件 ··· 260

18.1　CDataItem 和 CDataCollection 类 ··· 261
18.1.1　CDataItem 类 ··· 261
18.1.2　CDataCollection 类 ··· 263
18.2　数据引擎组件 ··· 267
18.2.1　IDbEngine 接口 ··· 267
18.2.2　CDbEngineBase 基类 ··· 269
18.2.3　CSqlEngine 类与 CSql 类 ··· 270
18.3　数据记录操作组件 ··· 276
18.3.1　IDbRecord 接口 ··· 276
18.3.2　CDbRecordBase 基类 ··· 278
18.3.3　CSqlRecord 类 ··· 281
18.3.4　CDbRecord 类 ··· 286
18.3.5　在项目中初始化 CDbRecord 类 ··· 288
18.4　支持 Access 数据库 ··· 290
18.4.1　CAccess 类 ··· 290
18.4.2　CAccessEngine 类 ··· 291
18.4.3　CAccessRecord 类 ··· 295

18.4.4	在 CDbRecord 类支持 Access ……………………299		19.6	CSqlQuery 类 ……………………321
18.4.5	测试用 Access 数据库 ………300		19.7	CAccessQuery 类 ………………323
18.5	综合测试 ……………………………300		19.8	CDbQuery 通用类 ………………325
18.5.1	基本数据操作测试……………302		19.9	综合测试 …………………………327
18.5.2	用户登录 ……………………304		19.9.1	比较运算符查询 ………………329
18.5.3	切换数据库 …………………305		19.9.2	范围查询 ……………………331
			19.9.3	数据列表查询 ………………332
			19.9.4	空值（NULL）查询 …………332

第 19 章　创建数据查询组件…………307

- 19.1 查询条件 ……………………………307
  - 19.1.1 查询条件类型 ………………307
  - 19.1.2 条件之间的关系 ……………308
  - 19.1.3 条件组合 ……………………309
- 19.2 CCondition 类 ………………………309
  - 19.2.1 CreateCompareCondition() 方法 …………………………310
  - 19.2.2 CreateRangeCondition() 方法 …………………………311
  - 19.2.3 CreateDateRangeCondition() 方法 …………………………312
  - 19.2.4 CreateValueListCondition() 方法 …………………………312
  - 19.2.5 CreateFuzzyCondition() 方法 …………………………313
  - 19.2.6 CreateNullValueCondition() 方法 …………………………313
- 19.3 CConditionGroup 类 ………………313
- 19.4 IDbQuery 接口 ………………………315
- 19.5 CDbQueryBase 类 …………………315
  - 19.5.1 基本实现 ……………………315
  - 19.5.2 GetCompareOperator() 方法 …317
  - 19.5.3 GetConditionSql() 方法 ………317
  - 19.5.4 GetConditionGroupSql() 方法 …319
  - 19.5.5 GetSelectSql() 方法 …………320

- 19.9.5 文本模糊查询 ………………333
- 19.9.6 使用 UseNot 属性 ……………334
- 19.9.7 组合条件查询 ………………334
- 19.10 支持其他数据库 …………………335

第 20 章　操作 Excel 文件……………336

- 20.1 使用 OLEDB ………………………336
  - 20.1.1 打开工作表 …………………336
  - 20.1.2 数据操作 ……………………339
- 20.2 使用 Excel 对象库 …………………340
  - 20.2.1 Excel 文档与工作表 …………341
  - 20.2.2 单元格 ………………………343
  - 20.2.3 区域（Range）与格式 ………344

第 21 章　Windows 窗体应用…………346

- 21.1 窗体与布局 …………………………346
  - 21.1.1 Form 类 ……………………346
  - 21.1.2 使用 SplitContainer 控件布局 …………………………347
  - 21.1.3 控件的 Dock 属性 …………348
  - 21.1.4 MDI 窗体 ……………………349
  - 21.1.5 异形窗体 ……………………351
  - 21.1.6 无标题窗体移动与关闭 ……352
- 21.2 Button 控件 …………………………353
- 21.3 TextBox 控件 ………………………354
- 21.4 MaskedTextBox 控件 ………………354

21.5	NumericUpDown 控件	357	22.2.1	使用 IIS Express 测试 399
21.6	CheckBox 控件	357	22.2.2	使用 IIS 测试 401
21.7	RadioButton 与 GroupBox 控件	358	22.2.3	常用目录 403
			22.2.4	常用文件类型 404
21.8	列表控件	358	22.2.5	加入封装代码库 405
21.8.1	ListBox 和 ComboBox 控件	358	22.3	页面与 Web 窗体 407
21.8.2	列表的数据处理	359	22.4	常用对象 409
21.9	CheckedBoxList 控件	361	22.4.1	Request 对象 409
21.10	日期与时间控件	365	22.4.2	Response 对象 411
21.11	菜单	366	22.4.3	Server 对象 411
21.12	通知图标	368	22.4.4	Session 对象 412
21.13	工具栏	369	22.5	Web 控件 412
21.14	DataGridView 控件	370	22.5.1	按钮类控件 412
21.14.1	数据访问	370	22.5.2	文本类控件 413
21.14.2	显示与格式设置	373	22.5.3	CheckBox 控件 415
21.15	TreeView 控件	374	22.5.4	列表类控件 416
			22.5.5	日期与自定义控件 420
21.16	对话框	376	22.5.6	Panel 控件 428
21.16.1	信息、警告与错误	376	22.6	文件上传 430
21.16.2	提问对话框	378	22.7	缓存 433
21.16.3	输入对话框	379	22.8	Ajax 基础 435
21.16.4	颜色	384	22.9	全站编译 439
21.16.5	字体	384	22.10	示例：基于数据库的用户注册与登录 439
21.16.6	打开、保存文件	385		
21.16.7	选择路径	387	22.10.1	实现验证码 439
			22.10.2	注册 444
第22章	ASP.NET 网站开发	388	22.10.3	登录与跳转 447
22.1	网站开发概述	388	第23章	项目示例1：截屏程序 452
22.1.1	HTML	388	23.1	实现截屏 452
22.1.2	CSS	389	23.2	实时显示截取内容 455
22.1.3	JavaScript	392	23.3	响应键盘操作 457
22.1.4	动态页面技术	394	23.4	保存到剪切板 457
22.1.5	数据库	397	23.5	添加自动保存选项 457
22.2	创建 ASP.NET 网站	397		

第 24 章 项目示例 2：迷你账本……460

- 24.1 项目概况……460
  - 24.1.1 账目的基本操作……460
  - 24.1.2 多账本管理……460
  - 24.1.3 安全性……460
  - 24.1.4 账目查询……461
  - 24.1.5 账目统计……461
- 24.2 项目准备……461
  - 24.2.1 创建项目数据库……461
  - 24.2.2 初始化 CAccountBook 项目……463
  - 24.2.3 主窗体……465
- 24.3 系统与账本操作……467
  - 24.3.1 家长权限……467
  - 24.3.2 账本管理……470
  - 24.3.3 打开账本……474
- 24.4 添加账目……478
  - 24.4.1 新增支出项……479
  - 24.4.2 新增收入项……481
- 24.5 账目查询与编辑……481
  - 24.5.1 周期查询……481
  - 24.5.2 编辑账目信息……484
  - 24.5.3 综合查询……485
  - 24.5.4 删除……488
- 24.6 账目统计……488

第 25 章 项目示例 3：Web 版个人助手……491

- 25.1 项目概况……491
- 25.2 项目准备……492
  - 25.2.1 准备数据库……492
  - 25.2.2 项目初始化……493
  - 25.2.3 处理会话数据……495
  - 25.2.4 修改 CVerificationCode 类……498
  - 25.2.5 Web.Config 配置与自定义控件……499
  - 25.2.6 ASP.NET 页面模板……500
- 25.3 首页……500
- 25.4 用户注册……503
  - 25.4.1 封装代码……503
  - 25.4.2 注册页面……505
  - 25.4.3 保存用户信息……507
- 25.5 登录……510
- 25.6 个人信息……514
- 25.7 修改密码……516
- 25.8 通讯录功能……519
  - 25.8.1 准备数据表……519
  - 25.8.2 CAddrList 类……520
  - 25.8.3 通讯录主页（/addrlist/Index.aspx）……521
  - 25.8.4 查询（CAddrListQuery 类）……524
  - 25.8.5 编辑联系人（/addrlist/Edit.aspx）……525
- 25.9 账本功能……529
  - 25.9.1 准备数据库……529
  - 25.9.2 CAcctBook 和 CAcctRec 类……530
  - 25.9.3 账本管理……532
  - 25.9.4 账目查询……536
  - 25.9.5 账目添加与修改……548
  - 25.9.6 账目删除……552
  - 25.9.7 账目统计……554

附录 A ASCII 码表……558

附录 B 二进制、十进制与十六进制对照表……559

附录 C 基本数据类型对照表……560

第 1 章 概述

C# 是 .NET Framework 平台下最重要的编程语言之一，使用 C# 语言和功能强大的类库，可以让开发效率有质的飞越。

本章，我们会了解 C# 代码的编写、组织，以及常见的应用类型。

1.1 编写 C# 代码

很久以来，一些代码狂人都喜欢使用文本编辑工具来编写代码，然后通过命令行编译出可执行程序。C# 代码当然也可以这么干，例如使用记事本编写代码，然后使用 csc.exe 命令编译。但是，对于想尽快掌握应用软件开发的朋友来讲，能够使用功能强大的开发工具是非常必要的。

本书，我们使用了微软公司出品的 Visual Studio（简称 VS）家族中的免费版本，如：

- VS Express for Desktop，在本书中主要用来开发单机程序，如控制台应用程序和 Windows 窗体应用程序。
- VS Express for Web，在本书中主要用来开发 ASP.NET 网站。
- 此外，对于一些新的 C# 语言特点或 .NET Framework 资源，我们需要在较新的开发环境中进行测试，如果你只想安装一种开发环境（而且还是免费的），Visual Studio Community 2015 是一个不错的选择。

1.1.1 第一个 C# 程序

这里，启动 VS Express 2013 for Desktop 开发环境，并通过菜单项"文件"→"新建项目"打开新建项目窗口，然后，创建如图 1-1 所示的项目类型。

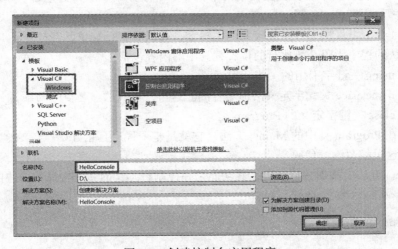

图 1-1　创建控制台应用程序

在这里,选择"Visual C#"下的"Windows"项。然后,在模板中选择"控制台应用程序",并将项目命名为HelloConsole,对于项目的存放位置,大家可以自己选择。最后,单击"确定"按钮完成项目的创建。

控件台应用程序,也称为命令行程序,是指在命令行环境下使用一系列指令进行操作的软件。在Windows 7操作系统中,可以通过Ctrl+R快捷键打开"运行"窗口,并执行cmd命令打开命令行窗口,然后,可以执行一系列的指令。

回到刚刚创建的HelloConsole项目,可以看到,项目中已经自动创建了一些内容,如图1-2所示。

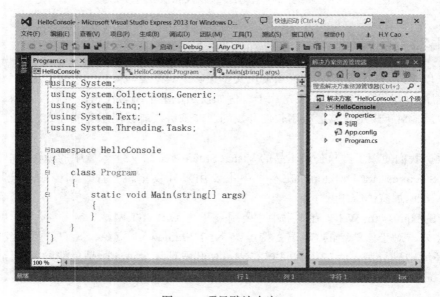

图1-2 项目默认内容

图1-2中的工具栏下方,右侧是"解决方案资源管理器",显示了项目中包含的内容,如引用资源、代码文件、配置文件等。这些内容都组织在"解决方案"中。实际应用中,一个解决方案可以包含多个项目,但在本书中,一个解决方案一般只会包含一个项目,而且,解决方案名称与项目名称相同。

再看图1-2中工具栏下方左侧较大的编辑区,可以看到,这里已经打开了Program.cs文件,它是默认的程序代码开始执行的位置,其中的内容包括:

❏ 使用using关键字引用的一些开发资源;
❏ 使用namespace关键字定义的命名空间。这里,默认的命名空间与项目名称相同;
❏ 使用class关键字定义的Program类;
❏ 定义在Program类中的Main()方法,它就是整个程序真正开始执行的地方。接下来,就在这里编写测试代码。

在Main()方法中添加一行代码,其功能是在控制台(Console)中显示一些内容。

```
namespace HelloConsole
{
    class Program
    {
        static void Main(string[] args)
```

```
        {
            Console.WriteLine(" 我的第一个程序 ");
        }
    }
}
```

单击工具栏中的"启动"按钮,或者按下键盘的 F5 键,程序就会执行。不过,这样程序会一闪而过,无法看清执行的结果,此时,可以通过 Ctrl+F5 快捷键执行程序,代码执行的结果如图 1-3 所示。

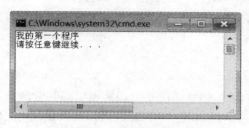

图 1-3 执行控制台应用程序

1.1.2 语句

从前面的示例中,可以看到一些 C# 代码组织的基本要素,如:
❑ 语句,使用分号作为结束,如 using 语句、Console.WriteLine() 语句等。
❑ 语句结构,使用一对花括号来定义,如 namespace 关键字定义的命名空间、class 关键字定义的类等。对于这些语句结构,还可嵌套使用,如 Main() 方法定义在 Program 类中,而 Program 类又定义在 HelloConsole 命名空间中。

C# 是一种非常现代的编程语言,它具有功能强大、语法简洁、应用灵活等特点,在后续的内容中,会有大量的代码演示,大家可以自己多敲一敲代码,并能够充分理解代码的功能和应用特点。

1.1.3 注释

注释是代码文件中非常重要的一个组成部分,它并不是执行代码,但可以帮助开发者或代码维护人员更有效地阅读和理解代码。前面的示例中并没有包含注释内容,因为这些代码实在太简单了。

在 C# 中,有两种基本的注释方法,这也是 C/C++ 风格的注释,包括:
❑ 使用 /* 和 */ 定义块注释;
❑ 使用 // 定义行注释。行注释可以是单独的一行,也可以在执行代码的后面。其特点是,从 // 开始,直到本行结束的内容都会被当作注释。

下面的内容演示了注释的使用。

```
/*
   这是块注释
*/
/*  这也是块注释  */
// 这是行注释
```

```
Console.WriteLine();    // 这也是行注释
```

本书中，我们主要使用 C/C++ 风格的注释。在 VS 系列开发环境中，这些注释内容默认显示为绿色，很容易辨认。

在 C# 代码中，除了传统 C/C++ 风格的注释，还可以使用另外一种风格的注释，即使用 /// 开头的行，在这种注释里，可以使用一系列的标记定义注释内容，然后可以使用工具自动生成文档。

此外，无论是个人开发者、团队还是公司，都会有自己的注释编写标准和约定，大家可以在代码中根据实际情况和需要添加注释。

1.2 命名空间

命名空间（namespace）的主要功能是分层次地组织和管理开发资源。接下来，就来看一看，在 C# 代码中，如何通过命名空间组织代码，以及在代码文件中如何引用所需要的命名空间。

1.2.1 资源的组织

命名空间是逻辑上的结构，我们可以将一个命名空间中的资源组织在多个代码文件中。.NET Framework 类库中，开发资源主要定义在 System 命名空间，而在我们自己创建的代码中，同样可以使用命名空间进行组织和管理。

本书中，我们会封装一些常用的开发资源，这些资源都定义在 cschef 命名空间，可以使用如下代码定义。

```
namespace cschef
{
    // 我们的代码
}
```

定义命名空间时，还可以进行嵌套，此时可以有两种方式，如：

```
namespace cschef
{
    namespace webx
    {
    }
}
```

或者是：

```
namespace cschef.webx
{
}
```

这两种方式都定义了 cschef 命名空间下的 webx 命名空间。

此外，关于本书封装的资源，会遵循一些约定，如：

❑ 本书封装代码库的命名空间全部使用小写字母。而且，除了最顶层的 cschef，其他的命名空间名称都会使用小写字母 x 作为结束。

- 一般来讲，代码文件的名称会描述资源所在的命名空间和定义的内容，资源定义的层次使用下圆点分隔，如 cschef.webx.CWeb.cs 文件表示 cschef.webx 命名空间下 CWeb 类的定义。

1.2.2 使用 using 语句

代码文件中，如果需要引用外部命名空间中的资源，可以使用 using 语句，这些语句应放在文件中其他代码的前面，如下面的代码。

```
using System;
using System.Collections.Generic;
using System.Linq;
using System.Text;
using System.Threading.Tasks;
using cschef;
using cschef.winx;

namespace xxx
{
}
```

请注意，如果需要使用的资源与当前文件定义的资源在同一命名空间，是不需要使用 using 语句引用的。

此外，using 语句除了可以引用命名空间，还可以简化一些资源的使用，如下面的代码。

```
using m = System.Math;

namespace HelloConsole
{
    public class Class1
    {
        // 主方法
        static void Main(string[] args)
        {
            Console.WriteLine(m.PI);
        }
    }
}
```

请注意第一行代码，我们使用 using 语句引用了 System.Math 类，并定义它的别名为 m。然后，在 Main() 方法中，可以直接使用 m 标识 System.Math 类。执行此代码，会显示 Math 类中定义的 PI 值（圆周率）。

1.3 项目类型

本书的示例中，主要使用了 3 种项目类型：控件台应用程序、Widows 窗体应用程序和 ASP.NET 网站。下面就来分别了解这 3 类项目的基本特点。

1.3.1 控制台应用程序

在 Windows 操作系统中，可以在 cmd 窗口中执行控件台应用程序。

本书中，控制台应用程序主要用于一些简单的测试工作，前面，我们创建的 HelloConsole 项目就是控制台应用程序。实际开发中，控制台程序会更多地应用于系统级软件或命令行管理工具的开发。

1.3.2 Windows 窗体应用程序

对于 Windows 窗体应用程序，相信大家都不会陌生，在 Windows 操作系统中，基于图形界面的应用程序主要就是由一个个窗体（Form）组成的，只是，我们更熟悉的称呼是窗口（Window）。

在 VS Express 2013 for Desktop 开发环境中，可以通过如图 1-4 所示的过程创建 Windows 窗体应用程序项目。

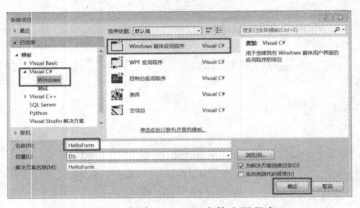

图 1-4　创建 Windows 窗体应用程序

新创建的项目中，会看到一个默认的窗体（Form1），如图 1-5 所示。

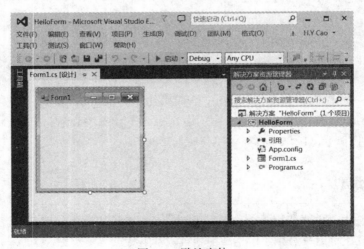

图 1-5　默认窗体

接下来，可以在 Form1 窗体中添加一些控件（Control），这些控件都藏在左侧的"工具箱"中。可以通过菜单项"查看"→"工具箱"打开它。

在"工具箱"中，对控件按类型进行了分组，常用的一些控件组织在"公共控件"分组中，可以通过两种基本的方法将控件添加到 Form1 窗体中：

- 选中 Form1 窗体的"设计"视图（可以在"解决方案资源管理器"中双击此窗体打开），如图 1-5 所示，然后在"工具箱"中双击需要添加的控件。
- 同样在窗体的"设计"视图下，使用鼠标将控件从"工具箱"中拖曳到 Form1 窗体。

下面，在 Form1 窗体中添加一个 TextBox 控件和一个 Button 控件。然后，在 Form1 窗体中移动控件位置，并通过拖动控件四周的点修改尺寸，完成后如图 1-6 所示。

接下来，双击 button1 按钮打开代码编辑视图，并添加一行代码，其功能是在文本框（textBox1）中显示一些内容，如下面的代码。

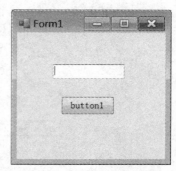

图 1-6　添加控件后的窗体

```
private void button1_Click(object sender, EventArgs e)
{
    textBox1.Text = "第一个 Windows 窗体";
}
```

再次执行程序，并单击"button1"按钮，就会看到，在文本框中显示了指定的内容。

在设计窗体的过程中，还可以设置窗体和控件的一系列属性。通过窗体或控件的右键菜单项"属性"，可以打开属性窗口，如图 1-7 所示就是 button1 按钮控件的属性窗口。

如图 1-7 中所示，通过 Text 属性就可以修改按钮上显示的内容。当选中一个属性后，在属性窗口的下方还会有当前属性的简要说明。

图 1-7　button1 控件属性窗口

这里，我们只是简单地演示了窗体的应用，对于完整的窗体和控件应用说明，可以查阅帮助文档，这些内容都定义在 System.Windows.Forms 命名空间。本书中关于 Windows 窗体常用功能及封装的内容会在第 21 章讨论。

1.3.3　ASP.NET 网站

在 VS Express 2013 for Web 开发环境中，可以通过菜单项"文件"→"新建网站"来创建 ASP.NET 网站项目，如图 1-8 所示。

新网站创建后，在"解决方案资源管理器"窗口中选择网站项目，然后再通过菜单"网站"→"添加新项"添加一个 Web 窗体文件，如图 1-9 所示。

然后会看到在"解决方案资源管理器"窗口中就会显示新添加的 Default.aspx 文件，如图 1-10 所示。

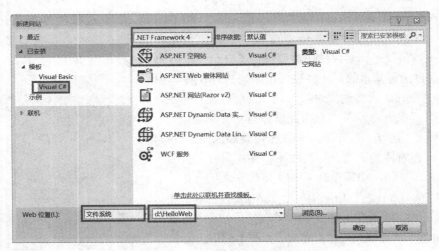

图 1-8 创建 ASP.NET 网站

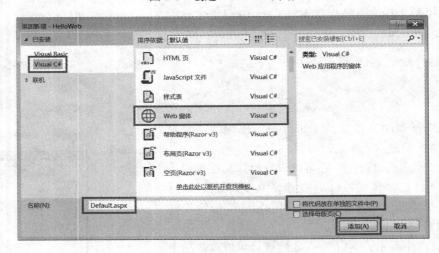

图 1-9 创建 Web 窗体

图 1-10 新的 Web 窗体文件

在"解决方案资源管理器"窗口中双击或单击 Default.aspx 文件，可以看到其中的代码。下面在 Default.aspx 文件中添加一行内容，如下面的代码。

```
<%@ Page Language="C#" %>
<!DOCTYPE html>
<script runat="server">
```

```
</script>
<html xmlns="http://www.w3.org/1999/xhtml">
<head runat="server">
<meta http-equiv="Content-Type" content="text/html; charset=utf-8"/>
    <title></title>
</head>
<body>
    <form id="form1" runat="server">
    <div>
    <h1>Hello, Web!</h1>
    </div>
    </form>
</body>
</html>
```

接下来,单击工具栏中的启动按钮(默认显示为"Internet Explorer"),就可以看到页面显示的内容了,如图 1-11 所示。

图 1-11 第一个 ASP.NET 页面

关于 ASP.NET 网站开发的更多内容请参考第 22 章。

本章讨论了如何在 VS 开发环境中创建常用的项目类型,并了解了 C# 代码的基本测试方法,从下一章开始将讨论更多关于 C# 编程语言和数据处理的内容。

第 2 章 数据处理（一）

数据处理是软件开发中最基本的工作之一，本章，我们就来讨论 C# 中的常用数据类型，以及它们的基本运算，主要内容包括：
- 变量与常量；
- 值类型与引用类型；
- 整数；
- 浮点数与 decimal；
- 布尔类型；
- 字符串；
- 字符；
- 枚举；
- 结构与类。

2.1 变量与常量

代码中，除了使用数据的直接形式以外，还经常会使用一些标识符来处理数据，如数学方程中的未知数 x、y、z，以及自然数 e（Math.E）和圆周率 π（Math.PI）等常数。

在 C# 中，表示数据项的标识符主要包括变量和常量，首先来看变量的使用。

2.1.1 变量

代码执行过程中，变量表示的数据可以根据需要而改变。使用变量时，需要注意变量名、数据类型和变量的值。

在 C# 中，我们使用如下格式定义变量。

```
<类型> <变量名>;
```

其中，<类型> 用于指定变量的数据类型，稍后，可以看到一些常用的数据类型，随着学习的深入，我们还可以创建更多的数据类型。

接下来，主要以 int 类型为例介绍变量的使用，它表示 32 位的有符号整数类型，可以处理正整数、0 和负整数。下面的代码定义了一个 int 类型的变量 x。

```
int x;
```

定义变量时，还可以同时指定它的初始数据，如下面的代码。

```
int x = 10;
```

下面的代码，我们通过 Console.WriteLine() 方法来显示变量的值。大家可以继续在 HelloConsole 项目测试（Program.cs 文件）。

```
namespace HelloConsole
{
    class Program
    {
        static void Main(string[] args)
        {
            int x = 10;
            Console.WriteLine(x);
        }
    }
}
```

代码中,当多个变量的类型相同时,还可以使用一条词句同时定义。如下面的代码,就同时定义了 x、y 和 z 三个变量,它们都是 int 类型。

```
int x, y, z;
```

当然,也可以在定义多个变量时分别指定它们的值,如下面的代码。

```
int x = 10, y = 30, z = 90;
```

2.1.2 常量

与变量不同的是,常量的值一旦确定就不会改变了。常量同样包括常量名称、数据类型和常量值。

在 C# 中,使用 const 关键字定义一个常量,其格式如下。

```
const <类型> <常量名称> = <值>;
```

由于常量的值在代码执行过程中是不能修改的,所以,在定义常量的同时,应该指定它的值,如下面的代码。

```
const int MaxValue = 99;
```

除了不能修改值以外,常量的使用与变量相似,可以进行一系列的运算。

2.1.3 基本数据类型

软件开发过程中,不可避免地需要处理多种数据类型,而在 .NET Framework 平台下,也已经为我们准备了很多常用的数据类型,它们定义为结构、枚举、类等类型,主要封装在 System 命名空间,如 System.Int32、System.Decimal、System.Object 类型等。

在 C# 代码中,我们可以使用这些数据类型的别名,附录 C 中就是一些基本数据类型的对照表,同时还包含了它们的取值范围。开发时,大家可以参考此表,合理地选择数据类型。

2.1.4 sizeof 运算符

sizeof 运算符可以计算数据类型占用的字节数,如下面的代码。

```
Console.WriteLine(sizeof(int));      // 4
Console.WriteLine(sizeof(long));     // 8
Console.WriteLine(sizeof(double));   // 8
```

在计算机系统中，每字节（Byte）有 8 位（Bit），int 类型占用 4 字节，也就是 32 位整数。

接下来，我们会分类介绍常用的数据类型，并讨论它们的运算和相关操作。首先，了解一下值类型和引用类型的概念。

2.2 值类型与引用类型

按照数据在内存中的处理方式，可以分为值类型和引用类型。C# 中，结构（struct）、枚举（enum）定义为值类型，而类（class）和委托（delegate）定义为引用类型。

从代码上看，可能不太容易区分值类型和引用类型，但它们在内存中的工作方式的确有很大的不同。简单来说，值类型会直接操作数据的内存区域。而引用类型的变量（对象）指向数据内存区域的位置，需要访问其中的数据时，才会定位到数据的具体位置。

实际应用时，我们还需要注意值类型和引用类型数据的传递操作。

❑ 值类型数据在传递时，默认的操作方式是复制所有数据，称为深复制或完全复制。这样，原变量的数据就不会被意外修改，也就保证了原数据的安全。

❑ 引用类型在传递时，默认的复制为浅复制，也就是复制内存地址，而不是复制其中的数据。这样，当传递复杂的数据时，引用类型的传递效率会有所保证。但是，由于复制后的对象指向同一位置，所以，对于数据的修改会同时反映到原来的对象引用中。

软件开发中，可以根据值类型和引用类型处理数据方式及传递方式的不同，合理地、灵活地应用它们，以提高代码的开发效率和执行效率。此外，还可以通过一定的方式改变它们的默认处理方式，在后面的学习中，还会讨论相关内容。

2.3 整数

整数是指没有小数部分的实数，根据数据符号处理方式的不同，还可以分为两种形式：

❑ 有符号整数。可以处理负数、0 和正整数，如 int、long 类型。

❑ 无符号整数。只能处理 0 和正整数，如 uint、ulong 类型。

既然有这么多的整数类型，那么，在书写整数的直接量时，我们如何明确地指定数据类型呢？

默认情况下，整数的直接量被认为是 int 类型，如果是 long 类型，可以在数据的后面使用字母 L，如 99L 就表示 long 类型的 99。对于 uint 类型，可以使用字母 U 表示，而 ulong 则使用 UL 表示。此外，这些数据类型标识也可以使用小写字母，大家可以根据直观性或自己的习惯来书写。

2.3.1 算术运算

关于算术运算，相信大家都不会陌生，在 C# 中的算术运算包括：

❑ 加法运算，使用 + 运算符，如 x + y；

❑ 减法运算，使用 – 运算符，如 x–y；

❑ 乘法运算，使用 * 运算符，如 x * y；

- 除法运算，使用 / 运算符，如 x / y；
- 取余数运算，使用 % 运算符，如 x % y。

这些算术运算都需要两个运算数。在 Main() 方法中测试这些算术运算符，如下面的代码。

```
// 主方法
static void Main(string[] args)
{
    int x = 69, y = 10;
    Console.WriteLine("x + y={0}", x + y);   // 79
    Console.WriteLine("x - y={0}", x - y);   // 59
    Console.WriteLine("x * y={0}", x * y);   // 690
    Console.WriteLine("x / y={0}", x / y);   // 6
    Console.WriteLine("x % y={0}", x % y);   // 9
}
```

请注意除法运算 (/)，当两个整数相除时，其结果也为整数，这是和数学常识不同的地方。

2.3.2 增量与减量运算

首先来看增量运算，其功能是对原变量进行加 1 操作，分为前增量和后增量，它们都使用 ++ 运算符，区别是运算符位于变量前或变量后。那么，前增量和后增量的计算过程和结果又有什么特点呢？

先来看前增量的使用，如下面的代码。

```
int i = 10;
Console.WriteLine(++i);   // 11
Console.WriteLine(i);     // 11
```

看不出什么特别的？没关系，再来看看后增量的使用。

```
int i = 10;
Console.WriteLine(i++);   // 10
Console.WriteLine(i);     // 11
```

这下应该可以看到前增量和后增量的区别了吧？

前增量和后增量都是对变量进行加 1 的操作，两段代码的第 2 个输出显示了相同的结果。不同的是增量表达式的值，前增量时，会首先进行变量加 1 操作，然后返回表达式的值，即增量表达式和变量的值都是变量加 1 后的结果。后增量则是，增量表达式先返回变量的原值，然后进行变量加 1 的操作。

实际应用中，如果只使用增量运算后的值，则前增量和后增量的结果是一样的。但是，如果需要使用增量表达式的值，就应该严格区分前增量和后增量。

此外，减量运算使用 -- 运算符，它与增量运算相似，同样分为前减量和后减量运算，只是执行的是减 1 的操作。

2.3.3 位操作

计算机的内部使用的是二进制，那么，合理地使用二进制位运算，就可以提高数据处理的效率。接下来，就讨论一些关于整数二进制操作的相关内容。

1. 无符号整数

下面，先来复习十进制数转换为二进制的方法。如图 2-1 所示演示了十进制数 25 转换为二进制的计算过程。

首先用 25 除以 2，商是 12，余数为 1。然后将 12 除以 2，商是 6，余数是 0。以此类推，直到被除数小于 2 时结束计算。接下来，从最后的运算结果开始，向上写出每一步的余数，得到十进制整数 25 的二进制形式 11001。

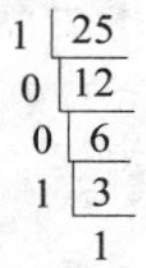

```
1 | 25
0 | 12
0 |  6
1 |  3
       1
```

图 2-1　十进制转换为二进制

当需要指定位数的二进制数据时，例如，需要 8 位二进制数。此时，如果位数不够，则在结果的前面（高位）补 0，最终，十进制 25 的 8 位二进制数据就是 00011001。

反过来，二进制如何转换为十进制整数呢？先来看 0 和正数的转换方法。如果二进制位上是 1，就使用 2n–1 计算出对应的十进制数据，其中，n 是从右向左数的第几位（低位向高位数）。然后，将所有的数值相加，就得到了这个二进制数所表示的十进制整数。

如前面的二进制数 00011001，转换为十进制整数的计算方法就是：

```
24 + 23 + 20 = 16 + 8 + 1 = 25
```

无符号整数用于处理 0 和正整数，那么，现在应该知道无符号整数的取值范围是怎么回事了，如果感兴趣，可以自己动手算一算 N 位无符号整数的最大取值是怎么得来的。

2. 补码

补码，是指二进制按位取反后加 1 的计算结果。在 C# 中，求一个整数的补码，使用 ~ 运算符。

如 8 位二进制 00011001 的补码计算方法就是，首先按位取反得到 11100110，然后加 1 得到 11100111。

3. 有符号整数

与无符号整数不同，有符号整数将二进制最高位定义为符号位，为 0 时，表示正整数（包括 0 值）；为 1 时，表示负整数。

有符号的正整数和 0 值，其二进制形式和无符号整数相同。需要注意的是负数的表示方法，除了最高位的 1 表示负数，其他的内容将是整数绝对值的补码形式。例如，8 位整数 –25 的二进制表示就是 11100111。

请注意，如果符号位后的数据在计算补码时超出了允许的位数，则会自动舍弃。

4. 位逻辑运算

首先来看按位与运算（使用 & 运算符），使用两个运算数。二进制数据中，只包含 0 和 1 两个值，而按位与运算的规则就是，当两个二进制位都是 1 时，结果为 1，否则运算结果为 0。

如下代码演示了按位与运算的应用。

```
0111 & 1011 = 0011
```

按位或运算（使用 | 运算符）需要两个运算数。当两个二进制位中有一个为 1 时，运算结果为 1，只有两个二进制位都是 0 时，结果才为 0。如下代码演示了按位或运算的应用。

```
0110 | 1010 = 1110
```

按位异或运算（使用 ^ 运算符），需要两个运算数。当两个二进位数据相同的时，运算结果为 0，只有两个数不同时，运算结果为 1。如下面的代码。

```
0110 ^ 1010 = 1100
```

5. 位移运算

位移运算包括左移运算（<< 运算符）和右移运算（>> 运算符）。如下代码演示了这两种位移运算的应用。

```
// 位左移
int x = 8;
Console.WriteLine("x << 1 = {0}", x << 1);   // 16
Console.WriteLine("x << 2 = {0}", x << 2);   // 32

// 位右移
Console.WriteLine("x >> 1 = {0}", x >> 1);   // 4
Console.WriteLine("x >> 2 = {0}", x >> 2);   // 2
```

可以看到，位左移运算中，如 x<<n 实际执行的是 x×2n 的计算。类似地，位右移运算中，如 x>>n 实际执行的就是 x÷2n 的运算。

请注意，无论是位左移运算，还是位右移运算，如果超出数据类型允许的范围，就会产生溢出，其结果不是我们想要的。此时需要怎样处理呢？下面看一看关于溢出检查的相关内容。

2.3.4 溢出检查

如下代码演示了溢出的结果。

```
int x = int.MaxValue;
Console.WriteLine(x + 1);
```

执行代码，可以看到如图 2-2 所示的结果。

可以看到，默认情况下，整数计算产生溢出时，并不会给出提示。可如果溢出可能带来严重的后果呢？此时，可以使用 checked 语法结构强制进行溢出检查，如下面的代码。

图 2-2　整数计算溢出

```
int x = int.MaxValue;
Console.WriteLine(checked(x + 1));
```

再次执行代码，可以看到程序抛出溢出异常（OverflowException），如图 2-3 所示。第 3 章会讨论异常的处理。

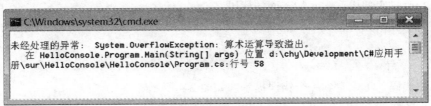

图 2-3　溢出异常

与 checked 语句相对应的是 unchecked 语句，其作用是对结构中的代码忽略溢出检查，如下面的代码。

```
int x = int.MaxValue;
checked
{
    Console.WriteLine(unchecked(x + 1));
}
```

当然，这样的代码并没有什么实际意义，不过，在大量需要溢出检查的代码中，有一点点代码不需要溢出检查时，unchecked 语句就可以发挥作用了。

2.4 浮点数与 decimal

在 C# 中，浮点数有两种，包括 float 和 double 类型，分别表示单精度浮点数（System.Single 结构类型）和双精度浮点数（System.Double 结构类型）。

相对于浮点数，decimal 类型（System.Decimal 结构类型）处理的数据范围更大，相应地，计算精度也更高。

实际应用中，浮点数和 decimal 类型从表面上看并没有什么区别，它们都可以处理包含小数部分的数据。那么，在书写数据的直接量时如何区分呢？此时，我们同样可以在数据的后面使用字母来表示，如 F（或用小写的 f）表示 float 类型数据、D（或用小写的 d）表示 double 类型数据、M（或用小写的 m）表示 decimal 类型数据。

请注意，默认情况下，含有小数部分的数据直接量被认为是 double 类型。

现在，问题来了，如果整数、浮点数和 decimal 类型的数据混合运算会怎么样呢？我们首先从数据类型的转换开始谈起。

2.4.1 类型转换

首先，从取值范围小的类型向取值范围大的类型转换是不会有问题的，如下代码演示了这种转换。

```
int x = 10;
long y = x;
```

代码中，x 定义为 int 类型（32 位），y 定义为 long 类型（64 位），当将 x 的值赋给 y 时，是没有问题的，x 的数据会隐式地转换为 long 类型。打个比方，假如有两个杯子，一个容量是 100 毫升，一个容量是 200 毫升，那么，将 100 毫升的杯子装得再满，倒进 200 毫升的杯子里都是没有问题的。

那么，反过来的操作呢？如下面的代码。

```
long x = 10;
int y = x;
Console.WriteLine(y);
```

执行此代码，可以看到一个错误提示，如图 2-4 所示。

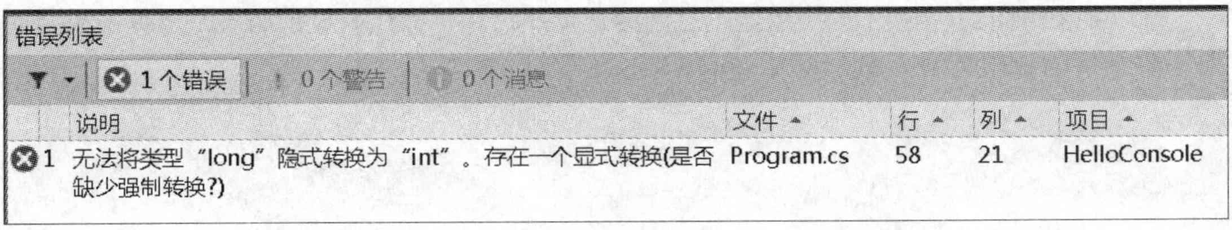

说明	文件	行	列	项目
⊗ 1 无法将类型"long"隐式转换为"int"。存在一个显式转换(是否缺少强制转换?)	Program.cs	58	21	HelloConsole

图 2-4 类型转换错误

提示给出了处理方法，如果真的需要将取值范围大的类型转换为取值范围小的类型，就应该使用强制转换（也称为显式转换）。在需要转换的数据前使用一对圆括号指定目标类型，如下面的代码。

```
long x = 10;
int y = (int)x;
Console.WriteLine(y);
```

再次执行此代码，表面上是没问题了！但是，如果数据已经超出了目标类型的取值范围会怎么样呢？

高出的二进制位会被截断！还以两个杯子为例，如果 200 毫升的杯子里装的水不超过 100 毫升，倒进 100 毫升的杯子里是没有问题的。但是，如果水超过了 100 毫升，那么，100 毫升的杯子自然就装不下了。

以上是整数的转换，实际上，decimal、浮点数或整数类型之间的转换，都会遵循一些基本的规则，即：

❑ 值范围小的类型向取值范围大的类型转换，可以安全地进行隐式转换。
❑ 取值范围大的类型向取值范围小的类型转换，应使用强制转换。但要注意确认目标类型是否可以正确地存储数据。

第 9 章还会讨论更多关于数据类型转换的主题，包括值类型与引用类型转换的各种转换方法及注意事项。

2.4.2 算术运算中的类型转换

在整数的算术运算中，可以看到，计算结果也是整数类型。如果浮点数或 decimal 类型的算术运算呢？如下代码演示了 double 类型数据的运算。

```
double x = 6.9D, y= 5D;
Console.WriteLine("x + y = {0}", x + y);    // 11.9
Console.WriteLine("x - y = {0}", x - y);    // 1.9
Console.WriteLine("x * y = {0}", x * y);    // 34.5
Console.WriteLine("x / y = {0}", x / y);    // 1.38
Console.WriteLine("x % y = {0}", x % y);    // 1.9
```

可以看到，double 类型数据的算术运算结果同样是 double 类型。那么，如果运算数的类型不同呢？

此时，同样会遵循一些基本的原则。例如，运算前会自动进行数据类型的转换，其规则是将取值范围小的运算数转换为取值范围大的类型，然后再进行运算。运算结果的类型就是取值范围较大的类型。

如下代码演示了一些不同类型数据之间的运算。请注意，代码显示的不是运算结果，而是运算结果的数据类型。

```
Console.WriteLine((10 + 99L).GetType().ToString());
Console.WriteLine((1.0 + 9.9F).GetType().ToString());
Console.WriteLine((10 + 99M).GetType().ToString());
```

代码执行结果如图 2-5 所示。

第一行代码，两个运算数分别是 int 和 long 类型，最终的计算结果是 long 类型，也就是 System.Int64 类型。

第二行代码，两个运算数分别是 double 和 float，最终的计算结果就是 double，即 System.Double 类型。

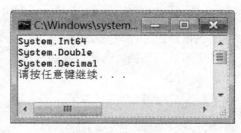

图 2-5　不同类型数据的混合运算

第三行代码，两个运算数分别是 int 和 decimal 类型，最终的运算结果就是 decimal 类型，即 System.Decimal 类型。

2.4.3　处理小数位

使用 double 或 decimal 类型数据时，还可以截取指定的位数，此时，可以使用 Math.Round() 方法，如下面的代码。

```
Console.WriteLine(Math.Round(1.212, 2));
Console.WriteLine(Math.Round(1.225, 2));
Console.WriteLine(Math.Round(1.219, 2));
```

代码中使用了 Round() 方法的两个参数，参数一指定需要转换的数值，参数二指定需要保留的小数位。此操作会对数据进行四舍五入。

如果只需要保留整数部分，可以只使用第一参数。此时应注意转换规则，简单来说就是"四舍六入五取偶"，即：

❑ 如果第一位小数为 4 或更小，会直接舍去；
❑ 如果第一位小数为 6 或更大，整数部分加 1；
❑ 如果第一位小数为 5，则转换为最接近的偶数。

如下代码演示了这几种情况。

```
Console.WriteLine(Math.Round(1.2));   // 1
Console.WriteLine(Math.Round(2.5));   // 2
Console.WriteLine(Math.Round(1.5));   // 2
Console.WriteLine(Math.Round(1.9));   // 2
```

Math.Floor() 方法可以直接获取 double 或 decimal 数据的整数部分，其规则是：

❑ 如果参数为正数，则小数部分会被丢弃；
❑ 如果参数为负数，则返回小于或等于参数的整数。

如下代码演示了 Math.Floor() 方法的使用。

```
Console.WriteLine(Math.Floor(1.2));   // 1
Console.WriteLine(Math.Floor(1.0));   // 1
Console.WriteLine(Math.Floor(-1.2));  // -2
```

```
Console.WriteLine(Math.Floor(-1.0)); // -1
```

Math.Ceiling() 方法也可以直接获取 double 或 decimal 数据的整数部分，其规则是：
- 如果参数为正数，则返回大于或等于参数的整数；
- 如果参数为负数，则丢弃小数部分。

如下代码演示了 Math.Ceiling() 方法的使用。

```
Console.WriteLine(Math.Ceiling(1.2));    // 2
Console.WriteLine(Math.Ceiling(1.0));    // 1
Console.WriteLine(Math.Ceiling(-1.2));   // -1
Console.WriteLine(Math.Ceiling(-1.0));   // -1
```

2.5 布尔类型

布尔型，又称为逻辑型，在 C# 中使用 bool 关键字定义，在 .NET Framework 中定义为 Boolean 结构（System 命名空间）。布尔类型的数据包括 true 和 false 值。

布尔型数据的运算称为布尔运算，又称为逻辑运算，在 C# 中，主要包括与（AND）运算、或（OR）运算和取反（NOT）运算。

逻辑与运算，使用 && 运算符，需要两个运算数。当两个运算数都是 true 时，结果为 true，否则结果为 false 值。请注意，&& 运算符具有短路功能，当左运算数为 false 值时，不会再计算右运算数的值，而是直接返回 false 值。实际应用中，我们可以利用这一特点，将主要的或优先级高的条件放在 && 运算符的前面（左运算数），以提高代码执行效率。

逻辑或运算，使用 || 运算符，需要两个运算数。当两个运算数中有一个是 true 时，结果为 true，只有两个运算数都为 false 时，结果才是 false。|| 运算符同样具有短路功能，当左运算数为 true 时，不会计算右运算数的值，而是直接返回 true 值。

逻辑取反运算，使用 ! 运算符，只需要一个运算数，true 值取反得到 false 值，false 值取反得到 true 值。

如下代码演示了布尔运算的应用，大家可以修改 x 和 y 的值，以观察运算结果的变化。

```
bool x = true, y = false;
Console.WriteLine("x && y = {0}", x && y);  // False
Console.WriteLine("x || y = {0}", x || y);  // True
Console.WriteLine("!x = {0}", !x);          // False
```

执行代码，可以看到，输出的布尔值是首字母大写的 True 和 False 值，它们是在 .NET Framework 中定义的标准布尔数据值。

2.6 字符串

在 C# 中，字符串定义为 string 类型，在 .NET Framework 中定义为 String 类类型（System 命名空间），用于处理 Unicode 编码字符。

创建一个字符串时，可以使用一对双引号定义其内容，如下面的代码。

```
string name = "Tom";
```

2.6.1 转义字符

在字符串中,有一些特殊的字符并不能直接书写(如定义字符串的双引号),此时,需要使用转义字符,表 2-1 展示了一些常用的转义字符。

表 2-1 转义字符

转义符号	字符
\0	空值(NULL)
\'	单引号
\"	双引号
\\	反斜线
\a	报警
\b	退格
\f	换页
\n	换行
\r	回车
\t	水平制表符
\v	垂直制表符

如下代码会显示一个带有双引号的文本。

```
Console.WriteLine("\"Hello, String.\"");    // "Hello, String."
```

如果使用字符串表示一个路径,如 c:\windows 目录,则需要使用如下代码对反斜线进行转义。

```
string path = "c:\\windows";
```

2.6.2 逐字字符字符串

使用双引号定义的字符串,很多的特殊字符需要转义,如果需要更方便地书写,可以使用逐字字符串,只需要在字符串前使用 @ 符号就可以了,如下面的代码。

```
string path = @"c:\windows";
string books = @"Visual Basic.NET 应用手册
PHP 快速参考手册
构造高质量的 C# 代码";
Console.WriteLine(books);
```

使用逐字字符串时,唯一需要转义的字符就是双引号,此时,在字符串中使用两个双引号表示一个双引号,如下面的代码。

```
Console.WriteLine(@"""");    // "
```

代码中,两侧的双引号用于定义字符串,中间的两个双引号会转义为一个双引号,所以,最终显示的结果就是一个双引号。

请注意,字符串对象创建后,对其内容的操作应尽可能地减少。这是因为,string 类型定义为不可变字符串,当字符串中的内容有任何的变动时,都会重新生成一个新的 string 对象。如果字符串内容不多,对代码运行效率影响并不会太大,但是,如果是大量的字符串操作，性能问题就会很明显了。

对于大量字符串的组合操作，可以使用效率更高的 StringBuilder 类，它定义在 System.Text 命名空间，在第 9 章会讨论相关应用。

2.7 字符

在 C# 中，字符类型用于处理单个字符，使用 char 类型定义（System.Char 结构）。与字符串不同的是，字符是值类型。它们的共同点就是，都是用于处理 Unicode 字符。

字符使用一对单引号来定义，同样可以使用前面列出的转义字符，如下面的代码。

```
char ch = '\''; // '
```

使用字符时，还可以获取字符的编码，或者将编码转换为对应的字符，如下面的代码。

```
char chA = 'A';
Console.WriteLine((ushort)chA);   // 90
Console.WriteLine((char)90);      // A
```

附录 A 中给出了 0 ~ 127 的 ASCII 码对照表，大家可以参考使用。

2.8 枚举

枚举是一种组合数据类型，其中定义了一些相关联的值，如周几就定义为 DayOfWeek 枚举类型（System 命名空间）。

实际开发中，也可以定义自己的枚举类型，如下代码使用 enum 关键字定义了性别枚举类型。

```
// 性别枚举类型
enum ESex { Unknow, Male, Female }

// 主方法
static void Main(string[] args)
{
    ESex sex = ESex.Male;
    Console.WriteLine(sex);  // Male
}
```

实际应用中，枚举中定义的成员都会有一个对应的数值，默认情况下定义为 int 类型。其中，第一个成员为 0，第二个成员为 1，以此类推。这样一来，前面定义的 ESex 枚举的完整定义就如下代码所示。

```
enum ESex : int
{
    Unknow = 0,
    Male = 1,
    Female = 2
}
```

其中，冒号 ":" 后指定枚举成员的类型。

在枚举类型的应用中，还可以很方便地获取成员所对应的数值，或者根据数值得到相应的枚举值，如下面的代码。

```
ESex sex = ESex.Male;
Console.WriteLine((int)sex);    // 1
Console.WriteLine((ESex)2);     // Female
```

这也是数据类型的强制转换，对吧？！

C# 中的枚举，还有一些比较灵活的应用，例如，可以定义相同数值的成员，如下面的代码。

```
enum ESex : int
{
    Unknow = 0,
    Male = 1,
    Boy = 1,
    Man = 1,
    Gentleman = 1,
    Female = 2,
    Girl = 2,
    Woman = 2,
    Lady = 2
}
```

请注意，虽然可以定义数值相同的枚举成员，但在使用时应有良好的编码约定，以保证代码风格的一致性，否则就有可能给开发和代码维护工作带来混乱。

2.9 结构与类

结构和类都可以对数据及其操作进行封装，以更加直观的方式进行数据操作。在这两种类型中都可以定义字段、属性、方法等成员。

其中，结构是值类型，而类是引用类型。实际应用中，需要根据具体情况灵活选用类或结构类型。接下来，先简单了解一下结构的应用，第 4 章和第 5 章会详细讨论面向对象编程的相关内容。

2.9.1 字段

首先，看一看字段（Field）的使用，在结构中定义一个变量时，这个变量就称为结构的字段成员。

在 C# 中使用 struct 关键字定义结构类型，如下代码定义了一个 SAuto 结构（SAuto.cs 文件）。

```
using System;

namespace HelloConsole
{
    struct SAuto
    {
        public uint DoorCount;
```

```
        public double EngineCapacity;
    }
}
```

代码中在 SAuto 结构中定义了 DoorCount 变量,用于标识汽车的车门数量,另一个 EngineCapacity 变量标识汽车发动机排量。

如下代码在 Main() 方法中测试 SAuto 结构的使用。

```
// 主方法
static void Main(string[] args)
{
    SAuto car = new SAuto();
    car.DoorCount = 4;
    Console.WriteLine(car.DoorCount);     // 4
}
```

定义结构类型的变量时,还可以快速给其字段赋值,如下面的代码。

```
SAuto car = new SAuto { DoorCount = 4, EngineCapacity = 2.0 };
Console.WriteLine(car.DoorCount);          // 4
Console.WriteLine(car.EngineCapacity);     // 2
```

2.9.2 属性

如下代码在 SAuto 结构中定义了 EngineType 属性。

```
struct SAuto
{
    // 其他代码
    public string EngineType { get; set; }
}
```

一个完整的属性定义包括取值部分(get)和赋值部分(set)。如果只有取值部分则称为只读属性,只有赋值部分则称为只写属性。

从表面上看,属性的应用与字段相似,如下面的代码。

```
SAuto car = new SAuto { EngineType="汽车发动机" };
Console.WriteLine(car.EngineType);
```

不过,属性可以比字段做更多的工作,例如,可以在属性赋值时检查数据的有效性。如下代码将车门数量修改为属性,并限制其取值范围。

```
struct SAuto
{
    private uint myDoorCount;
    //
    public uint DoorCount
    {
        get { return myDoorCount; }
        set
        {
            if (value >= 0 && value <= 5)
                myDoorCount = value;
            else
```

```
            throw new Exception("车门数量在 0 到 5 之间");
        }
    }
    // 其他代码
}
```

这里演示了一个传统的属性创建方法，即在结构（或类）的内部使用一个私有的变量（字段）来保存实际的属性值。然后，在 get 块中返回这个值作为属性值。在 set 块中，value 标识符表示设置的属性数据，当车门数在 0 ~ 5 时，将数据赋值为 myDoorCount 变量，否则会抛出一个异常。

提示：F1 赛车没有车门，SUV 和掀背车有 5 个门。

如下代码将车门设置为 6，看一看会出现什么情况。

```
// 主方法
static void Main(string[] args)
{
    SAuto car = new SAuto();
    car.DoorCount = 6;
    Console.WriteLine(car.DoorCount);
}
```

执行此代码，会看到如图 2-6 的提示。

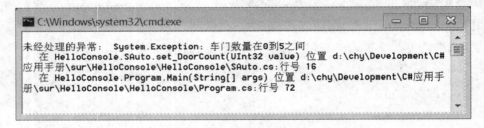

图 2-6　属性值设置错误

修改车门数在 0 ~ 5，一切就正常了。

这个示例介绍了一些没有讨论过的内容，如 if 语句和异常，没有关系，它们会在下一章呈现。

接下来看一看结构中的方法。

2.9.3　方法

在结构或类中，方法（Method）用于执行动作，如下代码（SAuto.cs 文件）在 SAuto 结构中定义 Drive() 和 Return() 两个方法。

```
struct SAuto
{
    // 其他代码
    //
    public void Drive()
    {
        Console.WriteLine("汽车前进");
    }
```

```
//
public void Return()
{
    Console.WriteLine(" 汽车后退 ");
}
}
```

调用方法时，同样使用圆点运算符，如下代码继续在 Main() 方法中进行测试。

```
// 主方法
static void Main(string[] args)
{
    SAuto car = new SAuto();
    car.Drive();
    car.Return();
}
```

当然，方法绝对不只有这点用处，在第 4 章会详细介绍方法的定义与使用。接下来讨论编程中另一项非常重要的工作，即程序中代码执行的流程控制。

第 3 章　流程控制

软件开发中，往往需要根据不同的条件执行相应的代码，这就需要对代码执行的流程进行控制。本章将会讨论 C# 代码中的流程控制，主要内容包括：
- 比较运算；
- 条件语句；
- switch 语句；
- 循环语句；
- goto 语句与标签；
- 异常处理。

3.1 比较运算

在确定代码执行的条件时，数据的比较是很常见的操作，C# 语言中的比较运算包括：
- 等于，使用 == 运算符。请注意区分赋值运算符（=），如"a=b"是将 b 的值赋给 a，而"a==b"则是判断 a 的值是否等于 b 的值；
- 不等于，使用 != 运算符；
- 大于，使用 > 运算符；
- 大于或等于，使用 >= 运算符；
- 小于，使用 < 运算符；
- 小于或等于，使用 <= 运算符。

计算机是不会做"差不多"的事，所以，比较运算的结果会是 bool 类型的数据，即成立（true）或不成立（false）。

接下来在条件语句和循环语句中体验比较运算的具体应用。

3.2 条件语句

顾名思义，条件语句的功能就是根据不同的条件执行特定代码。在 C# 中，可以使用 if 语句结构完成这项工作，也可以使用 ?: 运算符处理简单的逻辑关系，下面分别讨论。

3.2.1　if 语句

一个简单的 if 语句结构可以使用如下格式。

```
if (<条件>)
{
    <语句块>
}
```

其中，当<条件>满足时（true 值），执行<语句块>，然后继续执行"}"后的代码。如果<条件>不成立（false 值），则直接执行"}"后面的代码。

如下代码会判断一个年份是否为闰年。

```
int year = 2016;
if (DateTime.IsLeapYear(year))
{
    Console.WriteLine("{0}年是闰年");
}
```

对于这种<语句块>中只有一条语句的情况，还可以省略花括号，并且还可以将语句直接写在 if 语句的后面，如下面的两种形式都与上述代码的功能一致。

```
int year = 2016;
if (DateTime.IsLeapYear(year))
    Console.WriteLine("{0}年是闰年");
```

或

```
int year = 2016;
if (DateTime.IsLeapYear(year)) Console.WriteLine("{0}年是闰年");
```

很多情况下，应该处理条件的不同情况，例如，年份不是闰年时的处理。此时，可以在 if 语句结构中添加 else 语句，如下面的代码。

```
int year = 2016;
if (DateTime.IsLeapYear(year))
{
    Console.WriteLine("{0}年是闰年");
}
else
{
    Console.WriteLine("{0}年不是闰年");
}
```

或

```
int year = 2016;
if (DateTime.IsLeapYear(year))
    Console.WriteLine("{0}年是闰年");
else
    Console.WriteLine("{0}年不是闰年");
```

前面已经介绍了 if 语句结构的简单应用，再看一下完整的 if 语句结构。

```
if (<条件1>)
{
    <语句块1>
}
else if (<条件2>)
{
    <语句块2>
}
else if (<条件3>)
{
```

```
        <语句块 3>
}
else if (<条件 n>)
{
        <语句块 n>
}
else
{
        <语句块 n+1>
}
```

这是一个比较复杂的 if 语句结构，工作原理是，当 <条件 1> 满足时，执行 <语句块 1>，当 <条件 2> 满足时，执行 <语句块 2>，以此类推，如果所有的条件都不满足，则执行 <语句块 n+1>。

在 if 语句结构的应用中，还需要注意一些问题，如：

❑ 复合条件，可以使用逻辑运算来结合多个条件；
❑ 条件的嵌套使用；
❑ 有多个条件时，如何有效地设置条件的顺序。

下面的示例是使用自己的代码判断年份是否为闰年，在这里使用这个示例非常合适，而在实际开发工作中，还是应该使用 DateTime 结构中的 IsLeapYear() 方法。

首先看复合条件的应用。如下代码通过复合条件来判断一个年份是否为闰年。

```
int year = 2016;
if (year % 400 == 0 || (year % 100 != 0 && year % 4 == 0))
{
    Console.WriteLine("{0}年是闰年", year);
}
else
{
    Console.WriteLine("{0}年不是闰年", year);
}
```

再单独看一看复合条件的内容。

```
year % 400 == 0 || (year % 100 != 0 && year % 4 == 0)
```

其含义是，闰年有两种情况：一是年份能够被 400 整除。或者（|| 运算符）年份不能被 100 整除，但是可以被 4 整除。此外，代码中使用圆括号可以让结构更加清晰，所以，建议经常使用圆括号来指定运算顺序。

再来看看条件的嵌套使用，如下代码同样判断一个年份是否为闰年。

```
int year = 2016;
if (year % 400 == 0)
{
    Console.WriteLine("{0}年是闰年", year);
}
else
{
    if (year % 100 != 0 && year % 4 == 0)
    {
        Console.WriteLine("{0}年是闰年", year);
    }
```

```
        else
        {
            Console.WriteLine("{0}年不是闰年", year);
        }
    }
```

代码看起来复杂了一些，不过，从逻辑上看应该是很容易理解的。如果需要简化嵌套条件语句中的代码，可以考虑使用一个状态变量来帮忙，此时，可以很自然地简化代码，如下面的代码所示。

```
int year = 2016;
bool isLeapYear = false;
// 判断闰年
if (year % 400 == 0)
{
    isLeapYear = true;
}
else if (year % 100 != 0 && year % 4 == 0)
{
    isLeapYear = true;
}
// 显示结果
if (isLeapYear)
    Console.WriteLine("{0}年是闰年", year);
else
    Console.WriteLine("{0}年不是闰年", year);
```

代码中的 isLeapYear 就是用于标识是否为闰年的状态变量。

在条件比较复杂的情况下，可以使用状态变量来标识条件判断结果，最后根据状态变量的值分别执行不同的代码。

关于 if 语句结构，还需要注意的是条件设置的顺序问题。讨论逻辑运算时曾说过，&& 和 || 运算符都具有短路功能。在使用逻辑运算设置多个条件时，就可以利用这一特性。

如下代码尝试将一个对象（object 类型）中的数据转换为 int 类型。

```
object obj = null;
int result = 0;
if (obj != null && int.TryParse(obj.ToString(), out result))
{
    Console.WriteLine("对象成功转换为整数{0}", result);
}
else
{
    Console.WriteLine("对象不能转换为int整数");
}
```

先从 TryParse() 方法说起，它是定义在各种结构类型中的静态方法（下一章讨论），其功能是将字符串（string）转换为指定类型的数据，转换成功时，TryParse() 方法返回 true 值，否则返回 false 值。代码中，在 int 类型中调用了 TryParse() 方法，就是尝试将参数一中的字符串转换为 32 位整数。TryParse() 方法转换成功时，会由参数二输出转换结果，此时，需要定义一个变量来接收这个结果，如代码中的 result 变量。

TryParse() 方法会返回一个 bool 类型的数据，但是有一个问题，即需要转换的原数据类型是 object 类型，当对象为空值（null）时，是不能调用 ToString() 方法的，所以，在调用 TryParse() 方法之前，首先判断 obj 是否为 null 值，只有当 obj 不为 null 值时，才会调用 ToString() 方法将对象的内容转换为字符串，然后在 TryParse() 方法中尝试转换为指定的类型。

代码中，如果 obj 为 null 值，就不会执行 && 运算符后面的代码，所以，也就不会因为 obj 为 null 值时调用 obj.ToString() 方法而出现错误。

这里演示了一个简单的条件顺序的设置问题，即，当对象为空时，是不能调用它的各种成员的，如方法、属性等。所以，复合条件的第一个条件判断对象是否为空，然后，在第二个条件中判断对象成员的调用结果。

实际应用中，利用 && 和 || 运算符的短路功能，合理地设置条件的顺序，可以有效提高代码的执行效率和正确性。

3.2.2　?: 运算符

?: 运算符是一个三元运算符，也就是说，它需要 3 个运算数，其应用格式如下。

```
<表达式1> ? <表达式2> : <表达式3>;
```

其中，<表达式 1> 的执行结果应该是一个 bool 类型的数据，其值为 true 时，运算结果就是 <表达式 2> 的值，否则，运算结果就是 <表达式 3> 的值。

如下代码是使用 ?: 运算符来显示是否为闰年的信息。

```
int year = 2016;
Console.WriteLine("{0}年{1}" , year ,
    DateTime.IsLeapYear(year) ? "是闰年" : "不是闰年");
```

3.3　switch 语句

switch 语句结构的应用特点是：条件只有一个，但可能有多个值，需要根据不同的值指定相应的执行代码，其应用格式如下。

```
switch (<表达式>)
{
case <值1>:
    <语句块1>
case <值2>:
    <语句块2>
case <值n>:
    <语句块n>
default:
    <语句块n+1>
}
```

其中，当 <表达式> 的结果为 <值 1> 时执行 <语句块 1>，为 <值 2> 时执行 <语句块 2>，当所有的值都不是时，执行 <语句块 n+1>。

一般来讲，我们总是会使用 default 语句，并放在 switch 语句结构的最后，用于处理所有意外情况，这也是保证程序正确性的好方法。

此外，每一个 case 语句都会处理一个值的情况，但 case 语句具有自动贯穿特性，如果在 case 的语句块中没有中断语句（如 break 或 return 语句），代码会继续执行下一个 case 语句块或 default 语句块的代码。如下代码利用这一特性返回每个月的天数。

```
int year = 2016;
int month = 2;
int daysInMonth = 0;
switch (month)
{
case 1:
case 3:
case 5:
case 7:
case 8:
case 10:
case 12:
    daysInMonth = 31;
    break;
case 4:
case 6:
case 9:
case 11:
    daysInMonth = 30;
    break;
case 2:
    daysInMonth = DateTime.IsLeapYear(year) ? 29 : 28;
    break;
default:
    break;
}
Console.WriteLine("{0}年{1}月有{2}天", year, month, daysInMonth);
```

在这里，演示了如何利用 switch 语句结构的贯穿特性来获取指定年、月中的天数。实际应用中，可以使用 DateTime 结构中的 DaysInMonth() 方法来实现这个功能，如下面的代码。

```
int year = 2016;
int month = 2;
Console.WriteLine("{0}年{1}月有{2}天",
    year, month, DateTime.DaysOfMonth(year, month));
```

再看一个在 switch 语句结构中使用枚举类型的示例，这里用 switch 语句结构来处理方向控制问题。

```
enum EDirection
{
    Unknow = 0,
    Up = 1,
    Right = 2,
    Down = 3,
    Left = 4
}

// 主方法
```

```csharp
static void Main(string[] args)
{
    EDirection d = EDirection.Unknow;
    switch (d)
    {
        case EDirection.Up:
            Console.WriteLine("前进");
            break;
        case EDirection.Right:
            Console.WriteLine("向右");
            break;
        case EDirection.Down:
            Console.WriteLine("后退");
            break;
        case EDirection.Left:
            Console.WriteLine("向左");
            break;
        default:
            Console.WriteLine("停车");
            break;
    }
}
```

代码中，首先定义了 EDirection 枚举类型，其成员表示行动的基本方向。然后，在 Main() 方法中，使用 switch 语句结构分别显示了不同方向枚举值时的信息。

3.4 循环语句

循环语句结构，就是在一定的条件下重复执行相同、相似，或具有规律性的代码。在 C# 中，有 4 种类型的循环语句，包括 for、foreach、while 和 do-while 语句结构，下面分别介绍。

3.4.1 for 语句

for 语句结构中，通过循环控制变量控制循环语句执行的次数，其应用格式如下。

```
for (<初始化循环控件变量> ; <循环条件> ; <变量每次循环后的变化>)
{
    <语句块>
}
```

如下代码通过 for 语句计算 1 ~ 100 的和。

```csharp
int sum = 0;
for (int i=1 ; i<=100 ; i++)
{
    sum += i;
}
Console.WriteLine("1 到 100 累加的和是 {0}", sum);
```

在这个代码中，循环控制变量 i 同时充当了加数的角色，其值初始为 1，当其小于或等于 100 时会执行循环结构中的语句，每次循环后，i 的值会加 1。其中，sum += i 的含义是

sum = sum + i，这是加法与赋值的复合运算符。在 C# 中，算术运算中都可以使用这种形式的复合运算符，如 +=、-=、*=、/= 和 %= 运算符。

如果修改内容，可以很方便地计算出 1 ~ 100 中偶数的和，如下面的代码。

```
int sum = 0;
for (int i=2 ; i<=100 ; i+=2)
{
    sum += i;
}
Console.WriteLine("1 到 100 偶数的和是 {0}", sum);
```

在循环语句结构中，还可以使用 break 语句随时终止循环的执行，如下代码会找出 10000 ~ 20000 的最小素数（又称为质数，即只能被 1 和它自己整除的数）。

```
int result = 0;
for (int i = 10000; i <= 20000; i++)
{
    result = i;
    int maxDivisor = (int)Math.Sqrt(i);
    for (int j = 2; j <= maxDivisor; j++)
    {
        if (i % j == 0)
        {
            result = 0;
            break;          // 不是素数，终止本次 j 循环
        }
    }
    if (result > 0) break;   // 找到素数，终止 i 循环
}
Console.WriteLine(result);
```

代码中使用了嵌套的 for 语句结构，分别使用了循环控制变量 i 和 j。其中，i 循环用于指定需要判断的数字（10000 ~ 20000），每次 i 循环开始时，都会将 i 赋值到 result 变量中。而 j 循环则从 2 到 i 的算术平方根，如果 i 能被 j 整除，那它就不是素数，所以，在 j 循环中重新将 result 变量设置为 0，并使用 break 语句终止 j 循环。

每当 j 循环结束后，就会判断 result 的值，如果它大于 0，则说明已找到了素数，此时，又使用了一个 break 语句，它的功能就是终止 i 循环。代码最终会输出 10007。

可以看到，通过循环语句可以很方便地进行一些自动化的计算，但也应该注意代码的改进工作，例如，偶数一定会被 2 整除，所以，完全可以通过循环变量的控制来跳过偶数的判断。下面将修改代码，并显示所有 10000 ~ 20000 的素数。

```
int result = 0;
for (int i = 10001; i < 20000; i+=2)
{
    result = i;
    int maxDivisor = (int)Math.Sqrt(i);
    for (int j = 3; j <= maxDivisor; j++)
    {
        if (i % j == 0)
        {
            result = 0;
            break;
```

```
            }
        }
        if (result > 0) Console.WriteLine(result);
}
```

在控制台项目中显示得不太完整，大家可以使用一个 Windows 窗体项目，然后在窗体中使用列表控件（ListBox）来显示这些素数，只需要将最后一行代码修改就可以了，如：

```
if (result > 0) listBox1.Items.Add(result);
```

循环语句中，还可以使用 continue 语句来控制循环语句的执行，其功能是终止当前循环，并继续执行下一循环（条件满足时）。下面的代码，同样是计算 1 ~ 100 偶数的和，只是在循环中使用了 continue 语句。

```
int sum = 0;
for (int i = 1 ; i <= 100 ; i++)
{
    if (i % 2 != 0) continue;
    sum += i;
}
Console.WriteLine(sum);
```

3.4.2 foreach 语句

foreach 语句主要用于数组或集合成员的访问，特别是在成员顺序和数量不确定的情况下。如下代码是使用 foreach 语句结构显示数组中所有的成员。

```
string[] arr = {"abc", "def", "ghi", "jkl" , "mno"};
foreach(string s in arr)
{
    Console.WriteLine(s);
}
```

在 foreach 语句的条件中，使用如下格式：
<成员类型><成员变量> in <数组或集合>
在循环体内，可以使用<成员变量>依次处理各个数组或集合成员。关于数组和集合，以及 foreach 语句的更多内容，请参考第 7 章的相关内容。

3.4.3 while 语句

while 语句结构的应用格式如下。

```
while (<条件>)
{
    <语句块>
}
```

其中，<条件>可以是单个条件，也可以是复合条件，和 if 语句结构一样，条件的结果只能是 true 或 false。当<条件>为 true 值时，执行<语句块>的代码，<条件>为 false 值时，终止循环的执行。

看一个简单的例子，依然是 1 ~ 100 的累加，如下面的代码。

```
int i = 1;
int sum = 0;
while (i <= 100)
{
    sum += i;
    i++;
}
Console.WriteLine("1 到 100 累加的和是 {0}", sum);
```

请注意，在循环执行的语句中，应该有改变条件的语句，如上述代码中的 i++。否则会形成无限循环，也称为死循环，最终的结果就是程序会挂掉。

3.4.4 do-while 语句

do-while 语句与 while 语句结构相似，只是判断条件的位置不同，其应用格式如下。

```
do
{
    <语句块>
}while (<条件>);
```

如下代码同样是 1 ~ 100 的累加，这次使用了 do-while 语句结构。

```
int i = 1;
int sum = 0;
do
{
    sum += i;
    i++;
}while(i <= 100);
Console.WriteLine("1 到 100 累加的和是 {0}", sum);
```

使用 do-while 语句结构时应注意，循环内部同样应有改变条件的语句。此外，由于条件是在每次循环执行后进行判断，所以，do-while 循环最少会执行一次，这也是可能出现问题的地方，如果第一次循环就有条件不匹配的情况呢？此时，就有可能出现异常情况。所以，如果有可能发生异常，则建议使用 while 语句。

3.5 goto 语句与标签

在 C# 中，goto 语句最有用的地方可能就是从多层嵌套的结构中跳转出来，如多层循环结构。如下代码中，如果 x、y、z 数据相加等于 100，就直接从三层循环结构中跳转出来。

```
int x = 0, y = 0, z = 0;
for (x = 0; x < 100; x++)
{
    for (y = 0; y < 100; y++)
    {
        for (z = 0; z < 100; z++)
        {
            if (x + y + z == 100)
```

```
            goto tag_sum100;
        }
    }
}
tag_sum100:
Console.WriteLine("{0} + {1} + {2}", x, y, z);
```

代码中，定义了标签 tag_sum100，定义格式为 "< 标签名 >:"（标签名加英文冒号）。然后，可以使用 "goto < 标签名 >;" 语句跳转到指定的标签位置。

这个示例中，如果不使用 goto 语句和标签，实现相同的功能会复杂很多。所以，在代码中合理使用 goto 语句和标签，可以提高代码的编写和执行效率。

3.6 异常处理

前面讨论的语句结构都是有着一定的条件和明确的目的，就好像一切尽在掌控之中一样。但在程序实际运行过程中，也会有一些情况是在编写代码时无法控制的，例如，应用中需要使用网络和外部数据库，但突然出现了网络不通、数据库连接中断、数据库查询错误等意外情况。此时，就需要对可能的异常情况作出响应，而不是让程序直接挂掉。

3.6.1 try-catch-finally 语句

在 C# 中，处理可能出现异常的代码时，可以使用 try-catch-finally 语句结构，其基本应用格式如下。

```
try
{
    // 可能出现异常的代码
}
catch
{
    // 出现异常时的处理代码
}
finally
{
    // 清理代码
}
```

在这个语句结构中，将可能出现问题的代码放在 try 语句块中，如果这些代码执行时出现异常，则会执行 catch 语句块的代码。最终，无论代码是否出现异常，都会执行 finally 语句块的代码。其执行逻辑如图 3-1 所示。

代码中，还可以处理具体的异常类型，此时，应在 catch 语句后指定异常对象，如下面的代码。

```
try
{
    int x = 10;
    int y = 3, z = 3;
    int result = x / (y - z);
}
```

```
catch(DivideByZeroException ex)
{
    Console.WriteLine("除数不能为0");
    Console.WriteLine(ex.ToString());
}
```

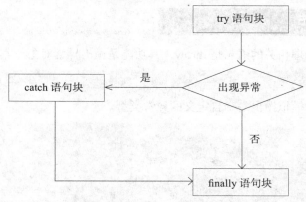

图 3-1　try-catch-finally 语句结构

代码中，使用 catch 语句捕捉除数为 0 异常（DivideByZeroException），捕捉这个异常后，显示了两条信息：一条是指定的"除数不能为 0"；另外一条是 DivideByZeroException 类型中通过 ToString() 方法返回的除数为 0 异常的描述信息。

不明白类和对象的概念，没关系，接下来两章就是介绍它们的。

实际上，try-catch-finally 语句结构的应用很灵活，接下来讨论几种变形。

首先是 catch 结构的应用，可以处理特定的异常类型，如上述的除数为 0 异常，也可以使用 Exception 类型作为通用的异常类型。如果不需要处理异常，则不需要在 catch 语句后指定异常对象。

这些异常情况的处理顺序应该是：先处理特定异常，再使用通用异常类（Exception）处理或不处理具体的异常类型，如下面的代码结构。

```
try
{
}
catch(DivideByZeroException ex)
{
}
catch(Exception ex1)
{
}
```

或者是：

```
try
{
}
catch(DivideByZeroException ex)
{
}
catch
```

```
    {
    }
```

此外，无异常类型的 catch 语句和 finally 语句是可选的，但必须有一个。实际应用中，可以根据需要灵活应用 try-catch-finally 语句结构，合理地处理各种异常情况。

3.6.2 throw 语句

另一个与异常处理相关的语句是 throw，其功能是抛出异常对象，其格式为：

```
throw <异常对象>;
```

如下面的代码，模拟抛出一个自定义的异常类型。

```
try
{
    throw new Exception("这个异常是抛着玩的");
}
catch (Exception ex)
{
    Console.WriteLine(ex.ToString());
}
```

相信大家也猜到了这个代码的执行结果，如图 3-2 所示。

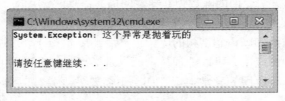

图 3-2　throw 语句

在 catch 结构中，如果不能正确处理异常，还可以继续向上一级调用者抛出异常，此时，只需要使用一个单独的 throw 语句，如下面的代码。

```
try
{
    throw new Exception("这个异常是抛着玩的");
}
catch (Exception ex)
{
    throw;
}
```

如果只有一级 try 语句结构，catch 结构中的异常会抛出到系统调用者，这样程序也就不能正常运行了。

3.6.3　应用中的异常处理

软件开发中，异常处理是一项非常重要的工作，也是程序正确运行的保证。实际工作中，一个项目的异常处理机制应该是系统化、智能化的，不同的项目或开发团队都会有自己的异常处理标准，大家可以在实践中逐渐掌握，并能够在代码中正确地处理异常。

处理异常时，有一些基本原则需要注意：
- ❏ 关于异常信息的显示，应区别对待开发者和用户。如是给用户的提示，应该是用户能够看得懂的语言描述。
- ❏ 如果用户可以自己解决，给出可行的处理方法。
- ❏ 如果用户不能解决，则应该给出进一步的支持信息，如联系管理员或开发人员。

显示异常信息时，其处理方式也与具体的项目类型相关，例如：
- ❏ 控制台项目中，可以在屏幕中直接显示信息。
- ❏ Windows 窗体应用中，可以使用消息对话框显示信息，如使用 MessageBox 类。
- ❏ 在 Web 项目中，可以使用 JavaScript 脚本中的 alert() 函数，或者是在页面中直接显示异常信息。

本书接下来的内容，并不会过多地使用 try-catch-finally 语句结构。一方面通过代码的完善来避免异常，另一方面也是为了突出更重要的功能代码。

大家在实际开发中，可以根据实际情况选择使用合理的异常处理技术与方法。

第 4 章 面向对象编程

面向对象编程（Object-Oriented Programming，OOP）是什么？这里可以从它在 C# 代码中的主要功能说起，如：

❑ 使用类（class）类型将一系列关联的数据和操作方法进行有机的封装。可以使用更直观的方式来操作，如汽车型号可以使用 car.Model="S9" 的形式设置、汽车移动可以使用 car.Move() 的形式来操作。

❑ 代码封装，如常用的数学运算封装在 Math 类中，可以使用 Math.PI 获取圆周率的值，也可以通过 Math.Sqrt() 方法计算算术平方根。

❑ 通过一系列开发技术和方法的综合应用，可以极大提高软件开发工作的效率和灵活性。

接下来，就从类与对象的概念开始，逐渐领会面向对象编程的本质，以及面向对象编程在 C# 代码中的应用特点。

4.1 类与对象

接下来，继续在 HelloConsole 项目中进行测试。首先，在"解决方案资源管理器"中选中"HelloConsole"项目，通过菜单项"项目"→"添加类"添加一个新的类，并命名为 CAuto.cs，如图 4-1 所示。

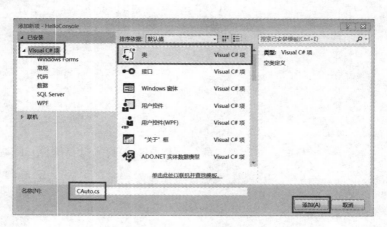

图 4-1 创建类

然后，可以看到 CAuto 类的定义，如下面的代码（CAuto.cs 文件），这些代码都是自动生成的。

```
using System;

namespace HelloConsole
{
    public class CAuto
```

```
        {
        }
}
```

虽然还没有添加内容，不过，CAuto 类已经可以使用了，如下代码在 Main() 方法中测试 CAuto 类。

```
CAuto car = new CAuto();
Console.WriteLine(car.ToString());
```

可以看到类类型的变量，也就是 car 对象，和基本数据类型的创建方法有些不同，在这里使用了 new 关键字，其功能就是实例化一个 CAuto 类的对象，这一点和结构类型的使用是相同的。

下面，在进一步学习面向对象编程之前，先明确一些基本概念：

- 类（class），也就是定义的类类型（如 CAuto）。在 .NET Framework 类库中定义了很多类，如 String 类、Object 类、Math 类等。
- 对象，也称为类的实例。简单点说，对象就是某个类类型的变量，如上述代码中的 car 就是一个对象，也称为 CAuto 类的一个实例。
- 对象必须被实例化才能正常使用，如上述代码中的 "new CAuto()" 语句就是对 car 对象进行实例化。代码中，如果只定义 "CAuto car;"，输出语句是不能正确执行的。没有实例化的对象称为空对象或空引用，使用 null 值表示，可以使用等于运算符判断一个对象是否为空对象，如 "if(car==null)"。

接下来，就来讨论类中各种成员的定义和使用。

4.2 属性与字段

介绍结构类型时，已经讨论了属性和字段的使用，在类中，字段和属性的功能是相同的，同样用来表示类的数据。

4.2.1 字段

类的字段和结构中的应用相同，实际上就是在类中直接定义的变量或对象，如下面的代码（CPerson.cs 文件）。

```
public class CPerson
{
    public string myName;
}
```

其中的 myName 就是 CPerson 类的一个字段，可以通过以下代码使用它。

```
CPerson tom = new CPerson();
tom.myName = "Tom";
Console.WriteLine(tom.myName);
```

4.2.2 属性

属性的定义比字段复杂一点，如下代码演示了标准的属性定义，将 myName 字段修改为私有的（private），然后定义一个名为 Name 的属性。

```
public class CPerson
{
    private string myName;
    // Name 属性
    public string Name
    {
        get { return myName; }
        set { myName = value; }
    }
}
```

同样，可以使用点运算符来使用这个属性，如下面的代码。

```
CPerson tom = new CPerson();
tom.Name = "Tom";
Console.WriteLine(tom.Name);
```

在 Name 属性的定义中，可以看到，传统的属性定义方式需要 3 个基本的组成部分，即保存属性数据的字段（变量），以及属性的 get 块和 set 块，其中，get 块用于返回属性值，一般来讲，使用 return 语句返回所需要的数据就可以了。set 块中，value 标识符表示设置属性时带入的数据，可以在设置属性数据时进行更多的操作，例如对数据的正确性、合理性进行检查。

如下代码（CAuto.cs 文件）定义了 CAuto 类中的 DoorCount 属性，并会在设置车门数量时对数据进行检查。

```
public class CAuto
{
    private int myDoorCount;
    //
    public int DoorCount
    {
        get { return myDoorCount; }
        set
        {
            if (value >= 0 && value <= 5)
                myDoorCount = value;
            else
                throw new Exception("车门数量不对呀,亲！");
        }
    }
}
```

如下代码测试了 DoorCount 属性的设置操作。

```
CAuto auto = new CAuto();
auto.DoorCount = 10; // 抛出异常
Console.WriteLine(auto.DoorCount);
```

执行此代码，会看到如图 4-2 所示的结果。

接下来，当将 DoorCount 属性设置为 0 ~ 5 的数值时，代码就可以正确执行。

图 4-2 类属性设置错误

4.2.3 自动属性

如果定义一个简单的属性也要这么多代码的确有点复杂，现在简化属性的定义，如下面的代码。

```
public class CPerson
{    // Name 属性
    public string Name { get; set; }
}
```

这下简单了，甚至不需要用于保存数据的字段，不用担心，编译器会处理剩下的工作。

4.2.4 只读属性

只读属性就是只能读取数据的属性。定义只读属性时，只需要 get 代码块就可以了，如下面的代码。

```
public class CPerson
{
    // Name 属性，只读
    private string myName
    public string Name
    {
        get { return myName; }
    }
}
```

当给只读属性赋值时就会产生编译错误，如下面的代码。

```
CPerson someone = new CPerson();
someone.Name = "Smith";   // 编译错误
```

在使用只读属性时应用注意，由于不能设置属性的数据，所以，只能通过其他方式来设置它的数据，例如：
- 通过类的构造函数带入数据，并使用一个内部变量保存它；
- 通过其他数据的计算得到。

4.2.5 只写属性

只写属性是指只能写入数据的属性，当然，这种属性并不常用，只是在设置辅助性的数据时可能会用到。定义只写属性时，只需要 set 语句块，并使用一个内部变量保存它，如下面的代码。

```csharp
public class CPerson
{
    private string myName;
    // Name 属性, 只写
    public string Name
    {
        set { myName = value; }
    }
}
```

不能读取只写属性的值，只能在类的属性、方法或其他成员中，通过内部字段（变量）访问只写属性的数据。如下代码将通过 SayHello() 方法显示 myName 的值。

```csharp
public class CPerson
{
    // 前面的代码
    //
    public void SayHello()
    {
        Console.WriteLine("Hello, {0}", myName);
    }
}
```

如下代码演示了 SayHello() 方法的使用。

```csharp
CPerson tom = new CPerson();
tom.Name = "Tom";
tom.SayHello();
```

4.2.6 属性的应用

字段与属性，在调用形式上是相同的，那么，对于简单的属性，为什么不选择直接使用字段呢？

在后续的学习中可以看到，接口（interface）中是不允许定义字段的，只能定义属性、方法、索引器成员。所以，在软件开发中，对于类的公共数据成员会更多地使用属性，而字段多用于对象内部数据的处理。当然，对于功能简单的类，使用字段来表示数据项也是很常见的。

关于属性，还需要说明一个术语上的习惯问题。在一些关于 .NET 的书籍和资料里，经常看到将 Attribute 翻译为"属性"，当然也不错，因为在以前，无论是系统文件的属性，还是一些开发语言中的属性，都是使用 Attribute 这一术语。不过，在 .NET 平台下，还是应该有效区分属性（Property）和特性（Attribute）比较好，这样可以避免概念上的混乱。

4.3 访问级别

访问级别是指字段、方法、属性等成员可以被访问到的限制级别，在 C# 中，类的成员有以下一些访问级别：

- 私有成员，使用 private 关键字定义，私有成员也称为内部成员，它们只在当前类的内部使用。
- 公共成员，使用 public 关键字定义，可以被外部代码调用的成员。
- 受保护成员，使用 protected 关键字定义，只能在本类或其子类中访问的成员。关于子类与继承的概念会在下一章讨论。
- 内部成员，使用 internal 关键字，定义可以被外部代码访问的成员，但只能在当前程序集内使用。
- 受保护的内部成员，使用 protected internal 定义，只能在当前程序集中的当前类或其子类中访问。

出于代码的可阅读性和直观性考虑，建议使用上述关键字来定义成员的访问级别，除非是在一些不言自明的地方，例如接口中的成员都是 public 级别的。第 6 章会讨论接口的相关内容。

此外，在代码结构（如方法、属性、条件语句、选择语句等）中定义的变量、对象等资源，只能在其定义的范围内访问和使用。

4.4 构造函数与初始化器

在对象实例化的过程中，可以进行更多的工作，例如初始化数据、打开需要的外部资源等。这些工作，可以通过类的构造函数来完成。此外，也可以通过初始化器语法来简化属性和字段数据的设置。

下面先来看一看构造函数的应用。

4.4.1 构造函数

在 C# 语言中，使用与类同名的方法定义构造函数。如下代码在 CPreson 类中创建两个构造函数，其中一个什么也不做，另一个则包含了一个参数，用于设置对象的姓名属性（Name）。

```
public class CPerson
{
    //
    public CPerson() { }
    //
    public CPerson(string sName)
    {
        Name = sName;
    }
    //
    public string Name { get; set; }
    public ESex Sex { get; set; }
}
```

接下来，通过第二个构造函数来创建对象。

```
CPerson tom = new CPerson("Tom");
Console.WriteLine(tom.Name);
```

在类中,如果没有定义任何构造函数,会自动包含一个无参数的构造函数。但是,如果创建了有参数的构造函数,就不会自动生成无参数的构造函数了,如果需要,就必须自己创建一个,就像前面 CPerson 类中定义的那样。

4.4.2 初始化器

除了使用构造函数,还可以使用一种简便的语法来初始化对象的数据,称为对象初始化器,如下面的代码。

```
CPerson tom = new CPerson { Name = "Tom", Sex = ESex.Male };
//
Console.WriteLine(tom.Name);
Console.WriteLine(tom.Sex);
```

请注意第一行代码,创建对象 tom 时,并没有在类的后面使用一对圆括号,而是使用一对花括号,并在其中设置了 Name 和 Sex 属性的值。如果使用传统的语法实现相同的功能,可以使用如下两种方式。

```
CPerson tom = new CPerson();
tom.Name = "Tom";
tom.Sex = ESex.Male;
//
Console.WriteLine(tom.Name);
Console.WriteLine(tom.Sex);
```

或:

```
CPerson tom = new CPerson("Tom");
tom.Sex = ESex.Male;
//
Console.WriteLine(tom.Name);
Console.WriteLine(tom.Sex);
```

在这两段代码中,分别使用了 CPerson 类中的两个构造函数来创建对象,大家可以思考使用构造函数与对象初始化器之间的不同。

实际应用中,如果类中定义了合适的构造函数,可以使用构造函数来创建对象,如果没有匹配的构造函数,初始化器语法就可以简化对象属性值的设置工作。另一方面,如果类中定义了很多的属性,也不太可能创建包含所有属性组合的构造函数,在这种情况下,创建对象时使用初始化器语法来设置属性的数据就是一个不错的选择。

4.4.3 构造函数链

CPerson 类中包含两个属性,可以创建同时设置这两个属性的构造函数,如下面的代码。

```
public class CPerson
{
    //
    public CPerson(string sName, ESex eSex)
    {
```

```
        Name = sName;
        Sex = eSex;
    }
    //
    public string Name { get; set; }
    public ESex Sex { get; set; }
}
```

大家可以看到，代码中删除了只有一个参数的构造函数，回想一下它的定义。

```
public CPerson(string sName)
{
    Name = sName;
}
```

在这里，如果同时定义这两个构造函数，就会看到重复的代码，即对 Name 属性赋值的代码，那么，有没有更好的方法来处理构造函数呢？看一看下面的定义如何。

```
public CPerson(string sName) : this (sName, ESex.Unknow) { }
```

请注意，在冒号的后面，this 关键字表示当前对象，这个构造函数实际上调用了包含两个参数的构造函数，这样就可以节省一些代码，也许一条语句不算什么，但如果是比较复杂的初始化代码呢？

接下来是没有参数的构造函数，它可以什么也不做，就像前面定义的那样，当然也可以明确一些事情，如下所示。

```
public CPerson() : this ("", ESex.Unknow) { }
```

此代码同样是在调用两个参数的构造函数，也可以再少写一个参数，如下面的代码。

```
public CPerson() : this ("") { }
```

这个版本中，CPerson() 构造函数实际上是在调用 CPerson(string) 构造函数，这样，这 3 个构造函数就组成了一个构造函数链，如图 4-3 所示。

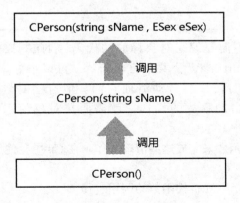

图 4-3　构造函数链

可以看到，通过构造函数链可以简化初始化代码的编写，有助于提高开发效率。

4.4.4 参数默认值

构造函数的参数中，还可以设置参数的默认值。还以 CPerson 类为例，这一次可以只使用一个构造函数解决所有问题。

```
public class CPerson
{
    //
    public CPerson(string sName = "", ESex eSex = ESex.Unknow)
    {
        Name = sName;
        Sex = eSex;
    }
    //
    public string Name { get; set; }
    public ESex Sex { get; set; }
}
```

接下来，可以使用多种形式创建 CPerson 对象，如下面的代码。

```
CPerson anonymous = new CPerson();
CPerson tom = new CPerson("Tom");
CPerson mary = new CPerson("Mary", ESex.Female);
//
Console.WriteLine("Name={0}, Sex={1}", anonymous.Name,anonymous.Sex);
Console.WriteLine("Name={0}, Sex={1}", tom.Name, tom.Sex);
Console.WriteLine("Name={0}, Sex={1}", mary.Name, mary.Sex);
```

代码中，分别使用了没有参数、一个参数和两个参数的方式来创建 CPerson 对象。当省略构造函数参数时，参数就会使用默认的数据，这样就实现了一个构造函数的多种应用形式。

稍后，还会看到更多关于参数的内容。

4.5 析构函数

大多数情况下，并不需要编写对象释放的代码，.NET Framework 平台下的 CLR（Common Language Runtime，公共语言运行库）可以很好地进行内存管理工作，在变量或对象不再使用的时候，会自动清理它们。但有些时候，会使用到一些外部资源，如果这些资源没有自动释放的操作，就需要在对象使用结束或出现异常时清理它们。

此时，可以使用析构函数来完成这些清理工作。在 C# 中，使用 "~< 类名 >" 的格式来命名析构函数。

如下代码演示了构造函数和析构函数的调用过程。

```
public class Class2
{
    // 构造函数
    public Class2()
    {
        Console.WriteLine(" 调用构造函数 ");
```

```
    }
    // 析构函数
    ~Class2()
    {
        Console.WriteLine("调用析构函数");
    }
}
```

下面的代码使用 Class2 类型的 c2 对象来看一看它们的调用。

```
Class2 c2 = new Class2();
c2 = null;
```

实际上，删除第二条语句，其执行结果是一样的。构造函数会在创建对象时自动调用，而析构函数则会在对象被释放时自动调用，代码中的第二条就是在显式地释放对象，如果没有这条语句，CLR 也会在对象不使用时自动清理它，此时，同样会自动调用析构函数。

最终，有没有第二条语句，其显示结果都会如图 4-4 所示。

此外，资源释放相关的主题还包括 6.6 节。

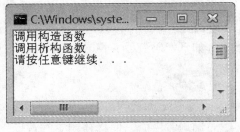

图 4-4　构造函数与析构函数的应用

4.6　方法

在类中，字段和属性定义了数据，方法则定义了一系列的操作。定义方法时，需要注意它的访问级别、返回值类型、方法名称、参数和方法体，如下面的代码所示，在 CAuto 类中定义了 MoveTo() 方法。

```
public class CAuto
{
    public void MoveTo(float x, float y)
    {
        Console.WriteLine("汽车移动到坐标({0}, {1})", x, y");
    }
}
```

如图 4-5 所示指出了 MoveTo() 方法的各个部分。

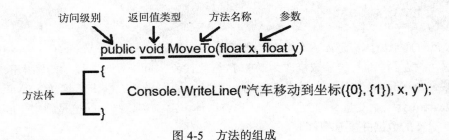

图 4-5　方法的组成

其中：
- 访问级别定义为 public（公共的），说明此方法可以被 CAuto 类外部的代码调用。
- 返回值类型定义为 void，说明此方法没有返回值。实际应用中，方法可以是 C# 中的基本数据类型，也可以是各种枚举、结构、类或接口等类型。指定了方法的返回值类型以后，就应该在方法体中使用 return 语句返回一个有效的结果。
- 方法名为 MoveTo，本书中称为 MoveTo() 方法。
- 方法名后面的一对圆括号中就是参数定义的地方，在这个方法中定义了两个参数，分别是 float 类型的 x 和 y。应用中，方法可以有一个或多个参数，也可以没有参数，如果没有参数，圆括号中空着就行了。稍后会讨论更多关于参数的内容。

以上 4 个组成部分声明了方法的调用形式，随后一对花括号中的代码，才是方法真正的实现部分。本例中，只是简单地在控制台中显示了带入的两个参数的值。

如下代码演示了 MoveTo() 方法的使用。

```
float x = 100f, y = 150f;
CAuto auto = new CAuto();
auto.MoveTo(x, y);
```

调用方法时，同样使用下圆点运算符"."，然后是方法名，参数的数据在方法名后的一对圆括号中，需要根据参数定义的顺序一一指定。指定参数时，可以使用相应类型的变量（对象）、常量，也可以使用数据的直接量。

4.6.1 按值或按引用传递参数

前面定义的 MoveTo() 方法中，两个参数都是 float 类型，而 float 是值类型，所以，当传递数据到 MoveTo() 时，实际上是传递了数据的副本，即完全复制了变量的数据。

为了说明这一点，在主方法中通过一个简单的示例来看一下。

```
// 按值传递参数
static void SetValue(int num)
{
    num = 99;
}

// 主方法
static void Main(string[] args)
{
    int x = 10;
    SetValue(x);
    Console.WriteLine(x);
}
```

在 Main() 方法中，定义了变量 x，赋值为 10，然后，调用 SetValue() 方法，它的功能很"简单"，就是将带入的参数修改为 99。执行此代码，可以发现，显示的结果依然是 10，也就是说，SetValue() 方法并没有修改变量 x 的值。原因就是，将 x 传递给 SetValue() 方法时，参数 num 会复制变量 x 的数据副本，在方法体内部，实际修改的也是副本（num）的数据，而变量 x 的数据并没有被修改。

如果需要在 SetValue() 方法内部修改 x 的值，需要对方法的定义和调用做出一点修改，如下面的代码。

```
// 按值传递参数
static void SetValue(ref int num)
{
    num = 99;
}

// 主方法
static void Main(string[] args)
{
    int x = 10;
    SetValue(ref x);
    Console.WriteLine(x);
}
```

修改的关键在于，在定义和调用方法时，在参数前都添加了 ref 关键字，它的功能就是让参数按引用传递。这样，传递到方法内的数据就不是数据的副本，而是变量在内存中的地址，在方法内修改变量的数据时，就会真正地修改变量的值。执行本代码，将看到输出结果为 99。

如果使用对象作为参数会出现什么情况呢？如下代码创建了一个 AutoModity() 方法来改装车辆。

```
// 车辆改装
static void AutoModify(CAuto auto)
{
    if (auto != null)
        auto.DoorCount = 2;
}

// 主方法
static void Main(string[] args)
{
    CAuto racer = new CAuto { DoorCount = 4 };
    AutoModify(racer);
    Console.WriteLine(racer.DoorCount);
}
```

结果会显示 2，但是并没有在 AutoModify() 方法的参数使用 ref 关键字，这是什么情况呢？

AutoModify() 方法的参数定义为 CAuto 类，而类是引用类型，这就是关键所在，在数据传递过程中（如方法的参数），值类型的默认方式是按值传递，也就是会产生数据的副本。而引用类型的默认传递方式是传递数据的内存引用位置，也就是按引用传递。

可以看到，方法的参数按引用传递，是引用类型（如类）的默认方式，如果需要对值类型（如结构、枚举）参数按引用传递，则需要使用 ref 关键字，此时，调用方法的时候也需要在相应的参数上使用 ref 关键字。如果需要完全复制对象应该怎么办呢？第 9 章会给出答案。

4.6.2 输出参数

在方法中使用参数，大多数情况下都是向方法内部传递数据，然后通过方法的返回值返回处理结果。不过，如果需要从方法中返回的数据不止一个呢？在这种情况下，可以使用输出参数。

如下代码演示了输出参数的应用。

```
// 输出参数
static void OutParam(out int result)
{
    result = 99;
}

// 主方法
static void Main(string[] args)
{
    int num;
    OutParam(out num);
    Console.WriteLine(num);
}
```

在 OutParam() 方法的定义中，在参数 result 前使用了 out 关键字，也就是将其定义为输出参数。方法体中，将 result 设置为 99。请注意，在调用 OutParam() 方法时，同样需要在参数前使用 out 关键字。

大家也许可以看到，输出参数和按引用传递的参数在形式上差不多，不过，由于输出参数的功能就是向方法外传递数据，所以，输出参数的变量不需要先赋值。当然，在方法的内部，也不应该假设输出参数的值。

最后，看一个在 .NET Framework 类库中应用输出参数的例子，也是已经使用过的 TryParse() 方法，如下面的代码。

```
string s = "123";
int result;
if (int.TryParse(s, out result)
{
    Console.WriteLine("{0} 可以转换为整数 {1}", s, result);
}
else
{
    Console.WriteLine("{0} 不能转换为整数", s);
}
```

前一章已使用过 TryParse() 方法，它的功能就是将字符串转换为指定的类型，转换成功时，方法返回 true 值，并将结果通过输出参数返回。转换不成功时，方法会返回 false 值。大家可修改字符串 s 的内容，并观察代码执行的结果。

第 9 章会讨论更多的关于数据类型转换的内容。

4.6.3 参数数组

下面将一些人"塞进"汽车。

F1 赛车只有一名驾驶员，拉力赛车包括一名驾驶员和一名领航员，一般的轿车可以塞进 5 个人……

那么，问题来了，可不可以使用一个方法就完成不同数量人员上车呢？如果在 CAuto

类中使用 AddPerson() 方法完成这项工作,它的参数应该怎么定义呢?

这是一个很典型的开发问题,请注意它的特点,多个参数的类型是相同的,在本例中使用的就是 CPerson 类。

对于这类情况,可以使用参数数组,此时,参数会设置为一个数组(第 7 章会详细讨论),并使用 params 关键字,如下面的代码(CAuto.cs 文件)。

```
//
private List<CPerson> myPeople = new List<CPerson>();
//
public void AddPerson(params CPerson[] people)
{
    if (people != null && people.Length > 0)
    {
        for (int i = 0; i < people.Length; i++)
        {
            Console.WriteLine("{0} 进车了! ", people[i].Name);
            myPeople.Add(people[i]);
        }
    }
}
```

代码中使用了 List<> 泛型类来保存乘员对象(第 7 章会详细讨论这种类型的应用)。下面在 Main() 方法中测试 AddPerson() 方法的使用。

```
// 主方法
static void Main(string[] args)
{
    CPerson tom = new CPerson { Name = "Tom" };
    CPerson jerry = new CPerson { Name = "Jerry" };
    CPerson john = new CPerson { Name = "John" };
    //
    CAuto auto = new CAuto();
    auto.AddPerson(tom);
}
```

代码中,首先创建了 3 个人(CPerson 对象),即 tom、jerry 和 john。然后,在 auto 对象中调用 AddPerson() 方法,可以在 auto.AddPerson(tom) 语句中添加更多人,如:

```
// 两个参数
auto.AddPerson(tom, jerry);
// 3 个参数
auto.AddPerson(tom, jerry, john);
```

可以看到,应用参数数组时,这些参数的类型是相同的。不过,当将数组成员设置为 object 类型时,也就可以同时指定不同类型的参数了,一个典型的应用就是 String 类中的 Format() 方法,或者是已经多次使用的 Console.WriteLine() 方法。

请注意,使用参数数组时,它应该定义在方法参数列表的最后。

4.6.4 重载

前面定义的 AddPerson() 方法,在使用时必须添加 CPerson 类型的对象,能不能创建一个调用简单点的方法呢，例如只使用名字（string 类型）就可以完成人员的添加操作。

此时，可以定义一个同名的 AddPerson() 方法，这就是方法的重载，如下面的代码（CAuto.cs 文件）。

```csharp
// 重载 AddPerson() 方法
public void AddPerson(params string[] names)
{
    if(names!=null && names.Length>0)
    {
        for(int i=0;i<names.Length;i++)
        {
            Console.WriteLine("{0}进车了! ", names[i]);
            myPeople.Add(new CPerson(names[i]));
        }
    }
}
```

在这个重载版本的 AddPerson() 方法中，将参数数组的成员类型定义为 string 类型，这样，在调用 AddPerson() 方法时，可以根据参数类型自动匹配相应版本的 AddPerson() 方法。

如下代码演示了新 AddPerson() 方法的使用。

```csharp
CAuto auto = new CAuto();
auto.AddPerson("Tom","Jerry","John");
```

实际应用中，方法的重载形式是多种多样的，但也会有一些基本的原则，主要就是，重载方法的参数类型或数量可以明确地区分，这样才能保证在调用时能够找到方法的正确版本。

此外，在介绍构造函数链时，实际上也是使用了多个重载版本的构造函数。

4.6.5 参数默认值

使用参数的默认值可以简化方法的定义，接下来通过汽车工厂制造汽车了，首先，创建 CAutoFactory 类，并创建一个 CreateCar() 方法，如下面的代码（CAutoFactory.cs 文件）。

```csharp
// 制造汽车
public class CAutoFactory
{
    public static CAuto CreateCar(int doorCount)
    {
        CAuto auto = new CAuto { DoorCount = doorCount };
        return auto;
    }
}
```

可以看到，CreateCar() 是一个很普通的方法，其中定义了一个参数，用于指定汽车的车门数量。至于 static 关键字是什么情况，细节暂时就不要太考究了，稍后在 4.9 节中会详细讨论，在这里先关注汽车的车门数量问题。

对于三厢轿车，一般会有 4 个车门，那么，是不是可以用 CreateCar() 方法中的 doorCount 参数设置一个默认值呢？当然没问题，对 CreateCar() 方法做如下修改。

```csharp
public static CAuto CreateCar(int doorCount = 4)
```

接下来，可以在 Main() 方法中进行相关的测试。如下面的代码。

```csharp
// 主方法
static void Main(string[] args)
{
    // 使用默认参数
    CAuto car1 = CAutoFactory.CreateCar();
    Console.WriteLine("默认车门数量为 {0}", car1.DoorCount);
    // 不小心买了双门车
    CAuto car2 = CAutoFactory.CreateCar(2);
    Console.WriteLine("车门数量为 {0}", car2.DoorCount);
}
```

代码中调用了两次 CreateCar() 方法。第一次，没有指定参数，此时使用默认值 4。而第二次，指定了参数值，将车门数量指定为 2。

这就是参数默认值的简单应用，开发中，灵活地应用参数默认值可以简化一些代码的编写，但也有一些问题需要注意，如：

❑ 可以在一个或多个参数中使用默认值，但应将这些参数该放在参数列表中所有没有默认值的参数后面。
❑ 使用参数默认值，可以替代一些方法的重载。但应注意重载与参数默认值之间的区别，并合理地使用它们。一般来说，只有参数序列都一样，可有可无时使用参数的默认值，当参数有很大的差异时，则更适合使用方法的重载。

4.6.6 泛型方法

泛型（generic）方法的基本作用就是，在数据类型不同，但数据操作相同的情况下，可以简化代码的编写。

先看一个简单的功能，交换两个变量的值，这也是在介绍泛型方法时经常使用的示例。如果不使用泛型，需要针对不同数据类型创建多个重载方法，如：

```csharp
Swap(ref int x, ref int y);
Swap(ref float x, ref float y);
// 支持多少类型就创建多少个重载版本
```

请注意，因为需要真的交换两个变量的值，所以方法中的两个参数都使用了 ref 关键字，定义为按引用传递的参数。

那么，使用泛型方法能简化到什么程度呢？当然是一个方法搞定，如下面的代码（Program.cs 文件）。

```csharp
// 交换变量数据泛型方法
static void Swap<T>(ref T x, ref T y)
{
    T temp = x;
    x = y;
    y = temp;
}
// 主方法
static void Main(string[] args)
```

```
{
    int x = 10, y = 99;
    Console.WriteLine("x={0}, y={1}", x, y);
    Swap<int>(ref x, ref y);
    Console.WriteLine("x={0}, y={1}", x, y);
}
```

在 Main() 方法中，可以使用 Swap() 方法交换任何类型变量的值。

接下来看一看应用泛型方法时应该注意的地方：

- 首先，在定义泛型方法时，需要在方法名的后面使用一对尖括号，其中的内容是类型标识符。请注意，这里使用大写字母 T（Type）只是一个习惯用法，你可以使用喜欢的字符来标识。如果在泛型方法中需要使用多个类型标识，可以在尖括号中用逗号分隔它们。
- 定义了类型标识，就可以在方法的参数和实现代码，以及返回值中使用它们。如 Swap() 方法中的两个参数就定义为 T 类型，方法体中也定义了 T 类型的变量 temp，用于交换 x 和 y 的数据时临时存放数据。
- 在 Swap() 方法中，只使用了赋值运算符 "="，这是每一种数据类型都已经定义的运算符。请注意，使用泛型时，只能进行类型中已经定义的操作。实际应用中，可以参考运算符重载、接口、泛型约束等内容综合制定泛型的运算与操作规则。

4.7 索引器

索引器（indexer）是什么，不知道没关系，很快，我们就会大量地使用了，它看起来是这样的：

```
int[] intArr = {1,1,2,3,5,8};
Console.WriteLine(intArr[5]);
```

如果大家学习过某种编程语言，也许可以看出来 intArr 是一个数组，在 C# 中，数组就是一个典型的索引器应用，看到一对方括号了，它就是索引器的应用标志。

在自定义的类中，同样可以创建索引器，其基本格式为：

```
<返回值类型> this [<索引类型> <索引变量>]
{
    get{}
    set{}
}
```

可以看到，索引器声明中使用了 this 关键字，索引变量定义在一对方括号中。

索引器的实现部分与属性相似，使用起来也是这样，可以通过索引设置或获取数据。类似地，如果一个索引器是只读的，只需要定义 get 块就可以了，在如下代码中，CFibonacciSequence 类（CFibonacciSequence.cs 文件）用于操作斐波那契数列，其中索引器用于返回数列中的第 n 个数值，它被定义为只读的。

```
public class CFibonacciSequence
{
    public int this [int n]
    {
```

```
            get
            {
                if (n == 1 || n == 2)
                {
                    return 1;
                }
                else if(n>2)
                {
                    int x = 1, y = 1;
                    int temp = 0;
                    for(int i=3;i<=n;i++)
                    {
                        temp = x;
                        x = y;
                        y += temp;
                    }
                    return y;
                }
                else
                { return 0; }
            }
        }
}
```

在 Main() 方法中，使用如下代码获取指定位置的数值。

```
CFibonacciSequence seq = new CFibonacciSequence();
int n= 6;
Console.WriteLine("第 {0} 个数值是 {1}", n, seq[n]);
```

可以看出来，使用这种方式只适用于获取指定位置的一个数值，如果需要获取连续的多个数值，这种方法效率并不高，不过没关系，可以再定义一个方法获取连续的数列，方法将返回一个 int 数组，关于数组更多的讨论参考第 7 章。

```
// 返回指定个数的数列
public int[] GetSequence(int count)
{
    if (count < 1) return new int[0];
    //
    int[] result = new int[count];
    result[0] = 1;
    if (count > 1) result[1] = 1;
    // 填充更多成员
    if(count>2)
    {
        for(int i=2;i<count;i++)
        {
            result[i] = result[i - 2] + result[i - 1];
        }
    }
    // 返回结果
    return result;
}
```

在 Main() 方法中测试 GetSequence() 方法的使用。

```
CFibonacciSequence seq = new CFibonacciSequence();
int[] fib = seq.GetSequence(10);
for (int i = 0; i < fib.Length; i++)
{
    Console.WriteLine(fib[i]);
}
```

请注意,索引器可以使用整数、字符串等类型作为索引,在开发中可以灵活选择使用。

4.8 分部类与分部方法

前面创建的 CAuto 类中已经对车门数量和乘员上车等操作进行了定义,现在需要一个专业团队来打造汽车引擎相关的内容。

问题是,正在继续编辑 CAuto 类,如何让另外一个团队同时加入到 CAuto 类的编辑工作呢?

答案是使用分部类。

首先,在 CAuto 类定义时使用 partial 关键字,如下面的代码(CAuto.cs 文件)。

```
public partial class CAuto
```

再创建一个文件,如下面的代码(CAuto_PartA.cs 文件)。

```
public partial class CAuto
{
    public string EngineType { get; set; }
}
```

请注意,在 CAuto_PartA.cs 文件中,定义的类名同样是 CAuto,并且同时使用 partial 关键字。这样一来,在编译时,CAuto.cs 文件和 CAuto_PartA.cs 文件中的代码就可以自动合并成完整的 CAuto 类。

如下代码在 Main() 方法中测试 EngineType 属性的使用。

```
CAuto eCar = new CAuto { DoorCount = 4, EngineType = "电动" };
Console.WriteLine("本车车门数量是{0},引擎类型是{1}",
    eCar.DoorCount, eCar.EngineType);
```

代码中同时使用了 CAuto 类,分别定义在 CAuto.cs 文件和 CAuto_PartA.cs 文件中的内容,即 DoorCount 和 EngineType 属性。

使用分部类时,还可以使用分部方法。如下代码(CClassP1.cs 文件)首先定义了 CClassP 类的一部分。

```
using System;

namespace HelloConsole
{
    public partial class CClassP
    {
        partial void MethodB();
        public void MethodA()
        {
            Console.WriteLine("MethodA is working");
```

```
        }
        public void Method()
        {
            MethodA();
            MethodB();
        }
    }
}
```

请注意其中的 MethodB() 方法的定义，它使用了 partial 关键字，此时，只是声明了 MethodB() 方法的签名，并没有真正地实现它。

接下来，在 CClassP2.cs 文件中实现这个方法，如下面的代码。

```
using System;

namespace HelloConsole
{
    public partial class CClassP
    {
        partial void MethodB()
        {
            Console.WriteLine("MethodB is working");
        }
    }
}
```

使用分部方法时应注意：
❑ 分部方法的返回值必须是 void，而且方法隐式定义为私有成员；
❑ 分部方法可以定义为实例方法或静态方法。

4.9　静态类与静态成员

前面讨论的类成员都称为实例成员，它们都必须通过类的实例（对象）来访问。接下来讨论的是不能创建对象的静态类，以及只能被类直接访问的静态成员。

其实就是一个关键字而已，在定义类时加上 static 关键字，这就是一个静态类。在成员定义时加上 static 关键字，这就是一个静态成员。不过，如果一个类被定义为静态的，那么，它的成员也都应该是静态的了。为什么呢？因为静态类是不能被实例化的（不能创建对象），对于一个不能被实例化的类，它的实例（非静态）成员有什么用呢。

还记得 CAutoFactory 类中的 CreateCar() 方法吗？它定义为静态方法，如下代码通过 CreateCar() 方法创建 CAuto 对象的代码。

```
CAuto car = CAutoFactory.CreateCar();
```

可以看到，对于静态方法，需要使用类名来调用，这就是静态方法的特点之一，那么，静态类或静态成员还有什么应用特点呢？下面就来讨论一下。

4.9.1 代码封装

如果打开帮助文档，查看 Math 类（System 命名空间）的定义，就可以看到，这是一个静态类，在这类中定义了一系列的数学计算方法，而这些方法也都定义为静态的（这是非常必要的）。

Math 类是一种典型的静态类的应用，也就是对代码进行封装。

代码的封装工作是非常重要的，本书中也封装了不少的代码，这其中的 CC 类（cschef 命名空间）就是一个静态类，大家可以在 CSChef 项目中查看它的完整定义，下面就是其中的一些内容。

```
public static class CC
{
    // 强制转换为字符串
    public static string ToStr(object obj)
    {
        return obj == null ? "" : obj.ToString();
    }

    // 获取 GUID 字符串
    public static string GuidString
    {
        get { return Guid.NewGuid().ToString("N"); }
    }
}
```

4.9.2 工厂方法

工厂方法的主要功能就是创建对象，例如，在 CAutoFactory 类中创建的 CreateCar() 方法就是一个工厂方法，它的作用就是创建 CAuto 类型的对象。而工厂方法的这一功能，从某方面来讲，可以取代构造函数的使用，因为工厂方法应用起来比较直观，同时也可以隐藏一些特殊对象的创建过程。对于不希望被调用者了解的对象创建细节，或者是对象创建过程比较复杂的情况，使用工厂方法是一个不错的选择。

例如，还是在 CAutoFactory 类中，可以创建各种车型对象，如 CreateSuv()、CreateWagon() 等方法。通过这些工厂方法，可以创建不同类型、不同配置的车型，分别设置不同的车门数量、引擎类型等各种属性。而调用者并不需要了解这些车型的创建过程，而是直接使用这些车型对象就可以了。

4.9.3 静态构造函数

非静态类或静态类中，都可以创建静态构造函数，当然，静态构造函数是为静态成员服务的。

在类中定义静态构造函数时，不需要使用访问级别关键字，而直接使用 static 关键字加上与类名相同的方法即可，如下代码对 CAutoFactory 类做一些修改。

```
public class CAutoFactory
{
```

```
    private static int myCounter = 0;
    // 静态构造方法
    static CAutoFactory()
    {
        Console.WriteLine("启动汽车工厂");
    }
    // 生产计数器，只读属性
    public static int Counter
    {
        get { return myCounter; }
    }
    // 制造汽车
    public static CAuto CreateCar(int doorCount = 4)
    {
        myCounter++;
        CAuto auto = new CAuto { DoorCount = doorCount };
        return auto;
    }
}
```

本例也是静态类与静态成员的一个综合演示，其中，定义了静态字段 myCounter、静态属性 Counter、静态方法 CreateCar() 等成员，当然，也包括静态构造函数。在如下代码中可以看到静态构造函数的调用机制。

```
// 生产3辆汽车
CAuto car1 = CAutoFactory.CreateCar();
CAuto car2 = CAutoFactory.CreateCar();
CAuto car3 = CAutoFactory.CreateCar();
//
Console.WriteLine("汽车工厂共生产了{0}辆汽车", CAutoFactory.Counter);
```

代码执行结果如图 4-6 所示。

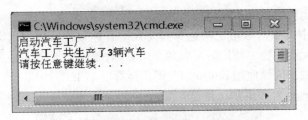

图 4-6 静态类与静态成员综合演示

从运行结果中可以看到，虽然调用了 3 次 CAutoFactory.CreateCar() 方法，但静态构造函数只执行了一次。静态构造函数只会在首次调用静态成员时自动执行一次。

此外，在实例成员中可以调用静态成员，而在静态成员中则不能调用实例成员，大家可以思考一下这是为什么。

4.10 运算符重载

问：什么时候 2−1=3 ？
答：算错的时候。

又答：运算符重载的时候。

那么，运算符重载是什么情况呢？就是添加或修改某个数据类型的运算符的运算规则，当然，一般是不会修改基本运算规则的。不过，当一个团队加一个团队等于一个大的团队时，就可以重载团队的加法运算了。

如下代码首先定义一个 CTeam 类（CTeam.cs 文件）。

```csharp
using System;
using System.Collections.Generic;

namespace HelloConsole
{
    public class CTeam
    {
        public List<CPerson> People = new List<CPerson>();
        //
        public static CTeam operator + (CTeam team1, CTeam team2)
        {
            CTeam result = new CTeam();
            result.People.AddRange(team1.People);
            result.People.AddRange(team2.People);
            return result;
        }
    }
}
```

代码中，定义了用于 CTeam 对象相加的 + 运算符，看上去可能与方法的定义相似，不过，请注意其中的一些特点：

- 运算符重载必须定义为公共的（public）和静态的（static）；
- 需要指定运算结果的类型。如示例中的 CTeam；
- 使用 operator 关键字；
- 指定重载的运算符，如示例中的 + 运算符；
- 运算符重载中的参数数量说明运算需要几个运算数，示例中定义了两个参数，说明这是一个二元运算符，使用时需要两个运算数；
- 在代码主体中，应该使用 return 语句返回运算的结果。

下面是测试 CTeam 对象的加法运算。

```csharp
// 创建两个团队
CTeam team1= new CTeam();
team1.People =
    new List<CPerson> {new CPerson("Tom"),new CPerson("Jerry") };
CTeam team2 = new CTeam();
team2.People =
    new List<CPerson> { new CPerson("张三"), new CPerson("李四") };
// 团队相加
CTeam team = team1 + team2;
// 显示团队成员
foreach(CPerson person in team.People)
{
    Console.WriteLine(person.Name);
}
```

代码中首先创建了两个 CTeam 对象，即 team1 和 team2，它们分别包括两个成员。然后，将这两个对象相加并赋值到 team 对象。最后，显示 team 对象中的成员，其运行结果如图 4-7 所示。

很多时候，重载运算符可以使用方法实现相同的功能，如下面的代码。

图 4-7　运算符重载测试

```
public static CTeam Add(CTeam team1, CTeam team2)
{
    CTeam result = new CTeam();
    result.People.AddRange(team1.People);
    result.People.AddRange(team2.People);
    return result;
}
```

实际应用中，应确保运算符有实际意义，并易于理解。此外，是使用运算符重载还是使用方法，可以根据具体的需求，以及项目约定等因素综合考虑。

4.11　扩展方法

扩展方法的功能是在无法得到类型的源代码时，对类型的功能进行扩展。例如，可以在 .NET Framework 类库中的类型中添加一些方法。

如下代码（CExtension.cs 文件）是为 String 类添加一个 GetNumberCount() 方法，其功能是统计字符串中有多少个数字。

```
using System;

namespace HelloConsole
{
    public static class CExtension
    {
        public static int GetNumberCount(this string s)
        {
            int result = 0;
            char[] chArr = s.ToCharArray();
            for(int i=0;i<chArr.Length;i++)
            {
                if (chArr[i] >= 48 && chArr[i] <= 57)
                    result++;
            }
            return result;
        }
    }
}
```

也许一眼看不出 CExtension 类中的 GetNumberCount() 方法有什么特别，不就是一个静态类中定义了一个静态方法吗？

请注意，第一个参数指定为 string 类型，而且使用了 this 关键字，这就是扩展方法的关键所在。这样一来，GetNumberCount() 方法就属于 string 类型了。

如下代码测试了 GetNumberCount() 方法的使用。

```
string s = "a3kd83kfd1a";
Console.WriteLine(s.GetNumberCount()); // 3
```

就这么简单，执行代码会显示 3，即字符串中包含 3 个数字。

如果扩展方法包含参数，可以从第 2 个参数开始设置，下面继续在 CExtension 类中添加一个扩展方法，其功能是对 int 类型添加一个 Add() 方法，它包括两个参数，功能是返回当前数值加上参数数据的和。

```
public static int Add(this int x, int y)
{
    return x + y;
}
```

使用如下代码测试 Add() 方法的使用。

```
int x = 10;
Console.WriteLine(x.Add(99)); // 109
```

在给已有的类型添加扩展方法时，应该注意以下一些问题：
- 使用静态类中的静态方法来实现扩展方法，但不能在嵌套类（其他类型中定义的类）中实现扩展方法。
- 对于扩展方法来讲，其第一个参数是关键所在。一方面，必须使用 this 关键字；另一方面，参数类型就是需要添加扩展方法的类型。参数变量（或对象）就是实际调用此方法的变量（或对象），可以在扩展方法的实现中使用。
- 从扩展方法的第二个参数开始，才是方法调用时所需要的参数。

4.12 匿名类型与 var 关键字

在数据处理过程中，有时候会临时需要一些数据的组合类型，此时，并不需要先创建类型再使用，而是直接使用数据组合就可以了，没有类型怎么用？当创建了包含数据的变量（或对象），它的类型也就明确了，虽然这种类型是无名英雄。

下面还是用代码实现。

```
var obj = new { Model = "F1", MaxSpeed = 350 };
Console.WriteLine("{0}的最高速度为{1}km/h", obj.Model, obj.MaxSpeed);
Console.WriteLine(obj.GetType().ToString());
```

先看代码的输出结果，如图 4-8 所示。

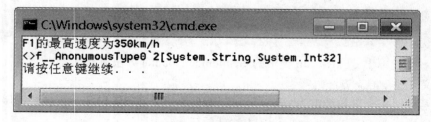

图 4-8　匿名类型

那么，代码中的 obj 是什么类型呢？我们从第 2 条输出语句中可以看出它是一个匿名类型，包含了一个 string 成员和一个 Int32 成员，这是在 obj 对象中使用的数据类型所决定的。

var 关键字的功能就是定义一个隐式类型的变量（或对象），而变量（或对象）的类型将会从它的数据中自动判断，如下面的代码。

```
var x = 99;
Console.WriteLine(x.GetType().ToString());    // System.Int32
```

代码中，并没有定义变量 x 的类型，不过，根据它的数据 99，会自动判断它的类型是 32 位整数，即 System.Int32（C# 类型 int）。代码编译时，会自动确定 var 关键字定义的变量（或对象）类型，所以，这种匿名类型的数据在执行时还是会有确定的类型（强类型）。

4.13 泛型类

前面已经介绍了泛型方法所带来的灵活性与便利性，在类的定义中，同样可以使用泛型。在 .NET Framework 类库中，使用了很多泛型类，在后续的讨论中，可以看到其中的一些应用。接下来了解如何在自己的类中使用泛型。

如下代码（CDictionaryItem.cs 文件）定义了一个泛型类，其中使用了两个类型标识。

```
using System;

namespace HelloConsole
{
    public class CDictionaryItem<K,V>
    {
        // 构造函数
        public CDictionaryItem(K key, V val)
        {
            Key = key;
            Value = val;
        }
        //
        public CDictionaryItem() { }
        // 属性
        public K Key { get; set; }
        public V Value { get; set; }
    }
}
```

代码中定义了一个字典项目类，其中包括两个属性，即 Key 和 Value 属性，那么，这两个属性是什么类型呢？可以看到，在定义类时使用了一对尖括号来包含类型标识，然后，可以在各种类成员中使用这些类型标识，如构造函数、属性、方法等。

如下代码测试了这个泛型类的使用。

```
CDictionaryItem<string, string> dictItem =
    new CDictionaryItem<string, string>();
dictItem.Key = "sun";
dictItem.Value = "太阳";
Console.WriteLine("{0}: {1}", dictItem.Key, dictItem.Value);
```

代码中，Key 和 Value 的类型都是 string，其输出如图 4-9 所示。

和泛型方法一样，泛型类中的数据标识会在代码编译时自动绑定为具体的类型。与方法重载相比，泛型可以简化代码的编写。同时，与使用 object 类型相比，泛型又可以提高代码的执行效率。

此外，应用泛型时，在定义了类型标识后，还可以使用 default 表达式返回此类型的默认值，如引用类型默认为 null 值，数值类型默认为 0 等。如下代码在 CDictionaryItem 类的构造函数中演示了此功能。

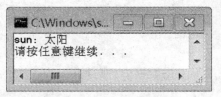

图 4-9 泛型类

```
public CDictionaryItem()
{
    Key = default(K);
    Value = default(V);
}
```

第 5 章 继承

类的继承，是面向对象编程中一个非常重要的概念，其主要功能就是代码的复用。例如，对于汽车类型，已经创建了一个 CAuto 类，当需要更具体的汽车类型，如 CCar、CSuv 等类型，就可以从 CAuto 类继承而来。

本章就来讨论继承在 C# 中的应用，主要内容包括：
- 父类与子类；
- 成员的重写；
- 抽象类与抽象方法。

在讨论继承关系之前，应该先了解应用继承的前提条件，即，一个类是否允许被继承。

默认情况下，类是可以被继承的，但有些类是不能被继承的，如使用 sealed 关键字定义的类，如下代码中定义的 ClassS 类就不能被继承。

```csharp
public sealed class ClassS
{
    // ...
}
```

接下来继续在 HelloConsole 项目中进行测试。

5.1 父类与子类

类的继承是一个相对的概念，包括继承者与被继承者。其中，被继承的类称为父类，又称为基类（base class）或超类（super class）。继承者称为子类。

在 CAuto 类中，已经定义了 DoorCount 属性、AddPerson() 方法等成员，接下来，再添加两个构造函数和 MaxSpeed 属性，如下面的代码（CAuto.cs 文件）。

```csharp
public class CAuto
{
    // 其他代码
    // 构造函数
    public CAuto()
    {
        DoorCount = 4;
    }
    //
    public CAuto(int doorCount)
    {
        DoorCount = doorCount;
    }
    // 最高时速
    public uint MaxSpeed { get; set; }
}
```

请注意，在无参数的构造函数中，将车门数量（DoorCount 属性）设置为 4。

接下来，创建两个 CAuto 类的子类，分别是 CCar 和 CSuv，将这两个类定义在一个文件中，如下面的代码（CAutoSubClass.cs 文件）。

```csharp
using System;

namespace HelloConsole
{
    //
    public class CCar : CAuto
    {
    }

    //
    public class CSuv : CAuto
    {

    }
}
```

可以看到，CCar 和 CSuv 类继承于 CAuto 类，使用冒号运算符 ":" 指定继承关系。此外，这两个类中没有定义任何成员，这种情况下，子类会自动继承父类中的非私有成员，包括无参数构造函数和其他类型的成员。

如下代码演示了 CCar 类的应用。

```csharp
CCar car = new CCar();
car.MaxSpeed = 250;
Console.WriteLine("轿车的最高时速为 {0}km/h", car.MaxSpeed);
Console.WriteLine("车门数量为 {0}", car.DoorCount);
```

其中，MaxSpeed 属性是定义在 CAuto 类中的公共成员，在 CCar 类中可以直接使用。请注意第二条输出语句会显示车门数量 4，这是在构造函数中设置的数据。

CSuv 类也是这样，大家可以自己动手进行测试。

这里简单地演示了继承的概念，其中的 CAuto 就称为 CCar 和 CSuv 的父类，而 CCar 和 CSuv 就是 CAuto 类的子类。此外，在子类中可以直接使用父类中定义的非私有成员，而且，如果在子类中没有定义构造函数，子类会继承父类中的无参数构造函数。

接下来继续了解关于构造函数继承的相关内容。

5.1.1 构造函数的继承

从前面的例子中可以看到，如果在子类中没有创建构造函数，就会继承父类中的无参数构造函数。但是，如果在子类中定义了一个有参数的构造函数，无参数的构造函数就会"消失"，如果需要，就必须重新定义它。

如下代码将在 CCar 类中创建一个构造函数，它包括一个参数，用于指定汽车的引擎类型（CAutoSubClass.cs 文件）。

```csharp
public class CCar : CAuto
{
    // 构造函数
```

```
public CCar(string engine)
{
    DoorCount = 4;
    EngineType = engine;
}
```

接下来，试着使用无参数的构造函数来创建对象，如下面的代码。

```
CCar car = new CCar();
```

执行代码，会看到错误提示，如图 5-1 所示。

图 5-1　构造函数调用错误

如果需要一个无参数的构造函数，就应该创建它，如下面的代码。

```
public CCar()
{
    DoorCount = 4;
    EngineType = "汽油发动机";
}
```

在 CCar 类的这两个构造函数中，又看到了重复的代码，这时，就可以考虑新的方法来创建构造函数。

首先，修改有一个参数的构造函数，如下面的代码。

```
public CCar(string engine)
    : base()
{
    EngineType = engine;
}
```

在这里又使用了继承，请注意 base()，它实际上是调用了父类中的无参数构造函数。在 CCar 类的这个构造函数中，首先调用父类中的构造函数，此时会将车门数量设置为 4，然后再执行自己的代码。

接下来修改无参数的构造函数，如下面的代码（CCar.cs 文件）。

```
public CCar() : this("汽油发动机") { }
```

这个构造函数足够简单了，它继承了本类中的 CCar(string engine) 构造函数。当调用 CCar 类的无参数构造函数时，会将车门数量设置为 4，引擎类型设置为汽油发动机。

如下代码演示了 CCar 类的构造函数的使用。

```
CCar car = new CCar();
Console.WriteLine("此车有 {0} 个车门", car.DoorCount);
Console.WriteLine("此车引擎为 {0}", car.EngineType);
```

代码执行结果如图 5-2 所示。

在上一章中，通过一系列构造函数创建了构造函数链，从而简化了构造函数的创建过程。在继承体系中，可以同时通过继承父类或本类中的构造函数，进一步简化构造函数的创建。

图 5-2　构造函数的继承

5.1.2　唯一没有父类的类（Object）

实际应用中，随便在哪个类中都可以使用 ToString() 方法，它的功能就是返回对象的文本描述（string 类型），只不过从来就没有定义过这个方法，那么，它是从哪里来的呢？

隐约中，你可能会感觉这是某个终极类型在起作用，是的，这就是 Object 类，它定义在 System 命名空间。

Object 类是在 .NET Framework 环境下唯一一个没有父类的类，在定义的类型中，如果没有指定其父类，它的父类就是 Object。另一方面，所创建的类，无论继承了多少层，其终极父类都是 Object，这也是为什么可以在所有对象中使用 ToString() 方法。

除了 ToString() 方法，在 Object 类中还有一些方法比较实用，如：
- GetType() 方法会返回对象（或变量）的类型（Type 类型对象），第 9 章会讨论如何使用 Type 类获取更多的类型信息。
- ReferenceEquals() 方法，判断参数中的对象是否与调用此方法的对象为同一个引用。
- Equals() 方法判断参数与调用者是否相等，如果参数为值类型（如枚举或结构）则比较内容是否相等。如果为引用类型（如类），则与 ReferenceEquals() 方法比较结果相同。

5.2　成员的重写

在子类中，如果需要，还可以重写（override）父类中的方法、属性、索引器或事件。下面讨论相关内容。

5.2.1　虚拟成员

在类中定义的方法、属性、索引器或事件，如果需要明确在子类中可以重写，就应该在定义时使用 virtual 关键字定义为虚拟成员。

虚拟成员也可以做具体的工作，即使不重写，也能够正常使用，这一点和普通成员是一样的。

如下代码（CAuto.cs 文件）是在 CAuto 类中定义一个虚拟方法 Fire()。

```
// 虚拟方法
public virtual void Fire()
{
    Console.WriteLine("汽车到底怎么开火呢？？？");
}
```

5.2.2 重写

子类中，如果需要重写虚拟成员，需要使用 override 关键字，如下代码（CWarriorJeep.cs 文件）定义的 CWarriorJeep 类继承了 CAuto 类，并添加了 Weapon 属性。请注意，这里重写了其中的 Fire() 方法。

```
public class CWarriorJeep : CAuto
{
    public string Weapon { get; set; }
    //
    public override void Fire()
    {
        base.Fire();
        if (Weapon != "")
        {
            Console.WriteLine(" 安装了武器{0}，开火试试！ ", Weapon);
        }
    }
}
```

请注意代码中的 base.Fire() 语句，通过 base 关键字调用了父类（CAuto 类）中的 Fire() 方法。这里，即使在子类里重写了父类成员，依然可以使用 base 关键字访问。

如下代码测试了 CWarriorJeep 类的使用。

```
CWarriorJeep jeep = new CWarriorJeep();
jeep.Weapon = "12.7mm 重机枪 ";
jeep.Fire();
```

代码执行结果如图 5-3 所示。

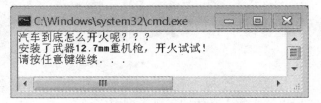

图 5-3 重写方法

5.2.3 隐藏父类成员

如果在父类中的成员没有定义为可重写的（不是虚拟、抽象或重写成员），但又需要在子类中改变这些成员的实现时，可以使用完全覆盖的方式。此时，子类中重新定义成员，并使用 new 关键字，其功能是隐藏父类中的同名成员。

如下代码在 CWarriorJeep 类中重新定义了 MaxSpeed 属性，并指定为只读属性（CWarriorJeep.cs 文件）。

```
new public uint MaxSpeed
{
    get { return 100; }
}
```

请注意，new 关键字和 override 关键字的含义不同，一般来讲，重写（override）的成员是对父类成员的功能实现或扩展。而 new 关键字则表明成员在子类中的全新实现。

5.3 抽象类与抽象方法

抽象（abstract）类是另一种不能被实例化的类，它的功能就是为其子类提供一些标准化结构或通用代码，然后由其子类具体实现。

如果一个类中定义了一个抽象成员（如方法、属性、索引器或事件），这个类就必须被定义为抽象类。

将一个类定义为抽象类时，需要使用 abstract 关键字，如下代码（CPlaneBase.cs 文件）定义了一个飞机类，但由于飞机有很多种，所以，这里只提供了飞机类的基本结构，而不代表某一种具体的飞机类型。

```csharp
// 飞机基类
public abstract class CPlaneBase
{
    // 构造函数
    public CPlaneBase(string sEngine, uint iPilotCount,uint iMaxSpeed)
    {
        EngineType = sEngine;
        PilotCount = iPilotCount;
        MaxSpeed = iMaxSpeed;
    }
    //
    public string EngineType { get; set; }
    public uint PilotCount { get; set; }
    public uint MaxSpeed { get; set; }
    //
    public abstract void Fire();
    //
}
```

在 CPlaneBase 类中定义了一个构造函数、三个属性，以及一个抽象方法 Fire()。不是所有飞机都有武器，所以，必须在具体的飞机类型中实现 Fire() 方法。而且，也正是因为 Fire() 方法是一个抽象成员，所以，CPlaneBase 类也必须定义为抽象类。

在这里，抽象类的名称最后使用 Base 字样只是一个习惯，这表示它是作为基类来使用的。

接下来，创建一个客机类，请注意其中的构造函数，它继承了父类中的构造函数。此外，重写 Fire() 方法时使用了 override 关键字，如下面的代码（CAirliner.cs 文件）。

```csharp
public class CAirliner : CPlaneBase
{
    // 构造函数
    public CAirliner()
        :base("喷气式发动机",2,1000)
    {
    }
    //
    public override void Fire()
    {
```

```
            Console.WriteLine(" 亲！客机是没有武器的！ ");
    }
}
```

然后，可以使用如下代码测试客机类。

```
CAirliner plane = new CAirliner();
plane.Fire();
```

接下来，还可以定义更多的飞机类，如战斗机（CFighter.cs 文件）。

```
using System;

namespace HelloConsole
{
    public class CFighter : CPlaneBase
    {
        // 构造函数
        public CFighter() : base(" 喷气式发动机 ", 1, 3000) { }
        //
        public override void Fire()
        {
            Console.WriteLine(" 使用机炮和导弹开火 ");
        }
    }
}
```

可以使用以下代码测试战斗机类的使用。

```
CFighter j20 = new CFighter();
j20.Fire();
```

继承提供了代码复用的一种有效方式，可以在层次分明的代码结构中发挥作用，但对于在软件中需要进行组合的组件来讲，继承就显得不是那么灵活了，此时，就需要另一种代码结构的定义方式，这就是下一章将要登场的"接口"。

第 6 章　接口

在生活和工作中，大家一定对接口的概念不会陌生，如电源接口和电脑中的各种接口，使用这些标准接口，可以根据需要连接不同功能的设备。软件开发中，接口的功能也有些类似，本章就来讨论接口在 C# 语言中的应用，主要内容包括：

- 创建接口；
- 实现接口；
- 接口的继承；
- 泛型接口；
- 泛型约束；
- using 语句与 IDisposable 接口。

6.1　创建接口

在 C# 中创建接口，需要使用 interface 关键字，如下代码创建了 IAuto 接口，接下来，会根据这个接口生产标准化的汽车。

```csharp
public interface IAuto
{
    string Model { get; set; }
    int MaxSpeed { get; set; }
    void Drive();
    void Return();
}
```

上述代码在 IAuto 接口中定义了 4 个成员，分别是 Model 属性、MaxSpeed 属性、Drive() 方法和 Return() 方法。

请注意，在定义接口成员时，并不需要指定成员的访问级别，这是因为接口并不会做任何的实际操作，而是完全由需要实现接口的类完成具体的工作。此外，接口中可以定义的成员包括方法、属性、索引器和事件，前 3 种讨论过了，而事件将在第 10 章讨论。

6.2　实现接口

接下来使用 CAutoBase 类来实现 IAuto 接口，如下面的代码（CAutoBase.cs 文件）。

```csharp
public class CAutoBase : IAuto
{
    // 构造函数
    public CAutoBase(string sModel = "", int iMaxSpeed = 180)
    {
        Model = sModel;
        MaxSpeed = iMaxSpeed;
```

```csharp
    }
    // 实现接口成员
    //
    public string Model { get; set; }
    //
    public int MaxSpeed { get; set; }
    //
    public void Drive()
    {
        Console.WriteLine("{0}型汽车正在前进", Model);
    }
    //
    public void Return()
    {
        Console.WriteLine("{0}型汽车正在倒车", Model);
    }
}
```

请注意，在定义 CAutoBase 类时，同样使用冒号，但它在这里的含义是实现（implementation），即表示 CAutoBase 类实现了 IAuto 接口。当一个类实现某个接口时，就必须实现这个接口中的所有成员。

下面的代码测试了 CAutoBase 类的使用。

```csharp
CAutoBase x1 = new CAutoBase("X1", 230);
x1.Drive();
x1.Return();
```

此外，还可以使用接口类型定义对象，但它必须实例化为一个具体类型的对象，如下面的代码。

```csharp
IAuto x3 = new CAutoBase("X3", 230);
x3.Drive();
x3.Return();
```

6.3 接口的继承

前一章讨论了类的继承问题，在这里，接口同样可以通过继承实现复用。如下代码（ITank.cs 文件）中，ITank 接口会继承 IAuto 接口。

```csharp
public interface ITank : IAuto
{
    string Weapon { get; set; }
    void Fire();
}
```

其中，ITank 接口继承了 IAuto 接口的所有成员，并新增了 Weapon 属性和 Fire() 方法。接下来使用 CTank 类实现 ITank 接口。

```csharp
public class CTank : ITank
{
    // 构造函数
```

```csharp
    public CTank(string sModel = "")
    {
        Model = sModel;
        MaxSpeed = 100;
    }
    // IAuto 接口成员
    public string Model { get; set; }
    public int MaxSpeed { get; set; }
    public void Drive()
    {
        Console.WriteLine("{0}型坦克正在前进", Model);
    }
    public void Return()
    {
        Console.WriteLine("{0}型坦克正在倒车", Model);
    }
    // ITank 接口成员
    public string Weapon { get; set; }
    public void Fire()
    {
        Console.WriteLine("{0}型坦克正在开火", Model);
    }
}
```

如下代码演示了 **CTank** 类的使用。

```csharp
CTank t99 = new CTank("T-99");
t99.Drive();
t99.Fire();
```

从这个示例中可以看到，当一个接口继承其他接口后，实现类中必须同时实现这些接口中的所有成员。

这里，CTank 类重新实现了 IAuto 接口的所有成员。由于 CAutoBase 类中已经实现了 IAuto 接口，那么是不是可以简化 CTank 类的实现呢？没有问题，如下面的代码。

```csharp
public class CTankA : CAutoBase, ITank
{
    // 构造函数
    public CTankA(string sModel) : base(sModel,100) { }

    public string Weapon { get; set; }
    public void Fire()
    {
        Console.WriteLine("{0}型坦克使用{1}开火",Model,Weapon);
    }
}
```

这样就简单多了，CTankA 类继承了 CAutoBase 类，也就实现了 IAuto 接口的成员。同时，CTankA 类又实现了 ITank 接口，在这里，只需要实现 ITank 接口成员就可以了。当然，也可以根据需要重写 Drive() 和 Return() 方法，谁让它们显示的是汽车在行动呢，这坦克伪装可真够可以的。

如下代码测试了 **CTankA** 类的使用。

```
CTankA t1 = new HelloConsole.CTankA("T-10");
t1.Weapon = "140mm 坦克炮";
t1.Fire();
```

此外,和类的继承不同,一个接口可以同时继承多个接口,如下代码定义了两个接口类型 I1 和 I2。

```
public interface I1
{
    void MethodA();
}
public interface I2
{
    void MethodA();
    void MethodB();
}
```

接下来的 I3 接口同时继承 I1 和 I2 接口,如下面的代码。

```
public interface I3 : I1, I2
{
    void MethodC();
}
```

这时,在实现 I3 接口的类中,就需要注意一些问题了,如同名成员的处理。I1 和 I2 接口中都定义了 MethodA() 方法,那么,在实现类中如何处理它们呢?在这里分为两种情况:

❑ 如果两个方法的功能完全一样,可以使用一个方法同时实现它们;
❑ 如果两个方法的功能不一样,可以使用接口名称指定实现哪个接口中的成员。

先看第一种情况,如下代码使用 CClassA 类实现 I3 接口。

```
public class CClassA : I3
{
    public void MethodA()
    { Console.WriteLine("MethodA is working."); }

    public void MethodB()
    { Console.WriteLine("MethodB is working."); }

    public void MethodC()
    { Console.WriteLine("MethodC is working."); }
}
```

可以看到,在 CClassA 类中,只实现了一个 MethodA() 方法,它会同时实现 I1 和 I2 接口的 MethodA() 方法。

第二种情况则是分别实现 I1 和 I2 接口中的 MethodA() 方法,如下面的 CClassB 类。

```
public class CClassB : I3
{
    void I1.MethodA()
    { Console.WriteLine("I1.MethodA is working."); }

    void I2.MethodA()
```

```
        { Console.WriteLine("I2.MethodA is working."); }

    public void MethodB()
    { Console.WriteLine("MethodB is working."); }

    public void MethodC()
    { Console.WriteLine("MethodC is working."); }
}
```

使用 CClassB 类时，需要区别两个 MethodA() 方法分别属于哪个接口，如下面的代码。

```
CClassB cb = new CClassB();
(cb as I1).MethodA();
(cb as I2).MethodA();
```

代码中，使用了类型转换来指明调用哪个接口中的 MethodA() 方法，这样就不会产生歧义了。更多类型转换的内容请参考第 9 章。

6.4 泛型接口

前面的内容中已经介绍了泛型方法和泛型类的应用，在接口中，同样可以使用泛型，如下面的代码（CClass5.cs 文件）。

```
public interface I5<T>
{
    T Value { get; set; }
    void SetValue(T val);
    T GetValue();
}
```

如下代码（CClass5.cs 文件）中，CClass5 泛型类实现了 I5 泛型接口。

```
public class CClass5<T> : I5<T>
{
    public T Value { get; set; }
    public void SetValue(T val)
    {
        this.Value = val;
    }
    public T GetValue()
    {
        return this.Value;
    }
}
```

如下代码演示了 CClass5<> 泛型类的使用。

```
CClass5<int> c5 = new CClass5<int>();
c5.SetValue(99);
Console.WriteLine(c5.Value);
```

此外，也可以使用泛型接口类型定义对象，如下面的代码。

```
I5<int> c5 = new CClass5<int>();
c5.SetValue(99);
Console.WriteLine(c5.Value);
```

6.5 泛型约束

使用泛型时，如果没有约束，可以使用任何类型，但有些时候，一些类型的操作可能会有功能上的限制，此时，可以通过泛型约束来实现。

如下代码中，定义了 CClass1 泛型类，其中使用了一个泛型约束，这里要求在使用 CClass1 泛型类时，T 类型必须实现了 I1 接口。

```
public class CClass1<T> where T : I1
{
    public T I1_Object;
    public void Work()
    {
        I1_Object.MethodA();
    }
}
```

接下来使用如下代码验证这一约束是否有效。

```
CClass1<CClassA> c1 = new CClass1<CClassA>();
c1.I1_Object = new CClassA();
c1.Work();
```

可以看到，这个代码可以正常工作，因为 CClassA 类实现了 I1 接口，可以使用没有实现 I1 接口的类型测试一下，看看会有什么结果。

6.6 using 语句与 IDisposable 接口

在 C# 代码中，using 关键字除了可以引用资源，还可以定义自释放代码结构，也就是在 CLR 回收机制之外，对象能够自动释放资源的机制。通过这种机制，可以在对象使用结束时，自动完成一些清理工作，但实现这一功能的对象类型必须实现了 IDisposable 接口。

实现 IDisposable 接口最简单的方法就是实现 Dispose() 方法，如下面的代码（CClassD 类）。

```
using System;

namespace HelloConsole
{
    public class CClassD : IDisposable
    {
        // 构造函数
        public CClassD()
        {
            Console.WriteLine("创建对象");
        }
        //
        public void Dispose()
        {
```

```
            Console.WriteLine(" 资源自动释放 ");
        }
    }
}
```

如下代码演示了在 using 语句结构中使用 CClassD 对象。

```
using(CClassD cd = new CClassD())
{
    //
}
```

执行此代码，结果如图 6-1 所示。

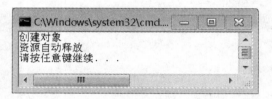

图 6-1　using 语句结构与 IDisposable 接口

可以看到，Dispose() 方法的内容会在 using 语句结构完成时自动调用。

如果在项目中使用了 COM 组件，对于资源的释放工作可能会复杂一些，不过，微软提供了一个标准的模板，如下面的代码。

```
using System;
using System.ComponentModel;

namespace HelloConsole
{
    class CClassE
    {
        // 私有成员
        private IntPtr handle;
        private Component component = new Component();
        private bool disposed = false;

        // 构造函数，带入资源句柄
        public CClassE(IntPtr handle)
        {
            this.handle = handle;
        }

        // 自动调用的方法
        public void Dispose()
        {
            Dispose(true);
            GC.SuppressFinalize(this);
        }

        // 其他辅助方法
        protected virtual void Dispose(bool disposing)
        {
            if(!this.disposed)
```

```
            {
                if(disposing)
                {
                    component.Dispose();
                }
                CloseHandle(handle);
                handle = IntPtr.Zero;
                disposed = true;
            }
        }

        [System.Runtime.InteropServices.DllImport("Kernel32")]
        private extern static Boolean CloseHandle(IntPtr handle);

        // 析构函数
        ~CClassE()
        {
            Dispose(false);
        }

    }
}
```

大家可以根据调用资源的特点参考此结构来实现 IDisposable 接口。

请注意，using 语句结构和析构函数的工作原理是有区别的，析构函数是在 CLR 清理对象时执行，但是，如果代码执行出现异常，析构函数并不保证能够正确执行。而使用 using 语句结构，无论代码执行是否正确完成，都会进行清理操作，这样，using 语句结构的执行逻辑就和 try-finally 语句结构类似，如图 6-2 所示。

```
using (<定义对象>)              <定义对象>
{                             try
  <使用对象>                    {
} // 自动调用Dispose()方法 清理对象    <使用对象>
                              }
                              finally
                              {
                                <清理对象>
                              }
```

图 6-2　using 语句结构与 try-finally 语句结构

如下代码（CClassG.cs 文件）使用 CClassG 实现了 IDisposable 接口。

```
using System;
using System.IO;

namespace HelloConsole
{
    public class CClassG : IDisposable
    {
        public void Dispose()
        {
            File.WriteAllText(@"d:\log.txt",
```

```
            "using 语句结构自动保存 ");
        }
    }
}
```

然后，执行如下代码是不会生成 d:\log.txt 文件的。

```
CClassG g = new CClassG();
g = null;
```

使用 using 语句结构就不一样了，在如下代码中使用了除零操作，这样就会产生异常，但还是会生成 d:\log.txt 文件。

```
using (CClassG g = new CClassG())
{
    int x = 10, y = 10;
    int z = 99 / (x - y);
}
```

本章讨论了接口、泛型约束，以及 using 语句结构的相关内容，大家可以在第 10 章、第 18 章等更多地感受到接口的应用特点，并能够在开发中充分发挥接口的作用，提高软件结构设计的灵活性。

第 7 章 数组与集合

软件开发中，对于相同类型或相关联的一系列数据，可以通过数组或集合更高效地组织和管理。本章讨论 C# 和 .NET Framework 中数组和集合操作的常用资源，主要内容包括：

- 数组与 Array 类；
- ArrayList 与 List<> 泛型类；
- Hashtable 与 Dictionary<> 泛型类；
- foreach 语句与枚举器。

7.1 数组与 Array 类

在 C# 中，可以使用如下的格式来定义一个数组。

```
int[] intArr;
```

其中，int 指明了数组成员的类型，一对方括号说明这是一个数组，而 intArr 就是一个数组对象。接下来可以使用一些方法指定数组的成员。

首先，如果数组的成员不多，或者没有规律，可以使用一对花括号直接定义数组的成员，如下面的代码。

```
Color[] colorArr = {Color.Red, Color.Green, Color.Blue};
```

这样，colorArr 数组就有了 3 个成员。Color 结构类型定义在 System.Drawing 命名空间，如果是在使用控制台项目，需要在项目引用和当前代码文件中引用此命名空间。

如果已知数组的成员数量，可以使用如下的语法指定。

```
int[] cards = new int[54];
```

这里使用了 new 关键字，是不是感觉这和某个类有点关系呢？是的，实际上，C# 中的数组就是 Array 类的对象，这和传统 C 风格数组的处理是不同的。

接下来，就可以使用 Array 类处理数组了，先来看一看 Array 类中有哪些常用的成员。

7.1.1 多维数组与成员数量

首先是 Length 属性，它会返回数组中的成员数量。如下代码使用 for 循环结构为 cards 数组成员赋值，其中就使用了 Length 属性。

```
for (int i=0; i < cards.Length; i++)
{
    cards[i] = i+1;
}
```

在操作数组时，可以使用整数索引来访问数组成员，其值从 0 开始，最后一个成员的索引值是成员数量减一。如上面的代码中，指定循环变量从 0 开始，并小于 Length 属性值就是这个原因。

从这个示例中可以看到，如果数组中的成员数据有一定的规律，可以通过循环语句很方便地设置和获取。

此外，使用 Length 属性时应注意多维数组的情况。如下代码首先定义一个二维数组 matrix，它包括行和列两个维度。

```
int rows = 5;
int cols = 3;
int[,] matrix= new int[rows, cols];
```

在这里，二维数组 matrix 包含了 5 行 3 列的数据结构，此时，再使用 Length 属性，就会返回所有成员数量，即 15，如下面的代码。

```
Console.WriteLine(matrix.Length);  // 15
```

那么，如果需要获取某个维度的成员数量时应该怎么办呢？此时，可以使用 GetLength() 方法，此方法包含一个参数，用于指定返回哪个维度的成员数量，其值同样是从 0 开始。如下代码将分别显示 matrix 数组中行的数量和列的数量。

```
Console.WriteLine("matrix.rows = {0}", matrix.GetLength(0)); // 5
Console.WriteLine("matrix.cols = {0}", matrix.GetLength(1)); // 3
```

在 Array 类中，Length 属性和 GetLength() 方法返回的数据是 int 类型。相关的成员还包括 LongLength 属性和 GetLongLength() 方法，这两个成员返回的数据都是 long 类型。

此外，如果需要获取数组的维度，可以使用 Rank 属性（int 类型）。

如下代码通过循环对 matrix 数组成员赋值。

```
for(int row = 0; row < rows; row++)
{
    for (int col = 0 ; col < cols ; col++)
    {
        matrix[row, col] = row * col;
    }
}
```

使用循环语句操作多维数组时，循环控制变量中应尽可能地使用有意义的名称，这样才能更清晰地处理维度。

7.1.2 成员访问与查询

对于 Array 对象中的成员，最简单的访问方式就是使用从 0 开始的索引。此外，还可以使用 SetValue() 和 GetValue() 方法分别来设置和获取数组成员的数据。

这两个方法都包含了多个重载版本，不过，综合来讲，它们的使用方法都是相似的，例如：

SetValue() 方法的第一个参数指定数组成员的值，从第二个参数开始指定维度的索引值，如第二个参数指定维度 0 的索引值，第三个参数指定维度 1 的索引值，以此类推。

GetValue() 方法用于获取数组成员的值，第一个参数指定维度 0 的索引值，第二个参数指定维度 1 的索引值，以此类推。

如下代码演示了如何通过 GetValue() 方法获取 matrix 数组成员的数据。

```
Console.WriteLine("matrix[3, 2]) = {0}", matrix.GetValue(3, 2));
```

除了一些基本的成员访问方法，在 Array 类中还定义了一系列数组成员查询和访问操作的方法。接下来，就来了解一些常用的内容。

1. IndexOf() 与 IndexOf<T>() 方法

IndexOf() 与 IndexOf<T>() 方法的功能相同，只是后者为泛型方法，它们用于在数组中查询某个成员，并返回第一个匹配成员的索引值。如果没有找到匹配的成员，则返回 –1。

如下代码演示了 IndexOf<T>() 泛型方法的使用。

```
string[] names = {"Tom", "Jerry", "Mary", "John", "Smith"};
Console.WriteLine(Array.IndexOf<string>(names, "John")); // 3
```

此外，IndexOf() 与 IndexOf<T>() 方法还可以包含第 3 个参数，用于指定开始搜索的索引值，如：

```
Console.WriteLine(Array.IndexOf<string>(names, "John", 2)); // 3
```

相关的方法还有 LastIndexOf() 方法，用于返回最后一个匹配成员的索引，如果没有找到，则同样返回 –1 值。

2. Exists<T>() 和 Find<T>() 方法

Exists<T>() 和 Find<T>() 方法功能相似，都是用于判断数组中是否包含满足条件的成员，只是它们的目的不同，Exists<T>() 方法只判断是否存在，并返回 bool 类型的判断结果。而 Find<T>() 方法则会返回第一个满足条件的成员，如果没有找到匹配的成员，则返回 T 类型的默认值。

如下代码使用 Exists<T>() 方法判断 names 数组中是否包含以字母 J 开头的成员。

```
// 主方法
static void Main(string[] args)
{
    string[] names = { "Tom", "Jerry", "Mary", "John", "Smith" };
    Console.WriteLine(Array.Exists<string>(names, JPrefix)); // True
}

// 是否字母 J 开头
static bool JPrefix(string name)
{
    if (name == null || name == "") return false;
    return name.Substring(0, 1) == "J";
}
```

代码中定义了 JPrefix() 方法，其功能是判断字符串的第一个字符是不是字母 "J"，如果是返回 true 值，否则返回 false 值。

关于字符串的更多操作会在第 9 章中介绍。

此外，如果将代码中的 Exists<T>() 方法替换为 Find<T>() 方法，则返回结果为"Jerry"。
接下来了解一些 Find<T>() 方法的变形，如：

- FindAll<T>() 方法，返回所有满足条件的数组（T[] 类型），如果没有匹配的成员，则返回一个空数组，即 Length 属性值为 0。请注意，这里返回的是空数组，而不是空对象（null 值）。
- FindIndex<T>() 方法，返回满足条件的第一个成员的索引值，如果没有满足条件的成员，则返回 –1 值。
- FindLast<T>() 方法，返回最后一个满足条件的成员，如果没有找到匹配的成员，则返回 T 类型的默认值。
- FindLastIndex<T>() 方法，返回满足条件的最后一个成员的索引值，如果没有满足条件的成员，则返回 –1 值。

如下代码将返回 names 数组中所有第一个字母是 J 的名字所组成的数组。

```
string[] names = { "Tom", "Jerry", "Mary", "John", "Smith" };
string[] jnames = Array.FindAll<string>(names, JPrefix);
//
for (int i = 0; i < jnames.Length; i++)
{
    Console.WriteLine(jnames[i]);
}
```

代码执行结果如图 7-1 所示。

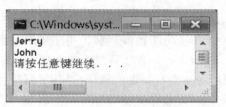

图 7-1 查询数组成员

7.1.3 成员排序

Sort() 和 Sort<T>() 方法用于对数组成员的排序操作，如下代码分别使用这两个方法对 names 数组进行排序，对于本例来说，它们的执行结果是一样的。

```
Array.Sort(names);
```

或

```
Array.Sort<string>(names);
```

如果需要指定自己的排序规则，可以使用 Sort() 方法的重载版本，先来看一个示例，对数组中字符串形式的数字进行排序，如下面的代码。

```
string[] numbers = { "1", "15", "2", "26", "3" };
Array.Sort(numbers);
for (int i = 0; i < numbers.Length; i++)
{
```

```
        Console.WriteLine(numbers[i]);
}
```

代码执行结果如图 7-2 所示。

可以看到，字符串排序的默认规则是根据字符的编码顺序。这样一来，字符串形式的数值排序结果就和数值大小的常识不一致。接下来使用一个静态的方法来改变这一排序规则，如下面的代码所示。

```
// 主方法
static void Main(string[] args)
{
    string[] numbers = { "1", "15", "2", "26", "3" };
    Array.Sort(numbers, NumericStringComparer);
    for (int i = 0; i < numbers.Length; i++)
    {
        Console.WriteLine(numbers[i]);
    }
}

// 字符串形式的数字比较
static int NumericStringComparer(string s1, string s2)
{
    if (s1 == s2) return 0;
    if (s1 == null) return -1;
    if (s2 == null) return 1;
    //
    int num1, num2;
    if(int.TryParse(s1.ToString(),out num1) &&
        int.TryParse(s2.ToString(),out num2))
    {
        return num1 - num2;
    }
    else
    {
        return string.Compare(s1, s2);
    }
}
```

代码中定义了 NumericStringComparer() 方法，它包括两个字符串类型的参数，并返回一个 int 类型的值，返回值的含义如下：

- 小于零，s1 在 s2 位置之前；
- 等于零，s1 与 s2 位置相同；
- 大于零，s1 在 s2 位置之后。

代码执行结果如图 7-3 所示。

图 7-2 数组成员排序　　　图 7-3 自定义数组成员排序规则

另一种指定排序规则的方法是使用实现 IComparer 接口的类，如下面的代码（CNumericStringComparer.cs 文件）。

```csharp
using System;
using System.Collections;

namespace HelloConsole
{
    public class CNumericStringComparer : IComparer
    {
        public int Compare(object s1, object s2)
        {
            if (s1 == null && s2 == null) return 0;
            if (s1 == null) return -1;
            if (s2 == null) return 1;
            //
            int num1, num2;
            if(int.TryParse(s1.ToString(),out num1) &&
                int.TryParse(s2.ToString(),out num2))
            {
                return num1 - num2;
            }
            else
            {
                return string.Compare(s1.ToString(), s2.ToString());
            }
        }
    }
}
```

IComparer 接口定义在 System.Collections 命名空间，需要实现其中的 Compare() 方法，它包括两个参数，即需要比较的两个对象。方法的返回值是 int 类型，含义为：

❑ 小于零，s1 在 s2 位置之前；
❑ 等于零，s1 与 s2 位置相同；
❑ 大于零，s1 在 s2 位置之后。

接下来通过 CNumericStringComparer 类定义的规则对字符串形式的数值进行排序，如下面的代码。

```csharp
string[] numbers = { "1", "15", "2", "26", "3" };
Array.Sort(numbers, new CNumericStringComparer());
for (int i = 0; i < numbers.Length; i++)
{
    Console.WriteLine(numbers[i]);
}
```

代码执行结果如图 7-4 所示。

图 7-4 数组成员排序（IComparer 接口）

7.1.4 成员反向排列

Reverse() 方法会对数组成员进行反向排列，如下所示，将 names 数组中的名字顺序反向排列。

```
string[] names = { "Tom", "Jerry", "Mary", "John", "Smith" };
Array.Reverse(names);
for (int i = 0; i < names.Length; i++)
{
    Console.WriteLine(names[i]);
}
```

代码执行结果如图 7-5 所示。

图 7-5　数组成员反向排列

7.1.5 数组复制

当需要复制数组的成员时，可以使用 Copy() 方法的一系列重载版本，它们定义为静态方法，最简单的版本是使用 3 个参数，分别是源数组对象、目标数组对象和复制的成员数量。如下代码将复制一个完整的 names 数组的副本。

```
string[] names = { "Tom", "Jerry", "Mary", "John", "Smith" };
string[] namesCopy= new string[names.Length];
Array.Copy(names, namesCopy, names.Length);
```

此外，还可以指定源数组中开始复制的索引值、目标数组中开始接收成员的索引值，以及复制的成员数量，如下面的代码。

```
string[] names = { "Tom", "Jerry", "Mary", "John", "Smith" };
string[] namesCopy = new string[names.Length];
Array.Copy(names, 2, namesCopy, 0, 3);
for (int i = 0; i < namesCopy.Length; i++)
{
    Console.WriteLine(namesCopy[i]);
}
```

此代码会将 names 中的后 3 个名字复制到 namesCopy 数组中，并从索引 0 位置开始存放。Copy() 方法使用的参数含义如下：

❑ 参数一，源数组对象；
❑ 参数二，源数组中开始复制的索引值；

- 参数三，目标数组对象；
- 参数四，目标数据开始存放成员的索引值；
- 参数五，复制的成员数量。

代码执行结果如图 7-6 所示，可以看到 namesCopy 数组中的后两个成员为空。

另一个用于数组复制的方法是 CopyTo() 方法，它定义为实例方法，包括两个参数：参数一指定接受成员的目标数组；参数二指定目标数组中开始接收数组成员的索引位置。如下面的代码。

```
string[] names = { "Tom", "Jerry", "Mary", "John", "Smith" };
string[] namesCopy = new string[names.Length + 1];
names.CopyTo(namesCopy, 1);
for (int i = 0; i < namesCopy.Length; i++)
{
    Console.WriteLine(namesCopy[i]);
}
```

代码执行结果如图 7-7 所示，可以看到，namesCopy 数组是从第二个成员，即索引值为 1 的位置开始接收 names 数组成员的。

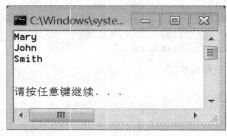 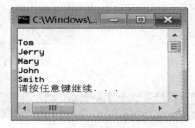

图 7-6　数组成员复制　　　　图 7-7　Array.CopyTo() 方法应用

7.1.6　统计方法

对于数组或集合来讲，还有一项很实用的功能，就是可以对其成员进行简单的统计操作。例如在数值数组中，可以使用以下这些常用的统计方法：

- Min() 方法，求最小值；
- Max() 方法，求最大值；
- Average() 方法，求平均值；
- Sum() 方法，求和。

如下代码演示了这 4 种方法的使用。

图 7-8　数组中的统计方法

```
double[] arr = { 10.0, 15.0, 19.9, 21.0, 23.6 };
Console.WriteLine("最小值是{0}",arr.Min());
Console.WriteLine("最大值是{0}", arr.Max());
Console.WriteLine("平均值是{0}", arr.Average());
Console.WriteLine("和是{0}", arr.Sum());
```

代码输出结果如图 7-8 所示。

除了上述 4 种统计方法，它们还都有各自的泛型版本，大家可以参考使用。此外，更多关于集合数据统计和查询功能会在第 11 章介绍。

7.1.7 其他常用成员

除了以上讨论的成员，Array 类还有一些比较常用的成员需要关注，如：

Empty<T>() 方法，这是在 .NET Framework 4.6 版本中添加的新成员，定义为一个静态方法，用于返回一个空数组对象，其成员类型为 T。如下面的代码。

```
int[] intArr = Array.Empty<int>();
```

Clear() 方法用于将数组中指定范围的成员设置为成员类型的默认值，它包括 3 个参数：
- 参数一，需要清理的数组对象；
- 参数二，指定清理开始的索引；
- 参数三，指定清理的成员数量。

如下代码将数组的全部成员初始化为 0。

```
int[5] intArr = {1,2,3,4,5};
Array.Clear(intArr, 0, intArr.Length); // 成员全设置为 0
```

Resize<T>() 方法，重新设置数组的成员数量。此方法包括两个参数：参数一定义为引用（ref）参数，指定需要重置的数组；参数二为新的成员数量。如下代码演示了此方法的使用。

```
int[] intArr = { 1,2,3,4,5};
Array.Resize<int>(ref intArr, 3);
```

使用 Resize<T>() 方法时应注意：
- 当新的成员数量大于原数组成员数量时，新成员会添加到数组中其他成员的后面，新成员的值为 T 类型的默认值。
- 当新的成员数量小于原数组时，会从数组的后面截断，前面的成员值不变。如上面的代码，intArr 的成员会变成 1、2 和 3。

7.2 ArrayList 与 List<> 泛型类

ArrayList 类定义在 System.Collections 命名空间，同样用于数组处理，它和 Array 类有一些相似的地方，例如成员的顺序是固定的，都可以使用整数索引来访问数组成员。但它们也有很多不同点，例如，Array 数组的成员一旦确定，就只能通过 Resize() 方法来修改成员数量，修改成员的位置也相对麻烦一些，而 ArrayList 对象可以更有效地动态管理数组成员。

List<> 泛型类定义在 System.Collections.Generic 命名空间，与 ArrayList 类的功能相似，都可以动态地管理有序数组。在 ArrayList 类中，成员的类型都定义为 object 类型，使用过程中可能需要进行类型转换操作。但 List<> 类在使用时会明确数组成员的类型，这么做的好处就是，代码执行的效率会更高。所以，在条件允许的情况下，更建议使用 List<> 泛型类。

除了成员类型处理方式的不同，ArrayList 类和 List<> 泛型类的成员操作是非常相似的。接下来，创建一个 List<string> 对象用于本部分的代码测试，ArrayList 类则可以参考这些内容使用。

```
List<string> names = new List<string>() { "Tom", "Mary", "Smith" };
```

代码中，names 对象的成员类型定义为 string 类型，并包括 3 个成员。

7.2.1 成员访问与查询

首先，可以使用 Count 属性得到对象中的成员数量，如下代码使用 for 循环显示 names 对象的成员。

```
for (int i = 0; i < names.Count; i++)
{
    Console.WriteLine(names[i]);
}
```

了解了 List<> 对象的成员数量以后，就可以正确地使用它们的索引值了。和 Array 数组一样，索引值是从 0 开始。

如果需要查询对象是否包含某个成员，可以使用 Contains() 方法，如下面的代码。

```
Console.WriteLine(names.Contains("Jerry")); // False
Console.WriteLine(names.Contains("Tom")); // True
```

如果需要判断是否包含自定义条件的成员，可以使用 Exists() 方法，还记得前面创建的 JPrefix() 方法吗？这里接着用，如下面的代码。

```
Console.WriteLine(names.Exists(JPrefix)); // False
```

代码显示 False 值，即在对象的成员中并不包含以字母 J 开头的名字。

Contains() 和 Exists() 方法都返回 bool 类型的值，如果需要查询成员的索引值，可以使用 IndexOf() 方法，它包括几个重载版本，如：

- IndexOf(T) 方法，参数指定查询的成员，如"names.IndexOf("Mary");"语句返回 1。
- IndexOf(T, Int32) 方法，参数一指定查询的成员，参数二指定开始搜索的索引值。
- IndexOf(T, Int32, Int32) 方法，参数一指定查询的成员，参数二指定开始搜索的索引值，参数三指定参与搜索的成员数量。
- 与 IndexOf() 方法功能相对应的是 LastIndexOf() 方法，其功能是返回查询结果中最后一个成员的索引值，没有找到时同样返回 –1 值。

此外，还可以使用一系列的 Find×××() 方法，根据自定义条件查询成员，如：

- Find() 方法，通过自定义的条件查询成员，如果存在，则返回第一个满足条件的成员，否则返回成员类型的默认值。如" names.Find(JPrefix);"语句将返回一个空字符串（String.Empty 值）。
- FindLast() 方法，根据参数中的自定义条件搜索成员，返回满足条件的最后一个成员，如果没有找到，则返回成员类型的默认值。
- FindAll() 方法，通过自定义条件查询成员，并返回所有查询结果组成的 List<> 对象。如果没有找到则返回一个空的 List<> 对象，而不是 null 值，对象的 Count 属性为 0。如" names.FindAll(JPrefix);"。
- FindIndex(Predicate<T>) 方法，通过自定义的条件查询成员，返回第一个匹配成员的索引值，如果没有找到满足条件的成员，则返回 –1。如" names.FindIndex(JPrefix);"

语句就返回 –1 值。
- FindIndex(Int32, Predicate<T>) 方法，参数一指定开始搜索的索引值，参数二指定自定义的条件。返回结果为第一满足条件的成员索引值，没有找到则返回 –1 值。
- FindIndex(Int32, Int32, Predicate<T>) 方法，参数一指定开始搜索的索引值，参数二为搜索的成员数量，参数三为设置搜索条件。返回结果为第一满足条件的成员索引值，没有找到则返回 –1 值。
- FindLastIndex(Predicate<T>)、FindLastIndex(Int32, Predicate<T>) 和 FindLastIndex(Int32, Int32, Predicate<T>) 方法，其功能是返回满足条件的最后一个成员的索引值，没有满足条件的成员时同样返回 –1 值。

7.2.2 添加成员

在 List<> 对象中添加成员，主要可以使用以下 4 个方法。

（1）Add() 方法，将参数中指定的成员添加到 List<> 对象的最后。如 "names.Add("Sam");"。

（2）AddRange() 方法，将参数中的集合成员添加到当前集合对象中，如下面的代码。

```
List<string> names = new List<string>() { "Tom", "Mary", "Smith" };
List<string> names1 = new List<string>() { "John", "Jack", "Jerry" };
names.AddRange(names1);
foreach (string s in names)
{
    Console.WriteLine(s);
}
```

（3）Insert() 方法，参数一指定成员插入的索引位置，参数二指定需要插入的成员，如 "names.Insert(1, "Jerry");"。使用 Insert() 方法时应注意，参数一的取值为 0（新成员为第一个成员）到 Count 属性值（新成员作为最后一个成员）的范围。

（4）InsertRange() 方法，用于添加一组成员，参数一指定插入新成员的索引位置，参数二指定需要插入的成员集合，集合对象类型需要实现 IEnumerable<T> 接口。如下面的代码。

```
List<string> names = new List<string>() { "Tom", "Mary", "Smith" };
string[] namesOther = { "Gates", "Jobs" };
names.InsertRange(0, namesOther);
for (int i = 0; i < names.Count; i++)
{
    Console.WriteLine(names[i]);
}
```

代码执行结果如图 7-9 所示。

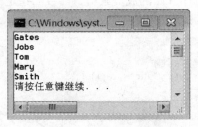

图 7-9　插入集合对象

7.2.3 删除成员

删除 List<> 对象的成员时,也可以根据需要使用多个方法,如:
- Clear() 方法,删除所有成员,操作后对象的 Count 属性为 0;
- Remove() 方法,删除某个对象,参数指定需要删除的对象,如"names.Remove("Tom");";
- RemoveAt() 方法,删除某个索引位置的对象,参数指定索引值,如"names.Remove(1);";
- RemoveRange() 方法,删除某个索引范围内的对象,参数一指定删除开始的索引值,参数二指定删除的成员数量,如"names.RemoveRange(0 ,2);";
- RemoveAll() 方法,删除所有满足条件的成员,如下面的代码。

```
List<string> names = new List<string>()
    { "Tom", "Jerry", "Mary", "John" , "Smith" };
names.RemoveAll(JPrefix);
for (int i = 0; i < names.Count; i++)
{
    Console.WriteLine(names[i]);
}
```

代码执行结果如图 7-10 所示,可以看到,调用 RemoveAll() 方法后,会从 names 对象中删除所有以字母 J 开头的名字。

图 7-10 删除成员

7.2.4 成员排序

对 List<> 成员排序时,可以使用 Sort() 方法的几个重载版本,如:
- Sort() 方法,使用默认方法对成员排序;
- Sort(IComparer<T>) 方法,使用自定义的比较方法排序;
- Sort(Int32, Int32, IComparer<T>) 方法,使用指定的比较器,对指定范围内的成员进行排序,参数一指定排序开始的成员索引,参数二指定需要排序的成员数量。

如下代码演示了第二个重载版本的使用。

```
List<string> numbers = new List<string>{ "1", "15", "2", "26", "3" };
numbers.Sort(NumericStringComparer);
for (int i = 0; i < numbers.Count; i++)
{
    Console.WriteLine(numbers[i]);
}
```

其中的 NumericStringComparer 方法是前面介绍 Array 类时定义的,再借来用一下。代码执行结果如图 7-11 所示。

图 7-11 List<> 对象成员排序

7.2.5 成员反向排列

Reverse() 方法用于成员的反向排列,包括两个重载版本,如:
- Reverse() 方法,将整个 List<T> 对象中的成员反向排列;
- Reverse(Int32, Int32) 方法,将指定范围的成员反向排列,其中参数一指定开始反向排列的索引,参数二指定需要反向排列的成员数量。

如下代码演示了 Reverse() 方法的使用。

```
List<string> names = new List<string>() {"Tom", "Mary", "Smith"};
names.Reverse();
for (int i = 0; i < names.Count; i++)
{
    Console.WriteLine(names[i]);
}
```

代码执行结果如图 7-12 所示。

图 7-12 List<> 对象成员反向排列

7.2.6 成员复制

在 List<> 泛型类中,可以使用 CopyTo() 方法来复制数组成员,此方法包括几个重载版本,如:
- CopyTo(T[]) 方法,将全部成员复制到参数中指定的 Array 对象;
- CopyTo(T[], Int32) 方法,将全部成员复制到参数中指定的 Array 对象,参数二指定 Array 对象开始接收成员的索引位置;
- CopyTo(Int32,T[], Int32, Int32) 方法,参数一指定开始复制的索引位置,参数二为接收成员的 Array 对象,参数三为接收数组开始存放成员的索引,参数四指定复制的成员数量。

如下代码演示了 CopyTo() 方法的使用。

```
List<string> names = new List<string>()
            { "Tom", "Jerry", "Mary", "John", "Smith" };
string[] namesCopy = new string[8];
names.CopyTo(namesCopy, 2);
for (int i = 0; i < namesCopy.Length; i++)
{
    Console.WriteLine(namesCopy[i]);
}
```

代码执行结果如图 7-13 所示。

图 7-13　List<> 对象成员复制

此外,如果需要将 ArrayList 或 List<> 对象转换为 Array 对象,可以使用 ToArray() 方法。在 ArrayList 对象中,ToArray() 方法会自动转换为 object[] 类型,如下面的代码。

```
ArrayList arrList = new ArrayList();
arrList.Add(1);
arrList.Add(3);
arrList.Add(5);
object[] arr = arrList.ToArray();
//
foreach(object e in arr)
{
    Console.WriteLine(e);
}
```

如果需要设置成员类型,可以使用 ToArray(Type) 方法,如下代码将 ArrayList 对象转换为 int[] 类型。

```
int[] arr = (int[])arrList.ToArray(typeof(int));
```

List<> 对象中的 ToArray() 方法就很简单了,其返回的数组成员就是使用泛型时指定的类型,如下面的代码。

```
List<int> lst = new List<int>();
lst.Add(1);
lst.Add(3);
lst.Add(5);
int[] arr = lst.ToArray();
```

7.3 Hashtable 与 Dictionary<> 泛型类

Hashtable 类用于处理"键 (key)/ 值 (value)"对应的项目集合，即，集合中的项目都由一个唯一的"键"来标识，而成员的数据（值）是通过"键"访问。这里，"键"就是数据项的名称，是不能重复的，而数据则不能包含 null 值。

如下代码演示了如何创建 Hashtable 对象，并通过 foreach 语句结构显示它的成员。

```
Hashtable hash = new Hashtable()
        { {"sun","太阳"}, {"earth","地球"},{"moon","月亮"}};
foreach(string key in hash.Keys)
{
    Console.WriteLine(hash[key]);
}
```

代码执行结果如图 7-14 所示。

代码中的"sun""earth""moon"就是集合成员中的"键"，对应的"值"分别是"太阳""地球""月亮"。

在 Hashtable 类中，键和值都定义为 object 类型，和 ArrayList 的应用相似，在处理过程中可能需要类型转换操作。针对这一情况，Hashtable 也有一个对应的泛型版本，即 Dictionary<> 泛型类。

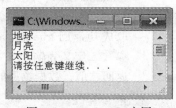

图 7-14 Hashtable 应用

可以看到，Dictionary（字典）这个名称可以更好地解释示例代码中的数据结构。如下代码使用 Dictionary<> 泛型类重写前面的示例。

```
Dictionary<string, string> dict = new Dictionary<string, string>()
        { {"sun","太阳"}, {"earth","地球"},{"moon","月亮"}};
foreach(string key in dict.Keys)
{
    Console.WriteLine(dict[key]);
}
```

应用中，Dictionary 泛型类需要指定两个数据类型，前者为"键"的类型，后者为"值"的类型。代码中将两个类型都设置为 string。

接下来，首先看一看 Dictionary<> 泛型类的常用成员，Hashtable 类的成员则可以参考这些内容使用。

7.3.1 成员访问与查询

- Count 属性，返回集合中的成员数量。请注意，Hashtable 类和 Dictionary<> 泛型类可以使用 Count 属性获取成员的数量，但不能使用整数索引访问成员。而且，使用这两种集合类型时，也不应该假设成员的顺序。
- 索引器访问，参数为数据项的键，如循环结构中的"dict[key]"，或者是 dict["sun"]。
- Keys 属性，返回集合中所有"键"的集合，如前面示例通过 foreach 语句结构访问集合成员时就使用了 Keys 属性。
- Values 属性，返回集合中所有"值"的集合。如下代码显示了 dict 对象中所有值的内容。

```
Dictionary<string, string> dict = new Dictionary<string, string>()
        { {"sun"," 太阳 "}, {"earth"," 地球 "},{"moon"," 月亮 "}};
foreach(string value in dict.Values)
{
    Console.WriteLine(value);
}
```

代码执行结果如图 7-15 所示。

- ContainsKey() 方法，判断集合中是否包含指定"键"的数据项，参数指定需要查询的"键"名，如"dict.ContainsKey("sun");"。
- ContainsValue() 方法，判断集合的成员中是否包含指定的"值"，参数指定需要查询的"值"，如"dict.ContainsValue(" 月亮 ");"。

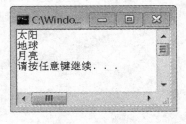

图 7-15 Values 属性应用

- TryGetValue() 方法，尝试获取指定"键"的数据，获取成功返回 true 值，否则返回 false 值。其中，参数一指定需要返回数据的"键"，参数二定义为输出参数，用于返回数据项的"值"。如果没有找到指定的"键"，则返回"值"数据类型的默认值。如下代码演示了 TryGetValue() 方法的应用。

```
Dictionary<string, string> dict = new Dictionary<string, string>()
        { {"sun"," 太阳 "}, {"earth"," 地球 "},{"moon"," 月亮 "}};
string key = "sun";
string value;
if (dict.TryGetValue(key, out value))
    Console.WriteLine("{0} : {1}", key, dict[key]);
else
    Console.WriteLine("{0} 项目不存在 ", key);
```

代码执行结果如图 7-16 所示，大家可以修改 key 的值观察执行结果。

图 7-16 TryGetValue() 方法应用

7.3.2 修改成员

- Add() 方法，向集合中添加一个数据项，第一个参数为数据的"键"，第二个参数为数据的值。如"dict.Add("mars"," 火星 ");"。
- Clear() 方法，删除集合中的所有数据项。
- Remove() 方法，根据指定"键"删除集合的数据项。如"dict.Remove("moon");"。

7.4 foreach 语句与枚举器

前面讨论了 Array 类、ArrayList 类、List<> 泛型类、Hashtable 类和 Dictionary<> 泛型

类的应用,它们有一个共同的特点,就是都可以使用 foreach 语句结构来访问成员。

先来看 foreach 语句结构的应用格式。

```
foreach(<成员类型> <成员变量> in <集合对象>)
{
    <语句块>
}
```

如下代码演示了使用 foreach 语句结构访问数组对象成员。

```
string[] arr = { "abc","def","ghi"};
foreach (string s in arr)
{
    Console.WriteLine(s);
}
```

那么,什么样的对象才能使用 foreach 语句结构呢?答案是,类型必须实现 IEnumerable 接口(System.Collections 命名空间)或 IEnumerable<T> 泛型接口(System.Collections.Generic 命名空间)。

下面主要讨论 IEnumerable<T> 泛型接口的应用,实现这个接口时,需要实现 GetEnumerator() 方法,其定义如下。

```
IEnumerator<T> IEnumerable.GetEnumerator()
```

可以看到,GetEnumerator() 方法的返回值定义为 IEnumerator<T> 泛型接口类型,在这个接口中,需要实现以下 3 个成员:

❑ Current 只读属性,返回枚举中的当前成员。
❑ MoveNext() 方法,移动到下一个枚举成员,如果成员存在则返回 true 值,否则返回 false 值。
❑ Reset() 方法,指向枚举中的第一个成员。

通过实现 IEnumerable<T> 和 IEnumerator<T> 泛型接口,可以创建自己的可枚举类型。接下来以一个双向链表的结构来演示相关内容。

首先是一个基本的数据节点类型,定义为 CNode 类,如下面的代码(CNode.cs 文件)。

```
using System;
namespace HelloConsole
{
    public class CNode
    {
        //
        public CNode(string sName)
        {
            Name = sName;
        }
        //
        public string Name { get; set; }
        //
        public CNode PreviousNode { get; set; }
        public CNode NextNode { get; set; }
    }
}
```

CNode 本身很简单，它的主要数据只有 Name 属性。然后，PreviousNode 属性表示当前节点的前一节点对象，如果为 null 值则说明此节点是链表中的第一个成员。NextNode 属性表示当前节点的下一节点对象，如果为 null 值则说明此节点是链表中的最后一个成员。通过这两个属性，就可以将一系列的 CNode 对象组成一个可以顺序访问的双向链表结构。

接下来是一个枚举器数据类型 CNodeEnumerator，它实现了 IEnumerator<T> 接口，如下面的代码（CNodeEnumerator.cs 文件）。

```csharp
using System;
using System.Collections;
using System.Collections.Generic;

namespace HelloConsole
{
    public class CNodeEnumerator : IEnumerator<CNode>
    {
        private CNode curNode;
        //
        public CNodeEnumerator(CNode node)
        {
            curNode = node;
        }
        // IEnumerator<CNode> 接口成员
        public CNode Current
        {
            get { return curNode; }
        }
        object IEnumerator.Current
        {
            get { return (object)curNode; }
        }
        public bool MoveNext()
        {
            if (curNode.NextNode != null)
            {
                curNode = curNode.NextNode;
                return true;
            }
            else
            {
                return false;
            }
        }
        public void Reset()
        {
            while(curNode.PreviousNode != null)
            {
                curNode = curNode.PreviousNode;
            }
        }
        //
        public void Dispose()
        {
            curNode = null;
        }
```

        }
}

除了 IEnumerator<> 泛型接口中的 Current 属性、MoveNext() 方法和 Reset() 方法，还需要实现从 IEnumerator 接口继承而来的 Current 属性（object 类型）和 Dispose() 方法。

大家可以从代码中看到链表的向上或向下操作方式，那么，如何才能够使用 foreach 语句结构来操作这样的节点集合呢？下面使用 CNodeCollection 类来实现，它实现了 IEnumerable<> 泛型接口，如下面的代码（CNodeCollection.cs 文件）。

```csharp
using System;
using System.Collections;
using System.Collections.Generic;
namespace HelloConsole
{
    public class CNodeCollection : IEnumerable<CNode>
    {
        //
        private CNode startNode = new CNode("");
        //
        public void Add(CNode node)
        {
            // 添加到链表最后
            CNode lastNode = startNode;
            while (lastNode.NextNode != null)
            {
                lastNode = lastNode.NextNode;
            }
            lastNode.NextNode = node;
            node.PreviousNode = lastNode;
        }
        //
        public IEnumerator<CNode> GetEnumerator()
        {
            return new CNodeEnumerator(startNode);
        }
        IEnumerator IEnumerable.GetEnumerator()
        {
            return (IEnumerator)GetEnumerator();
        }
    }
}
```

CNodeCollection 类实现了 IEnumratable<> 接口，同样，除了自己的 GetEnumerator() 方法（返回 IEnumerator<CNode> 类型），还需要实现从 IEnumeratable 接口继承而来的 GetEnumerator() 方法（返回 IEnumerator 类型）。

```csharp
// 最后，我们通过下面的代码来测试。
CNodeCollection nodeColl = new CNodeCollection();
nodeColl.Add(new CNode("a"));
nodeColl.Add(new CNode("b"));
nodeColl.Add(new CNode("c"));
nodeColl.Add(new CNode("d"));
nodeColl.Add(new CNode("e"));
//
```

```
foreach(CNode node in nodeColl)
{
    Console.WriteLine(node.Name);
}
```

代码执行结果如图 7-17 所示。

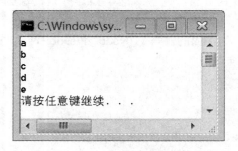

图 7-17　foreach 语句结构与枚举器

7.5　小结

本章介绍了一些常用的集合类型，其中：

- Array 类是在 .NET Framework 中操作数组的基本类型，但在使用时也会有一些局限性，例如，对于成员的操作不够灵活。
- ArrayList 类和 List<> 泛型类则可以更加灵活和高效地处理有序的集合对象，和 Array 一样，这两个类的成员可以使用整数索引进行访问，有效的索引范围是从 0 到成员数量减 1。
- Hashtable 类和 Dictionary<> 泛型类用于处理"键/值"对应的数据集合，需要注意的是，这两个集合对象中的成员是"无序"的，只能通过数据项的"键"来访问数据的"值"。而且，成员的"键（名称）"是不能重复的，而"值（数据）"不能为 null 值。

另一个需要注意的问题是使用泛型类型和非泛型类型之间的区别，如果成员的类型一致，建议使用泛型集合类，这样，在编译时会绑定成员数据的具体类型，而不是在程序运行时进行类型的判断和转换操作，所以，使用泛型类型的代码在执行时会更加高效。当然，对于非泛型集合类型，如 ArrayList 和 Hashtable 等类型中的成员，都定义为 object 类型，此时，处理不同类型的成员会更灵活。

最后，演示了如何通过 IEnumerator<> 和 IEnumeratable<> 接口创建能够使用 foreach 语句结构访问的集合类型。实际开发中，如果 System.Collections 和 System.Colletions.Generic 命名空间中的集合类型不能满足开发需求，就可以创建自己的可枚举类型。

第 8 章　日期与时间

日期和时间的处理，是软件开发中比较常见的工作，在 .NET Framework 中，已经提供了一系列的资源来完成这些工作。本章讨论相关资源的应用，并对常用功能进行封装，主要内容包括：
- DateTime 结构；
- 区域；
- 日期与时间格式化；
- 中国农历；
- 星期与季节计算；
- 节日判断。

8.1　DateTime 结构

DateTime 结构定义在 System 命名空间，是处理日期和时间的基本类型之一。处理日期和时间时，其最小单位是 Tick。在这里，1Tick 等于 100 毫微秒，即一秒的万分之一。

DateTime 结构中，有几个静态成员可以帮助快速获取特定的日期和时间信息，如：
- MaxValue 和 MinValue 字段，返回可以处理的最大和最小日期和时间数据，它们都定义为 DateTime 类型。处理日期和时间的基准时间是公元 0001 年 1 月 1 日 0 时 0 分 0 秒 000（MinValue 值），此时的 Ticks 值为 0。当获取一个 DateTime 类型的数据后，其中的 Ticks 属性（long 类型）就是距离此基准时点的 Tick 值。
- Now 属性，获取计算机系统中的当前日期和时间。
- Today 属性，获取当前系统中的当前日期，其中的时间设置为 00:00:00.000。
- UtcNow 属性，根据计算机中的当前时间和区域设置返回对应的格林尼治时间。例如，北京时间为东八区，UTC 时间就是北京时间减去 8 个小时。此外，如果需要将某个 DateTime 数据转换为 UTC 时间，可以调用 DateTime 结构中的 ToUniversalTime() 实例方法。

这几个静态成员都是 DateTime 类型的数据，用于返回一些常用的日期和时间数据。如果需要创建指定的日期和时间数据，可以使用 DateTime 结构中的一系列构造函数，常用的有：
- DateTime(Int64)，使用 Ticks 值创建日期和时间。
- DateTime(Int32, Int32, Int32)，使用年、月、日创建日期数据，时间默认为 00:00:00.000。
- DateTime(Int32, Int32, Int32, Int32, Int32, Int32)，使用年、月、日、时、分、秒创建日期和时间数据。

此外，请注意 ToOADate() 方法，它返回日期和时间相对应的 OLE 自动化时间格式数据，定义为 double 类型。这是为了和早期的日期时间格式兼容，如果大家使用过 Access、VB6 等工具开发软件，就会使用到这种日期和时间格式。当然，如果不需要考虑过去，只是在 .NET Framework 环境下开发，也可以忽略 ToOADate() 方法。

8.1.1 获取日期和时间值

在 DateTime 中，定义了一系列的属性来获取具体的日期和时间值，如：
- Year 属性，年份（int 类型）；
- Month 属性，某年的第几个月（int 类型）；
- Day 属性，在某月的第几天（int 类型）；
- Hour 属性，几点（int 类型）；
- Mintue 属性，分钟（int 类型）；
- Second 属性，秒（int 类型）；
- Millisecond 属性，毫秒数（int 类型）。

还可以通过 DayOfWeek 属性获取当日是一周中的第几天，定义为 DayOfWeek 枚举类型，其值包括：
- Sunday——0，星期日；
- Monday——1，星期一；
- Tuesday——2，星期二；
- Wednesday——3，星期三；
- Thursday——4，星期四；
- Friday——5，星期五；
- Saturday——6，星期六。

此外，DateTime 中还定义了一些常用的静态方法，如：
- IsLeapYear() 方法，判断一个年份是否为闰年。如"DateTime.IsLeapYear(2016);"返回 true，即 2016 年是闰年。
- DaysInMonth() 方法，返回指定年份中某个月份的总天数。如"DateTime.DaysInMonth(2016, 2);"返回 29，因为 2016 年是闰年，二月有 29 天。

8.1.2 日期与时间计算

在 DateTime 结构中，可以使用一系列的方法对日期和时间进行向前或向后推算，这些方法主要包括：
- AddYears() 方法，对当前日期加上指定的年份（int 类型），并返回新的 DateTime 数据；
- AddMonths() 方法，对当前日期加上指定的月份（int 类型），并返回新的 DateTime 数据；
- AddDays() 方法，对当前日期加上指定的天数（double 类型），并返回新的 DateTime 数据；
- AddHours() 方法，对当前时间加上指定的小时（double 类型），并返回新的 DateTime 数据。
- AddMinutes() 方法，对当前时间加上指定的分钟（double 类型），并返回新的 DateTime 数据；

- AddSeconds() 方法，对当前时间加上指定的秒数（double 类型），并返回新的 DateTime 数据；
- AddMilliseconds() 方法，对当前时间加上指定的毫秒数（double 类型），并返回新的 DateTime 数据；
- AddTicks() 方法，对当前时间加上指定的 Tick 值（long 类型），并返回新的 DateTime 数据。

这些方法的参数为正数时，日期和时间会向后推算，如果参数是负数，则会向前推算日期和时间。

Subtract() 方法，使用当前日期和时间值减去一个 DateTime 数据，计算两个数据之间的间隔，返回类型为 TimeSpan 类型，如下代码显示了 Subtract() 方法以及如何获取 TimeSpan 结构（System 命名空间）成员的信息。

```
DateTime dt = new DateTime(2011, 6, 26);
TimeSpan ts = DateTime.Now.Subtract(dt);
Console.WriteLine(ts.Days);   // 间隔的天数
```

请注意，如果日期和时间计算结果小于 DateTime.MinValue 或大于 DateTime.MaxValue 值时会产生异常。

8.2 区域

在 Windows 系统中，打开"控制面板"中的"区域和语言"，就会看到类似如图 8-1 所示的信息。

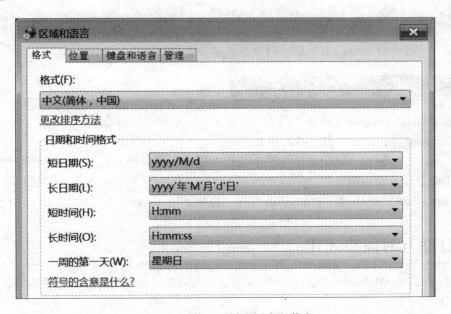

图 8-1 系统"区域和语言"信息

其中，在"格式"下拉列表中，可以看到 Windows 系统支持的国家和地区（下文简称"国家和地区"为区域）。不同区域的日期、时间、货币等数据的格式也会有所区别，那么，在软件开发中如何处理这些信息呢？

此时，可以关注 System.Globalization 命名空间下的相关资源。

8.2.1 CultureInfo 类

CultureInfo 类，直译过来是"文化信息"，不过，不同的区域会有不同的文化。

CultureInfo 类用于处理"区域"信息。使用其中的 GetCultures() 静态方法，可以获取当前系统中所支持的所有区域信息对象，如下面的代码。

```
CultureInfo[] cultures =
    CultureInfo.GetCultures(CultureTypes.AllCultures);
foreach (CultureInfo ci in cultures)
{
    Console.WriteLine(ci.Name);
}
```

通过 CultureInfo 类中的 Name 属性，可以获取区域的名称，它是由语言、国家或地区缩写组成的字符串，如：

- zh-CN，中国；
- zh-TW，中国台湾；
- ja-JP，日本；
- en-US，美国。

如果需要一个特定区域的 CultureInfo 对象，可以使用这些字符串来初始化，如下面的代码。

```
CultureInfo cn = new CultureInfo("zh-CN");
CultureInfo us = new ColtureInfo("en-US");
```

稍后，可以看到使用 CultureInfo 对象在处理日期和时间格式中的具体应用。

8.2.2 日历类

在 System.Globalization 命名空间下，还定义了一系列的日历处理类，如：

- Calendar 类，定义所有日历的基类；
- ChineseLunisolarCalendar 类，用于处理中国农历的日历。稍后，将详细介绍如何使用此类获取农历信息；
- GregorianCalendar 类，Gregorian 日历，也就是公历（阳历）。

8.3 日期与时间格式化

通过 DateTime 类型获取日期和时间数据以后，可以将它们转换为各种格式的字符串形式，常用的方法有：

- ToLongDateString() 和 ToShortDateString() 方法，分别获取长日期格式和短日期格式的字符串。请注意，这两个方法的返回结果会按计算机区域设置中的格式输出。
- ToLongTimeString() 和 ToShortTimeString() 方法，分别获取长时间格式和短时间格式

的字符串。这两个方法返回的格式同样依赖于计算机区域设置。

8.3.1 GetDateTimeFormats() 方法

在 DateTime 结构中，定义了一些 GetDateTimeFormats() 方法的重载版本，接下来看看其中的几个。

首先是没有参数的 GetDateTimeFormats() 方法，用于获取日期和时间数据中所有支持格式的字符串形式，并以 string[] 数组类型返回。如下代码演示了此方法的使用。

```
string[] dtf = DateTime.Now.GetDateTimeFormats();
foreach (string s in dtf)
    Console.WriteLine(s);
```

接下来是 GetDateTimeFormats(char) 方法，参数指定一个格式化字符，以确定方法返回的字符串格式。常用的格式化字符包括：

- d，短日期模式；
- D，长日期模式；
- f，完整的日期和时间模式（短格式）；
- F，完整的日期和时间模式（长格式）；
- g，常规日期 / 时间（短时间）；
- G，常规日期 / 时间（长时间）；
- M 或 m，月和日；
- t，短时间；
- T，长时间；
- U，通用的完整日期和时间；
- Y 或 y，年和月。

此外，还可以使用 CultureInfo 对象获取指定"区域"中所支持的日期和时间格式的字符串数组，如：

```
CultureInfo us = new CultureInfo("en-US", true);
string[] dtf = DateTime.Now.GetDateTimeFormats(us);
foreach (string s in dtf)
{
    Console.WriteLine(s);
}
```

如果只需要获取区域中日期和时间格式中某一部分的信息，可以同时使用格式化字符和区域对象，如：

```
CultureInfo cn = new CultureInfo("zh-CN", true);
string[] dtf = DateTime.Now.GetDateTimeFormats('D', cn);
foreach (string s in dtf)
{
    Console.WriteLine(s);
}
```

代码会显示中国当前时间的长日期格式字符串的各种形式，执行结果如图 8-2 所示。

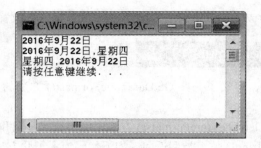

图 8-2 GetDateTimeFormats() 方法应用

8.3.2 ToString() 方法

DateTime 结构中的 ToString() 方法可谓功能强大，可以帮助获取各种格式的日期和时间字符串。当然，其中也有格式化字符的功劳。常用的格式化字符包括：

- dd，在一个月中的第几天，一位天数时在数字前补 0，如 01、02、03 等；
- ddd，显示星期几的缩写格式，如"周日"；
- dddd，显示星期几的完整格式，如"星期日"；
- gg，时期或纪元，如显示"公元"；
- hh，12 小时制的小时（1 到 12）。hh 在一位数时会在数字前补 0；
- HH 24 小时制的小时。HH 在一位数时会在数字前补 0；
- mm，分钟，一位数时会在数字前补 0；
- MM，月份，MM 在一位数时会在数字前补 0；
- MMM，显示月份名称的缩写形式；
- MMMM，显示月份名称完整形式；
- ss，显示秒数，一位数时会在数字前补 0；
- yy，显示两位年份，一位数时会在数字前补 0；
- yyyy，4 位数字的年份；
- yyyyy，5 位数字的年份；
- zz，显示时区，只显示小时部分；
- zzz，显示时区，显示小时和分钟部分。

默认情况下，使用这些格式化字符串会以当前系统"区域"设置中的格式来显示，当然，也可以使用指定 CultureInfo 对象来指定需要的区域格式，如下面的代码。

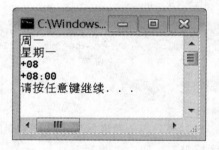

图 8-3 DateTime.ToString() 方法应用

```
CultureInfo ci = new CultureInfo("zh-CN");
Console.WriteLine(DateTime.Now.ToString("ddd", ci));
Console.WriteLine(DateTime.Now.ToString("dddd", ci));
Console.WriteLine(DateTime.Now.ToString("zz", ci));
Console.WriteLine(DateTime.Now.ToString("zzz", ci));
```

代码中使用了中国的区域设置，执行结果如图 8-3 所示。

8.4 中国农历

前面说过,使用 System.Globalization.ChineseLunisolarCalendar 类可以获取中国农历信息,接下来了解具体的实现,首先了解一些农历处理和 ChineseLunisolarCalendar 类应用的基础知识。

农历中的年份每 60 年一循环,称为一个甲子。甲子中每个年份的名称由两个汉字组成:第一个字称为"天干",共有十个;第二个字称为"地支",共有十二个,"天干"和"地支"循环排列共同组成 60 个年份的名称。此外,地支中的十二个字也对应了中国传统的十二个时辰和十二属相。

农历中的月份分为大月和小月,其中大月 30 天,小月 29 天。而且,有的年份中会有闰月的情况,此时,农历一年会有 13 个月。

在 ChineseLunisolarCalendar 类中,可以使用以下一些成员获取农历的基本信息:

- GetSexagenaryYear() 方法,根据 DateTime 数据计算农历年份(1 到 60),即年份是甲子中的第几年。
- GetCelestialStem() 方法,根据甲子年份计算天干数据(1 到 10)。
- GetTerrestrialBranch() 方法,根据甲子年份计算地支数据(1 到 12)。
- GetMonth() 方法,根据 DateTime 数据计算农历月份(1 到 13)。
- GetLeapMonth() 方法,根据农历年份计算当年的闰月是第几个,如返回 8,则第 8 个月是闰月,也就是"闰七月"。

接下来,我们将农历信息获取的功能封装为 CChineseLunisolar 类,大家可以在 CSChef 项目中看到它的完整定义,如下代码就是此类的基本定义(cschef.CChineseLunisolar.cs 文件)。

```
using System;
using System.Globalization;

namespace cschef
{
    public class CChineseLunisolar
    {
        // 当前日期(阳历)
        private DateTime myDate;
        // 甲子中的年份
        private int mySexagenaryYear;
        // 年份天干
        //private int myCelestialStem;
        // 年份地支
        private int myTerrestrialBranch;
        // 农历月份
        private int myMonth;
        // 农历闰月
        private int myLeapMonth;
        // 农历日子
        private int myDay;
```

```
        // 其他代码
    }
}
```

如下代码（cschef.CChineseLunisolar.cs 文件）是用 CaleDate() 方法完成基本的农历数据计算工作，其参数是一个 DateTime 类型的数据。

```
// 根据日期计算农历信息
private void CaleDate(DateTime dt)
{
    myDate = dt;
    ChineseLunisolarCalendar caleCn =
        new ChineseLunisolarCalendar();
    // 计算农历年份
    mySexagenaryYear = caleCn.GetSexagenaryYear(myDate);
    // 计算天干
    //myCelestialStem = caleCn.GetCelestialStem(mySexagenaryYear);
    // 计算地支
    myTerrestrialBranch =
        caleCn.GetTerrestrialBranch(mySexagenaryYear);
    // 计算月份
    myMonth = caleCn.GetMonth(myDate);
    // 闰月
    if (myDate.Month < 3 && myMonth > 9)
        myLeapMonth = caleCn.GetLeapMonth(myDate.Year - 1);
    else
        myLeapMonth = caleCn.GetLeapMonth(myDate.Year);
    // 计算日子
    myDay = caleCn.GetDayOfMonth(myDate);
}
```

在这个方法中，需要注意闰月的处理，因为闰月情况是通过阳历（公历）的年份来计算的。在农历的冬月或腊月时，就可能是阳历的第二年了，所以，在代码中做了相应的处理，以便能够正确地获取闰月的数据。

如下代码在 CChineseLunisolar 类中定义了几个构造函数和 Date 属性。

```
// 构造函数
public CChineseLunisolar(DateTime dt)
{
    CaleDate(dt);
}

public CChineseLunisolar() : this(DateTime.Now) { }

public CChineseLunisolar(int iYear, int iMonth, int iDay)
    int iHour = 0, int iMinute = 0, int iSecond = 0)
    : this(new DateTime(iYear, iMonth, iDay, iHour, iMinute, iSecond)) { }

// 属性，阳历数据
public DateTime Date
{
```

```
        get { return myDate; }
        set { CaleDate(value); }
}
```

在这里，Date 属性表示阳历日期，如果阳历日期改变，则通过 CaleDate() 方法重新计算农历数据。

有了这些基础数据，获取相应的中文信息的就很方便了。首先从年份开始，一个甲子有 60 年，创建一个包含这 60 年名称的数组，然后通过 mySexagenaryYear 的值作为索引值来返回相应的年份名称。

如下代码定义了 Year 和 YearName 属性，用于返回农历年份值和名称。

```
private static string[] yearNames = {"",
    "甲子","乙丑","丙寅","丁卯","戊辰","己巳","庚午","辛未","壬申","癸酉",
    "甲戌","乙亥","丙子","丁丑","戊寅","己卯","庚辰","辛巳","壬午","癸未",
    "甲申","乙酉","丙戌","丁亥","戊子","己丑","庚寅","辛卯","壬辰","癸巳",
    "甲午","乙未","丙申","丁酉","戊戌","己亥","庚子","辛丑","壬寅","癸卯",
    "甲辰","乙巳","丙午","丁未","戊申","己酉","庚戌","辛亥","壬子","癸丑",
    "甲寅","乙卯","丙辰","丁巳","戊午","己未","庚申","辛酉","壬戌","癸亥"};
// 农历年份
public int Year
{
    get { return mySexagenaryYear; }
}

// 农历年份
public string YearName
{
    get { return yearNames[mySexagenaryYear]; }
}
```

请注意，因为 mySexagenaryYear 变量的值是 1 到 60 的数据，所以，在 yearNames 数组中，索引 0 的位置创建了一个空字符串成员，这样，就可以直接使用 mySexagenaryYear 变量的值返回数组内容。

再看农历月份信息的获取，如下面的代码。

```
//月份名称
private static string[] monthNames =
    {"", "正月", "二月", "三月", "四月", "五月", "六月",
        "七月", "八月", "九月", "十月", "冬月", "腊月"};

// 农历月份
public int Month
{
    get { return myMonth; }
}

// 农历月份名称
public string MonthName
{
    get
```

```
        {
            if (myLeapMonth == 0 || myMonth < myLeapMonth)
                return monthNames[myMonth];
            else if (myMonth == myLeapMonth)
                return "闰" + monthNames[myMonth - 1];
            else
                return monthNames[myMonth - 1];
        }
    }
```

代码中，请注意闰月数据的处理，而且会在闰月月份的名称前加上"闰"字。

如下是农历日子的获取代码。

```
// 日子
private static string[] dayNames =
    {"", "初一", "初二", "初三", "初四", "初五",
     "初六", "初七", "初八", "初九", "初十",
     "十一", "十二", "十三", "十四", "十五",
     "十六", "十七", "十八", "十九", "二十",
     "廿一", "廿二", "廿三", "廿四", "廿五",
     "廿六", "廿七", "廿八", "廿九", "三十"};

// 日期
public int Day
{
    get { return myDay; }
}
public string DayName
{
    get { return dayNames[myDay]; }
}
```

如下是属相的获取代码。

```
// 属相名称
private static string[] animalNames =
    { "","鼠","牛","虎","兔","龙","蛇",
      "马","羊","猴","鸡","狗","猪"};

// 属相值
public int Animal
{
    get { return myTerrestrialBranch; }
}

// 属性名称
public string AnimalName
{
    get { return animalNames[myTerrestrialBranch]; }
}
```

接下来两个属性，分别返回农历当月是否为闰月，以及当前时间在一天中的时辰，如下面的代码。

```csharp
// 当月是否为闰月
public bool IsLeapMonth
{
    get
    {
        return myMonth == myLeapMonth;
    }
}

// 根据小时数返回时辰
private static string[] arrShiChen =
    {"子","丑","丑","寅","寅","卯","卯","辰","辰",
        "巳","巳","午","午","未","未","申","申",
        "酉","酉","戌","戌","亥","亥","子" };
// 返回时辰
public string ShiChen
{
    get
    {
        return string.Format("{0} 时 ", arrShiChen[myDate.Hour]);
    }
}
```

在给出时辰名称时，可以使用小时数据，其中，夜晚 23 点到次日凌晨 1 点为子时，1 点到 3 点为丑时，3 点到 5 点为寅时，以此类推。此外，前面也说过，十二个时辰的名称与十二地支是对应的。

最后，重写 ToString() 方法，用于返回完整的农历日期信息，如下面的代码。

```csharp
// 完整描述
public override string ToString()
{
    return string.Format("农历 {0}({1}) 年 {2}{3}",
        YearName, AnimalName, MonthName, DayName);
}
```

如下代码将显示当前系统日期的农历信息。

```csharp
CChineseLunisolar cl = new CChineseLunisolar();
textBox1.Text = cl.ToString();
```

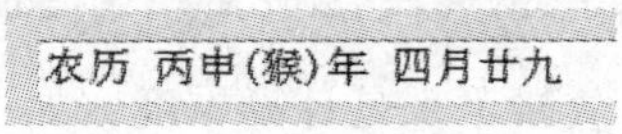

代码显示类似如图 8-4 所示的信息。

农历 丙申(猴)年 四月廿九

图 8-4 测试 CChineseLunisolar 类

8.5 星期与季度计算

DateTime 结构中定义的功能已经很丰富了，不过，还是有一些常用功能没有包括进来，例如：计算某个日期位于一年中的第几周，或者一个月中的第几周。接下来，就创建两个 DateTime 结构的扩展方法来完成这些工作，如下面的代码（cschef.CDateTime.cs 文件）。

```csharp
using System;

// 用于对日期和时间操作的扩展
namespace cschef
{
```

```
public static class CDateTime
{
    // 某一天是当年中的第几周
    public static int WeekOfYear(this DateTime dt)
    {
        DateTime firstDay = new DateTime(dt.Year, 1, 1);
        int firstSunday = (7 - (int)firstDay.DayOfWeek) % 7 + 1;
        int curDayOfYear = dt.DayOfYear;
        if (curDayOfYear < firstSunday)
            return 1;
        else if (firstSunday == 1)
            return (curDayOfYear - firstSunday) / 7 + 1;
        else
            return (curDayOfYear - firstSunday) / 7 + 2;
    }
    // 某一天是当月中的第几周
    public static int WeekOfMonth(this DateTime dt)
    {
        DateTime firstDay = new DateTime(dt.Year, dt.Month, 1);
        int firstSunday = (7 - (int)firstDay.DayOfWeek) % 7 + 1;
        if (dt.Day < firstSunday)
            return 1;
        else if (firstSunday == 1)
            return (dt.Day - firstSunday) / 7 + 1;
        else
            return (dt.Day - firstSunday) / 7 + 2;
    }
}
```

开发中,首先引用 cschef 命名空间,然后,就可以在 DateTime 类型的数据中使用这两个方法了。下面的代码就是计算系统当前日期是一年中的第几周。

```
int weekOfYear = DateTime.Now.WeekOfYear();
```

接下来是计算季度,如下面的代码(cschef.CDateTime.cs 文件)。

```
// 计算季度
public  static int Quarter(int month)
{
    return 1 + (month - 1) / 3;
}
//
public static int Quarter(this DateTime dt)
{
    return Quarter(dt.Month);
}
```

代码中,创建了 Quarter() 方法的两个版本:第一个版本定义为 CDateTime 类的静态方法,通过指定的月份计算季度,第二个版本定义为 DateTime 结构的扩展方法。

实际应用中,需要在代码文件中引用 cschef 命名空间,然后使用这两个方法。如下代码可以获取系统日期所在的季度。

```
int quarter = DateTime.Now.Quarter();
// 或
// int quarter = DateTime.Today.Quarter();
```

8.6 节日判断

本节会讨论判断某一天是不是节日（如元旦、国庆等，以及农历的除夕、春节、端午节等）的方法，接下来，就在 CDateTime 类中继续封装一些内容，用于节日的判断工作。

首先，无论是阳历节日还是农历节日，都有两种可能：
- 固定的日期，如阳历 1 月 1 日是元旦，12 月 25 日是圣诞节；农历正月初一是春节，五月初五是端午节，八月十五是中秋节。
- 不固定的日期，如 5 月的第 2 个星期日是母亲节，6 月的第 3 个星期日是父亲节。农历腊月的最后一天是除夕，可能是 29，也可能是 30。

下面将分别给出这两类节日的判断方法。

8.6.1 固定日期节日

判断固定日期节日相对简单，可以根据具体的月份和日期来判断，如下代码（cschef.CDateTime.cs 文件）中，CHoliday 类将用于定义固定节日的数据。

```
// 固定日期节日
public class CHoliday
{
    //
    public CHoliday(int month, int day, string name)
    {
        Month = month;
        Day = day;
        Name = name;
    }
    //
    public int Month;
    public int Day;
    public string Name;
}
```

接下来，在 CDateTime 类中，定义了两个静态数组，分别包含了几个固定的阳历节日和农历节日，如下面的代码（cschef.CDateTime.cs 文件）。

```
// 节日相关处理
// 阳历固定节日
public static CHoliday[] GregorianHoliday1 =
{
    new CHoliday(1,1,"元旦"),
    new CHoliday(10,1,"国庆"),
    new CHoliday(12,25,"圣诞节")
};
```

```csharp
// 农历固定节日
public static CHoliday[] LunisolarHoliday =
{
    new CHoliday(1,1,"春节"),
    new CHoliday(5,5,"端午节"),
    new CHoliday(8,15,"中秋节")
};
```

当然，节日还有很多，大家可以根据需要添加，就算加个自定义的节日也可以，就算是作品里的小彩蛋了。

8.6.2　不固定日期节日

在阳历中，不固定日期的节日一般会是几月的第几个星期几，我们使用 CHoliday1 类定义这些信息，如下面的代码（cschef.CDateTime.cs 文件）。

```csharp
// 非固定日期节日
public class CHoliday1
{
    // 构造函数
    public CHoliday1(int month,int weekOfMonth,
        int dayOfWeek,string name)
    {
        Month = month;
        WeekOfMonth = weekOfMonth;
        DayOfWeek = dayOfWeek;
        Name = name;
    }
    //
    public int Month;            // 几月
    public int WeekOfMonth;      // 第几周
    public int DayOfWeek;        // 星期几
    public string Name;          // 节日名称
}
```

在 CDateTime 类中，同样定义了一个静态数组，包含了一些阳历的非固定日期节日信息，如下面的代码（cschef.CDateTime.cs 文件）。

```csharp
// 阳历非固定节日
public static CHoliday1[] GregorianHoliday2 =
{
    new CHoliday1(5,2,0,"母亲节"),
    new CHoliday1(6,3,0,"父亲节")
};
```

其中，母亲节是 5 月的第 2 个星期日（0 值），父亲节是 6 月的第 3 个星期日。

此外，在农历节日中，只有除夕的判定有些特殊，因为腊月有时会有 29 天，有时却是 30 天，所以，在判断时需要注意一下。下面就来看一看如何根据这些已定义的数据来获取指定日期的节日信息。

8.6.3 给出节日信息

在返回节日信息时,需要使用 List<> 类型和 StringBuilder 类型,所以,别忘了在 cschef.CDateTime.cs 文件中引用 System.Collections.Generic 和 System.Text 命名空间。

首先,在 CDateTime 类中定义了 GetHolidayList() 方法,其功能是返回指定日期的所有节日名称列表,如下面的代码(cschef.CDateTime.cs 文件)。

```
// 给出指定日期的节日名称
public static List<string> GetHolidayList(this DateTime dt)
{
    List<string> lst = new List<string>();
    // 阳历固定节日
    for (int i = 0; i < GregorianHoliday1.Length; i++)
    {
        if (dt.Month == GregorianHoliday1[i].Month &&
            dt.Day == GregorianHoliday1[i].Day)
            lst.Add(GregorianHoliday1[i].Name);
    }
    // 阳历非固定节日
    for (int i = 0; i < GregorianHoliday2.Length; i++)
    {
    if (dt.Month == GregorianHoliday2[i].Month &&
        dt.WeekOfMonth() == GregorianHoliday2[i].WeekOfMonth &&
        (int)dt.DayOfWeek == GregorianHoliday2[i].DayOfWeek)
          lst.Add(GregorianHoliday2[i].Name);
    }
    // 农历固定节日,不是闰月
    CChineseLunisolar lunar = new CChineseLunisolar(dt);
    for (int i = 0; i < LunisolarHoliday.Length; i++)
    {
        if (lunar.IsLeapMonth == false &&
            lunar.Month == LunisolarHoliday[i].Month &&
            lunar.Day == LunisolarHoliday[i].Day)
            lst.Add(LunisolarHoliday[i].Name);
    }
    // 除夕,根据第二天是不是正月初一判断
    CChineseLunisolar lunarNextDay =
             new CChineseLunisolar(dt.AddDays(1));
    if (lunarNextDay.Month == 1 && lunarNextDay.Day == 1)
        lst.Add("除夕");
    //
    return lst;
}
```

CDateTime.GetHolidayList() 方法中,参数用于指定需要获取节日的日期值,这里将其定义为 DateTime 类型的扩展方法。

方法中,有了节日结构数据,对于节日的判断是很方便的,需要注意的是除夕,这里根据第二天是否为正月初一来判断。

在某些情况下,可能还需要字符串形式的节日名称,如下代码(cschef.CDateTime.cs 文件)定义的 GetHolidayName() 方法就可以根据节日名称列表组合成完整的节日名称。

```csharp
// 返回节日名称
public static string GetHolidayName(this DateTime dt,
    string separator=" ")
{
    List<string> lst = dt.GetHolidayList();
    if (lst.Count == 0) return "";
    StringBuilder sb = new StringBuilder(lst[0], 50);
    for (int i = 1; i < lst.Count; i++)
        sb.AppendFormat("{0}{1}", separator, lst[i]);
    return sb.ToString();
}
```

在 CDateTime.GetHolidayName() 方法中定义了两个参数：参数一指定日期；参数二指定多个节日名称的分割内容，默认为一个空格符。

请注意，和 GetHolidayList() 方法一样，GetHolidayName() 方法也定义为 DateTime 类型的扩展方法。

接下来测试 GetHolidayName() 方法的使用。在代码文件中引用 cschef 命名空间后，可以使用如下代码显示 2017 年 1 月 27 日的节日信息。

```csharp
DateTime dt = new DateTime(2017, 1, 27);
textBox1.Text = dt.GetHolidayName();
```

执行此代码，会在 textBox1 文本框中显示"除夕"。

第 9 章 数据处理（二）

第 2 章已经讨论了基本的数据类型以及它们的运算。但在应用软件开发中，数据处理的过程要复杂得多，例如，从界面到业务组件，再到数据库的一系列传递、转换等操作。本章继续讨论一些与数据处理相关的内容，主要包括：

- String 类；
- StringBuilder 类；
- 空值（null）处理；
- 类型判断与转换；
- 封装类型转换方法；
- 散列；
- GUID；
- 对象的复制。

9.1 String 类

本书前面的讨论中已经使用了字符串，它们都定义在一对双引号中，这些字符串都是 String 类（System 命名空间）的实例，也就是说，字符串是引用类型。不过，String 类定义的是不可变字符串，其内容创建后就不能修改，如果字符串有复制、修改、连接等操作时，就会重新分配内存，并生成一个新的字符串对象。

第 2 章已经介绍了转义字符、逐字字符串等内容，接下来看一看 String 类中有哪些实例成员，并了解一些常见的字符串操作。

9.1.1 常用成员

索引器访问，通过从 0 开始的索引值，可以从字符串中获取指定位置的字符（char 类型），如下面的代码。

```
string s = "abcdefg";
Console.WriteLine(s[2]);                // c
```

Length 属性，用于获取字符串中的字符数量，如下面的代码。

```
string s = "abcdefg";
Console.WriteLine(s.Length);            // 7
```

Contains() 方法，判断字符串中是否包含指定的内容，如下面的代码。

```
string s = "abcdefg";
Console.WriteLine(s.Contains("def"));   // True
```

请注意，此方法会区分字母的大小写。

StartsWith() 和 EndsWith() 方法，分别测试字符串开始位置（前缀）或结束位置（后缀）是否匹配参数中指定的内容，如下面的代码。

```
string s = "abcdefg";
Console.WriteLine(s.StartsWith("abc"));   // True
Console.WriteLine(s.EndsWith("abc"));     // False
```

这两个方法还可以在第二个参数指定对于字母大小写的处理，如下面的代码。

```
string s = "abcdefg";
Console.WriteLine(s.StartsWith("Abc", false, null));   // False
```

IndexOf() 和 LastIndexOf() 方法，检查指定的字符或字符串第一次或最后一次出现的索引位置，如下面的代码。

```
string s = "abcdefg";
Console.WriteLine(s.IndexOf('b'));          // 1
Console.WriteLine(s.LastIndexOf("efg"));    // 4
```

此外，这两个方法还有一些重载版本，例如，第二参数还可以指定开始搜索的索引位置，如下面的代码。

```
string s = "abcdefgabcdefg";
Console.WriteLine(s.IndexOf('b', 5));   // 8
```

Insert() 方法，在指定的索引位置（参数一）插入指定内容（参数二），并返回新的字符串对象，如下面的代码。

```
string s = "abcd";
Console.WriteLine(s.Insert(2, "***"));   // ab***cd
```

Remove() 方法，从字符串中删除指定范围的内容，参数一指定开始删除的索引位置。参数二指定删除的字符数量，如果不指定，则删除从参数一指定位置开始的所有内容，如下面的代码。

```
string s = "abcdefg";
Console.WriteLine(s.Remove(3));      // abc
Console.WriteLine(s.Remove(3, 3));   // abcg
```

Replace() 方法，在字符串中，将参数一的内容替换为参数二的内容，如下面的代码。

```
string s = "abcdefgabc";
Console.WriteLine(s.Replace("abc", "***"));   // ***defg***
Console.WriteLine(s.Replace("defg", "*"));    // abc*abc
```

除了指定替换字符串，还可以使用字符替换字符，即两个参数都使用 char 类型。

Substring() 方法，截取字符串的一部分，参数一指定开始截取的索引位置。参数二指定截取的字符数量，如果不指定，则截取从参数一指定位置以后的全部内容，如下面的代码。

```
string s = "abcdefg";
Console.WriteLine(s.Substring(3));      // defg
Console.WriteLine(s.Substring(3, 3));   // def
```

Split() 方法，将字符串分割成一个字符串数组，第一个参数指定分割字符或字符数组，参数二指定分割后的数组成员数量，如果不指定，则会对字符串的全部内容进行分割，如下面的代码。

```
string s = "a,b,c,d";
string[] arr1 = s.Split(',');        // a,b,c,d
foreach (string ss in arr1)
    Console.WriteLine(ss);
//
Console.WriteLine("-----------------");
//
char[] chars = { ',' };
string[] arr2 = s.Split(chars, 3);   // a,b,c
foreach (string ss in arr2)
    Console.WriteLine(ss);
```

代码执行结果如图 9-1 所示。请注意，如果参数二指定的分割成员数量大于实际能够分割的成员数量，则会忽略此参数。

ToCharArray() 方法，将字符串转换为字符数组（char[] 类型），如下面的代码。

```
string s = "abcd";
char[] chars = s.ToCharArray();
foreach(char ch in chars)
    Console.WriteLine(ch);
```

ToLower() 和 ToUpper() 方法，分别将字符串中的字母转换为小写或大写，并返回新的字符串，如下面的代码。

```
string s = "ABCabc";
Console.WriteLine(s.ToLower());   // abcabc
Console.WriteLine(s.ToUpper());   // ABCABC
```

Trim()、TrimStart() 和 TrimEnd() 方法。其中，TrimStart() 方法删除字符串开始位置的空白字符（如空格、制表符等），TrimEnd() 方法删除字符串结束位置的空白字符。而 Trim() 方法则同时删除字符中开始和结束位置的空白字符，如下面的代码。

```
string s = "   abc   ";
Console.WriteLine(s.TrimEnd());
Console.WriteLine(s.Trim());
```

代码执行结果如图 9-2 所示。

图 9-1　分割字符串

图 9-2　删除字符串首尾空白字符

PadLeft() 和 PadRight() 方法，返回指定宽度的字符串，PadLeft() 方法用于在字符串的左边填充字符，PadRight() 方法在字符串的右边填充字符。它们的参数一都用于指定字符串显示的宽度，参数二指定填充字符，如果不指定，则使用空格填充，如下面的代码。

```
string s = "abc";
Console.WriteLine(s.PadLeft(8));
Console.WriteLine(s.PadLeft(8, '*'));
Console.WriteLine(s.PadRight(8));
Console.WriteLine(s.PadRight(8, '*'));
```

代码执行结果如图 9-3 所示。

在 String 类中，还有一些常用的类成员，如：

String.Empty 值，表示一个空的字符串（""），请注意，这里是空白的字符串对象，而不是空对象（null）。

Join() 方法将一个字符串数组或字符数组合为一个字符串，此方法有一些重载方法，这里只看其中的两个：参数一指定连接后的分割内容，不需要时可设置为空字符串；参数二指定字符数组或字符串数组，如下面的代码。

图 9-3　字符串填充方法应用

```
char[] chars = { 'a', 'b', 'c', 'd' };
string[] strings = { "a", "b", "c", "d" };
Console.WriteLine(String.Join("", chars));     // abcd
Console.WriteLine(String.Join("", strings));   // abcd
```

实际应用中，也可以直接从第二个参数开始——列出需要连接的内容，因为第二个参数定义为参数数组，如下面的代码。

```
Console.WriteLine(String.Join("",'a','b','c','d')); // abcd
Console.WriteLine(String.Join("","a","b","c","d")); // abcd
```

Compare() 方法，用于比较两个字符串，参数一和参数二指定需要比较的字符串，参数三可选，指定是否忽略字母的大小写，默认是 false。

请注意，Compare() 方法会返回整数值，只有为 0 时，两个字符串的内容才是一致的。如下代码演示了 Compare() 方法的使用。

```
string s1 = "Abc";
string s2 = "abc";
Console.WriteLine(string.Compare(s1, s2));        // 1
Console.WriteLine(string.Compare(s1, s2, true));  // 0
Console.WriteLine(string.Compare(s1, s2, false)); // 1
```

此外，Compare() 方法还有一些重载版本，可以参考帮助文档使用。

9.1.2　字符串格式化

大家一定对 Console.WriteLine() 方法不会陌生了，它可以将各种类型的数据组合为字符串。String 类中的 Format() 方法也有相似的功能，如：

```
int x = 3, y = 4;
string s = string.Format("x + y = {0}", x + y);
Console.WriteLine(s);
```

无论是使用 Console.WriteLine() 方法、String.Format() 方法，还是稍后讨论的 String-

Builder.AppendFormat()方法，都可以使用一些格式化字符指定数据的字符串格式，如：
- C 或 c，显示为货币类型，使用当前系统区域设置中的货币格式；
- D 或 d，显示为数字，可指定数字位数，只能用于整数；
- E 或 e，显示为科学型计算格式；
- F 或 f，显示为小数，可指定小数位数；
- N 或 n，使用数字分隔符显示；
- P 或 p，按百分比显示；
- X 或 x，显示为十六进制形式，其中，使用 X 时，十六进制中的字符（A～F）显示为大写。

如下代码演示了一些常用格式化字符的使用。

```
decimal d = 123456.789m;
int i = 12811;
Console.WriteLine("{0:c}", d);
Console.WriteLine("{0:d6}", i);
Console.WriteLine("{0:e}", d);
Console.WriteLine("{0:f6}", d);
Console.WriteLine("{0:n}", d);
Console.WriteLine("{0:p1}", 0.25);
Console.WriteLine("{0:x2}", i);
```

代码执行结果如图 9-4 所示。

此外，如果需要获取指定国家或地区的货币格式，还可以在参数中使用 CultureInfo 对象。如下代码会显示中国和美国的货币格式。

```
decimal d = 1.23m;
Console.WriteLine(d.ToString("c", new CultureInfo("zh-CN")));
Console.WriteLine(d.ToString("c", new CultureInfo("en-US")));
```

代码执行结果如图 9-5 所示。

图 9-4　格式化字符应用

图 9-5　获取国家和地区货币格式

9.2　StringBuilder 类

前面了解了 String 类，它是基本的字符串处理类型。不过，String 对象定义为不可变字符串，修改字符串内容时，就会生成新的字符串对象，对于大量的字符串组合操作来讲，其效率是非常低的。此时，可以使用 StringBuilder 类，它定义在 System.Text 命名空间。

9.2.1 构造函数

StringBuilder 类的构造函数有一些重载版本,其中,无参数的构造函数就没什么特别的了,下面主要了解 3 个版本的构造函数,即:
- StringBuilder(Int32) 构造函数,参数用于指定 StringBuilder 的初始尺寸,指定此数据后,会分配相应的内存空间给 StringBuilder 对象,如果 StringBuilder 对象的内容小于或等于这个尺寸,在对象的使用过程中就不会再有分配内存的操作了。
- StringBuilder(Int32, Int32) 构造函数,参数一同样指定初始尺寸,参数二指定 StringBuilder 对象允许的最大尺寸。
- StringBuilder(String, Int32) 构造函数,参数一指定初始的字符串内容,参数二指定初始尺寸。

如下代码创建了一个初始尺寸为 255 的 StringBuilder 对象。

```
StringBuilder sb = new StringBuilder(255);
```

9.2.2 内容操作

接下来,了解一些 StringBuilder 类的常用方法。
- Append() 方法,在 StringBuilder 类中定义了 Append() 方法的一系列重载版本,通过这些方法,可以将各种类型的数据追加到 StringBuilder 对象。
- AppendFormat() 方法,和 String.Format() 方法的使用格式相似,可以使用格式化字符将不同类型的数据组合后追加到 StringBuilder 对象。
- AppendLine() 方法,添加内容后会自动添加一个换行符。不使用参数时,会在 StringBuilder 对象中添加一个换行符,即添加一个空行。
- Insert() 方法,将指定的内容添加到指定的位置。其中,参数一指定插入的索引位置,参数二指定插入的内容,可以是各种基本数据类型。
- Replace() 方法,将 StringBuilder 对象中的字符或字符串替换为指定的内容(字符或字符串),主要了解以下两个重载版本:
  - Replace(String, String) 方法,在 StringBuilder 对象中,将参数一的内容替换成参数二的内容。
  - Replace(String, String, Int32, Int32) 方法,在指定范围内,将参数一的内容替换成参数二的内容。参数三指定开始替换操作的索引位置,参数四指定参与替换操作的字符数量。
- Clear() 方法,清除 StringBuilder 对象中的所有内容。
- Remove() 方法,用于删除 StringBuilder 对象中指定范围的内容,参数一指定开始的字符索引位置,参数二指定删除的字符数量。
- ToString() 方法,内容组合完成后,使用 ToString() 方法返回最终的结果,返回值为 string 类型。

9.2.3 缓存功能

StringBuilder 类的另一个重要的功能就是作为缓存对象,例如,调用 WinAPI 函数时,可以使用 StringBuilder 对象来接收函数返回的字符串内容。

如下代码通过 WinAPI 函数获取 Windows 的安装路径。

```csharp
using System;
using System.IO;
using System.Runtime.InteropServices;
using System.Text;
using System.Windows.Forms;

namespace cschef.winx
{
    public static class CPath
    {
        // 缓存尺寸
        const int bufferSize = 255;

        // 引用 WinAPI, Windows 安装路径
        [DllImport("kernel32.dll")]
        private static extern int
                GetWindowsDirectory(StringBuilder sb, int length);

        // 属性, Windows 安装路径
        public static string WinDir
        {
            get
            {
                StringBuilder buff = new StringBuilder(bufferSize);
                int result = GetWindowsDirectory(buff, bufferSize);
                if (result == 0)
                    return "";
                else
                    return buff.ToString();
            }
        }
    }
}
```

这是封装在 cschef.sysx 命名空间中的 CPath 类，其中 WinDir 属性用于获取 Windows 的安装路径，如 "c:\Windows"。

代码中，可以看到 StringBuilder 对象在 WinAPI 函数 GetWindowsDirectory() 中的使用，在第一个参数中，sb 对象的作用就是从函数缓存路径信息，并通过 ToString() 方法返回这个路径。

9.3 空值（null）处理

在 C# 中，空值使用 null 表示，它表示一个没有被初始化的对象。此外，数据库操作中也有空值的概念，同样也使用 null 值表示，不过，数据库中的空值表示没有数据。为了区分它们，在 .NET Framework 中使用 DBNull.Value 值来表示数据库中的空值。

第 17 章会介绍 SQL Server 数据库应用的相关知识，可以参考使用。

9.3.1 可空类型

数据库中，包括数值类型在内，都可以定义为没有数据，即空值。第 2 章中讨论的 C# 数值类型，如 int 类型，其取值范围中并没有包括空值，那么，在 C# 代码中，如何处理数值的空值状态呢？

答案是使用可空（nullable）类型。

可空类型是指非可空类型（值类型）添加问号（?）后生成的数据类型，如 int 的可空类型就是 int?，称为"可空 int 类型"。如下代码演示了 int? 类型的使用。

```
int? x = null;
if (x == null)
    Console.WriteLine("x 没有数据");
else
    Console.WriteLine("x 的值是 {0}", x);
```

可以修改 x 的值来观察代码执行的结果，如 x=10。

9.3.2 ?? 运算符

在 C# 中，?? 运算符提供了空值判断的简便方法，其使用格式如下：

```
<表达式1> ?? <表达式2>
```

其中，当 <表达式 1> 的值不是 null 时，整个运算结果就是 <表达式 1> 的值。否则返回 <表达式 2> 的值。如下代码演示了 ?? 运算符的使用。

```
int? x = null;
int? y = 10;
Console.WriteLine("x 的值是 {0}", x ?? 0);
Console.WriteLine("y 的值是 {0}", y ?? 0);
```

代码执行结果如图 9-6 所示。

使用 ?? 运算符时应注意，运算符两侧数据的基本类型应该是一致的，如前面的示例，?? 运算符左侧的 x 和 y 都定义为可空 int 类型，同时，右侧给出了默认的 int 类型数据，这样可以简化可空类型数据转换为有效数值的操作。

图 9-6 ?? 运算符

9.3.3 ? 运算符

C# 6.0 中添加了 ? 运算符，其功能是进一步简化空对象（null）的判断。可以在 Visual Studio 2015 中使用此运算符。

在调用对象成员时，可以直接在对象的后面使用 ? 运算符，如果对象为 null，则不会调用对象成员，如果对象不为空，则调用对象成员。如下代码演示了对象方法的调用，其中就使用了 ? 运算符。

```
object obj = null;
Console.WriteLine(obj?.ToString());
```

此例中，obj 对象为 null 值，所以只会显示一个空行。如下代码为 obj 对象指定一个值。

```
object obj = 1;
Console.WriteLine(obj?.ToString());
```

此代码会显示 1，即 obj 对象不为 null 值时，可以调用对象的 ToString() 方法。

使用？运算符调用对象的属性时，如果属性是值类型，则返回的结果是对应的可空类型，如下面的代码。

```
int[] arrB = null;
int? len = arrB?.Length;
//
if (len == null || len == 0)
    Console.WriteLine("数组中没有内容");
else
    Console.WriteLine("数组成员有{0}个", len);
```

大家可以修改 arrB 数组的内容来观察代码执行结果。

9.4 类型判断与转换

在 .NET Framework 中有很多的数据类型，而且，在开发中，还可以创建更多的类型，在实际应用中，对于数据类型的判断，以及类型之间的转换，就是一件非常重要的工作了。本节讨论数据类型判断与转换的相关内容。

9.4.1 Type 类

Type 类定义在 System 命名空间，可以帮助获取类型信息。不过，Type 类定义为抽象类，所以，无法直接创建 Type 类型的对象，但可以使用以下一些方法获取 Type 对象。

使用 Type.GetType(typename) 方法，使用类型名称获取 Type 对象。请注意，类型名称必须包含完整的命名空间，如下面的代码。

```
Type t = Type.GetType("System.Int32");
```

Type.GetType() 方法还有一些重载版本，大家可在帮助文档中参考使用。

另一种方法是使用 typeof 表达式，如：

```
Type t1 = typeof(int);
Type t2 = typeof(System.Int32);
```

此外，还可以通过变量或对象的 GetType() 方法获取其类型，如下面的代码。

```
CAuto auto = new CAuto();
int x = 10;
Type t1 = auto.GetType();
Type t2 = x.GetType();
```

获取了 Type 对象，也就是得到了相应的类型信息，然后可以使用 Type 中的一些成员进行操作。下面看一看 Type 类的常用属性和方法。

❑ Name 属性，返回类型的名称。
❑ FullName 属性，返回类型所在的命名空间和类型名称。
❑ Namespace 属性，返回类型所在的命名空间。

- IsValueType 属性，判断类型是否为值类型，如枚举、结构。
- IsClass 属性，判断类型是否为引用类型，如类、委托。
- IsSubclassOf() 方法，判断类型是否为某个类型的子类，参数同样为 Type 对象。
- BaseType 属性，返回类型的直接父类类型，System.Object 类型的 BaseType 属性值为 null。
- IsAbstract 属性，判断类型是否为抽象类。
- IsArray 属性，判断类型是否为数组。
- IsGenericType 属性，判断类型是否为泛型。
- IsInterface 属性，判断类型是否为接口。
- IsNested 属性，判断类型是否为嵌套类型。
- IsSerializable 属性，判断类型是否可序列化。
- IsEnum 属性，判断类型是否为枚举类型。
- IsEnumDefined(Object) 方法，判断参数中的值是否为当前枚举类型中的成员。
- GetMethod() 方法，可获取类型中指定方法的信息，参数为方法名称，返回结果为 System.Reflection.MethodInfo 类型，如果方法不存在则返回 null 值，利用此方法，可以判断在类型中是否可以使用某个方法。
- GetProperty() 方法，获取类型中指定属性的信息，参数为属性名称，返回结果为 System.Reflection.PropertyInfo 类型。此外，GetProperties() 方法会返回对象中属性的集合，返回类型为 PropertyInfo[] 数组类型。
- GetField() 方法，获取类型中指定字段的信息，参数为字段名称，返回结果为 System.Reflection.FieldInfo 类型。
- GetEvent() 方法，获取类型中指定事件的信息，参数为事件名称，返回结果为 System.Reflection.EventInfo 类型。
- GetInterfaces() 方法，返回类型实现的接口，返回类型为 Type[]。

对于下面的代码，大家可以在一个 Windows 窗体项目中进行测试，并在窗体中添加一个 ListBox 控件和一个 TextBox 控件。

首先，在 listBox1 列表中显示 Color 结构中所有表示颜色的静态属性，这些属性同样定义为 Color 类型。可以在双击窗体，打开它的 Load 事件编辑界面，并添加如下代码。

```
Type colorType = typeof(System.Drawing.Color);
PropertyInfo[] pi = colorType.GetProperties();
for (int i = 0; i < pi.Length; i++)
{
    if (pi[i].PropertyType == colorType && pi[i].Name != "Transparent")
        listBox1.Items.Add(pi[i].Name);
}
```

请注意，这里并没有显示透明色（Transparent），因为在图形界面元素的操作中，很多情况下是无法使用透明色的。

接下来，在 listBox1 控件的 SelectedIndexChanged 事件中添加一些代码，通过 listBox1 控件的右键菜单项"属性"可以显示控件的属性窗口，然后，通过双击事件列表中的"SelectedIndexChanged"打开事件代码编辑界面，并添加如下代码。

```csharp
private void listBox1_SelectedIndexChanged(object sender, EventArgs e)
{
    string colorName = listBox1.SelectedItem.ToString();
    Type colorType = typeof(System.Drawing.Color);
    PropertyInfo pi = colorType.GetProperty(colorName);
    textBox1.BackColor = (Color)pi.GetValue(null);
}
```

本例中，当选择一种颜色后，会自动将此颜色设置为 textBox1 控件的背景色。

9.4.2 is 和 as 运算符

is 运算符用于判断一个对象是否为指定的类型，如下面的代码。

```csharp
CAuto auto = new CAuto();
Console.WriteLine(auto is CAuto); // True
```

as 运算符用于将对象转换为指定的类型，如下面的代码。

```csharp
CCar car = new CCar();
CAuto auto = car as CAuto;
```

请注意，使用 as 运算符转换对象类型时，通常先使用 is 运算符进行判断。如下面的代码，在 Windows 窗体中遍历所有文本框控件，并将其内容设置为空字符串。

```csharp
foreach(Control ctr in Form1.Controls)
{
    if (ctr is TextBox)
        (ctr as TextBox).Text = "";
}
```

9.4.3 隐式转换和强制转换

在第 2 章已经看到隐式转换和强制转换在整数和浮点数之间的应用，也了解了这两种类型转换的基本原则，实际上，任何类型的转换都会遵循这样的基本原则，这里再回顾一下。

隐式转换，当取值范围小的类型向取值范围大的类型转换时，可以安全地执行隐式转换，如 int 数据转换为 double 数据。继承关系中的对象，子类型可以安全地赋值到其父类型的对象中，即实现了对象类型的隐式转换，如下面的代码。

```csharp
CCar car = new CCar();
CAuto auto = car;
```

由于 CCar 类继承于 CAuto 类，所以，对象 car 可以赋值到 auto 对象。

强制转换需要在代码中明确地指定转换的目标类型，如：

```csharp
double x = 123.3;
int y = (int)x;
```

对于继承关系中的对象，不能直接将父类型对象赋值到子类型对象中，如下代码就是错误的。

```
CAuto auto = new CAuto();
CCar car = auto;   // 错误
```

如果真的需要这样的转换，可以使用 as 运算符，如下面的代码。

```
CAuto auto = new CAuto();
CCar car = auto as CCar;   // 可以转换
```

9.4.4 装箱与拆箱

装箱操作是指将值类型的数据保存到 Object 类型的对象中，这种操作可以是隐式的。拆箱操作是指将 Object 对象数据还原到值类型，这种操作必须是显式的，即需要强制转换操作。

如下代码将整数变量 x 赋值到 obj 对象中，即执行了装箱操作。

```
int x = 10;
object obj = x;
```

这种情况下，obj 对象中保存了数据的原始类型信息，可以使用如下代码测试。

```
int x = 10;
object obj = x;
Console.WriteLine(obj.GetType().Name);   // Int32
```

再来看拆箱操作，如下面的代码。

```
int x = 10;
object obj = x;
int y = (int)obj;
```

这个代码是没有问题的，因为 obj 对象中保存的就是 int 类型数据，所以，强制转换也不会有什么问题。但是，如果 obj 的内容不能正确转换为指定的目标类型，就会产生异常，如下面的代码。

```
object obj = "xyz";
int y = (int)obj;   // 错误
```

9.4.5 TryParse() 方法

TryParse() 是定义在值类型中的一个实例方法，其功能是尝试将字符串内容转换为对应的值类型，其应用格式为：

```
<目标类型>.TryParse(<字符串>, out <结果变量>)
```

请注意 TryParse() 方法的第二个参数，它定义为一个输出参数，用于存放转换结果。如果转换成功，TryParse() 方法返回 true 值，否则返回 false 值。

如下代码将字符串 s 尝试转换为 int 类型。

```
string s = "123";
int result;
if (int.TryParse(s, out result))
    Console.WriteLine("转换成功, result={0}", result);
```

```
else
    Console.WriteLine("转换失败");
```

可以修改 s 的内容来观察执行结果。

9.4.6 Convert 类

Convert 类定义在 System 命名空间，其中定义了一系列的转换方法，其命名规则是 Convert.To< 目标类型 >()。在这里，< 目标类型 > 统一使用了 .NET Framework 中的数据类型名称，如 int 类型就是 Int32。

如下代码演示了 Convert 类的使用。

```
string s = "123";
Console.WriteLine(Convert.ToInt32(s));
```

使用 Convert 类转换数据类型时应注意，如果源数据不能正确转换为目标类型，就会产生异常，所以，在转换之前，应该做一些必要的检查工作。

9.5 封装类型转换方法

前面已经介绍了数据类型判断和转换的一系列方法，在开发中可以合理地选择使用。

不过，以上讨论的数据类型转换方式中，除了 TryParse() 方法，其他的转换过程都有可能产生异常，要知道，这可是影响程序质量的重大隐患。而 TryParse() 方法只能将字符串转换为指定的值类型。

针对这些问题，将封装一系列类型转换方法，其目标是，在转换操作过程中不会产生异常。大家可以在 CSChef 项目的 CC 类中查看完整的代码。

下面，先看一个方法，它的功能就是将参数（object 类型）试着转换为字符串类型，如果参数为 null，则返回空字符串，否则通过 ToString() 方法返回对象的字符串形式。如下面的代码（cschef.CC.cs 文件）。

```
public static class CC
{
    public static string ToStr(object obj)
    {
        if (obj == null) return "";
        else return obj.ToString();
    }
}
```

接下来定义转换结果可能为空值的方法。

```
public static string ToStrNullable(object obj)
{
    if (obj == null) return null;
    else return obj.ToString();
}
```

可以看到 ToStr() 和 ToStrNullable() 方法的特点，无论如何，方法都会返回一个值。特别是 ToStr() 方法，在任何情况下，都会返回 string 类型的数据，所以，对于返回结果，可以直接使用，而不需要进行空值检查，简化代码的同时，也避免了可能因为空值而引起的异常。代码中，如果必须处理空值情况，则可以使用 ToStrNullable() 方法。

接下来，再来看目标类型是 int 的转换方法，同样包括两个版本，如下面的代码（cschef.CC.cs 文件）。

```
public static int ToInt(object obj)
{
    int result;
    if (obj != null && int.TryParse(obj.ToString(), out result))
        return result;
    else
        return 0;
}

public static int? ToIntNullable(object obj)
{
    int result;
    if (obj != null && int.TryParse(obj.ToString(), out result))
        return result;
    else
        return null;
}
```

实际应用中，如果必须返回一个 int 类型的值，就可以使用 ToInt() 方法进行转换。此方法中，如果能够成功转换为 int 类型，则返回转换结果，否则返回 0 值。

如果必须处理空值，则使用 ToIntNullable() 方法，请注意，这个方法的返回值类型是可空的 int 类型（int?）。

也许大家已经发现了自定义类型转换方法的关键了，即在非可空版本的方法中，如果无法正确得到目标类型的数据，则返回目标类型的默认值。对于可空版本，如果无法正确得到目标类型的数据，则返回 null 值。

其他类型的转换方法，相信并不难写出来，只是需要一点工作量，不过，在源代码里已经为大家写好了，它们都封装在 CC 静态类中（cschef 命名空间）。

开发中，可以使用类似下面的代码进行类型转换工作。

```
string s = "123";
int x = CC.ToInt(s);
Console.WriteLine("x = {0}", x);
```

代码的关键在于，使用上述封装的类型转换代码，运行时不会出现异常。

9.6 散列

应用中，可能需要对文本内容进编码，以防止被轻易读取，如用户的密码等。下面就来了解如何获取 MD5 和 SHA1 算法的编码。不过，在这之前，先来做一些准备工作，封装几个方法。

第一个是 CC.ToBytes() 方法，它的功能是将字符串转换为字节数组，如下面的代码（cschef.CC.cs 文件）。

```csharp
// 将字符串转换为字节数组
public static byte[] ToBytes(string s)
{
    try { return Encoding.Default.GetBytes(s); }
    catch { return null; }
}
```

在 ToBytes() 方法中，将字符串按照系统默认字符集编码转换为字节数组。

接下来，封装另一个 CC.ToStr() 方法，其功能是将字节数组转换为字符串，如下面的代码（cschef.CC.cs 文件）。

```csharp
// 将字节内容还原成字符串
public static string ToStr(byte[] bytes)
{
    try { return Encoding.Default.GetString(bytes); }
    catch { return ""; }
}
```

第三个方法是将字节数组中的每一个字节都转换为双字节十六进制的字符串形式，如下面的代码（cschef.CC.cs 文件）。

```csharp
// 将字节数组内容以十六进制字符串显示
public static string ToHexStr(byte[] bts)
{
    try
    {
        StringBuilder result =
            new StringBuilder(bts.Length * 2);
        for (int i = 0; i < bts.Length; i++)
        {
            result.Append(bts[i].ToString("X2"));
        }
        return result.ToString();
    }
    catch { return ""; }
}
```

接下来，在获取文本的 MD5 和 SHA1 编码时就会用到这些方法。

9.6.1 MD5 算法

如下代码（cschef.CC.cs 文件）就是封装的 CC.GetMd5() 方法，其功能是返回参数中字符串的 MD5 编码，并以字符串形式返回。

```csharp
// 获取字符串的 MD5 编码字符串
public static string GetMd5(string s)
{
    byte[] bytes = CC.ToBytes(s);
    using (MD5CryptoServiceProvider md5 =
        new MD5CryptoServiceProvider())
    {
```

```
        byte[] md5Hash = md5.ComputeHash(bytes);
        return CC.ToHexStr(md5Hash);
    }
}
```

实际应用中，可以使用如下代码获取字符串的 MD5 编码。

```
string md5Str = CC.GetMd5("123456");
```

9.6.2 SHA1 算法

SHA1 是另一种散列算法，如下代码就是封装的 GetSha1() 方法（cschef.CC.cs 文件）。

```
// 获取字符串的 SHA1 编码字符串
public static string GetSha1(string s)
{
    byte[] bytes = CC.ToBytes(s);
    using (SHA1CryptoServiceProvider sha1 =
        new SHA1CryptoServiceProvider())
    {
        byte[] sha1Hash = sha1.ComputeHash(bytes);
        return CC.ToHexStr(sha1Hash);
    }
}
```

应用时，可以通过如下代码获取字符串的 SHA1 编码。

```
string sha1Str = CC.GetSha1("123456");
```

9.7 GUID

GUID（全局唯一标识符）通过特殊的算法，可以保证任何时间、任何计算机中生成的标识都不会重复。所以，在一些需要全球唯一标识的应用中，使用 GUID 是个不错的选择。

在 System 命名空间中定义的 GUID 结构可以帮助获取 GUID，而且可以使用不同的格式返回。

首先，可以使用 Guid.NewGuid() 方法获取一个新的 GUID 标识（Guid 结构类型）。然后，通过 ToString() 方法返回它的字符串形式，默认的格式是包括字符和连字符的字符串形式。

ToString() 方法的另一个重载版本中，还可以使用一个 char 类型的参数指定返回 GUID 字符串的格式，包括：

- N，完全由 GUID 字符组成，不包括连字符和括号；
- D，由 GUID 字符和连字符组成，与无参数的 ToString() 方法返回内容一致；
- B，包含在一对花括号中，并由字符和连字符组成；
- P，包含在一对圆括号中，并由字符和连字符组成；
- X，包含在一对花括号中，前 3 部分由十六进制值组成，第 4 个部分由一对花括号组织，包括 8 个十六进制值。

在 CC 类中定义一个静态属性 GuidString 用于返回纯字符的 GUID 标识，如下面的代码（cschef.CC.cs 文件）。

```
// 返回 GUID
public static string GuidString
{
    get { return Guid.NewGuid().ToString("N"); }
}
```

9.8 对象的复制

本节讨论关于数据及对象的复制操作。

9.8.1 浅复制与深复制

数据或对象的复制方式包括浅复制和深复制两种，其中，深复制也就是完全复制，在 C# 中，结构或枚举类型的默认复制方式就是深复制。浅复制是指复制对象的引用，这样，两个对象的所指向的还是同一内存区域，操作其中一个对象时，其变化同样会反映在另一个对象的引用上。

这两种复制方式各有特点，用途也各有不同。例如，在传递数据或对象时，为了防止原始数据被意外修改，可以使用深复制，这样就会传递一个数据的副本。而有些时候，例如传递一个比较复杂的对象时，只传递引用可以使数据传递非常高效。所以，在实际应用中，需要根据实现的需要来选择使用浅复制或是深复制。

下面，再通过两个简单的示例看一看浅复制和深复制的区别，首先是深复制。

```
int x = 10;
int y = x;
Console.WriteLine("x={0}, y={1}", x, y);
y = 99;
Console.WriteLine("x={0}, y={1}", x, y);
```

代码执行结果如图 9-7 所示。

int 的原始类型是 Int32 结构（System），它属于值类型，从执行的结果可以看到，当变量 x 的数据赋值到变量 y 时，实际上是复制了这个数据，这样，当修改变量 y 的数据时，变量 x 的数据不会有影响。

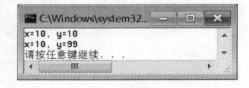

图 9-7 深复制

再看对象的浅复制，如下面的代码。

```
CTank t1 = new CTank("T-10");
CTank t2 = t1;
Console.WriteLine("t1.Model={0}, t2.Model={1}", t1.Model, t2.Model);
t2.Model = "T-99";
Console.WriteLine("t1.Model={0}, t2.Model={1}", t1.Model, t2.Model);
```

代码执行结果如图 9-8 所示。

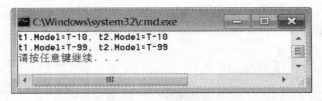

图 9-8 深复制

本例中定义了两个 CTank 对象，分别是 t1 和 t2。当将 t1 直接赋值给 t2 时，实际上是传递了对象的引用，也就是说，t1 和 t2 同时指向了同一内存区域。然后，当通过 t2 对象修改内容时，同时也反映在 t1 对象中。

在这两个例子中，int 类型变量 x 和 y 执行的是深复制，即完全复制，而对象 t1 和 t2 之间传递了对象的引用，它们执行的是浅复制。不过，在应用中，有时候可能需要对象的完全复制，下面讨论两种对象深复制操作的方法。

9.8.2 实现 IClonable 接口

IClonable 接口只包含一个方法，即 Clone() 方法，其定义如下。

```
Object Clone();
```

这个方法的功能也很"简单"，就是实现对象的复制功能，下面在 CClassF 类中实现 IClonable 接口。

```
public class CClassF : ICloneable
{
    //
    public string Name { get; set; }
    public Array Member { get; set; }
    public int Value { get; set; }
    //
    public object Clone()
    {
        CClassF cp = new CClassF();
        if (Name != null)
            cp.Name = (string)Name.Clone();
        if (Member != null)
            cp.Member = (Array)Member.Clone();
        cp.Value = Value;
        return cp;
    }
}
```

在 CClassF 类中定义了 3 种类型的成员，分别是：
- string 类型，引用类型，表示不可变字符串对象；
- Array 类是数组的基本类型，这是一个引用类型；
- int 是 Int32 结构类型，属于值类型。

在 Clone() 方法中，对于类类型的属性，如 Name 和 Member 对象，调用了其中的 Clone() 方法来复制对象。而对于值类型的属性 Value，则直接使用了赋值运算符来传递数据。

如下代码演示了 CClassF 对象的深复制和浅复制操作。

```csharp
CClassF cf1 = new CClassF();
cf1.Name = "Tom";
cf1.Member = new int[] { 1, 2, 3 };
cf1.Value = 10;
//
CClassF cf2 = cf1;
CClassF cf3 = (CClassF)cf1.Clone();
//
cf1.Name = "Jerry";
cf1.Value = 99;
cf1.Member = new int[] { 7, 8, 9 };
//
Console.WriteLine("cf1,{0},{1}", cf1.Name, cf1.Value);
for (int i = 0; i < cf1.Member.Length; i++)
    Console.WriteLine(cf1.Member.GetValue(i));
//
Console.WriteLine("cf2,{0},{1}", cf2.Name, cf2.Value);
for (int i = 0; i < cf2.Member.Length; i++)
    Console.WriteLine(cf2.Member.GetValue(i));
//
Console.WriteLine("cf3,{0},{1}", cf3.Name, cf3.Value);
for (int i = 0; i < cf3.Member.Length; i++)
    Console.WriteLine(cf3.Member.GetValue(i));
```

代码执行结果如图 9-9 所示。

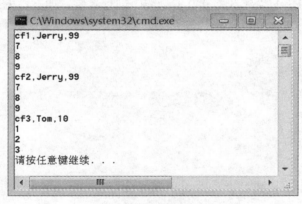

图 9-9　对象的深复制与浅复制

本例中，首先，定义了 cf1 对象。其次，设置了它的 3 个属性值，并通过赋值（浅复制）将其传递到 cf2 对象，通过 Clone() 方法（深复制）传递给 cf3 对象。再次，修改了 cf1 对象的数据。最后，分别显示了 3 个对象的数据内容。

可以看到，由于 cf2 对象实际获取的是 cf1 对象的引用，所以，它们的内容是相同的，当修改 cf1 对象的数据后，同样会反映到 cf2 对象上。而 cf3 对象是通过克隆得到的 cf1 对象的副本，所以，cf1 对象数据的改变并不会影响 cf3 对象。

9.8.3　序列化

对于对象的深复制操作，还可以使用另一个方法，即通过对象的序列化来完成。

序列化包括两个相反的操作：一是序列化，即将对象序列化为字节数组；二是反序列化，即将字节数组还原成对象。

首先看第一个操作——序列化，在 CC 类封装了 ToBytes() 方法来完成此项工作，如下面的代码（cschef.CC.cs 文件）。

```csharp
// 将对象序列化成字节数组
public static byte[] ToBytes(object obj)
{
    if (obj == null) return null;
    using (MemoryStream s = new MemoryStream())
    {
        IFormatter f = new BinaryFormatter();
        f.Serialize(s, obj);
        return s.GetBuffer();
    }
}
```

代码中，主要使用如下资源：
- MemoryStream 类，定义在 System.IO 命名空间，其功能是对一个内存流对象进行操作；
- IFormatter 接口，定义在 System.Runtime.Serialization 命名空间，定义了格式化对象的基本操作；
- BinaryFormatter 类，用于处理字节数据，定义在 System.Runtime.Serialization. Formatters. Binary 命名空间。

接下来是反序列化的操作，同样在 CC 类中进行封装，如下面的代码（cschef.CC.cs 文件）。

```csharp
// 将字节数组反序列化成对象
public static object ToObject(byte[] bytes)
{
    using (MemoryStream s = new MemoryStream(bytes))
    {
        IFormatter f = new BinaryFormatter();
        return f.Deserialize(s);
    }
}
```

在反序列化操作中，使用了与序列化相同的资源，只是使用了 BinaryFormatter 类的 Deserialize() 方法。

接下来，使用序列化进行对象的深复制操作同样在 CC 类中封装这个功能，如下面的 CC.Clone() 代码（cschef.CC.cs 文件）。

```csharp
// 复制对象
public static object Clone(object obj)
{
    if (obj == null) return null;
    byte[] bytes = ToBytes(obj);
    return ToObject(bytes);
}
```

在使用序列化复制对象之前，还有一件事需要确定，即被复制的对象类型应该使用了 SerializableAttribute 特性（System 命名空间）。在第 18 章中，封装的用于处理数据项的 CDataItem 类就使用了这个特性，如下面的代码（cschef.CDataItem.cs 文件）。

```
namespace cschef
{
    [Serializable]
    public class CDataItem
    {
        // 构造函数
        public CDataItem(string sName, object oValue)
        {
            Name = sName;
            Value = oValue;
        }
        public CDataItem() : this("", null) { }
        //
        public string Name { get; set; }
        public object Value { get; set; }
        // 其他代码
    }
}
```

接下来以 CDataItem 类来演示如何通过序列化进行对象的深复制操作,如下面的代码。

```
CDataItem d1 = new CDataItem("Name", "SpiderMan");
CDataItem d2 = (CDataItem)CC.Clone(d1);
Console.WriteLine("{0} = {1}", d1.Name, d1.Value);
Console.WriteLine("{0} = {1}", d2.Name, d2.Value);
d2.Value = "IronMan";
Console.WriteLine("{0} = {1}", d1.Name, d1.Value);
Console.WriteLine("{0} = {1}", d2.Name, d2.Value);
```

执行此代码,可以看到如图 9-10 所示的结果。

实际上,将对象序列化为字节数组以后,还可以保存到磁盘文件,对于复杂的对象,可以通过这一操作完成持久化,并在需要时快速恢复。

如下代码将一个 CDataItem 对象保存到 d:\dataitem.bak 文件中。

```
CDataItem dItem = new CDataItem("Name", "Tom");
byte[] bytes = CC.ToBytes(dItem);
File.WriteAllBytes(@"d:\dataitem.bak", bytes);
```

图 9-10 使用序列化复制对象

需要恢复对象时,可以使用类似如下代码。

```
byte[] bytes = File.ReadAllBytes(@"d:\dataitem.bak");
CDataItem dItem = CC.ToObject(bytes) as CDataItem;
textBox1.Text = dItem.Name;
textBox2.Text = dItem.StrValue;
```

在这两个示例中,使用了 File 类中的 WriteAllBytes() 和 ReadAllBytes() 方法,它们分别用于向文件写入字节数据和从文件中读取字节数据。File 类定义在 System.IO 命名空间,第 12 章会介绍更多关于文件操作的内容。

此外,第 18 章会介绍 CDataItem 类的完整定义与应用演示。

第 10 章 设计模式

前面已经介绍了如何编写 C# 代码,以及如何在应用中处理数据的相关内容,本章将从代码转向结构,讨论设计模式。

传统的设计模式,是指在软件开发过程中,针对特定的问题使用对应的解决方案。使用设计模式能够帮助开发者提高开发效率与灵活性,也使项目更易维护与扩展。本章讨论的"设计模式"包含了更加广泛的含义,不但包括传统意义上的设计模式,也包括了软件结构方面的讨论。通过这些内容,可以了解从代码到软件、从组件到软件系统、从简单到复杂的进化过程。

接下来结合 C# 编程语言和 .NET Framework 资源的应用特点来讨论相关内容,主要包括:
- 策略模式;
- 单件模式;
- 组合模式;
- 委托、事件与访问者模式;
- "三层架构"模式;
- MVC 模式。

请注意,本章示例位于 Patterns 项目,这是一个 Windows 窗体应用项目。

10.1 策略模式

软件结构设计的灵活性,最基本的原则就是在模块与模块之间,或者组件与组件之间,多用接口设计,少用具体实现,将各个功能模块解耦,利于模块或组件间实现独立性。这样做对开发工作的好处就是,功能模块或组件可以相对独立,易于开发和维护,同时,它们之间的组合也更灵活和多样化。

策略模式(Strategy Pattern)是指将一系列相同接口的算法独立封装,并可以相互替换使用。调用者可以方便地使用各种算法组合,从而可以灵活地改变组件的具体实现。

在现实生活中,策略模式的典型代表就是计算机的生产了,在标准接口的前提下,可以使用各种主板、CPU、内存条、硬盘、电源等配件组装不同配置的计算机。而通过 USB 接口,还可以连接键盘、鼠标、打印机、U 盘、移动硬盘等各种各样的外部设备。

接下来关注机器人的制造,当然只是在代码上。先从传统的面向对象编程方法开始,下面是 CRobot 类的代码,先不用着急测试,因为这里的代码并不完整。

```
using System;
namespace Patterns
{
    public class CRobot
    {
```

```
        public ? Weapon { get; set; }
        public string Move()
        {
            return "机器人前进中...";
        }
        public string Attack()
        {
            return "机器人攻击中...";
        }
    }
}
```

这里的 CRobot 类很普通，它的成员包括 Weapon 属性、Move() 和 Attack() 方法，只是 Weapon 属性的类型还没有确定。请注意，Move() 和 Attack() 方法的返回值设置为 string 类型，只是为了在窗体中更方便地显示测试信息。

现在的问题是，Weapon 属性使用什么类型呢？机器人有很多种，配备的武器也会有很多种，例如维修机器人不需要武器，侦察机器人的武器可能只有光学设备，而战斗机器人的武器才是传统意义上的武器……那么，武器应该使用什么类型呢？如何才能更方便地创建各种机器人对象呢？

实际上，Attack() 方法的操作和武器类型是紧密相关的，因为机器人会使用武器攻击。那么，是不是可以综合考虑 Weapon 属性和 Attack() 方法呢？

通过对这些问题的思考，开始使用策略模式。首先创建一个武器接口类型，如下面的代码（IWeapon.cs 文件）。

```
public interface IWeapon
{
    string Model { get; set; }
    string Attack();
}
```

然后，将 CRobot 类中的 Weapon 属性和 Attack() 方法做一些修改，如下所示。

```
public IWeapon Weapon { get; set; }
public string Attack()
{
    return Weapon.Attack();
}
```

可以看到，在 CRobot 类中，Attact() 方法真的是在使用武器进行攻击操作了。

武器类型解决了，但新的问题又来了，大家一定知道无人机和无人潜艇，谁说它们不是机器人的一种形式呢？

按照已学习的面向对象编程知识，通过 CRobot 的子类重写 Move() 方法实现不同的移动方式是一个很自然的选择，如陆地移动、水中移动、飞行等。

不过，是不是也可以根据武器组件实现的思路来解决呢？不如设计 IBehavior 接口试试吧，如下面的代码（IBehavior.cs 文件）。

```
public interface IBehavior
{
    string Move();
}
```

接下来，在 CRobot 类中添加一个属性来指定其行为类型，最终，CRobot 的完整定义如下（CRobot.cs）。

```csharp
public class CRobot
{
    public IBehavior Behavior { get; set; }
    public IWeapon Weapon { get; set; }
    //
    public string Move()
    {
        return Behavior.Move();
    }
    public string Attack()
    {
        return Weapon.Attack();
    }
}
```

现在，还没有具体的 IWeapon 和 IBehavior 接口的实现类，所以，机器人还不能真正地跑起来，没关系，马上创建一些武器和行为模块，然后就可以通过这些模块组装各种各样的机器人。

首先定义一些武器类型，如下代码（CWeaponBase.cs 文件）创建了武器的基类，实现了 IWeapon 接口。

```csharp
using System;

namespace Patterns
{
    public class CWeaponBase : IWeapon
    {
        public string Model { get; set; }
        public virtual string Attack()
        {
            return string.Format("{0} 攻击中...", Model);
        }
    }
}
```

接下来是 N 多个武器类，包括不是武器的武器，如下面的代码（Weapons.cs 文件）。

```csharp
using System;

namespace Patterns
{
    // 不是武器的武器
    public class CNoWeapon : CWeaponBase
    {
        // 构造函数
        public CNoWeapon()
        {
            Model = "没有武器";
        }
        public override string Attack()
```

```csharp
            return "没家伙，不会攻击";
        }
    }

    // 激光枪
    public class CRayGun : CWeaponBase
    {
        public CRayGun()
        {
            Model = "X15激光枪";
        }
    }

    // 导弹
    public class CMissile : CWeaponBase
    {
        public CMissile()
        {
            Model = "长剑9导弹";
        }
    }

    // 电击枪
    public class CTaser : CWeaponBase
    {
        public CTaser()
        {
            Model = "T9电击枪";
        }
    }
}
```

已经有了几种武器，接下来就是编写行为模块了，由于行为接口中只有一个方法，所以，直接使用多个类来实现这个接口，如下面的代码（Behaviors.cs 文件）。

```csharp
using System;

namespace Patterns
{
    //
    public class CLandBehavior : IBehavior
    {
        public string Move()
        {
            return "陆地行动中...";
        }
    }
    //
    public class CAirBehavior: IBehavior
    {
        public string Move()
        {
            return "飞行中...";
        }
```

```
    }
//
public class CSeaBehavior: IBehavior
{
    public string Move()
    {
        return "水里游呢...";
    }
}
```

接下来怎么做？

马上就可以看到策略模式应用的效果。现在，可以使用上述一系列的武器和行为类组装各式各样的机器人对象，并不需要创建新的机器人类型。

如下代码先设置了一架无人攻击机。

```
CRobot ucav = new CRobot();
ucav.Weapon = new CMissile();
ucav.Behavior = new CAirBehavior();
textBox1.Text = ucav.Move();
textBox2.Text = ucav.Attack();
```

代码执行结果如图 10-1 所示。

或者，组装一个陆地战斗机器人，如下面的代码。

```
CRobot killer = new CRobot();
killer.Weapon = new CRayGun();
killer.Behavior = new CLandBehavior();
textBox1.Text = killer.Move();
textBox2.Text = killer.Attack();
```

代码执行结果如图 10-2 所示。

图 10-1　应用策略模式（1）

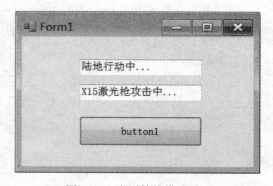
图 10-2　应用策略模式（2）

可以看到，使用不同的武器和行为模块，可以组合各种类型的机器人。就现有的资源，可以组装出 12 种不同的机器人，怎么计算的，3 种行为 ×4 种武器。如果大家感兴趣，可以添加更多的武器（如机枪等）和行为（如太空飞行等）。

思考一下，如何使用传统的面向对象编程来实现相同的功能，如使用继承关系。然后对比一下，看一看哪一种方法会更高效、更灵活。

10.2 单件模式

前面讨论的策略模式,其主要思想就是将各个模块和组件解耦,并通过接口灵活调用,使得设计和应用更富有弹性。接下来讨论的单件模式(Singleton Pattern)则是如何创建只能有一个实例的类,也就是说这个类只能创建一个对象,例如软件系统中的主控对象。

如下代码(CSingleton.cs 文件)创建了 CSingleton 类,它只能通过其中的 GetInstance() 方法返回实例。

```csharp
using System;

namespace Patterns
{
    public class CSingleton
    {
        // 单件实例对象
        private static CSingleton myInstance;

        // 内部构造函数
        private CSingleton() { }

        // 返回单件实例
        public static CSingleton GetInstance()
        {
            if (myInstance == null)
                myInstance = new CSingleton();
            return myInstance;
        }

        // 测试用成员
        public string name { get; set; }
    }
}
```

从 CSingleton 类中可以看到实现单件模式的几个关键要素:
- 私有的 myInstance 静态对象,它就是"单件"对象。
- 私有的构造函数,这样,就不能使用"CSingleton s = new CSingleton();"代码创建对象。
- GetInstance() 静态方法,它是获取 CSingleton 对象的唯一途径。

实际应用中,只能使用 CSingleton.GetInstance() 方法获取 CSingleton 类的对象,如下面的代码。

```csharp
CSingleton s1 = CSingleton.GetInstance();
s1.Name = "John";
CSingleton s2 = CSingleton.GetInstance();
s2.Name = "Smith";
//
textBox1.Text = s1.Name;
textBox2.Text = s2.Name;
```

代码中定义了两个 CSingleton 类型的对象,即 s1 和 s2,它都是通过 CSingleton.

GetInstance() 方法获取。先将 s1 对象的 Name 属性值设置为 John，再将 s2 对象的 Name 属性值设置为 Smith，显示结果如图 10-3 所示。

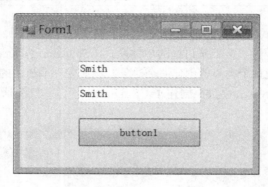

图 10-3　单件模式应用

从代码执行的结果可以看到，s1 和 s2 对象实际上都指向 CSingleton 类中的 myInstance 对象，无论通过哪个引用修改数据，结果都是在修改同一个对象。

实际上，在 C# 代码中，如单件对象很简单，还可以使用静态类来实现单件，例如，使用 CApp 类作为项目的主类，如下面的代码所示。

```
public static class CApp
{
    public static IDbEngine MainDb;
}
```

代码中，MainDb 定义为项目的主数据引擎对象（在第 18 章中讨论），只能使用 CApp.MainDb 来引用。可以看到，这样使用静态类定义的资源，在项目中也是独一无二的。

10.3　组合模式

组合模式（Composite Pattern），是指一系列组件以树状结构表现"整体 / 部分"层次结构，可以使用一致的方式来处理个别对象或对象组合。

那么，在 .NET Framework 中，组合模式应用在什么地方呢？

来看一个窗体中的操作示例，在 Patterns 项目中添加一个 FormCompositePattern 窗体，并添加 4 个 Label 控件、3 个 TextBox 控件、1 个 ComboBox 控件和 1 个 Button 控件，完成后窗体如图 10-4 所示。

下面，在"测试"按钮（button1）的单击事件（Click）中添加如下代码，其功能是清空所有的控件。

```
// 清空所有控件
foreach(Control ctr in this.Controls)
{
    if (ctr is TextBox)
        (ctr as TextBox).Text = "";
    else if (ctr is ComboBox)
        (ctr as ComboBox).SelectedIndex = -1;
}
```

图 10-4 组合模式示例窗体

大家可以在窗体中输入或选择信息后执行此代码,可以看到,只通过一个 foreach 循环,以及控件类型的判断与转换,就可以很方便地清空所有控件内容,而这就是组合模式的一个简单应用,如果窗体中有很多的数据项,这种方式就可以提高代码编写的效率。

接下来,创建一个自己的树状结构,首先从接口开始,如下面的代码(INode.cs 文件)。

```
using System;
using System.Collections.Generic;

namespace Patterns
{
    public interface INode
    {
        string Name { get; set; }
        void AddChild(INode node);
        void RemoveChild(INode node);
        List<INode> GetChildren();
        List<INode> GetChildren(bool searchAll);
    }
}
```

在 INode 接口中,包括 4 个成员,即:
❑ Name 属性,表示节点的名称;
❑ AddChild() 方法,添加节点对象;
❑ RemoveChild() 方法,删除节点对象;
❑ GetChildren() 方法,不指定参数,或者参数设置为 false,返回节点的直接子节点;参数设置为 true 时,返回节点的所有节点。

如下代码是节点类(CNode.cs 文件),实现了 INode 节点。

```
using System;
using System.Collections.Generic;

namespace Patterns
{
```

```csharp
public class CNode : INode
{
    //
    private List<INode> myChildren = new List<INode>();
    // 构造函数
    public CNode(string sName)
    {
        Name = sName;
    }
    //
    public string Name { get; set; }
    //
    public void AddChild(INode node)
    {
        myChildren.Add(node);
    }
    //
    public void RemoveChild(INode node)
    {
        myChildren.Remove(node);
    }
    //
    public List<INode> GetChildren(bool searchAll)
    {
        List<INode> result = new List<INode>(myChildren);
        if (searchAll)
        {
            foreach (INode node in myChildren)
            {
                List<INode> child = node.GetChildren(true);
                if (child.Count > 0)
                    result.AddRange(child);
            }
        }
        return result;
    }
    //
    public List<INode> GetChildren()
    {
        return GetChildren(false);
    }
    //
}
```

如下代码创建了一个简单的树状结构。

```csharp
INode a = new CNode("a");
INode b = new CNode("b");
//
b.AddChild(new CNode("d"));
b.AddChild(new CNode("e"));
//
a.AddChild(b);
a.AddChild(new CNode("c"));
```

代码创建的树状结构如图 10-5 所示。

接下来，在 listBox1 列表控件中显示 a 节点的直接子节点，如下面的代码。

```
List<INode> nodes = a.GetChildren();
foreach(INode node in nodes)
{
    listBox1.Items.Add(node.Name);
}
```

执行此代码，会在 listBox1 列表中显示 b 和 c 两个节点，如图 10-6 所示。

接下来获取 a 节点的所有子节点，如下面的代码。

```
List<INode> nodes = a.GetChildren(true);
foreach(INode node in nodes)
{
    listBox1.Items.Add(node.Name);
}
```

代码会在 listBox1 列表中显示 b、c、d、e4 个节点，如图 10-7 所示。

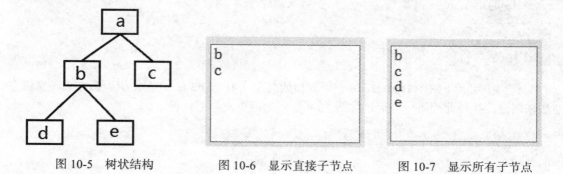

图 10-5　树状结构　　　　图 10-6　显示直接子节点　　　　图 10-7　显示所有子节点

10.4　委托、事件与访问者模式

本节讨论如何在已定义的组件中插入具体的实现代码，在 C# 中，这个功能使用委托来实现。

此外还可以看到，控件中的事件（Event）就是通过委托来实现的。那么，事件是什么呢？简单来说，事件就是指组件或控件中，用户操作或自动触发的一系列动作，而动作执行的代码可以通过编程来实现。例如，单击按钮控件（Button）时，会触发按钮的 Click 事件，可以通过编码来确定单击按钮后的具体操作。再例如，对于窗体（Form）的初始化操作，可以在 Load 事件中添加相应的代码，这样，在载入窗体时就会自动执行这些代码。

10.4.1　委托

在 .NET Framework 中，委托（delegate）是一种引用类型，使用 delegate 关键字来定义，如下面的代码（Form1.cs 文件）。

```
private delegate void DSayHello();
```

看上去和方法的定义差不多,只是多了 delegate 关键字,但委托没有具体的实现代码。

这里定义的 DSayHello 委托没有返回值,也没有参数。接下来,我们定义一些方法,这些方法的返回值和参数设置会与 DSayHello 委托相同,如下面的代码(Form1.cs 文件)。

```
//
private static void SayHello1()
{
    MessageBox.Show("Hello");
}
//
private void SayHello2()
{
    MessageBox.Show("您好");
}
```

这里,定义了 Form1 窗体中的一个静态方法和一个实例方法,下面就通过 DSayHello 委托对象调用这两个方法,如下面的代码(Form1.cs 文件)。

```
//
DSayHello d1 = new DSayHello(Form1.SayHello1);
d1();
//
DSayHello d2 = new DSayHello(this.SayHello2);
d2();
```

代码中定义了两个 DSayHello 委托类型的对象(d1 和 d2),分别使用静态方法和实例方法来创建,执行此代码,会显示如图 10-8 所示的两个消息对话框。

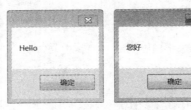

图 10-8 委托的应用

实际上,还可以更方便地实现这一功能,如下面的代码。

```
DSayHello d = new DSayHello(Form1.SayHello1);
d += new DSayHello(this.SayHello2);
d();
```

执行此代码,同样会显示图 10-8 中的两个消息对话框。

与 += 运算符相对应,还可以使用 -= 运算符从委托序列中移除一个委托对象。委托对象序列的操作可以参考多路广播委托的相关内容,如 MulticastDelegate 类的使用,它定义在 System 命名空间。

在窗体的代码中,可以看到类似的代码,也就是控件的事件(event)与响应方法的关联操作,如下面的代码(Form1.Designer.cs 文件)。

```
this.button1.Click += new System.EventHandler(this.button1_Click);
```

这是系统自动生成的代码,可以看到 button1 按钮的 Click 事件是如何与响应方法关联的。

实际上,打开帮助文档,查看 Click 事件的定义就会发现,在 .NET Framework 中,事件就是通过委托来实现的,只不过在定义控件的事件时,还需要使用 event 关键字,下面,就来看一看如何在自己创建的控件中使用事件。

10.4.2 事件与用户控件

下面的代码创建一个 CNumericTextBox 控件,它只能输入数字,其中的数据检查工作是通过事件来完成的。

在"解决方案资源管理器"中选中项目,然后通过菜单中"项目"→"添加用户控件"添加一个新的控件,并命名为 CNumericTextBox。然后,在控件中添加一个文本框控件 textBox1,并双击 textBox1 控件打开代码编辑窗口,修改代码如下(CNumericTextBox.cs 文件)。

```csharp
using System;
using System.Collections.Generic;
using System.ComponentModel;
using System.Drawing;
using System.Data;
using System.Linq;
using System.Text;
using System.Threading.Tasks;
using System.Windows.Forms;

namespace Patterns
{
    //
    public delegate bool DCheckData();
    //
    public partial class CNumericTextBox : UserControl
    {
        //
        public event DCheckData CheckData;
        //
        public CNumericTextBox()
        {
            InitializeComponent();
        }

        // 文本内容属性
        public string Value
        {
            get { return textBox1.Text; }
            set { textBox1.Text = value; }
        }

        // 内容改变时
        private void textBox1_TextChanged(object sender, EventArgs e)
        {
            if (CheckData())
                textBox1.BackColor = Color.White;
            else
                textBox1.BackColor = Color.Red;
```

```
        }
    }
}
```

其中添加的代码主要包括：

- DCheckData 委托类型，请注意，其返回值定义为 bool 类型。
- CheckData 事件，使用 event 关键字，并定义为 DCheckData 委托类型。
- Value 属性，直接引用了 textBox1 控件的 Text 属性。
- 在 textBox1 的 TextChanged 事件中，也就是其内容改变的时候，会调用 CheckData 事件，如果数据检查通过则将背景设置为白色，否则设置为红色。

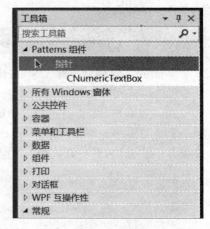

图 10-9　自定义控件

接下来，通过菜单中"生成"→"重新生成解决方案"编译组件代码。然后，选择 Form1 窗体，会在"工具箱"中看到刚刚创建的控件，如图 10-9 所示。

通过双击或拖曳操作，可以在 Form1 窗体中添加一个 CNumericTextBox 控件。双击 Form1 窗体，打开窗体 Load 事件的响应代码，并添加如下代码。

```
private void Form1_Load(object sender, EventArgs e)
{
    cNumericTextBox1.CheckData += new DCheckData(this.CheckData);
}

private bool CheckData()
{
    int result;
    if(int.TryParse(cNumericTextBox1.Value, out result))
    {
        if (result > 0 && result < 150)
            return true;
        else
            return false;
    }
    else
    {
        return false;
    }
}
```

在 Form1 窗体的 Load 事件中，指定了 cNumericTextBox1 控件中 CheckData 事件的响应方法，即 Form1 窗体中的 CheckData() 方法。接下来，执行程序，并在控件中输入一些内容，当输入的数据大于 0 小于 150 时，控件背景会显示为白色，否则会显示为红色。

10.4.3 访问者模式

前面了解了委托和事件的基本应用,这种工作方式在设计模式中就称为访问者模式(Visitor Pattern),其定义是,在不改变组件结构的前提下重新定义操作的具体实现。

使用委托或事件时,在组件中并没有定义具体的操作,而是通过组件的使用者来定义它们的具体实现,例如,按钮单击后会做什么就是通过开发者编写 Click 事件的代码决定的。

以上简单地讨论了 4 种基本的设计模式,如果大家对更多的设计模式感兴趣,并需要在 C# 中使用,可以参考笔者的另一部作品《构建高质量的 C# 代码》。

10.5 "三层架构"模式

软件架构中,分层设计的目的同样是对软件系统中各个部分进行解耦,提高软件设计、开发、维护、扩展等工作的灵活性。

这里讨论的"三层架构"模式中的"三层"是指用户界面层、业务逻辑层和数据访问层,如图 10-10 所示。

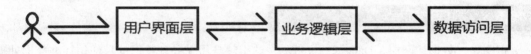

图 10-10 "三层架构"模式

接下来简单了解下这三个部分的功能。

10.5.1 用户界面层

从某种意义上,对于用户来讲,界面就是软件的一切,他们在界面中进行操作,最终也会在界面中看到工作的结果。所以,这些就是用户界面层(User interface layer)的最高使命,也就是为用户提供一个高效的交互层。

使用 C# 开发软件时,界面的设计看上去的确是一件很简单的工作,可以使用窗体和一系列的控件设计出各种样式和功能的界面。但对于开发者来说,更大的挑战却是界面背后的工作。

例如,处理一个汽车订单的填写,一个设计良好的界面,无论是 Windows 窗体还是一个网页,都不是一件很难的事情。问题是,当我们单击"提交"按钮后,会怎么操作呢?

无分层设计时,所有逻辑代码会和界面混合在一起,项目的开发和维护工作都会是很大的挑战,对于复杂一点的软件系统,这种设计显然是不够好的。

分层设计时,界面、逻辑代码和数据库操作会进行有效的分离,无论是修改哪一部分的实现,都不会影响其他层的操作。这种情况下,无论是开发、扩展还是维护工作,都可以更加灵活和高效,应对需求变化的能力也会更加强大。而在界面层中,只需要调用业务组件,而不需要考虑真正的数据操作是如何实现的。

10.5.2 业务逻辑层

业务逻辑层（Business logic layer）用于处理真正的业务，它的功能与界面无关，也与具体的数据库操作无关。

需要处理真正的业务时，可以定义一系列的业务组件，一方面可以提供给界面层操作接口；另一方面，可以使用数据库层组件提供的接口操作数据（并不是直接操作数据库）。最终，这些组件通过界面层向用户返回执行结果。

实际的开发工作中，业务逻辑层是整个软件的核心部分，包括了用户数据和工作流程的处理。

通过分层操作，可以在不同类型的项目中使用这些业务组件，例如，在 Windows 窗体项目和 Web 项目，或者可以使用不同的数据库来管理用户的数据，如 Access、SQL Server 或 Oracle 等数据库。重要的是，无论是哪种情况，都可以使用相同的业务组件，这就为软件架构的灵活设计创造了条件。

不同的软件类型，不同的客户，其业务逻辑都会有所不同，所以，在这里我们不深入讨论了。不过，本书后面的内容中，会有一些项目示例，大家可以从中观察分层设计的一些应用特点。

10.5.3 数据访问层

很明显，数据访问层（Data access layer）的组件是用来处理数据的。使用标准数据处理接口，可以在业务逻辑层中使用数据操作组件，而不需要考虑具体的数据库类型，也就是说，可以随时切换数据库类型，而不需要修改业务逻辑层的代码。

在第 18 章和第 19 章会创建一系列数据访问组件，为项目提供标准的数据操作接口，在业务逻辑层中使用这些组件时，并不需要考虑真正的数据库类型。

10.6 MVC 模式

MVC 模式的三个组成部分是模型（Model）、视图（View）和控制器（Controller），其基本工作流程如图 10-11 所示。

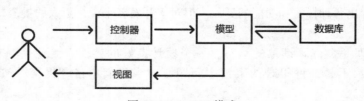

图 10-11　MVC 模式

MVC 模式与"三层架构"模式在工作方式上会有所不同，MVC 的三个组成部分并不是严格的分层设计。

在 MVC 模式下，用户的操作会以"动作"作为基本的操作单元。一般来讲，用户的操作会传递到"控制器"，然后，由"模型"进行响应，此时，"模型"可以直接处理，也可以根据需要与数据库进行数据交流。当一个操作处理完成后，通过视图向用户返回处理结果。

ASP.NET MVC 项目或移动应用项目开发时，会使用到 MVC 模式的应用，有兴趣的话可以了解一下，本书就不深入讨论了。

10.7 小结

本章讨论了关于代码结构和软件架构设计的一些基本概念，以及它们在 C# 中的实现和应用，主要包括了几种常见的设计模式、"三层架构"和 MVC 模式。

在实际的软件开发过程中，我们应该熟练掌握一些代码结构的组织方法，为开发和维护结构良好的软件打下基础。然后，可以进一步学习各种设计模式，深入了解"三层架构"和 MVC 等模式的特点，最终，可以根据项目的具体要求和特点合理地应用各种设计模式，同时也会让软件的设计、开发、维护和扩展等工作能够更加灵活和高效。

第 11 章   LINQ 与 Lambda 表达式

　　LINQ（Language Integrated Query，语言集成查询）是在 .NET Framework 3.5 中新加入的，其功能是，在 C# 或 VB.NET 代码中可以使用类似 SQL 的查询语句来处理集合或 XML 等类型的数据。

　　这里主要讨论 LINQ 和 Lambda 表达式在 C# 代码中处理集合的基本操作。此外，使用 LINQ 功能时，需要引用 System.Linq 命名空间。

　　本章的代码测试工作继续在 HelloConsole 项目中完成。下面先创建 CProduct 类（CProduct.cs 文件），用于稍后的测试工作。

```csharp
public class CProduct
{
    // 构造函数
    public CProduct(string name, string category, decimal price)
    {
        Name = name;
        Category = category;
        Price = price;
    }
    //
    public string Name { get; set; }
    public string Category { get; set; }
    public decimal Price { get; set; }
}
```

11.1 LINQ 查询语句

　　在 LINQ 语法中，用于查询的主要关键字包括 from、in、where、select 等。接下来先看一看基本的查询语句。

11.1.1 基本查询

　　下面先从整数数组开始了解 LINQ 查询的简单应用。

```csharp
Random rnd = new Random();
int[] arrNum = new int[10];
for (int i = 0; i < 10; i++) arrNum[i] = rnd.Next();
// 查询偶数
var result =
    from num in arrNum
    where num % 2 == 0
    select num;
//
foreach (int num in result)
    Console.WriteLine(num);
```

代码中,首先创建了10个成员的int数组,并对成员进行随机赋值(使用Random对象)。接下来,通过LINQ查询语句查询其中的偶数,请注意查询中的语法应用,如:
- from-in语句,与foreach语句相似,需要一个成员变量(如num)和一个数组或集合对象(如arrNum)。
- where语句,用于指定查询条件。有多个条件时,还可以使用&&、||、!等逻辑运算符来组织。如果条件比较复杂,记得使用圆括号来组织它们。
- select语句,指定了返回的数据项。

可以看到,LINQ查询返回的结果同样是一个可枚举的对象,可以使用foreach语句访问。

此外,如果不使用where语句,可以对所有数据进行操作,如使用计算、排序、分组汇总等。

如果需要返回多个数据项,可以在select语句中使用new{}语法创建一个匿名类型的对象,如下面的代码。

```
//
List<CProduct> products = new List<CProduct>()
{
    new CProduct("面包","食品",5.99m),
    new CProduct("大米","食品",1.99m),
    new CProduct("锤子","工具",19.99m),
    new CProduct("小刀","工具",9.9m),
    new CProduct("锯","工具",25.99m)
};
// 查询大于10元的产品
var result =
    from product in products
    where product.Price > 10m
    select new
    {
        product.Name,
        product.Price
    };
//
foreach (var p in result)
{
    Console.WriteLine("{0}:{1:c}", p.Name, p.Price);
}
```

代码执行结果如图11-1所示。

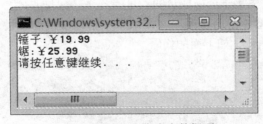

图11-1 Linq查询多个数据项

如果字段引用的名称比较长,还可以使用let语句定义它们的别名,如下面的代码。

```
// 大于10元的产品
var result =
    from product in products
    let n = product.Name
    let p = product.Price
    where p > 10m
    select new { n, p };
//
foreach (var item in result)
{
    Console.WriteLine("{0}:{1:c}", item.n, item.p);
}
```

代码中，使用 n 表示产品名称（product.Name），使用 p 表示产品价格（product.Price）。然后，可以在查询条件或返回字段中使用这些别名。代码执行的结果与图 11-1 相同。

11.1.2 集合方法

在讨论数组与集合时，已经了解了几个统计方法，接下来，再了解一些集合中常用的方法。

First() 方法用于获取查询结果中的第 1 个成员，如下面的代码。

```
var result =
    (from num in arrNum
    where num % 2 == 0
    select num).First();
//
Console.WriteLine(result);
```

当然，如果没有查询结果时，直接调用 First() 会产生异常，此时，可以先获取查询结果，然后判断其是否包含数据，然后再调用方法，如下面的代码。

```
var result =
    from num in arrNum
    where num % 2 == 0
    select num;
//
if (result.Count() > 0)
    Console.WriteLine(result.First());
else
    Console.WriteLine("没有查询结果");
```

代码中的 Count() 方法用于返回成员的数量。

ElementAt<T>() 泛型方法用于返回查询结果中指定位置的成员，其中 T 指定成员的类型，参数指定成员的索引值，如下面的代码。

```
int result =
    from num in arrNum
    where num % 2 == 0
    select num;
//
if (result.Count() > 0)
    Console.WriteLine(result.ElementAt<int>(0));
```

```
else
    Console.WriteLine(" 没有查询结果 ");
```

11.1.3 排序

在 LINQ 中,可以使用 orderby 语句对数据排序,如下面的代码。

```
// 排序
var result =
    from num in arrNum
    orderby num
    select num;
//
foreach(int num in result)
    Console.WriteLine(num);
```

默认情况下会使用升序排列,如果使用降序排列,可以添加 descending 关键字,如下面的代码。

```
// 降序排列
var result =
    from num in arrNum
    orderby num descending
    select num;
//
foreach(int num in result)
    Console.WriteLine(num);
```

如果集合中的成员类型比较复杂,可以参考稍后介绍的 Lambda 表达式相关内容进行排序操作。

11.1.4 分组

下面使用分组功能统计 int 数组中每一种数值各有多少个。

```
int[] arrNum = { 1, 9, 2, 3, 5, 3, 5, 3, 2, 2, 2, 2, 1, 9, 5 };
var result =
    from num in arrNum
    group num by num into grp
    select grp;
//
foreach (var data in result)
    Console.WriteLine(" 数值 {0} 有 {1} 个 ", data.Key, data.Count());
```

代码执行结果如图 11-2 所示。

分组操作时,实际返回的数据为 IGrouping 泛型接口类型。其中的每一个成员都是一个集合对象,其中分别包含了相同的成员。对于这些集合,可以使用 Key 属性获取分组后的数据,也可以使用一些方法来处理分组后的数据,如代码中的 Count() 方法获取每种数据的数量。

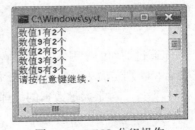

图 11-2　LINQ 分组操作

11.2　Lambda 表达式

下面的代码是通过 LINQ 及相关方法求 CProduct 对象数组中产品价格的平均值。

```
List<CProduct> products = new List<CProduct>()
{
    new CProduct("面包","食品",5.99m),
    new CProduct("大米","食品",1.99m),
    new CProduct("锤子","工具",19.99m),
    new CProduct("小刀","工具",9.9m),
    new CProduct("锯","工具",25.99m)
};
// 求平均价格
var result =
    from product in products
    select product.Price;
Console.WriteLine(result.Average());
```

代码中，首先使用 LINQ 获取所有的价格，然后通过 Average() 方法求出它们的平均价格。接下来，使用 Lambda 表达式求所有产品的平均价格，请注意 Lambda 运算符 => 的使用。

```
// 求平均价格
decimal avg = products.Average(p => p.Price);
Console.WriteLine(avg);
```

代码中的功能是如何实现的呢？实际上，当查看这个重载版本的 Average() 方法定义时，会发现它的参数定义为函数类型，而通过 Lambda 表达式，可以简化这类参数的使用。

下面是对产品信息进行分类统计，对不同类型的产品分别统计数量和平均价格。

```
// 分类统计
var grp = products.GroupBy(p => p.Category);
foreach (var item in grp)
{
    Console.WriteLine("'{0}'类产品{1}种, 平均价格{2:c}",
        item.Key, item.Count(), item.Average(p => p.Price));
}
```

代码执行结果如图 11-3 所示。

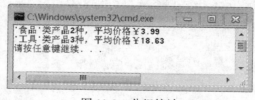

图 11-3　分组统计

通过前面的学习，我们了解了 LINQ 和 Lambda 表达式的基本应用，可以方便地处理数据集合，特别是简单的数据统计工作，不需要外部数据处理工具就可以很方便地完成。

不过，对于大量数据的处理工作，还是需要数据库系统的支持，第 17 ~ 20 章会讨论相关内容。

第 12 章 路径、目录与文件

本章将讨论 Windows 系统中目录与文件的常用操作，主要内容包括：
- 路径；
- 文件；
- 目录；
- ZipFile 类。

请注意，本部分的内容将在 CSChef 项目中进行测试，这是一个 Windows 窗体应用程序，包含了大量的封装代码。

12.1 路径

在处理文件或目录时，会使用路径（string 类型）表示它们的具体位置，实际开发中，主要使用 Path 类（System.IO 命名空间）处理路径信息，下面就来了解 Path 类的应用，并对一些常用功能进行封装。

12.1.1 Path 类

首先，了解一些目录和文件名称操作的方法。

GetFileName() 方法，返回路径中的文件名（string 类型），包含扩展名，如下面的代码。

```
textBox1.Text = Path.GetFileName(@"d:\test.txt");   // test.txt
```

HasExtension() 方法，判断路径中是否包含扩展名，返回 bool 类型值，如下面的代码。

```
textBox1.Text = Path.HasExtension(@"d:\test.txt").ToString();   // True
```

GetExtension() 方法，返回路径中的扩展名，包含分隔扩展名的圆点，如下面的代码。

```
textBox1.Text = Path.GetExtension(@"d:\test.txt");   // .txt
```

GetFileNameWithoutExtension() 方法，返回路径中的文件名，但不包含扩展名，如下面的代码。

```
textBox1.Text = Path.GetFileNameWithoutExtension(@"d:\test.txt");
// test
```

GetDirectoryName() 方法，返回路径中的目录部分，如下面的代码。

```
textBox1.Text = Path.GetDirectoryName(@"d:\temp\test.text");
// d:\temp
```

GetPathRoot() 方法，返回路径中的根目录信息，如下面的代码。

```
textBox1.Text = Path.GetPathRoot(@"d:\test.text");   // d:\
```

在一些项目中，可能会使用一些临时文件，下面就是Path类中关于临时目录和临时文件操作的几个方法，如：

- GetRandomFileName()方法，返回一个随机的名称，可以用作临时文件名。
- GetTempFileName()方法，在临时目录中创建一个临时文件，并返回此文件的完整路径。
- GetTempPath()方法，返回系统登录的当前用户的临时目录的路径。

Combine()方法，如果需要对一些路径或文件名进行组合，可以使用此方法，如下面的代码。

```
textBox1.Text = Path.Combine(@"d:\temp", "test.txt");
```

代码执行后会在textBox1文本框中显示"d:\temp\test.txt"。

12.1.2 封装常用功能

接下来在cschef.winx.CPath.cs文件中封装CPath类，用于获取一些常用的路径，如下面的代码。

```csharp
using System;
using System.IO;
using System.Runtime.InteropServices;
using System.Text;
using System.Windows.Forms;

namespace cschef.winx
{
    public static class CPath
    {
        // 缓存尺寸
        const int bufferSize = 255;

        // 引用WinAPI, Windows安装路径
        [DllImport("kernel32.dll")]
        private static extern int
            GetWindowsDirectory(StringBuilder sb, int length);

        // 引用WinAPI, System目录路径
        [DllImport("kernel32.dll")]
        private static extern int
            GetSystemDirectory(StringBuilder sb, int length);

        // 属性, Windows安装路径
        public static string WinDir
        {
            get
            {
                StringBuilder buff = new StringBuilder(bufferSize);
                int result = GetWindowsDirectory(buff, bufferSize);
                if (result == 0)
                    return "";
                else
                    return buff.ToString();
```

```csharp
        }
    }

    // 属性，System目录路径
    public static string SysDir
    {
        get
        {
            StringBuilder buff = new StringBuilder(bufferSize);
            int result = GetSystemDirectory(buff, bufferSize);
            if (result == 0)
                return "";
            else
                return buff.ToString();
        }
    }

    // 属性，当前应用程序启动目录路径
    public static string AppDir
    {
        get
        {
            return Application.StartupPath;
        }
    }

    // 属性，临时目录
    public static string TmpDir
    {
        get
        {
            return Path.GetTempPath();
        }
    }
    //
}
```

代码中，CPath 类定义为静态类，定义了 4 个公共的静态属性，分别是：

- WinDir 属性，返回 Windows 的安装路径，如"c:\windows"。除了使用 GetWindowsDirectory() 函数，还可以通过环境变量获取 Windows 的安装路径，在第 14 章会看到相关内容。
- SysDir 属性，返回系统目录的路径，如"c:\windows\system32"。
- AppDir 属性，返回应用程序所在目录。
- TmpDir 属性，返回临时目录的路径，其中调用了 Path 类中的 GetTempPath() 方法。

下面说明一下代码中使用的资源。首先是 bufferSize 常量，用于指定路径缓存的尺寸。

接着，使用 DllImportAttribute 特性引用了两个 WinAPI 函数，即 GetWindows-Directory() 函数和 GetSystemDirectory() 函数，分别用于获取 Windows 安装目录和系统目录的路径。请注意，这两函数的第一个参数都使用 StringBuilder 对象作为路径缓存，第二个参数则指定缓存的尺寸。在 WinDir 和 SysDir 属性的实现中，正是调用了这两个 WinAPI 函数。项目中,大家可以参考此方法调用所需的 WinAPI 函数。

在 AppDir 属性的实现中使用了 Application 类,它包含了当前应用程序的各种信息,其中的 StartupPath 属性包含了应用程序所在目录的路径。如果需要在项目中获取程序所在目录中的文件路径,可以使用类似下面的代码。

```
string filename = Path.Combine(CPath.AppDir, "文件名");
```

12.2 文件

开发工作中,文件操作也是比较常见的功能,.NET Framework 中提供了很多文件操作资源。下面,先了解一下 File 类和 FileInfo 类的使用。

12.2.1 File 类与 FileInfo 类

在 File 类中,封装了一系列文件操作的静态方法,而 FileInfo 类则用于处理文件对象。这两个类的成员定义非常相似,这里就一起了解一下。首先,看一看 File 类的使用。

操作一个文件时,可能需要判断它是否已经存在,此时,可以使用 File.Exists() 方法,如下面的代码。

```
string filename = @"d:\test.txt";
bool result = File.Exists(filename);
```

如果需要复制文件,可以使用 File.Copy() 方法,它可以包括 3 个参数,其中:
- 参数一指定源文件路径;
- 参数二指定目标文件路径;
- 参数三为可选,指定当目标文件已存在时,是否强制替换它。

如下代码演示了 File.Copy() 方法的使用。

```
string source = @"d:\test.txt";
string target = @"d:\test.old";
File.Copy(source, target, true);
```

如果需要删除文件,可以使用 File.Delete() 方法,如下面的代码。

```
string filename = @"d:\test.txt";
File.Delete(filename);
```

如果需要了解文件的属性,可以使用 File.GetAttributes() 方法,它会返回一个 FileAttributes 枚举类型,可以通过 & 运算判断文件是否拥有某个属性,如下面的代码。

```
string filename = @"d:\test.txt";
FileAttributes attr = File.GetAttributes(filename);
if ((attr & FileAttributes.ReadOnly) == FileAttributes.ReadOnly)
    // 是只读文件
else
    // 不是只读文件
```

另一个判断文件是否为只读文件的方法是使用 FileInfo 类中的 IsReadOnly 属性,如下面的代码。

```
FileInfo fle = new FileInfo(@"d:\test.txt");
if (fle.IsReadOnly)
    // 是只读文件
else
    // 不是只读文件
```

此外，FileAttributes 枚举中定义的常见文件属性包括：
- ReadOnly，只读文件；
- Hidden，隐藏文件；
- System，系统文件；
- Directory，路径指定的位置是目录；
- Archive，存档文件；
- Device，保留供将来使用；
- Normal，正常文件，没有其他的属性；
- Temporary，临时文件；
- Compressed，压缩文件；
- Encrypted，文件或目录已加密。

前面了解了几个 File 类的常用方法，而在 FileInfo 类中，同样包含了这些功能的实例成员，下面通过一个示例了解一下 FileInfo 类的基本应用。

```
string filename = @"d:\test.txt";
FileInfo fle = new FileInfo(filename);
bool result = fle.Exists;
```

代码的功能同样是判断 "d:\test.txt" 文件是否存在，这和 File.Exists() 方法的功能是一样的。

实际上，如果查看帮助文档就可以发现，File 和 FileInfo 类的很多成员，无论命名还是功能，都是一样的，只是 File 定义为静态类，包括了一些静态的操作方法，而 FileInfo 则用于文件对象的操作。

12.2.2 文件的读写

接下来了解一下文件的读写操作。

首先是文本文件的读写方法，其中，ReadAllText() 方法用于从文件中一次读取所有的文本内容，WriteAllText() 方法用于将文本内容一次全部写入指定的文本文件，如果文件已存在，则会替换原有的内容。如下代码演示了这两个方法的使用。

```
string filename = @"d:\test.txt";
string content = @"Hello Text File.";
// 写入文本
File.WriteAllText(filename, content);
// 读取文件
textBox1.Text = File.ReadAllText(filename);
```

代码会在 textBox1 文本框中显示"Hello Text File."。

ReadAllLines() 方法用于从文本文件中读取所有行，并返回一个字符串数组。WriteAllLines() 方法用于将一个字符串数组的内容全部按行写入文本文件，此方法同样会替换掉文件中原有的内容。如下代码显示了这两个方法的使用。

```csharp
string filename = @"d:\test.txt";
string[] contents = { "Line1", "Line2", "Line3" };
// 写入文本
File.WriteAllLines(filename, contents);
// 读取文件
string[] readLines = File.ReadAllLines(filename);
foreach(string s in readLines)
{
    listBox1.Items.Add(s);
}
```

如果需要对文件字节进行处理，还可以使用File类中的ReadAllBytes()和WriteAllBytes()方法，这两个方法会以字节数组的形式读取或写入数据。

另外一种处理文件数据的方式是使用文件流（FileStream），如果需要，可以参考FileStream类、File.Open()方法、File.OpenRead()方法、File.OpenWrite()方法等资源。

12.3 目录

目录（Directory），又称为文件夹（Folder），是文件系统中组织和管理文件的重要组成部分。在.NET Framework资源中，主要使用Directory类和DirectoryInfo类来处理目录，它们都定义在System.IO命名空间。

Directory类定义为静态类，其中定义了一系列处理目录的静态成员，而DirectoryInfo则用于处理具体的目录对象。

先来看一看Directory类的常用成员。

- Existis()方法，判断指定的目录是否存在，返回结果为bool类型。
- CreateDirectory()方法，创建参数中指定的目录。
- Delete()方法，删除目录。其中，参数一定义为string类型，指定要删除目录的路径；参数二可选，指定是否删除目录中的子目录的文件，定义为bool类型。
- GetDirectories()方法，返回指定目录中的子目录列表，返回类型为string数组。
- GetDirectoryRoot()方法，返回指定路径中的根目录，返回类型为string。
- GetFiles()方法，返回指定目录中的文件列表，返回类型为string数组。
- Move()方法，移动目录，包括两个string类型参数，参数一指定源目录路径，参数二指定目标目录路径。如果源目录和目标目录在同一位置，可以实现目录的改名功能。如果目标目录已存在，则会产生异常。

DirectoryInfo类用于处理具体的目录对象，可以使用一个包含目录路径的字符串来初始化，如下面的代码。

```csharp
DirectoryInfo dir = new DirectoryInfo(@"d:\test");
```

然后可以使用一系列的实例成员来操作这个目录，实际上，这些成员的定义与Directory类中的静态成员非常相似，例如，可以使用下面的代码测试d:\test目录是否存在。

```csharp
DirectoryInfo dir = new DirectoryInfo(@"d:\test");
if (dir.Exists)
    // 目录存在
```

下面就是 DirectoryInfo 类中一些常用的属性：
- Exists 属性，定义为 bool 类型，判断目录是否存在；
- Name 属性，定义为 string 类型，只返回目录名，而不是目录的完整路径；
- Parent 属性，获取当前目录的父目录的信息，返回 DirectoryInfo 对象；
- Root 属性，获取当前目录所在的根目录信息，返回 DirectoryInfo 对象。

接下来看一看 DirectoryInfo 类中的常用方法：
- Create() 方法，创建目录；
- CreateSubdirectory(String) 方法，创建子目录，并返回表示子目录的 DirectoryInfo 对象；
- Delete() 方法，删除目录。可以设置一个 bool 参数，指定是否删除目录中的子目录和文件；
- GetDirectories() 方法，获取当前目录的子目录列表，返回类型为 DirectoryInfo 对象数组；
- GetFiles() 方法，获取当前目录中的文件列表，返回类型为 FileInfo 对象数组；
- MoveTo() 方法，移动目录，参数指定目标目录的路径。

12.4 ZipFile 类

从 Windows XP 开始，系统中就集成了对 Zip 格式压缩文件的支持，在 .NET 项目中，也可以使用一些资源来操作 Zip 压缩文件，特别是在 .NET Framework 4.5 中，可以使用 ZipFile 类很方便地将一个目录压缩为 Zip 文件或者将一个 Zip 文件解压到指定的目录。

请注意，在使用 ZipFile 类时，需要在项目中引用 System.IO.Compression.FileSystem 程序集，如图 12-1 所示。

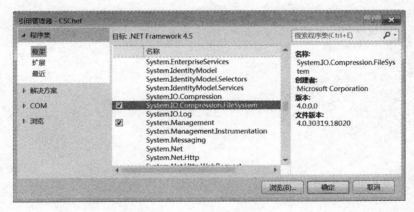

图 12-1　引用命名空间

下面就来看一看如何使用 ZipFile 文件进行基本的目录压缩和解压操作。

当需要压缩一个目录并生成 Zip 文件时，可以使用 ZipFile.CreateFromDirectory() 方法，它包括 3 个重载版本：
- CreateFromDirectory(sring, string);
- CreateFromDirectory(string, string, CompressionLevel, bool);

- CreateFromDirectory(string, string, CompressionLevel, bool, Encoding)

其中的参数包括：
- 参数一，指定需要压缩的目录，如果目录不存在会产生异常；
- 参数二，指定生成的压缩文件名，如果文件已存在会产生异常；
- 参数三，可选，定义为 CompressionLevel 枚举类型（System.IO.Compression 命名空间），用于指定文件压缩级别；
- 参数四，默认为 false，此时压缩文件中不包括指定目录的信息，只包含目录中的内容。设置为 true 时，压缩文件会包含指定目录的信息；
- 参数五，指定文件编码类型。

如下代码会将 d:\temp 目录的所有内容压缩到 d:\temp.zip 文件中。

```
ZipFile.CreateFromDirectory(@"d:\temp", @"d:\temp.zip");
```

使用 ZipFile.ExtractToDirectory() 方法，可以将一个 ZIP 文件解压到指定的目录，如下代码将 d:\temp.zip 文件的内容解压到 d:\temp1 目录。

```
ZipFile.ExtractToDirectory(@"d:\temp.zip", @"d:\temp1");
```

第 13 章 图形图像

本章讨论图形图像处理的相关内容，通过这些内容的学习，可以帮助在 C# 应用中处理各种图形问题，例如绘制统计图表、生成验证码、打印证照等。主要内容包括：
- 常用资源；
- 图形绘制；
- 旋转与翻转；
- 位图截取；
- 封装 CImage 类。

本部分的代码会继续在 CSChef 项目中进行测试。

13.1 常用资源

首先，熟悉一些图形图像处理的常用资源。

13.1.1 Color 结构

Color 结构类型定义在 System.Drawing 命名空间，用于处理颜色信息。在 Color 结构中，定义了一系列的静态成员，它们分别表示一些常用的颜色值，如 Color.Red 表示红色、Color.Blue 表示蓝色等。

如果这些颜色不能满足开发需要，还可以通过 FromArgb() 静态方法定义自己的颜色，此方法包括一些重载版本，常用的包括：
- FromArgb(int red, int green, int blue)；
- FromArgb(int alpha, int red, int green, int blue)。

参数中，red、green 和 blue 分别表示红、绿、蓝三种颜色的值，取值范围为从 0 ~ 255。alpha 值表示不透明度，设置为 255 时表示完全不透明，0 值表示完全透明。

如下代码会创建一个红色的颜色值：

```
Color red = Color.FromArgb(255, 0, 0);
```

13.1.2 Bitmap 类

Bitmap 类用于处理位图对象，这是以像素为基本单位的图片格式。处理位图时，像素会采用如图 13-1 所示的坐标系统。

图 13-1 中，横向为图片的宽度（width），称为 X 方向；竖向为图片的高度（height），称为 Y 方向。位图的左上角为原点，即坐标为（0，0）的位置。

创建 Bitmap 对象时，可以使用多个重载版本的构造函数，常用的有：
- Bitmap(string)，使用一个图片文件创建位图对象。

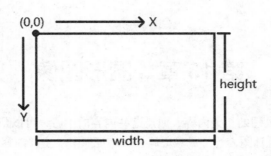

图 13-1 位图坐标系

❏ Bitmap(int, int)，使用宽度（参数一）和高度（参数二）尺寸创建一个新的位图对象。
❏ Bitmap(Image)，使用一个 Image 对象创建位图对象，因为 Bitmap 定义为 Image 类的子类，所以，可以直接使用一个位图对象生成另外一个位图对象，这么做有什么用呢？最大的用处就是可以很方便地重新设置图像的尺寸，此时，使用 Bitmap(Image, int, int) 构造函数，后两个参数指定新位图的宽度和高度。
❏ Bitmap(Stream)，根据一个数据流来创建位图，例如，在 Web 项目中，需要对用户上传的图片进一步加工时，可以使用此构造函数在服务器端创建位图对象。

操作 Bitmap 对象时，常用的成员包括：

❏ Size 属性，表示位图的尺寸，定义为 Size 结构类型（System.Drawing 命名空间），包括 Width 和 Height 两个成员，都定义为 int 类型。
❏ Width 属性和 Height 属性，分别表示位图的宽度和高度，都定义为 int 类型。
❏ HorizontalResolution 属性和 VerticalResolution 属性，分别表示图像的水平分辨率和垂直分辨率。在这里，分辨率是指图像的 DPI（dots per inch），即每英寸的点（像素）数量。可以通过 SetResolution(float, float) 方法设置图像的分辨率，参数一设置水平分辨率，参数二设置垂直分辨率。在封装 CImage 类的过程中，我们会看到图片分辨率的实际应用。
❏ Clone() 方法，复制图像的副本。
❏ MakeTransparent(Color) 方法，将指定的颜色设置为透明色，即在图像中不显示这种颜色。
❏ RotateFlip(RotateFlipType) 方法，对图像进行旋转和翻转操作，参数中的 RotateFlipType 枚举指定操作的具体方式。在 13.3 节中会详细讨论 RotateFlip() 方法的使用。
❏ SetPixel(int, int, Color) 和 GetPixel(int, int) 方法，分别用于设置和获取指定坐标位置像素的颜色。其中的参数一和参数二分别指定 X 坐标和 Y 坐标。
❏ Save() 方法，一系列的重载版本可以帮助我们使用多种方式保存或发送图像。通过 Save() 方法，可以使用指定的格式保存图片文件，这样就可以很方便地改变图片的格式。此外，还可以在 Web 项目中通过 HttpResponse.OutputStream 对象将图片发送到客户端，如动态生成的验证码图片，在第 22 章可以看到相关应用。

13.1.3 Graphics 类

可以看到，Bitmap 对象只是以像素为单位来处理图像，如果需要绘制更多、更复杂的图形，就需要使用 Graphics 类（System.Drawing 命名空间）了，它的主要功能就是在关联的位图中绘制图形或文本内容。

图形绘制操作之前，一般会使用类似下面的代码关联 Bitmap 对象和 Graphics 对象。

```
const int width = 300, height = 200;
Bitmap bmp = new Bitmap(width, height);
Graphics g = Graphics.FromImage(bmp);
// 设置银色背景
g.Clear(Color. Silver);
```

代码中使用了 Graphics 类中的 FromImage() 静态方法，其参数就是需要关联的 Bitmap 对象。代码的最后一行，通过 Clear() 方法将图像设置为银色背景，如果没有这行代码，图像的背景会是透明色。请注意，保存图片时，只有 PNG、GIF 等格式的图片才能够正确地处理透明色。

稍后会介绍很多图形绘制方法。

13.1.4 格式刷与渐变

格式刷（Brush 类）表示填充图形的格式对象，如果是纯色填充，可以直接使用 Brushes 类中定义的各种颜色格式刷。Brush 类和 Brushes 类都定义在 System.Drawing 命名空间。

除了纯色格式刷，还可以使用更复杂一些的格式刷，例如使用渐变色填充图形，此时，需要使用 LinearGradientBrush 类（System.Drawing.Drawing2D 命名空间）。如下代码使用从白到黑的线性渐变来填充矩形。

```
const int width = 300, height = 200;
using (Bitmap bmp = new Bitmap(width, height))
{
    Graphics g = Graphics.FromImage(bmp);
    //
    Rectangle rect = new Rectangle(0, 0, width, height);
    LinearGradientBrush brush =
        new LinearGradientBrush(rect, Color.White, Color.Black, 0f);
    g.FillRectangle(brush, 0, 0, width, height);
    bmp.Save(@"d:\linear.png",ImageFormat.Png);
}
```

执行此代码，会生成"d:\linear.png"文件，它是一个 PNG 格式的图片，如图 13-2 所示。

图 13-2 线性渐变（一）

执行此代码，注意不要忘记引用如下 3 个命名空间：

❏ System.Drawing 命名空间，Bitmap、Grphics 等图形操作的基本资源都定义在此命名空间；

❏ System.Drawing.2D 命名空间，LinearGradientBrush 类定义在此命名空间；

❏ System.Drawing.Imaging 命名空间，ImageFormat 类定义在此命名空间，其中定义了

各种所支持的图片格式，代码中，生成的图片为 PNG 格式。

代码中的大部分内容都比较容易理解，下面，看一下 LinearGradientBrush() 构造函数的几个参数。

（1）参数一定义为 Rectangle 结构类型，用于定义一个矩形区域，它定义了填充图形的原始尺寸。如果渐变图形小于实际填充图形的尺寸，可以通过 LinearGradientBrush 类的 WrapMode 属性来设置填充模式，此属性定义为 WrapMode 枚举类型（System.Drawing.Drawing2D 命名空间），成员包括：

- Tile，平铺，默认值；
- TileFlipX，水平反转后平铺；
- TileFlipY，垂直反转后平铺；
- TileFlipXY，水平和垂直反转后平铺；
- Clamp，没有平铺。

下面是修改后的代码，使用一个尺寸为 50 像素 ×50 像素的对角渐变来填充矩形，并设置为 TileFlipXY 模式平铺。

```
const int width = 300, height = 200;
using (Bitmap bmp = new Bitmap(width, height))
{
    Graphics g = Graphics.FromImage(bmp);
    //
    Rectangle rect = new Rectangle(0, 0, 50, 50);
    LinearGradientBrush brush =
        new LinearGradientBrush(rect, Color.White, Color.Black, 45f);
    brush.WrapMode = WrapMode.TileFlipXY;
    g.FillRectangle(brush, 0, 0, width, height);
    bmp.Save(@"d:\linear.png",ImageFormat.Png);
}
```

代码生成图片内容如图 13-3 所示。

（2）LinearGradientBrush() 构造函数中的第二和第三个参数用于指定渐变的开始和结束时的颜色。

（3）参数四的设置需要注意一下，它定义为 float 类型，决定渐变的方向，使用角度值来设置，角度的定义如图 13-4 所示。

图 13-3　线性渐变（二）

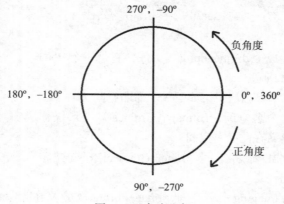

图 13-4　角度坐标

13.1.5 画笔

画笔对象（Pen 类）表示线条绘制风格，如果是简单的纯色线条，而且线条宽度是 1 像素，可以直接使用 Pens 类中定义的画笔对象，如 Pens.Red 等。Pen 类和 Pens 类都定义在 System.Drawing 命名空间。

如下代码绘制了一个黑线边框的矩形。

```
const int width = 300, height = 200;
using (Bitmap bmp = new Bitmap(width, height))
{
    Graphics g = Graphics.FromImage(bmp);
    //
    g.Clear(Color.White);
    g.DrawRectangle(Pens.Black, 0, 0, width-1, height-1);
    bmp.Save(@"d:\rect.png", ImageFormat.Png);
}
```

代码中，使用 Graphics 类中的 DrawRectangle() 方法绘制一个矩形，参数一中指定了 Pens.Black 为线条风格，它表示 1 像素宽、黑色的实线。代码生成的图片将保存为"d:\rect.png"文件，如图 13-5 所示。

图 13-5　画笔应用

如果需要更多的画笔对象来绘制不同风格的线条，可以参考 Pen 类中的一些成员。首先，可以使用几个构造函数创建 Pen 对象，如：

- Pen(Brush)，使用格式刷对象构建画笔对象；
- Pen(Color)，使用颜色构建画笔对象；
- Pen(Brush, float)，使用格式刷对象和宽度构建画笔对象；
- Pen(Color, float)，使用颜色和宽度构建画笔对象。

接下来看看一些画笔样式的应用。如下代码绘制了一条 5 像素宽的直线。

```
const int width = 300, height = 200;
using (Bitmap bmp = new Bitmap(width, height))
{
    Graphics g = Graphics.FromImage(bmp);
    // 设置白色背景
    g.Clear(Color.White);
    //
    Pen p = new Pen(Color.Black);
    p.Width = 5;
    p.DashStyle = DashStyle.Solid;
    g.DrawLine(p, 10, 10, 100, 10);
    //
    bmp.Save(@"d:\line.png", ImageFormat.Png);
}
```

代码中，除了可以通过构造函数指定线条的宽度，还可以通过 Width 属性来设置。DashStyle 属性指定了线条的样式，默认为 Solid（实线）。此外，还可以通过 DashStyle 枚举成员设置为其他类型的线条，包括：

- Custom，自定义线条样式；
- Dash，虚线；

- DashDot，线、点交替的样式；
- DashDotDot，线、点、点交替的样式；
- Dot，由点组成的样式；
- Solid，实线。

除了 DashStyle 属性，在设置线条样式时，还可以参考以下一些属性。

DashCap 属性，用于设置虚线线段两端的样式，定义为 DashCap 枚举类型，成员包括 Flat（方形）、Round（圆角）和 Triangle（三角形）。请注意，这个属性并不会影响线条整体的起点和终点样式。

如果需要设置线条起点或终点的样式，可以分别设置 StartCap 属性和 EndCap 属性，它们都定义为 LineCap 枚举类型，其常用成员包括：

- Flat，平线帽；
- Square，方线帽；
- Round，圆线帽；
- Triangle，三角线帽。

如下代码使用 Pen 对象绘制一条圆角虚线。

```csharp
const int width = 300, height = 200;
using (Bitmap bmp = new Bitmap(width, height))
{
    Graphics g = Graphics.FromImage(bmp);
    // 设置白色背景
    g.Clear(Color.White);
    //
    Pen p = new Pen(Color.Black, 5f);
    p.DashStyle = DashStyle.Dash;
    p.DashCap = DashCap.Round;
    p.StartCap = LineCap.Round;
    p.EndCap = LineCap.Round;
    g.DrawLine(p, 10, 10, 200, 10);
    //
    bmp.Save(@"d:\line.png", ImageFormat.Png);
}
```

其绘制的线条如图 13-6 所示。

绘制虚线时，还可以指定线段和空白处的长度，此时，使用一个 float 数组来指定 Pen 类中的 DashPattern 属性，如下面的代码。

图 13-6　绘制圆角虚线

```csharp
const int width = 300, height = 200;
using (Bitmap bmp = new Bitmap(width, height))
{
    Graphics g = Graphics.FromImage(bmp);
    // 设置白色背景
    g.Clear(Color.White);
    //
    Pen p = new Pen(Color.Black, 5f);
    p.DashStyle = DashStyle.Dash;
    float[] arr = { 3f, 1f };
    p.DashPattern = arr;
```

```
        g.DrawLine(p, 10, 10, 200, 10);
        //
        bmp.Save(@"d:\line.png", ImageFormat.Png);
}
```

其绘制线条如图 13-7 所示。

图 13-7　绘制指定间隔的虚线

13.2　图形绘制

图形的绘制操作，主要是通过 Graphics 类中的一系列绘制方法来完成，主要包括两种类型：一种绘制填充图形，方法名格式为 Fill×××()。另一种是绘制线条图形或文本内容，方法名格式为 Draw×××()。

下面就来了解一些常用的图形绘制方法。

13.2.1　矩形

绘制矩形时，使用 DrawRectangle() 方法，下面就是其中的一个重载版本：

```
DrawRectangle(Pen, Int32, Int32, Int32, Int32)
```

其中：
- 参数一指定 Pen 对象，决定了矩形边框的颜色，以及线条风格和宽度；
- 参数二指定矩形左上角 X 坐标；
- 参数三指定矩形左上角 Y 坐标；
- 参数四指定矩形的宽度；
- 参数五指定矩形的高度。

如下代码绘制了一个黑色矩形。

```
const int width = 300, height = 200;
using (Bitmap bmp = new Bitmap(width, height))
{
    Graphics g = Graphics.FromImage(bmp);
    // 设置银色背景
    g.Clear(Color.Silver);
    //
    Pen p = new Pen(Color.Black, 5f);
    g.DrawRectangle(p, 50, 50, 200, 100);
    //
    bmp.Save(@"d:\shape.png", ImageFormat.Png);
}
```

代码绘制的矩形如图 13-8 所示。

此外，DrawRectangle() 方法还有一些重载版本，大家可以根据需要参考使用。

绘制填充矩形时，可以使用 FillRectangle() 方法，它的参数与 DrawRectangle() 方法相似，只是第一参数需要指定一个 Brush 对象，

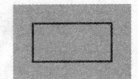

图 13-8　绘制矩形

用于定义图形的填充风格。

如果矩形内部与边框颜色不一致，可以通过类似下面的代码来实现。

```
const int width = 300, height = 200;
using (Bitmap bmp = new Bitmap(width, height))
{
    Graphics g = Graphics.FromImage(bmp);
    // 设置银色背景
    g.Clear(Color.Silver);
    //
    Pen p = new Pen(Color.Black, 5f);
    Rectangle rect = new Rectangle(50, 50, 200, 100);
    g.FillRectangle(Brushes.Red, rect);
    g.DrawRectangle(p, rect);
    //
    bmp.Save(@"d:\shape.png", ImageFormat.Png);
}
```

代码中使用了 FillRectangle() 和 DrawRectangle() 方法的另一个重载版本，其中第二个参数设置为一个矩形结构数据（Rectangle 结构类型）。代码绘制的图形是一个红色的矩形，加上黑色的边框，如图13-9所示。

图13-9 绘制填充矩形

使用 DrawRectangle() 和 FillRectangle() 方法一次可以绘制一个矩形，如果需要一次绘制多个矩形，可以使用 DrawRectangles() 和 FillRectangles() 方法，第一个参数分别是 Pen 对象和 Brush 对象，第二个参数设置一个 Rectangle 结构数组，也就是需要绘制的矩形的数据数组。

最后，需要绘制正方形时，将矩形的宽度和高度设置为相等就可以了。

13.2.2 椭圆与圆形

绘制椭圆形时，使用 DrawEllipse() 方法，它的参数与 DrawRectangle() 方法相同，至于原因，如图13-10所示，看一下就会明白。

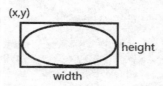

图13-10 椭圆与矩形的关系

如下代码会绘制一个黑色边框的椭圆形。

```
const int width = 300, height = 200;
using (Bitmap bmp = new Bitmap(width, height))
{
    Graphics g = Graphics.FromImage(bmp);
    // 设置银色背景
    g.Clear(Color. Silver);
    //
```

```
    Pen p = new Pen(Color.Black, 5f);
    Rectangle rect = new Rectangle(50, 50, 200, 100);
    g.DrawEllipse(p, rect);
    //
    bmp.Save(@"d:\shape.png", ImageFormat.Png);
}
```

代码绘制结果如图 13-11 所示。

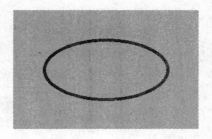

图 13-11　绘制椭圆形

绘制填充椭圆时使用 FillEllipse() 方法，除了第一个参数设置为 Brush 对象，其他参数与 DrawEllipse() 方法相同。

此外，如果需要绘制圆形，同样只需要将矩形结构中的宽度和高度设置为相同就可以了。

13.2.3　线条与多边形

在讨论 Pen 对象时，已经使用过 DrawLine() 方法绘制线条，相信大家不会陌生。在 Graphics 类中，另一个绘制线条的方法是 DrawLines() 方法，它可以绘制一条连续的折线，其参数包括：

❏ 参数一，绘制线条使用的 Pen 对象；
❏ 参数二，指定为 Point 结构数组（成员为 int 类型）或 PointF 结构数组（成员为 float 类型）。此参数指定了一系列的关键点坐标。

如下代码绘制了一条黑色的折线。

```
const int width = 300, height = 200;
using (Bitmap bmp = new Bitmap(width, height))
{
    Graphics g = Graphics.FromImage(bmp);
    // 设置银色背景
    g.Clear(Color.Silver);
    //
    Pen p = new Pen(Color.Black, 3f);
    Point[] pts = { new Point(50,50),
                    new Point(100,150),
                    new Point(250,50)};
    g.DrawLines(p, pts);
    //
    bmp.Save(@"d:\shape.png", ImageFormat.Png);
}
```

代码绘制结果如图 13-12 所示。

当需要绘制一个多边形时，可以使用 DrawPolygon() 方法，其参数与 DrawLines() 方法定义相同，参数一为 Pen 对象，参数二设置为多边形顶点坐标，如果第一个坐标与最后一个坐标不是一个位置，方法会自动封装图形。

如下代码将绘制一个三角形。

```
const int width = 300, height = 200;
using (Bitmap bmp = new Bitmap(width, height))
{
    Graphics g = Graphics.FromImage(bmp);
    // 设置银色背景
    g.Clear(Color.Silver);
    //
    Pen p = new Pen(Color.Black, 3f);
    Point[] pts = { new Point(50,50),
                    new Point(100,150),
                    new Point(250,50)};
    g.DrawPolygon(p, pts);
    //
    bmp.Save(@"d:\shape.png", ImageFormat.Png);
}
```

代码绘制结果如图 13-13 所示。

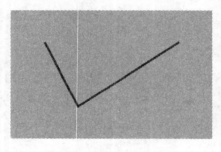

图 13-12　绘制折线

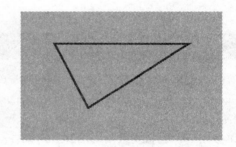

图 13-13　绘制多边形

相对应，绘制填充多边形时使用 FillPolygon() 方法，其参数与 DrawPolygon() 相似，只是第一参数需要使用 Brush 对象。

13.2.4　封闭图形

DrawClosedCurve() 方法用于绘制封闭图形，它的参数包括：
- 参数一，设置绘制线条的 Pen 对象。
- 参数二，设置顶点坐标，设置为 Point 数组或 PointF 数组，如果第一个坐标和最后一个坐标不是一个位置，方法会自动封装图形。
- 参数三，定义为 float 类型，用于设置线条的张力（曲度），设置为 0.0 时的绘制为直线，这与 DrawPolygon() 方法绘制的效果是相同的。一般情况下，此参数应大于 0.0 并小于 1.0。
- 参数四，定义为 FillMode 枚举类型，其成员包括 Alternate 和 Winding。

在 DrawClosedCurve() 方法的重载版本中，可以只使用前两个参数，或者使用全部 4 个参数。

如下代码使用 3 个顶点来绘制一个由曲线组成的封装图形。

```
const int width = 300, height = 200;
using (Bitmap bmp = new Bitmap(width, height))
{
    Graphics g = Graphics.FromImage(bmp);
    // 设置银色背景
    g.Clear(Color.Silver);
    //
    Pen p = new Pen(Color.Black, 3f);
    Point[] pts = { new Point(50,50),
                    new Point(100,150),
                    new Point(250,50) };
    g.DrawClosedCurve(p, pts);
    //
    bmp.Save(@"d:\shape.png", ImageFormat.Png);
}
```

代码绘制结果如图 13-14 所示。

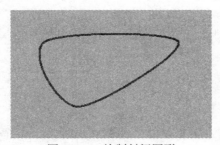

图 13-14　绘制封闭图形

相应地，FillColoseCurve() 方法用于绘制填充封闭图形，此方法的参数设置与 DrawClosedCurve() 方法相似，如：

❑ 参数一定义为 Brush 对象，指定填充的格式刷对象；
❑ 参数二指定顶点坐标，定义为 Point 数组或 PointF 数组，指定顶点坐标；
❑ 参数三定义为 FillMode 枚举类型，指定填充模式；
❑ 参数四定义为 float 类型，指定曲线的张力（曲度）。

如下代码绘制了一个蓝色的封闭图形。

```
const int width = 300, height = 200;
using (Bitmap bmp = new Bitmap(width, height))
{
    Graphics g = Graphics.FromImage(bmp);
    // 设置银色背景
    g.Clear(Color.Silver);
    //
    Point[] pts = { new Point(50,50),
                    new Point(100,150),
                    new Point(250,50) };
    g.FillClosedCurve(Brushes.Blue, pts);
```

```
    //
    bmp.Save(@"d:\shape.png", ImageFormat.Png);
}
```

代码绘制结果如图 13-15 所示。

图 13-15　绘制填充封闭图形

13.2.5　绘制文本

图像处理中，可以使用 DrawString() 方法绘制文本，它包括几个重载版本，主要关注如下版本的 DrawString() 方法。

```
DrawString(String, Font, Brush, float, float)
```

其中：
- 参数一指定需要绘制的文本内容；
- 参数二指定字体；
- 参数三指定格式刷；
- 参数四指定绘制起始点的 X 坐标，即绘制文本内容左上角的 X 坐标；
- 参数五指定绘制起始点的 Y 坐标，即绘制文本内容左上角的 Y 坐标。

如下代码会显示"HELLO"的字样。

```
const int width = 300, height = 200;
using (Bitmap bmp = new Bitmap(width, height))
{
    Graphics g = Graphics.FromImage(bmp);
    // 设置银色背景
    g.Clear(Color.Silver);
    //
    Font f = new Font("Arial", 50f,
            FontStyle.Bold | FontStyle.Italic, GraphicsUnit.Pixel);
    g.DrawString("HELLO", f, Brushes.Black, 50, 50);
    //
    bmp.Save(@"d:\shape.png", ImageFormat.Png);
}
```

Font 类的构造函数中，定义了 Arial 字体（参数一），尺寸为 50 像素（参数二设置数值，参数四设置单位），并使用了加粗和斜体风格（参数三）。

在 DrawString() 方法中，设置了黑色格式刷，并从 (50,50) 的位置开始绘制文本，输出结果如图 13-16 所示。

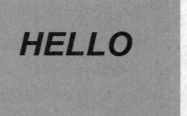

图 13-16　绘制文本

13.2.6　扇形与弧线

在 Graphics 类中，DrawPie() 方法用于绘制扇形。扇形是圆形的一部分，也就是说，在绘制扇形时，首先需要定义一个圆（使用矩形数据）。然后，设置扇形起始边与终边的角度。

说起角度，再来看一下角度的示意图，如图 13-17 所示。

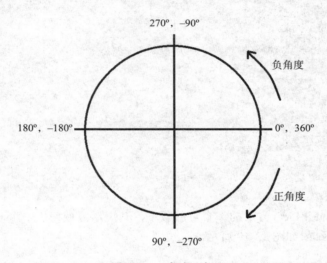

图 13-17　角度坐标

主要关注 DrawPie() 方法的两个版本，即：

```
DrawPie(Pen, int, int, int, int, int, int)
DrawPie(Pen, float, float, float, float, float, float)
```

其中的参数设置如下：
- 参数一，指定绘制线条的 Pen 对象；
- 参数二，设置矩形左上角的 X 坐标；
- 参数三，设置矩形左上角的 Y 坐标；
- 参数四，设置矩形的宽度；
- 参数五，设置矩形的高度；
- 参数六，设置扇形起始边的角度；

❏ 参数七，设置扇形终边的角度。

如下代码绘制了一个扇形。

```
const int width = 300, height = 200;
using (Bitmap bmp = new Bitmap(width, height))
{
    Graphics g = Graphics.FromImage(bmp);
    // 设置银色背景
    g.Clear(Color.Silver);
    //
    Pen p = new Pen(Color.Black, 3);
    g.DrawPie(p, 50, 50, 150, 150, 0, -45);
    //
    bmp.Save(@"d:\shape.png", ImageFormat.Png);
}
```

代码绘制结果如图 13-18 所示。

如果大家对扇形的位置感不太明确，接下来，绘制一个圆形，然后使用 FillPie() 方法绘制一个填充扇形，如下面的代码。

```
const int width = 300, height = 200;
using (Bitmap bmp = new Bitmap(width, height))
{
    Graphics g = Graphics.FromImage(bmp);
    // 设置银色背景
    g.Clear(Color.Silver);
    //
    Pen p = new Pen(Color.Black, 3);
    Rectangle rect = new Rectangle(30, 30, 150, 150);
    g.DrawEllipse(p, rect);
    g.FillPie(Brushes.Black, 30, 30, 150, 150, 0, -45);
    //
    bmp.Save(@"d:\shape.png", ImageFormat.Png);
}
```

代码中使用了 FillPie() 方法的一个重载版本，其矩形区域使用一个 Rectangle 结构类型来定义。本例执行结果如图 13-19 所示。

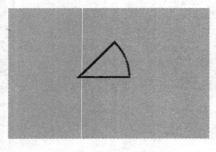
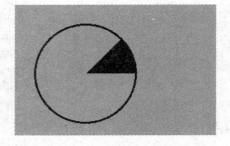

图 13-18　绘制扇形　　　　　　　　　图 13-19　绘制填充扇形

DrawArc() 方法用于绘制一条弧线，弧是椭圆或圆形边上的一部分，这样，DrawArc() 方法的参数实际上就和 DrawPie() 方法的参数设置是相同的。

如下代码绘制了一个白色的圆形，然后在其上面绘制一条黑色的弧线。

```
const int width = 300, height = 200;
using (Bitmap bmp = new Bitmap(width, height))
{
    Graphics g = Graphics.FromImage(bmp);
    // 设置银色背景
    g.Clear(Color.Silver);
    //
    Pen pWhite = new Pen(Color.White, 5);
    Pen pBlack = new Pen(Color.Black, 5);
    Rectangle rect = new Rectangle(30, 30, 150, 150);
    g.DrawEllipse(pWhite, rect);
    g.DrawArc(pBlack, rect, 0, -45);
    //
    bmp.Save(@"d:\shape.png", ImageFormat.Png);
}
```

代码绘制结果如图 13-20 所示。

图 13-20　绘制弧线

13.2.7　曲线

DrawCurve() 方法将根据指定的点来绘制曲线，此方法包括多个重载版本，主要关注以下两个版本。

```
DrawCurve(Pen,Point[])
DrawCurve(Pen,Point[], float)
```

其中：
- 参数一指定绘制曲线的画笔对象；
- 参数二指定关键点的坐标数据数组；
- 参数三指定曲线的张力，默认值为 0.5。

如下代码通过 4 个点来绘制一条曲线。

```
const int width = 300, height = 200;
using (Bitmap bmp = new Bitmap(width, height))
{
    Graphics g = Graphics.FromImage(bmp);
    // 设置银色背景
    g.Clear(Color.Silver);
    //
    Pen p = new Pen(Color.Black, 5);
    Point[] pts = { new Point(30,30),new Point(60, 50),
```

```
                            new Point(100,150),new Point(250,50)};
    g.DrawCurve(p, pts);
    //
    bmp.Save(@"d:\shape.png", ImageFormat.Png);
}
```

代码绘制结果如图 13-21 所示。

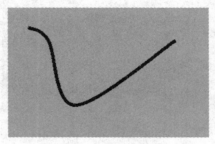

图 13-21　绘制曲线

DrawBezier() 方法通过 4 个点绘制 Bézier 曲线（贝塞尔曲线），下面就是使用 DrawBezier() 方法绘制曲线的代码。

```
const int width = 300, height = 200;
using (Bitmap bmp = new Bitmap(width, height))
{
    Graphics g = Graphics.FromImage(bmp);
    // 设置银色背景
    g.Clear(Color.Silver);
    //
    Pen p = new Pen(Color.Black, 5);
    Point pt1 = new Point(50, 50);
    Point pt2 = new Point(100, 100);
    Point pt3 = new Point(200, 50);
    Point pt4 = new Point(250, 150);
    g.DrawBezier(p, pt1, pt2, pt3, pt4);
    //
    bmp.Save(@"d:\shape.png", ImageFormat.Png);
}
```

代码绘制结果如图 13-22 所示。

如图 13-23 所示，再看一下 4 个点的位置关系。

 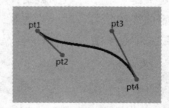

图 13-22　绘制 Bezier 曲线　　　图 13-23　Bezier 曲线的点位置关系

从图 13-23 中可以看到，从 pt1 到 pt2 的直线，以及 pt3 到 pt4 的直线都会分别与曲线相切，而曲线的其他部分会自动生成。

13.3 旋转与翻转

图像的旋转和翻转操作需要在 Bitmap 对象中完成，我们只需要使用 Bitmap 对象中的一个方法就可以分别或同时完成这两项操作，这个方法就是 RotateFlip() 方法，它只有一个参数，定义为 RotateFlipType 枚举类型，其成员定义了 Bitmap 对象执行旋转和翻转操作的方式，包括：

- RotateNoneFlipNone，不进行旋转和翻转操作；
- Rotate90FlipNone，顺时针旋转的 90º；
- Rotate180FlipNone，顺时针旋转 180º；
- Rotate270FlipNone，顺时针旋转 270 º；
- RotateNoneFlipX，水平翻转；
- Rotate90FlipX，顺时针旋转 90º 和水平翻转；
- Rotate180FlipX，顺时针旋转 180º 和水平翻转；
- Rotate270FlipX，顺时针旋转 270º 和水平翻转；
- RotateNoneFlipY，垂直翻转；
- Rotate90FlipY，顺时针旋转 90º 和垂直翻转；
- Rotate180FlipY，顺时针旋转 180º 和垂直翻转；
- Rotate270FlipY，顺时针旋针 270º 和垂直翻转；
- RotateNoneFlipXY，同时进行水平翻转和垂直翻转；
- Rotate90FlipXY，顺时针旋转 90º，同时进行水平翻转和垂直翻转；
- Rotate180FlipXY，顺时针旋转 180º，同时进行水平翻转和垂直翻转；
- Rotate270FlipXY，顺时针旋转 270º，同时进行水平翻转和垂直翻转。

相信大家在看到 RotateFlipType 枚举类型的定义以后，已经了解了如何对位图进行旋转与翻转操作了。下面使用两个简单的例子来演示一下。

首先创建一个 Bitmap 对象，如下面的代码。

```
const int width = 300, height = 200;
using (Bitmap bmp = new Bitmap(width, height))
{
    Graphics g = Graphics.FromImage(bmp);
    // 设置银色背景
    g.Clear(Color.Silver);
    //
    g.FillEllipse(Brushes.Black, 100, 50, 100, 100);
    g.FillEllipse(Brushes.White, 139, 60, 22, 22);
    //
    bmp.Save(@"d:\shape.png", ImageFormat.Png);
}
```

代码绘制结果如图 13-24 所示。

接下来，在保存图片文件之前添加旋转操作，如下面的代码。

```
// 其他代码
// 旋转图像
    bmp.RotateFlip(RotateFlipType.Rotate90FlipNone);
```

```
    //
    bmp.Save(@"d:\shape.png", ImageFormat.Png);
}
```

再次查看"d:\shape.png"图片，其结果如图13-25所示，可以看到图像已经顺时针旋转了90º。

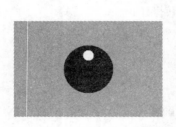 

图 13-24　示例图像　　　　图 13-25　图像旋转

接下来测试一下垂直翻转的操作，如下面的代码。

```
// 其他代码
// 垂直翻转图像
    bmp.RotateFlip(RotateFlipType.RotateNoneFlipY);
    //
    bmp.Save(@"d:\shape.png", ImageFormat.Png);
}
```

代码执行结果如图13-26所示，可以看到，此操作对原始图像已经进行了垂直翻转操作。

图 13-26　图像翻转

13.4　位图截取

本节介绍如何对 Bitamp 对象中的位图内容进行截取，主要讨论了矩形、椭圆或圆形区域的截取操作、其他形状的截取操作，可以参考给出的方法来实现。

13.4.1　截取矩形区域

如果查看了帮助文档中的 Graphics 类，一定会发现，在位图中截取矩形区域是非常简单的，在 Graphics 类中已经定义了相应的方法，即 DrawImage() 方法，着重讨论以下重载版本的使用。

```
DrawImage(Image, Rectangle, Rectangle, GraphicsUnit)
```

其中：
- 参数一指定需要截取的源位图对象；
- 参数二指定目标位图对象中绘制的矩形区域；
- 参数三指定源位图对象中需要截取的矩形区域；
- 参数四指定图像使用的单位。

下面的示例，请大家准备一张稍大一点的图片，例如尺寸在 1024 像素 ×768 像素以上的图片，并保存为 d:\source.jpg 文件，接下来截取此文件的内容，并保存为 d:\target.jpg 文件。当然，如果计算机中没有 D 盘，也可以将文件存放在 C 盘，只是注意代码中要做相应的修改。

接下来，会创建一个 CSnip 类，它定义在 cschef 命名空间，其功能就是封装图像截取的相关操作，大家可以根据自己的需要修改或扩展使用。

在 CSnip 类中封装的第一个方法，是根据文件的扩展名确定它的图片格式（ImageFormat 类型），如下面的代码（cschef.CSnip.cs 文件）。

```
using System;
using System.Drawing;
using System.Drawing.Drawing2D;
using System.Drawing.Imaging;
using System.IO;

namespace cschef
{
    public static class CSnip
    {
        // 根据扩展名返回图片类型，不完整类型列表
        public static ImageFormat GetImageFormat(string filename)
        {
            string ext = Path.GetExtension(filename).ToLower();
            switch(ext)
            {
                case ".bmp":
                    return ImageFormat.Bmp;
                case ".png":
                    return ImageFormat.Png;
                case ".gif":
                    return ImageFormat.Gif;
                default:
                    return ImageFormat.Jpeg;
            }
        }
        // 其他代码
    }
}
```

这里只列出了常用的 4 种图片格式，大家可以根据需要扩展所支持的图片格式。

接下来封装的方法是从源文件中截取矩形内容，并保存到目标文件中，如下面的代码（cshcef.CSnip.cs 文件）。

```csharp
// 从源文件截取矩形区域并保存到目标文件
public static bool SnipFileRectangle(
    string sourceFile, string targetFile, Rectangle surRect)
{
    try
    {
        using (Bitmap sourceBmp = new Bitmap(sourceFile))
        {
            using (Bitmap targetBmp =
                new Bitmap(surRect.Width, surRect.Height))
            {
                Graphics g = Graphics.FromImage(targetBmp);
                g.DrawImage(sourceBmp,
                    new Rectangle(0, 0,
                            surRect.Width, surRect.Height),
                    surRect, GraphicsUnit.Pixel);
                targetBmp.Save(targetFile,
                    GetImageFormat(targetFile));
                return true;
            }
        }
    }
    catch
    {
        return false;
    }
}
```

如下代码测试了 SnipFileRectangle() 方法的使用。

```csharp
Rectangle rect = new Rectangle(512,0,512,768);
if (CSnip.SnipFileRectangle(@"d:\source.jpg", @"d:\target.jpg", rect))
    System.Diagnostics.Process.Start(@"d:\target.jpg");
else
    CDialog.ShowErr("图像文件截取失败");
```

如果所准备的图片文件正好是 1027 像素 × 768 像素，那么，此代码会截取图片的右半部分。

13.4.2 截取椭圆或圆形区域

如果说 Graphics 类提供了截取矩形图像的功能，那么在位图中截取椭圆或圆形图像的操作就需要脑洞大开了。对于这一操作，可以分为以下几个步骤：

（1）如果有必要，可以使用 Bitmap 对象的 Clone() 方法复制一个位图对象的副本。

（2）制作一个蒙版，尺寸与源图像相同，背景设置为黑色，然后绘制一个需要截取部分的区域，填充色使用白色，并设置白色为透明色，这样就等于在蒙版中开了个洞。

（3）将蒙版绘制到过渡对象。其功能是使用黑色覆盖掉源位图中不需要的部分，并设置黑色为透明色。此时，露出的部分就是需要截取的图像内容。

（4）创建新的位图对象，使用与截取部分相同的尺寸（使用矩形尺寸）。然后，绘制一个与截取部分相同的区域，填充色使用黑色。

（5）在过渡位图对象中截取所需要的部分（按矩形区域截取），使用 DrawImage() 方法绘制到新位图对象。

如下代码（cschef.CSnip.cs 文件）就是 CSnip 类中封装的 SkinImageEllipse() 方法，它的功能就是从源位图对象中截取一个椭圆或圆形部分，并作为新的位图对象返回。

```csharp
public static Bitmap SnipImageEllipse(Bitmap surBmp, Rectangle surRect)
{
    try
    {
        // 克隆原图像
        Bitmap cloneBmp = (Bitmap)surBmp.Clone();
        // 制作蒙板
        Bitmap maskBmp =
            new Bitmap(cloneBmp.Width, cloneBmp.Height);
        Graphics g = Graphics.FromImage(maskBmp);
        g.Clear(Color.Black);
        g.FillEllipse(Brushes.White, surRect);
        maskBmp.MakeTransparent(Color.White);
        // 获取源对象中的椭圆或圆形区域
        g = Graphics.FromImage(cloneBmp);
        Rectangle rect0 =
            new Rectangle(0, 0, cloneBmp.Width, cloneBmp.Height);
        g.DrawImage(maskBmp, rect0, rect0, GraphicsUnit.Pixel);
        cloneBmp.MakeTransparent(Color.Black);
        // 新的位图对象
        Bitmap targetBmp = new Bitmap(surRect.Width, surRect.Height);
        g = Graphics.FromImage(targetBmp);
        Rectangle targetRect =
            new Rectangle(0,0,surRect.Width,surRect.Height);
        g.FillEllipse(Brushes.Black, targetRect);
        // 从源位置复制图像
        g.DrawImage(cloneBmp, targetRect,
                    surRect, GraphicsUnit.Pixel);
        // 返回结果
        return targetBmp;
    }
    catch { return null; }
}
```

如果大家不明白代码的逻辑，再来看一个示意图，如图 13-27 所示。请注意，图中并没有使用过渡位图对象。

(a) 创建模版，设置中间白色位置为透明色　　(b) 将蒙版绘制到源位图，只露出需要的部分，设置黑色部分为透明色　　(c) 创建目标位图，首先绘制黑色椭圆或圆形图形，然后将源位图中截取的内容绘制到目标位图

图 13-27　截取椭圆图像示意图

如下代码是截取一张 1024 像素 ×768 像素的图片右半部分，截取为椭圆形。

```
Rectangle rect = new Rectangle(512,0,512,768);
Bitmap bmp= CSnip.SnipImageEllipse(new Bitmap(@"d:\source.jpg"), rect);
bmp.Save(@"d:\target.png", System.Drawing.Imaging.ImageFormat.Png);
```

请注意，因为需要保存透明部分，所以，目标文件保存为 PNG 格式。当原图为 1024 像素 ×768 像素时，则代码执行结果如图 13-28 所示。

图 13-28　截取图片中的椭圆区域

13.5　封装 CImage 类

应用开发中，可能需要对生成的图像直接打印，例如，一些特殊行业的卡片或证照。此时，使用实际长度单位精确计算图像内容的位置就是一项非常重要的工作了。

本节将封装 CImage 类，并使用毫米作为图像的处理单位。此外，本节代码封装与测试工作将继续在 CSChef 项目中进行。

13.5.1　图像的尺寸问题

前面在操作图像时使用的单位都是像素（Pixel），如果需要处理图片的实际尺寸，就需要像素和 DPI 值配合使用。

首先，了解一下 DPI 的概念，它指 Dots Per Inch，即每英寸包含的点数。在这里，也可以理解为 PPI（Pixels Per Inch），即每英寸包含的像素。通过这样的关系，就可以通过某一 DPI 值知道一毫米包含多像素了。

1 英寸大约等于 25.4 毫米。当 DPI 为 300 时，每毫米的像素数量就可以通过如下的公式计算：

```
float dpmm = 300f / 25.4f;
```

13.5.2　创建 CImage 类

如下代码就是 CImage 类的基本定义（cschef.CImage.cs 文件）。

```
using System;
using System.Drawing;
using System.Drawing.Drawing2D;
using System.Drawing.Imaging;
```

```csharp
using System.Drawing.Printing;
using System.IO;

namespace cschef
{
    public class CImage
    {
        private float myWidth;
        private float myHeight;
        private float myPixelsPerMm;
        //
        protected Bitmap myBmp;
        protected Graphics myGraphics;
        // 构造函数
        public CImage(float mmWidth, float mmHeight, float dpi = 300f)
        {
            myPixelsPerMm = dpi / 25.4f;
            myWidth = mmWidth;
            myHeight = mmHeight;
            myBmp = new Bitmap((int)(mmWidth * myPixelsPerMm),
                (int)(mmHeight * myPixelsPerMm));
            myBmp.SetResolution(dpi, dpi);
            myGraphics = Graphics.FromImage(myBmp);
        }

        // 图片宽度(毫米)
        public float Width
        {
            get { return myWidth; }
        }

        // 图像高度(毫米)
        public float Height
        {
            get { return myHeight; }
        }
        // 每毫米的像素
        public float PixelsPerMm
        {
            get { return myPixelsPerMm; }
        }

        // 从毫米换算为像素值
        protected float MmToPixel(float mmValue)
        {
            return mmValue * myPixelsPerMm;
        }

        // 从像素值换算为毫米
        protected float PixelToMm(float pixelValue)
        {
            return pixelValue / myPixelsPerMm;
        }

        // 其他代码
```

    }
}
```

代码中定义了唯一的一个构造函数，即 public CImage(float mmWidth, float mmHeight, float dpi)，它的参数定义如下：

- mmWidth，以毫米为单位，设置图形的宽度；
- mmHeight，以毫米为单位，设置图形的高度；
- dpi，设置图形的 DPI，默认为 300DPI。

构造函数中，使用这 3 个参数计算出位图对象（myBmp）的像素尺寸，并使用 SetResolution() 方法设置水平和垂直的 DPI 值。然后，将 myGraphics 对象与 myBmp 对象进行了关联。

接下来定义了 3 个只读属性，分别是 Width（图像的宽度，毫米）、Height（图像的高度，毫米）和 PixelsPerMm（每毫米的像素）。它们的值分别由 3 个私有变量保存，并在构造函数中计算和赋值。

最后 MmToPixel() 和 PixelToMm() 方法用于毫米和像素之间的数据转换。

现在已经完成了 CImage 的基本定义、基础数据的设置和计算，以及绘图对象的初始化工作。接下来，就开始封装真正的图形绘制操作。

### 13.5.3　基本图形绘制

当以毫米为单位绘制基本图形时需要注意，应该先将单位从毫米换算为像素值，然后通过 Graphics 对象中的方法进行真正的绘制操作。接下来就以绘制线条、线框矩形与填充矩形为例来看看具体的实现，如下面的代码（cschef.CImage.cs 文件）。

```
/* 绘制图形 */
// 画线
public void DrawLine(Pen p, float x1, float y1,float x2,float y2)
{
    myGraphics.DrawLine(p, new PointF(MmToPixel(x1), MmToPixel(y2)),
            new PointF(MmToPixel(x2),MmToPixel(y2)));
}
public void DrawLine(Color color, float width,
    float x1, float y1,float x2, float y2)
{
    Pen p = new Pen(color, width);
    DrawLine(p, x1, y1, x2, y2);
}

// 绘制线框矩形
public void DrawRectangle(Pen p, float x, float y,
    float width, float height)
{
    myGraphics.DrawRectangle(p, MmToPixel(x), MmToPixel(y),
                    MmToPixel(width), MmToPixel(height));
}

// 绘制填充矩形
public void FillRectangle(Brush b, float x,float y,
    float width, float height)
```
```

```
    {
        myGraphics.FillRectangle(b, MmToPixel(x), MmToPixel(y),
                    MmToPixel(width), MmToPixel(height));
    }
```

接下来，可以根据需要定义一系列的绘制方法。

13.5.4 绘制文本

大家还记得使用 Graphics.DrawString() 方法绘制文本吗？在创建 Font 对象时，可以使用 GraphicsUnit 枚举值设置单位。所以，在绘制文本时，并不需要对字体的尺寸进行转换，而是在 Font 类的构造函数中直接使用 GraphicsUnit. Millimeter 值指定单位，为了方便创建以毫米为单位的字体对象，在 CImage 类中封装了一个 CreateFont() 方法，如下面的代码。

```
// 创建以毫米为单位的字体
public static Font CreateFont(string fontName, float fontSize,
        FontStyle style = FontStyle.Regular)
{
    return new Font(fontName, fontSize, style,
        GraphicsUnit.Millimeter);
}
```

如下代码（cschef.CImage.cs 文件）就是在 CImage 类中封装的用于绘制文本的 DrawString() 方法。

```
// 绘制文本
public void DrawString(string s, Font f, Brush b, float x, float y)
{
    myGraphics.DrawString(s, f, b, MmToPixel(x), MmToPixel(y));
}
```

再次说明，使用 CImage.DrawString() 方法时，如果使用自己定义的字体对象，应将字体的单位设置为 GraphicsUnit. Millimeter 值。

13.5.5 保存与打印

在 CImage 类中，真正的位图图像是 myBmp，它定义为 Bitmap 类型对象，可使用 Save() 方法将图像保存为文件，或者输出到特定的数据流中。现在，可以根据需要封装自己的、更加直观的输出方法，例如，需要保存为 PNG 图片文件时就定义 SavePng() 方法来实现，如下面的代码（cschef.CImage.cs 文件）。

```
/* 保存为特定格式的图片 */
public void SavePng(string filename)
{
    myBmp.Save(filename, ImageFormat.Png);
}
```

在本节的开始提到过，封装 CImage 类是为了更好地处理真实的图片尺寸，其中，打印输出就是一项很重要的功能。这时，可以定义一些常用的纸张尺寸来绘制图形，并可以直接打印输出。

接下来，在 CImage 类中定义一些静态方法，用于创建 A4 尺寸的 CImage 对象。另外就是用于清空页面的 Clear() 方法，如下面的代码（cschef.CImage.cs 文件）。

```csharp
/* 特定纸型 */
// A4
public static CImage CreateA4Vertical(float dpi = 300f)
{
    return new CImage(210f, 297f, dpi);
}
// A4 横向
public static CImage CreateA4Horizontal(float dpi = 300f)
{
    return new CImage(297f, 210f, dpi);
}

// 清理
public void Clear(Color color)
{
    myGraphics.Clear(color);
}

public void Clear()
{
    Clear(Color.White);
}
```

接下来介绍打印的相关主题，需要使用的资源主要定义在 System.Drawing.Printing 命名空间。

如下代码（cschef.CImage.cs 文件）在 CImage 类中封装了 Print() 方法，它的功能就是将 myBmp 的内容直接使用默认打印机的默认设置打印输出。

```csharp
/* 打印输出 */
// 使用默认打印机、默认设置打印
public void Print()
{
    PrintDocument printDoc = new PrintDocument();
    printDoc.PrintPage += new PrintPageEventHandler(Print_PrintPage);
    printDoc.Print();
}
protected void Print_PrintPage(object sender, PrintPageEventArgs e)
{
    e.Graphics.DrawImage(myBmp, new Point(0, 0));
}
```

Print() 方法中用到了 PrintDocument 类，这里使用了它的 PrintPage 事件，并通过 Print_PrintPage() 方法来处理这个事件。

Print_PrintPage() 方法的第二个参数定义为 PrintPageEventArgs 类型，其中的 Graphics 对象就是用来绘制打印内容的，在这里，只需要原样打印 myBmp 对象的内容就可以了。

如下代码实现创建一个 A4 垂直页面，然后绘制一些内容。

```csharp
CImage img = CImage.CreateA4Vertical();
img.Clear();
Font f = CImage.CreateFont("黑体", 20f, FontStyle.Bold);
```

```
img.DrawString("这是大标题", f, Brushes.Black, 50f, 35f);
img.DrawLine(Color.Black, 2f, 35f, 70f, 175f, 70f);
img.DrawRectangle(Pens.Black, 50f, 100f, 110f, 60f);
img.DrawLine(Color.Black, 1f, 35f, 270f, 175f, 270f);
img.SavePng(@"d:\a4.png");
```

绘制结果会保存到 d:\a4.png 文件，其内容如图 13-29 所示。

图 13-29　图像打印输出效果

应用中，如果需要直接打印，可以在内容绘制完成后调用 img.Print() 方法。

第 14 章　获取系统与硬件信息

一些项目中，可能需要根据不同的硬件配置或操作系统版本确定一些更具体的操作。本章就来了解如何获取计算机软、硬件信息，并对常用功能进行封装。主要内容包括：
- 环境变量；
- CPU 信息；
- 内存信息；
- 驱动器信息；
- 操作系统信息。

请注意，本章代码演示工作将会继续在 CSChef 项目中进行，除特殊说明外，代码会在 Form1 窗体中 button1 按钮的 Click 事件中进行测试。

14.1　环境变量

在 Windows 系统中，可以通过环境变量获取一些基本的系统信息。在 C# 代码中读取这些信息时，可以使用 Environment 类，它定义在 System 命名空间，其成员都定义为静态成员，可以使用 Environment 类直接调用。

接下来看一下环境变量信息的读取与设置操作。

14.1.1　读取环境变量

获取环境变量时，使用其中的 GetEnvironmentVariable() 方法，其参数就是指定的变量名称，如下面的代码就会显示环境变量 Path 的内容。

```
textBox1.Text = Environment.GetEnvironmentVariable("Path");
```

如果需要获取 Windows 的安装目录，还可以读取 WinDir 环境变量，如下面的代码。

```
textBox1.Text = Environment.GetEnvironmentVariable("windir");
```

如下代码可以帮助获取系统的临时目录路径。

```
textBox1.Text = Environment.GetEnvironmentVariable("TMP");  // 或 TEMP
```

如果需要了解更多的环境变量，可以通过"计算机"右键菜单的"属性"，打开"高级系统设置"，单击其中的"环境变量"查看，如图 14-1 所示。

Environment.GetEnvironmentVariable() 方法还可以使用第二个参数，用于指定读取环境变量的方法，定义为 EnvironmentVariableTarget 枚举类型，成员包括：
- Machine，系统变量；
- Process，当前进程关联的环境块中的环境变量，进程终止时，操作系统将销毁该进程中的环境变量；

❑ User,用户变量。

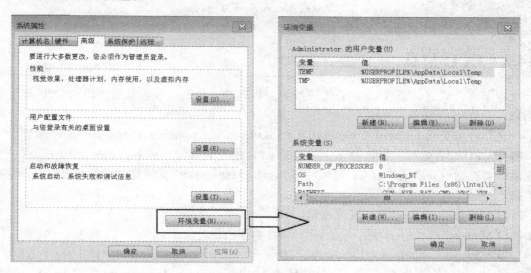

图 14-1 查看系统变

此外,还可以使用 Environment.GetEnvironmentVariables() 方法一次获取所有的环境变量,它将以 IDictionary 接口类型(System.Collections 命名空间)对象的形式返回,可以通过类似 Hashtable 对象的形式来访问,如下代码将显示所有环境变量的内容。

```
IDictionary dict = Environment.GetEnvironmentVariables();
foreach (object key in dict.Keys)
{
    listBox1.Items.Add(string.Format("{0}={1}", key, dict[key]));
}
```

执行此代码,所有的环境变量信息会显示在 listBox1 列表控件中。

此外,GetEnvironmentVariables() 方法同样可以使用一个参数来指定获取环境变量的位置,参数类型定义为 EnvironmentVariableTarget 枚举类型。

14.1.2 设置环境变量

除了读取环境变量的信息,需要时还可以写入变量信息,不过,大家操作时要小心,不要使用已经存在的环境变量来测试。

设置环境变量时,使用 SetEnvironmentVariable() 方法,它可以使用 3 个参数:
❑ 参数一指定环境变量的名称;
❑ 参数二指定环境变量的值;
❑ 参数三为可选,指定环境变量保存的位置。如果需要将环境变量保存到"系统变量",应该指定为 EnvironmentVariableTarget.Machine 值。

如下代码创建了一个名为"SysVarTest"的环境变量,设置它的值后,可以调用它并显示在 textBox1 控件中。

```
Environment.SetEnvironmentVariable("SysVarTest", "环境变量测试",
                EnvironmentVariableTarget.Machine);
```

```
textBox1Text = Environment.GetEnvironmentVariable("SysVarTest",
               EnvironmentVariableTarget.Machine);
```

14.2 CPU 信息

本节将讨论如何获取 CPU 的安装数量、物理核心数量、线程数量，以及 CPU 类型等信息。

使用环境变量 NUMBER_OF_PROCESSORS 或 Environment.ProcessorCount 属性，可以得到 CPU 线程数量。但这并不一定就是 CPU 的安装数量，或者真正的 CPU 核心数量，如果需要正确地获取这些信息，可以使用 System.Management 命名空间中的相关资源，主要包括：

❑ ManagementClass 类，获取 WMI 对象；
❑ ManagementObject 类，表示一个 WMI 数据项目对象；
❑ ManagementObjectCollection 类，表示一个 ManagementObject 对象的集合。

请注意，在开发前需要确认项目中引用了 System.Management 命名空间，创建 ManagementClass 对象时，需要使用对应的设备名称，如 CPU 使用"Win32_Processor"。

接下来，在 CSChef 项目中创建一个 CCpu 类，用于封装获取 CPU 信息的相关内容。如下代码（cschef.sysx.CCpu.cs 文件）就是 CCpu 类的基本定义，其中包含获取 CPU 安装数量和 CPU 核心数量的代码。

```
using System;
using System.Management;
using System.Collections.Generic;

namespace cschef.sysx
{
    public static class CCpu
    {
        // CPU 信息
        private static List<ManagementObject> myCpu
            = new List<ManagementObject>();

        // 获取全部 CPU 信息
        static CCpu()
        {
            ManagementClass mc =
                new ManagementClass("Win32_Processor");
            ManagementObjectCollection moc = mc.GetInstances();
            foreach (ManagementObject mo in moc)
            {
                myCpu.Add(mo);
            }
        }

        // 安装 CPU 数量
        public static int Count
        {
            get
```

```
            {
                return myCpu.Count;
            }
        }
        // CPU 核心数量
        public static uint GetNumberOfCores(int index = 0)
        {
            if (index >= 0 && index < myCpu.Count)
            {
                return CC.ToUInt(
                    myCpu[index].GetPropertyValue("NumberOfCores"));
            }
            else
            {
                return 0U;
            }
        }
    }
}
```

代码中，使用 myCpu 对象保存 CPU 的信息，它定义为泛型列表对象，其成员类型为 ManagementObject。

静态构造函数中，使用 ManagementClass、ManagementObjectCollection 类获取了 CPU 的全部信息，并保存在 myCpu 对象中。

静态属性 Count 定义为只读属性，用于返回计算机中安装的 CPU 数量。

GetNumberOfCores() 方法则返回指定 CPU 的物理核心数量，方法的参数指定 CPU 的索引值，默认为 0，即读取第一个 CPU 的物理核心数据。如下代码演示了此方法的使用。

```
uint cores = CCpu.GetNumberOfCores();
```

一般来讲，个人计算机只安装一个 CPU，而多个 CPU 的情况，一般是专业的服务器。获取多个 CPU 的全部物理核心数时，可以定义一个 NumberOfCores 属性，如下面的代码（cschef.sysx.CCpu.cs 文件）。

```
// 全部 CPU 核心数
public static uint NumberOfCores
{
    get
    {
        uint result = 0;
        for(int i=0;i<Count;i++)
        {
            result += GetNumberOfCores(i);
        }
        return result;
    }
}
```

在 Win32_Processor 结构中，还有很多成员来描述 CPU 的信息。这里在 CCpu 类中封装了一些常用的方法，如：

❑ GetName() 方法，返回 string 类型，返回 CPU 的完整名称，也是"设备管理器"中显示的名称。
- GetAddressWidth() 和 GetDataWidth() 方法，返回 ushort 类型数据，分别表示寻址和数据传输宽度。
- GetCurrentClockSpeed() 和 GetMaxClockSpeed() 方法，返回 uint 类型数据，分别表示当前时钟频率和最大时钟频率，单位是 MHz。
- GetL2CacheSize() 和 GetL3CacheSize() 方法，返回 uint 类型数据，分别表示二级缓存和三级缓存的容量，单位是 MB。
- GetStatus() 方法，返回 string 类型，表示 CPU 状态的描述，如 "OK" 表示正常。
- GetNumberOfLogicalProcessors() 方法，返回 uint 类型，返回 CPU 的线程数。NumberOfLogicalProcessors 属性获取全部 CPU 的线程数量。

这些封装的方法都使用了可选参数 index，默认值也都设置为 0。完整的代码请参考 CSChef 项目中的 cschef.sysx.CCpu.cs 文件。

14.3 内存信息

本节介绍如何获取计算机中安装的内存条信息。

14.3.1 GlobalMemoryStatusEx() 函数

GlobalMemoryStatusEx() 函数是 WinAPI 中的一员，用于获取物理内存、虚拟内存及页文件尺寸，它的参数需要一个 MEMORYSTATUSEX 结构的数据，其中包含了内存容量相关的信息，定义如下面的代码。

```
// 内存信息结构
public struct MEMORYSTATUSEX
{
    public uint dwLength;
    public uint dwMemoryLoad;
    public ulong ullTotalPhys;
    public ulong ullAvailPhys;
    public ulong ullTotalPageFile;
    public ulong ullAvailPageFile;
    public ulong ullTotalVirtual;
    public ulong ullAvailVirtual;
    public ulong ullAvailExtendedVirtual;
}
```

其中，dwLength 成员指定了 MEMORYSTATUSEX 结构的容量，通过成员类型的定义，可以计算出此结构的容量共占用 64 字节。

如下代码（cschef.sysx.CMemory.cs 文件）定义了 CMemory 类，用于封装获取内存信息的功能。

```
using System;
using System.Text;
using System.Runtime.InteropServices;

namespace cschef.sysx
```

```csharp
public static class CMemory
{
    // 声明 GlobalMemoryStatusEx() 函数
    [DllImport("kernel32.dll", CharSet = CharSet.Unicode)]
    private static extern long 
        GlobalMemoryStatusEx(out MEMORYSTATUSEX lpBuffer);

    // 内存信息
    private static MEMORYSTATUSEX myMemory;

    // 静态构造构造函数
    static CMemory()
    {
        myMemory = new MEMORYSTATUSEX();
        myMemory.dwLength =
            CC.ToUInt(Marshal.SizeOf(myMemory.GetType()));
        long rc = GlobalMemoryStatusEx(out myMemory);
    }

    // 字节转换为 MB
    public static ulong ByteToMb(ulong byteValue)
    {
        return byteValue / 1048576;
    }

    // 全部物理内存
    public static ulong TotalPhysMb
    {
        get
        {
            return ByteToMb(myMemory.ullTotalPhys);
        }
    }
    // 其他代码
}
```

首先，使用 DllImportAttribute 特性（System.Runtime.InteropServices 命名空间）声明 WinAPI 函数。然后，定义 myMemory 字段为 MEMORYSTATUSEX 结构类型，用于保存内存信息。

静态构造函数中调用了 GlobalMemoryStatusEx() 函数读取内存信息，并保存在 myMemory 变量。请注意，GlobalMemoryStatusEx() 函数的参数定义为输出参数。

此外，在静态构造函数中，Marshal.SizeOf() 方法用于返回指定类型所占用的内存容量（字节）。此外，Marshal 类定义在 System.Runtime.InteropServices 命名空间。

ByteToMb() 方法用于将字节（Byte）转换为兆字节（MB）。

最后是 TotalPhysMb 只读属性，它返回全部物理内存容量，单位为 MB。接下来，大家可以参考此属性和 MEMORYSTATUSEX 结构成员，定义一系列内存和页文件容量的属性。

14.3.2 使用 WMI 获取内存条信息

使用 GlobalMemoryStatusEx() 函数,可以获取基本的内存和页文件容量,而使用 WMI,还可以获取内存条硬件的信息。这里,同样使用 ManagementClass 类、ManagementObject 类和 ManagementObjectCollection 类等资源来获取硬件信息。

获取内存条信息的 ManagementClass 对象时,需要使用 "Win32_PhysicalMemory" 参数。

如下代码(cschef.sysx.CPhysicalMemory.cs 文件)封装了 CPhysicalMemory 类,并初始化本机安装内存条的信息。

```csharp
using System;
using System.Management;
using System.Collections;
using System.Collections.Generic;

namespace cschef.sysx
{
    public static class CPhysicalMemory
    {
        private static List<ManagementObject> myMemory =
            new List<ManagementObject>();

        // 静态构造函数
        static CPhysicalMemory()
        {
            ManagementClass mc =
                new ManagementClass("Win32_PhysicalMemory");
            ManagementObjectCollection moc = mc.GetInstances();
            foreach (ManagementObject mo in moc)
            {
                myMemory.Add(mo);
            }
        }

        // 安装的内存条数量
        public static int Count
        {
            get { return myMemory.Count; }
        }

        // 其他代码...
    }
}
```

代码中,myMemory 定义为泛型列表对象,用于保存内存条信息,其成员类型为 ManagementObject。静态构造函数中初始化了 myMemory 对象。然后,创建了一个静态只读属性 Count,用于返回计算机中安装的内存条数量。

接下来,可根据 Win32_PhysicalMemory 结构定义的成员来封装一系列方法。如下代码分别封装了内存条制造商、工作频率和容量信息的获取方法。

```csharp
// 内存容量
```

```csharp
public static ulong GetCapacity(int index = 0)
{
    if (index >= 0 && index < myMemory.Count)
      return CC.ToULng(myMemory[index].GetPropertyValue("Capacity"));
    else
      return 0;
}

public static ulong GetCapacityMb(int index = 0)
{
    return GetCapacity(index) / 1048576UL;
}

// 速度
public static ulong GetSpeed(int index = 0)
{
    if (index >= 0 && index < myMemory.Count)
        return CC.ToULng(myMemory[index].GetPropertyValue("Speed"));
    else
        return 0;
}

// 制造商
public static string GetManufacturer(int index = 0)
{
    if (index >= 0 && index < myMemory.Count)
      return CC.ToStr(myMemory[index].GetPropertyValue("Manufacturer"));
    else
      return "";
}
```

请注意,这些方法的参数都是相同的,表示安装的内存条的索引,它应该大于等于0,并且小于 myMemory.Count 的值。

如下代码将返回第一条内存的容量,单位是 MB。

```csharp
textBox1.Text = CPhysicalMemory.GetCapacityMb().ToString();
```

如果安装的第一条内存是 4GB,则会显示 4096。

如果需要同时获取所有内存条的容量,可以创建一个 CapacityMb 属性,如下面的代码。

```csharp
public static ulong CapacityMb
{
    get
    {
        ulong result = 0;
        for(int i=0;i<Count;i++)
        {
            result += GetCapacityMb(i);
        }
        return result;
    }
}
```

然后,可以使用以下代码获取内存的全部容量。

```
textBox1.Text = CPhysicalMemory.CapacityMb.ToString();
```

14.4 驱动器信息

本节讨论如何获取驱动器相关的信息，如硬盘、U盘、光驱等。在这里会讨论两种获取驱动器信息的方式，包括使用 DriveInfo 类或 WMI 方式。其中，使用 WMI 方式可以获取更多的硬件底层信息。

14.4.1 使用 DriveInfo 类

DriveInfo 类定义在 System.IO 命名空间，可以提供一些基本的驱动器信息。

DriveInfo 类用于处理驱动器对象，如果需要计算机中所有驱动器的信息，可以使用 GetDrives() 静态方法，它会返回一个 DriveInfo 对象数组，如下面的代码。

```
DriveInfo[] arrDrive = DriveInfo.GetDrives();
foreach (DriveInfo drv in arrDrive)
{
    listBox1.Items.Add(drv.Name);
}
```

执行代码，会在 listBox1 列表中显示本机所有驱动器的名称，如图 14-2 所示。

请注意，不同的计算机，显示的内容可能不太一样。

此外，如果需要获取某一个驱动器的 DriveInfo 对象，可以在构造函数中使用盘符，而且只需要 a ~ z 的字母即可，如：

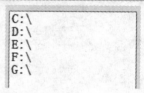

图 14-2 显示计算机驱动器列表

```
DriveInfo cDrv = new DriveInfo("c");
```

由于历史原因，A 盘和 B 盘用于软盘驱动器（简称软驱，如果你很年轻，很可能都没说过）。然后，硬盘的第一个分区从 C 盘开始，其他硬盘分区和各种存储器的盘符会依次排列。当然，在 Windows 系统中，也可以根据自己的习惯修改驱动器的盘符。

创建 DriveInfo 对象后，就可以使用 DriveInfo 类中的一系列成员获取驱动器的信息。下面就来了解一些常用的信息。

❑ IsReady 只读属性，定义为 bool 类型，表示驱动器是否已准备好。请注意，驱动器准备好意味着可以读取它的内容，但未必能够写入，只有当 AvailableFreeSpace 属性的值大于 0 时，驱动器才是可写入的。

❑ TotalSize 只读属性，定义为 long 类型，用于获取驱动器的全部容量，单位为字节。

❑ TotalFreeSpace 只读属性，定义为 long 类型，获取驱动器的剩余容量，单位为字节。请注意，驱动器中有剩余容量并不意味着可以写入，例如，没有装满数据的只读光盘。

❑ AvailableFreeSpace 只读属性，定义为 long 类型，获取驱动器的可用容量，单位为字节。只有此属性值大于 0 时，驱动器才是可以写入的。

❑ DriveFormat 只读属性，定义为 string 类型，获取驱动器文件系统的名称，例如 NTFS、FAT32 等。

- **DriveType** 只读属性，用于获取驱动器的类型，定义为 DriveType 枚举类型，其成员包括：
  - CDRom，光盘驱动器。
  - Fixed，硬盘。
  - Network，网络驱动器。
  - NoRootDirectory，没有根目录的驱动器。
  - Ram，RAM 磁盘。
  - Removable，可移动存储设备，如 U 盘。
  - Unknown，未知设备。
- **Name** 只读属性，定义为 string 类型，获取驱动器的名称，如 "C:\"。
- **VolumeLabel** 属性，定义为 string 类型，用于获取或设置驱动器的卷标。请注意，如果驱动器不可写入，则不能修改它的卷标。
- **RootDirectory** 只读属性，返回一个包括驱动器根目录信息的 DirectoryInfo 对象，在第 12 章，我们已经讨论过此对象的应用。

14.4.2 使用 WMI 获取硬盘信息

WMI 对象的应用，与获取 CPU 和内存条信息的方法很相似，在 CSChef 项目中封装了 CDiskDrive 类，用于获取硬盘信息，如下面的代码（cschef.sysx.CDiskDrive.cs 文件）。

```
using System;
using System.Management;
using System.Collections.Generic;

namespace cschef.sysx
{
    public static class CDiskDrive
    {
        private static List<ManagementObject> myDisk =
            new List<ManagementObject>();

        // 静态构造函数
        static CDiskDrive()
        {
            ManagementClass mc =
                new ManagementClass("Win32_DiskDrive");
            ManagementObjectCollection moc = mc.GetInstances();
            foreach (ManagementObject mo in moc)
            {
                myDisk.Add(mo);
            }
        }

        // 驱动器数量
        public static int Count
        {
            get { return myDisk.Count; }
        }

        // 设备管理器显示内容
```

```csharp
        public static string GetCaption(int index = 0)
        {
            if (index >= 0 && index < myDisk.Count)
                return CC.ToStr(
                    myDisk[index].GetPropertyValue("Caption"));
            else
                return "";
        }

        // 硬盘序列号
        public static string GetSerialNumber(int index = 0)
        {
            if (index >= 0 && index < myDisk.Count)
                return CC.ToStr(
                    myDisk[index].GetPropertyValue("SerialNumber"));
            else
                return "";
        }

        // 硬盘容量(Byte)
        public static ulong GetSize(int index = 0)
        {
            if (index >= 0 && index < myDisk.Count)
                return CC.ToULng(
                    myDisk[index].GetPropertyValue("Size"));
            else
                return 0;
        }

        // 硬盘容量(MB)
        public static ulong GetSizeMb(int index = 0)
        {
            return GetSize(index) / 1048576UL;
        }

        // 硬盘容量(GB)
        public static ulong GetSizeGb(int index = 0)
        {
            return GetSize(index) / 1073741824UL;
        }

        // 状态，如OK
        public static string GetStatus(int index = 0)
        {
            if (index >= 0 && index < myDisk.Count)
                return CC.ToStr(
                    myDisk[index].GetPropertyValue("Status"));
            else
                return "";
        }
    //
    }
}
```

在 CDiskDrive 类中，主要定义了如下一些成员：

- Count 只读属性，定义为 int 类型，返回计算机中安装的驱动器数量；
- GetCaption() 方法，返回 string 类型信息，与"设备管理器"中的信息相同；
- GetSerialNumber() 方法，定义为 string 类型，返回驱动器的序列号；
- GetSize() 方法，定义为 ulong 类型，返回驱动器容量，单位为字节；
- GetSizeMb() 方法，定义为 ulong 类型，返回驱动器容量，单位为 MB；
- GetSizeGb() 方法，定义为 ulong 类型，返回驱动器容量，单位为 GB；
- GetStatus() 方法，定义为 string 类型，返回驱动器的状态，如果驱动状态正常，则会返回"OK"信息。

可以参考 Win32_DiskDrive 类的成员获取更多的驱动器信息。

14.5 操作系统信息

本节将讨论如何获取 Windows 系统相关的信息。

14.5.1 获取 Windows 版本

当需要获取操作系统的版本信息时，同样可以使用 Environment 类（System 命名空间），其中 OSVersion 属性定义为 OperatingSystem 对象，返回了操作系统信息，包括 Platform 属性和 Version 属性。

Platform 属性，定义为 PlatformID 枚举类型，表示平台类型，常用成员包括：
- Unix，Unix 操作系统；
- Win32NT，Windows NT 或更新版本的操作系统；
- Win32Windows，Windows 95 或 Windows 98 操作系统；
- WinCE，Windows CE 操作系统；
- Xbox，Xbox 360 平台。

Version 属性返回操作系统完整的版本信息，它是一个 Version 类型的对象，可以使用以下几个属性获取相应的信息，它们都定义为 int 类型。
- Major 属性，主版本号；
- Minor 属性，次要版本号；
- Build 属性，构建号；
- Revision 属性，修订号。

如果需要获取操作系统的字符串形式，可以使用 Version 对象中的 ToString() 方法。而且，还可以使用一个整数参数确定返回的版本信息的格式，允许的参数包括：
- 1，只包含主版本号；
- 2，"主版本.次要版本"格式；
- 3，"主版本.次要版本.构建号"格式；
- 4，"主版本.次要版本.构建号.修订号"格式。

请注意，Environment 类的静态属性 Version 返回的是 CLR（公共语言运行库）版本信息，也就是 .NET Framework 的版本。同样定义为 Version 类型的对象。

14.5.2 获取计算机与用户名称

在 Environment 类中，还可以使用以下静态属性获取计算机与用户相关的名称，如：
- MachineName 属性，返回计算机名称；
- UserName 属性，当前进程中的用户名称；
- UserDomainName 属性，当前用户登录到的域，如果用户没有登录到域，则返回的内容和 ManchineName 属性相同。

第 15 章　网络

本章将讨论关于网络的一些基础应用，主要内容包括：
- 测试网络连接；
- 下载与上传文件；
- 发送电子邮件。

15.1　测试网络连接

当项目需要使用网络时，对网络状态的检查就是一项很基础的操作了。在代码库中，将基本的网络功能封装为 CNet 类，其中的 Ping() 方法就是用于测试某个主机是否能够正确联网的，如下面的代码（cschef.CNet.cs 文件）。

```csharp
using System;
using System.Net;
using System.Net.NetworkInformation;

namespace cschef
{
    public static class CNet
    {
        // ping 主机
        public static bool Ping(string addr)
        {
            try
            {
                using (Ping p = new Ping())
                {
                    PingReply r = p.Send(addr);
                    return (r.Status == IPStatus.Success);
                }
            }
            catch { return false; }
        }
    }
}
```

在对主机进行 Ping 操作时，主要使用了 Ping 类。Ping 操作的结果使用 PingReply 对象表示，它的 Status 属性表示 Ping 操作的状态。

Status 属性定义为 IPStatus 枚举类型，如果得到 IPStatus.Success 值，则说明对主机的 Ping 操作正确完成。

此外，代码中所使用到的 Ping 类、PingReply 类和 IPStatus 枚举类型都定义在 System.Net.NetworkInformation 命名空间。

如下代码演示了 Ping() 方法的使用。

```
textBox1.Text = CNet.Ping(@"192.168.0.1").ToString();
```

在对主机进行 Ping 操作时，还需要注意一个问题，当主机开启了防火墙时，可能得不到主机的回复，在这种情况下，可以使用另一种思路来测试主机的连接状态。

例如，需要访问的主机是一个网站服务器，可以试着从它的主页下载点内容，如下面的代码（cschef.CNet.cs 文件）。

```csharp
// 测试 HTTP 服务
public static bool HttpPing(string addr)
{
    try
    {
        using (WebClient client = new WebClient())
        {
            return (client.DownloadString(addr).Length > 0);
        }
    }
    catch { return false; }
}
```

在这里使用了 WebClient（System.Net 命名空间）对象中的 DownloadString() 方法，它的功能就是从指定的地址获取文本内容。测试时，可以在 HttpPing() 方法的参数中使用类似 "http://×××.×××/" 格式的地址来测试网站是否正常运行，如下面的代码。

```
textBox1.Text = CNet.HttpPing(@"http://www.sina.com.cn/").ToString();
```

需要连接到 Internet 时，可以通过以上方法进行测试。代码中，测试了新浪网的连接，如果连接成功，则说明计算机已经能够正确连接到 Internet。

关于使用 WebClient.DownloadString() 方法下载文本的操作，在 CNet 类中封装了一个同名方法用于简化下载操作，如下面的代码（cschef.CNet.cs 文件）。

```csharp
public static string DownloadString(string addr)
{
    try
    {
        using (WebClient client = new WebClient())
        {
            client.Encoding = Encoding.UTF8;
            return client.DownloadString(addr);
        }
    }
    catch { return ""; }
}
```

在 CNet.DownloadString() 方法中定义了一个参数，即 addr 参数，用于指定获取文本的网络地址。此外，CNet.DownloadString() 方法会返回获取的文本内容，如果获取失败则返回空字符串。如下代码演示了此方法的应用。

```
textBox2.Text = CNet.DownloadString("http://news.sina.com.cn/");
```

15.2 下载与上传文件

本节将讨论从服务器下载文件,以及将文件上传到服务器的操作。这里继续使用 WebClient 类,并对常用操作进行封装。

15.2.1 下载文件

如下代码(cschef.CFtp.cs 文件)定义了 CFtp 类,其中的 DownloadFile() 方法就实现了从服务器下载文件的功能。

```
using System;
using System.Net;
using System.IO;

namespace cschef
{
    public class CFtp
    {
        protected NetworkCredential netCredential;

        // 构造函数
        public CFtp(string sUser, string sPwd)
        {
            // 初始化网络凭证
            netCredential = new NetworkCredential(sUser, sPwd);
        }

        public CFtp() : this("anonymous", "") { }

        // 下载文件,并保存到本地文件
        public bool DownloadFile(string addr, string saveFile)
        {
            try
            {
                WebClient request = new WebClient();
                request.Credentials = netCredential;
                request.DownloadFile(addr, saveFile);
                return true;
            }
            catch
            {
                return false;
            }
        }
    }
}
```

代码中,netCredential 对象用于保存用户的网络登录信息,包括用户名和密码,可以在构造函数中设置。

在接下来的 DownloadFile() 方法中,addr 参数指定网络文件位置,saveFile 参数指定保证到本地的文件路径。方法中，request 对象定义为 WebClient 类型，并设置了它的 Credentials 属性，也就是用于登录服务器的用户名和密码。

然后，调用 WebClient 对象的 DownloadFile() 方法将服务器指定的文件下载，并保存到指定的位置。下载操作成功返回 true 值，否则返回 false 值。

如下代码演示了 DownloadFile() 方法的使用。

```
CFtp ftp = new CFtp("", "");                        // 指定FTP服务器登录凭证
string addr = @"ftp://127.0.0.1/file.zip";  // 指定FTP资源
textBox1.Text = ftp.DownloadFile(addr, @"d:\file.zip").ToString();
```

请大家使用真实的 FTP 服务器进行测试，并指定实际的文件名。

15.2.2　上传文件

继续在 CFtp 类中封装文件上传操作的方法。

```
// 上传文件
public bool UploadFile(string addr, string filename)
{
    try
    {
        WebClient request = new WebClient();
        request.Credentials = netCredential;
        request.UploadFile(addr, filename);
        return true;
    }
    catch
    {
        return false;
    }
}
```

在 CFtp.UploadFile() 方法中，同样定义了两个参数，其中，addr 同样用于指定服务器文件的位置，而 filename 参数则指定需要上传的本地文件的路径。

15.3　发送电子邮件

在服务型的应用中（如 Web 应用），自动发送邮件是一项很重要的功能，微软的帮助文档已经演示了如何使用 Windows 的 SMTP 服务发送邮件，不过，在实际应用中，并不是每一个项目都有 SMTP 服务支持的。此时，可以使用其他的邮件服务器来发送邮件。

本节就对发送网络邮件的功能进行封装，封装的代码定义为 CMail 类，定义在 cschef 命名空间。

如下代码就是 CMail 类的基本定义（cschef.CMail.cs 文件）。

```
using System;
using System.Net;
using System.Net.Mail;
using System.Collections.Generic;

namespace cschef
```

```
{
    public class CMail
    {
        // 其他代码
    }
}
```

发送网络邮件，首先需要一些基本的信息，如 SMTP 服务器与登录账号（用户和密码）、发件人、邮件的内容、格式及附件等。对于这些信息，可以使用一系列的内部字段来存储，如下面的代码（cschef.CMail.cs 文件）。

```
// SMTP 服务器
protected string mySmtpHost = "";
protected string myUserName = "";
protected string myPassword = "";
// 发件人
protected string myFromAddr = "";
protected string myDisplayName = "";
// 邮件
protected string mySubject = "";
protected string myContent = "";
protected List<string> myAttachment = new List<string>();
protected bool myIsHtml = false;
```

请注意，如果这些信息都需要用户一个个地设置，使用起来可能就有些复杂了，所以，需要定义一些方法，按功能设置相关信息。

首先是设置 SMTP 服务器的相关数据，包括 SMTP 服务器主机、用户名和登录密码，如下面的代码（cschef.CMail.cs 文件）。

```
// 设置 SMTP 服务器信息
public void SetSmtpHost(string sHost, string sUser, string sPwd)
{
    mySmtpHost = sHost;
    myUserName = sUser;
    myPassword = sPwd;
}
```

下面是设置发件人信息的方法（cschef.CMail.cs 文件）。

```
// 设置发件人信息
public void SetFrom(string sFromAddr, string sDisplayName)
{
    myFromAddr = sFromAddr;
    myDisplayName = sDisplayName;
}
```

接下来是设置邮件内容的方法（cschef.CMail.cs 文件）。

```
// 设置邮件主内容
public void SetMail(string sSubject, string sContent,
    bool isHtml = false)
{
    mySubject = sSubject;
    myContent = sContent;
    myIsHtml = isHtml;
```

}
```

对于邮件的附件，使用单独的方法添加，如下面的代码（cschef.CMail.cs 文件）。

```
// 添加附件
public void AddAttachment(string sFile)
{
    myAttachment.Add(sFile);
}
```

有了以上一些必要的信息，接下来就可以发送邮件了，如下面的代码。

```
// 发送邮件
public bool SendTo(List<string> sTo)
{
    try
    {
        MailMessage mail = new MailMessage();
        mail.Subject = mySubject;
        mail.Body = myContent;
        mail.From = new MailAddress(myFromAddr, myDisplayName);
        mail.IsBodyHtml = myIsHtml;
        // 添加收件人
        for (int i = 0; i < sTo.Count; i++)
            mail.To.Add(sTo[i]);
        // 添加附件
        for (int i = 0; i < myAttachment.Count; i++)
            mail.Attachments.Add(new Attachment(myAttachment[i]));
        // 发送邮件
        SmtpClient smtp = new SmtpClient();
        smtp.Host = mySmtpHost;
        smtp.Credentials =
            new NetworkCredential(myUserName, myPassword);
        smtp.DeliveryMethod = SmtpDeliveryMethod.Network;
        smtp.Send(mail);
        return true;
    }
    catch { return false; }
}

//
public bool SendTo(string sTo)
{
    List<string> lst = new List<string>();
    lst.Add(sTo);
    return SendTo(lst);
}
```

代码中共定义了两个版本的 SendTo() 方法，不过，大家也能发现，主要还是第一个。

首先，使用 MailMessage 类型的 mail 对象来处理邮件信息，其成员主要包括：

❑ Subject 属性，设置邮件的主题；

❑ Body 属性，设置邮件的正文，可以是纯文本，也可以是 HTML 格式的内容；

❑ From 属性，发件人信息，使用 MailAddress 对象，其中的构造函数使用了发件人邮件地址和显示名称；
```

❏ IsBodyHtml 属性，指定邮件正文是否为 HTML 格式。

MailMessage 对象的 To 属性包含了收件人邮箱地址的集合，可以使用 Add() 添加一个收件人（string 类型）。

Attachments 属性包含了邮件附件集合，使用其中的 Add() 方法可以添加一个附件，只是添加的应该是 Attachment 对象，使用文件所在的路径来初始化。

接下来，真正的邮件发送操作需要 SmtpClient 对象（smtp）来完成，其常用成员包括：

❏ Host 属性，SMTP 服务器；

❏ Credentials 属性，登录 SMTP 服务器的网络凭证，包括用户名和密码等信息，代码中使用 NetworkCredential 对象创建；

❏ DeliveryMethod 属性，指定邮件传输方法，对于网络邮件，可以使用 SmtpDeliveryMethod.Network 值；

❏ Send() 方法，执行邮件真正的发送操作，其参数是 MailMessage 对象。

下面来看一下在代码中如何使用 CMail 类。

```
CMail mail = new CMail();
mail.SetSmtpHost("smtp.sina.com", "登录名", "密码");
mail.SetFrom("发件人邮箱", "显示名");
mail.SetMail("邮件主题", "邮件内容");
textBox1.Text = mail.SendTo("收件人邮箱").ToString();
```

SetSmtpHost() 方法的第一个参数，设置的是新浪邮箱的 SMTP 服务器，如果是网易邮箱，可以设置为 smtp.163.com。第二个和第三个参数分别设置邮箱的登录用户名和密码。

此外，如果邮件中有附件，可以使用 AddAttachment() 方法添加，其参数就是附件的路径，如 AddAttachment(@"c:\旅行照片.zip");

使用 SendTo() 方法发送邮件成功时会返回 true 值，操作失败则返回 false 值。

第 16 章 正则表达式

正则表达式（Regular Expression）用于处理文本内容，可以通过一定的模式（规则，Regular）判断文本的内容是否匹配。简单的应用包括判断电子邮箱地址、手机号码、邮政编码等格式，更复杂一些的应用，如可以用于文档或模板的解析等工作。

在 .NET Framework 资源中，正则表达式的相关内容定义在 System.Text.RegularExpressions 命名空间。本章介绍如何在 C# 中使用正则表达式来处理文本内容，主要内容包括：

- 匹配模式；
- Regex 类；
- 封装 CCheckData 类。

16.1 匹配模式

正则表达式的匹配模式使用字符串来定义，下面介绍常用的内容匹配方法。

16.1.1 字符匹配

判断文本中是否包含或不包含指定内容时，可以使用以下匹配方式。

- 在 [] 中指定一个字符列表，匹配其中的单个字符，默认区分大小写。
- 在 [^] 中的 ^ 符号后指定一个字符列表，指定不包含这些字符，默认区分大小写。
- 在 [-] 中指定范围，可以是字符范围，如 a ~ z，也可以是数字范围，如 1 ~ 9。
- . 符号，匹配与 \n 之外的任何单个字符匹配。
- \p{block}，其中的 block 指定 Unicode 字符集中的块名称，以匹配相应范围的 Unicode 字符。
- \P{block}，指定不属于指定 Unicode 块的字符。
- \w，匹配任何单词字符，包括大小写字母、数字和下画线。
- \W，任何不是单词字符的字符。
- \s，匹配空白字符。
- \S，匹配非空白字符。
- \d，匹配十进制数字。
- \D，匹配十进制数以外的字符。

如下代码判断字符是否是 a ~ z 的小写字母。

```
string ch1 = "a";
string ch2 = "A";
string pattern = @"[a-z]";
Console.WriteLine(Regex.IsMatch(ch1, pattern)); // True
Console.WriteLine(Regex.IsMatch(ch2, pattern)); // False
```

代码中，我们使用 Regex 类中 IsMatch() 方法的一个重载版本，其参数包括：
- 参数一，指定需要判断格式的字符串；
- 参数二，指定需要匹配的格式字符串（正则表达式模式）。

16.1.2 转义字符

与字符串和字符应用相似，在正则表达式的匹配模式中，同样可以使用一些转义字符，常用的有：
- \unnnn，使用 4 位十六进制形式匹配 Unicode 字符，使用 \u 指定，而 nnnn 表示 4 位数值；
- \a，报警符，Unicode 编码为 \u0007；
- \b，退格键，Unicode 编码为 \u0008；
- \t，制表符，Unicode 编码为 \u0009；
- \r，回车符，Unicode 编码为 \u000D；
- \n，换行符，Unicode 编码为 \u000A；
- \v，垂直制表符，Unicode 编码为 \u000B；
- \f，换页符，Unicode 编码为 \u000C；
- \nnn，使用 3 位八进制数值指定一个字符；
- \xnn，使用两位十六进制数值指定一个字符。可参考本书附录 A 中给出的 ASCII 编码；
- \ 字符，指定为非字符匹配规则和转义字符时，匹配此字符。

16.1.3 应用规则

除上面匹配字符和转义字符的规则，还可以对字符出现的位置和次数等规则进行定义，如：
- ^，指定内容必须在字符串的开始部分；
- $，指定内容必须在字符串的末尾或换行符（\n）之前；
- *，匹配前一内容 0 次或多次；
- +，匹配前一内容一次或多次；
- ?，匹配前一内容 0 次或一次；
- {n}，匹配前一内容 n 次；
- {n,}，匹配前一内容最少 n 次；
- {n,m}，匹配前一内容在 n ~ m 次；
- *?，匹配前一内容 0 次或多次，但尽可能少；
- +?，匹配前一内容一次或多次，但尽可能少；
- ??，匹配前一内容 0 次或一次，但尽可能少；
- {n}?，匹配前一内容正好 n 次；
- {n,}?，匹配前一内容至少 n 次，但尽可能少；
- {n,m}?，匹配前一内容 n ~ m 次，但尽可能少；
- ()，组合匹配规则。

如下代码演示了一些规则的使用。

```
Console.WriteLine(Regex.IsMatch(@"abc", @"^a"));              // True
Console.WriteLine(Regex.IsMatch(@"bcd", @"^a"));              // False
Console.WriteLine(Regex.IsMatch(@"abc", @"(abc\w){1}"));      // False
Console.WriteLine(Regex.IsMatch(@"abcdabcd", @"(abc\w){2}")); // True
Console.WriteLine(Regex.IsMatch(@"abcabc", @"(abc\w?){2}"));  // True
Console.WriteLine(Regex.IsMatch(@"abcabc", @"(abc\w){2}"));   // False
```

代码中应用的匹配模式如下：
- 第一行代码，用于匹配字符串的第一个字符是小写字母 a；
- 第二行代码，同样用于匹配字符串的第一个字符是小写字母 a；
- 第三行代码，用于匹配 abc 后还应包括一些单词字符，只需要出现 1 次即可；
- 第四行代码，用于匹配 abc 后还应包括一些单词字符，而且需要出现 2 次；
- 第五行代码，用于匹配 abc 后可以包括一些单词字符，也可以没有，但必须出现 2 次；
- 第六行代码，用于匹配 abc 后可以包括一些单词字符，而且出现 2 次。

以上讨论了常用的正则表达式匹配模式规则，完整的内容请参考帮助文档。接下来再来看一下 Regex 类的使用。

16.2 Regex 类

前面已经使用了 Regex 类中的 IsMatch() 方法，下面来了解 Regex 类的更多应用。

Regex 类用于定义一个不可变的正则表达式对象，也就是说，当定义了一个 Regex 对象后，正则表达式的内容就不能改变了。其常用的构造函数包括：
- Regex()，创建一个默认的 Regex 对象；
- Regex(string)，使用模式字符串创建 Regex 对象；
- Regex(string, RegexOptions)，使用模式字符串创建 Regex 对象，并可以通过参数二指定一些选项，例如，可以使用 RegexOptions.IgnoreCase 枚举值指定内容匹配中忽略字母大小写。设置多个选项时，可以使用 | 运算符。并可以通过 Options 属性获取 Regex 对象中指定的选项。

接下来了解 Regex 类的一些常用成员及匹配操作。前面已经使用过 IsMatch() 方法了，实际上，它共有 4 个重载版本，包括两个实例方法和两个静态方法。

静态方法包括：
- IsMatch(string,string);
- IsMatch(string,string,RegexOptions)。

其中，参数一指定需要判断格式的字符串，参数二指定模式字符串，参数三指事实上匹配选项，同样定义为 RegexOptions 枚举类型。

实例方法包括：
- IsMatch(string);
- IsMatch(string,int)。

其中，参数一指定需要判断格式的字符串，参数二指定开始匹配的字符索引值。

如下代码演示了 IsMatch() 实例方法的使用。

```
Regex r = new Regex(@"^a");                    // a 开头
Console.WriteLine(r.IsMatch(@"abc"));          // True
```

```
Console.WriteLine(r.IsMatch(@"abc", 1));   // False
```

Match() 方法会返回第一个匹配结果，定义为 Match 类型的对象。如下代码是通过正则表达式查询字符串中的内容。

```
Regex r = new Regex(@"\*(\w)+\*");
Match m = r.Match("***abc***def");
Console.WriteLine(m.Value);   // *abc*
```

代码中，定义的匹配模式是查询两个 ** 之间包括一个或更多的单词字符，其中 * 表示 * 字符。最终结果是，在 Match() 方法中指定的字符串中找到了 *abc*，并通过 Value 属性显示匹配的结果。

如果想了解更多关于正则表达式的应用，可以参考 MatchCollection 类、Group 类、GroupCollection 类、Capture 类、CaptureCollection 类等资源，它们也都定义在 System.Text.RegularExpressions 命名空间。

接下来结合实际开发需要封装一些常用的正则表达式应用代码。

16.3　封装 CCheckData 类

在应用开发中，需要处理各种格式的数据。接下来会封装一个 CCheckData 类，其中包括一系列的字符串格式检查，以及数据处理方法。如下代码就是 CCheckData 类的基本定义（cschef.CCheckData.cs 文件）。

```
using System;
using System.Text.RegularExpressions;

namespace cschef
{
    public static class CCheckData
    {
        // 类成员
    }
}
```

可以看到，CCheckData 定义为静态类，接下来就是一些静态成员的创建了。

16.3.1　验证 E-mail 地址

如下代码（cschef.CCheckData.cs 文件）使用正则表达式判断 E-mail 地址格式。

```
// 判断是否为 E-mail 地址
public static bool IsEmailAddr(string s)
{
    string pattern = @"^[a-zA-Z0-9](\w+\.)*\w+@(\w+\.)+\w+$";
    return Regex.IsMatch(s, pattern);
}
```

使用正则表达式判断文本的格式是一种比较简单和优雅的处理方法，但对于模式（pattern）字符串的编写却需要一定的技巧。在判断 E-mail 地址的模式字符串中，可以使用的规则如下：
- 必须以字母或数字开始，使用 ^[a-zA-Z0-9] 规则；
- 可以使用单词字符与圆点组成的邮箱用户名，但圆点不应该是 @ 前的最后一个字符，使用 (\w+\.)*\w+ 规则；
- 必须包含一个 @ 符号；
- @ 符号以后必须包括一个圆点，但必须以单词字符结束，使用 (\w+\.)+\w+$ 规则。

下面是使用 IsEmailAddr() 方法判断一个字符串是否为正确的 E-mail 地址格式。

```
textBox1.Text = CCheckData.IsEmailAddr(@"aaa@aaa.com").ToString();
```

这里判断字符串是否为合理的 E-mail 地址格式时，有一点需要注意：对于文本的检查，无法保证邮箱的有效性，如果在系统中需要验证邮箱，最有效的办法就是发送一封电子邮件，并使用验证链接或验证码来确认邮箱的有效性。

16.3.2 验证手机号

我国的手机号码通常为 11 位数字，而且第 1 位数字为 1，接下来使用正则表达式来判断一个字符串是否为以 1 开始的 11 位数字。

```
// 是否为手机号码
public static bool IsMobilePhoneNumber(string s)
{
    string pattern = @"^1[0-9]{10}";
    return Regex.IsMatch(s, pattern);
}
```

这里定义的匹配规则是必须以数字 1 开头，然后由 10 位数字组成。如下代码显示了此方法的使用。

```
textBox1.Text =
    CCheckData.IsMobilePhoneNumber(@"12345678910").ToString();
```

与 E-mail 地址格式验证相似，这里只是检查了字符串内容的基本规则，对于号码的有效性和真实性也只能通过实际联系来确认了，如发送手机验证码。

16.3.3 验证 18 位身份证号

新一代身份证的号码有 18 位，其中前 6 位为省、市、县三级行政区划代码，第 7～14 位为出生年月日。15～17 位为序号，其中第 17 位是单数时表示男，偶数时表示女。第 18 位为验证码，是前 17 位数字通过一定的算法计算出来的，其值包括 0～9 或 X（据说是罗马数字的 10）。

如下代码（cschef.CCheckData.cs 文件）就是对 18 位身份证号的判断。

```
// 是否为 18 位身份证号
public static bool IsIdCardNumber(string s)
{
    // 基本模式验证
    string pattern = @"^[1-9][0-9]{5}[1-2][0-9]{10}[0-9X]$";
    if (Regex.IsMatch(s, pattern) == false) return false;
```

```
        // 检查验证码
        char[] chArr = s.ToCharArray();
        // 前17位对应系数
        int[] factor = { 7, 9, 10, 5, 8, 4, 2, 1, 6, 3, 7, 9, 10, 5, 8, 4, 2 };
        // 前17位分别乘系数,并相加,获取和除以11的余数(0~10)
        int sum = 0;
        for (int i = 0; i < factor.Length; i++)
        {
            sum += CC.ToInt(chArr[i]) * factor[i];
        }
        int remainder = sum % 11;
        // 余数对应的验证码
        char[] checkCode = { '1', '0', 'X', '9', '8', '7', '6', '5', '4', '3', '2'};
        // 返回验证码判断结果
        return chArr[17] == checkCode[remainder];
}
```

在我们定义的 IsIdCardNumber() 方法中,首先使用了正则表达式判断身份证号是否为 18 位。而且对一些特定位置的数字进行了判断,如第 1 位应该是 1~9,第 7 位(出生年份的第一位)应该是 1 或 2,最后一位应该是 0~9 或 X。

接下来的工作就是对第 18 位,也就是验证码的判断,需要注意以下几个问题:

❑ 前 17 位数字都有相对应的系数,分别使用各个位置的数字乘以相应的系数并相加。然后使用相加的和除以 11 得到 0~10 的余数。

❑ 计算各个位置的数字与系数的和时,请注意将字符转换为整数的方法,可以调用了 CC.ToInt() 方法。在这里不能使用 (int)chArr[i],因为这样转换的结果是字符的 ASCII 编码值。

❑ 根据余数得到相应的验证码,并与字符串中的第 18 位字符进行比较。

接下来是验证身份证号码。大家可以使用自己的身份证号进行测试。

16.3.4 验证用户名格式

在需要用户注册的应用中,一般会对用户名格式有一定的要求,例如可以使用 E-mail 地址、手机号码,或者使用单词字符,即由字母、数字和下画线组成,一般情况下会要求使用字母作为第一个字符(与变量和常量名的要求相似)。

如下代码(cschef.CCheckData.cs 文件)封装的 IsUserName() 方法用于检查用户名的格式。

```
// 检查用户名格式,使用字母开头,并由字母、数字和下画线组成
public static bool IsUserName(string s)
{
    string pattern = @"^[a-zA-Z]\w{5,14}$";
    return Regex.IsMatch(s, pattern);
}
```

代码中,指定用户名必须以字母开始,然后由字母、数字和下画线组成,而且限制字符数量在 6~15 个。

如下代码演示了 IsUserName() 方法的使用。

```
    textBox1.Text = CCheckData.IsUserName(@"").ToString();
```

16.3.5 验证是否为汉字

由于 .NET Framework 平台下的字符串和字符都是基于 Unicode 字符集，所以，可以通过 Unicode 编码范围来判断字符是否为汉字。

在 Unicode 编码中，汉字的范围是编码 4E00 ～ 9FFF。如下代码（cschef.CCheckData.cs 文件）会根据 Unicode 编码值的范围判断一个字符（char）是否为汉字。

```csharp
// 判断字符是否为汉字
// 基于编码 4E00 ~ 9FFF
public static bool IsChineseCharacter(char ch)
{
    return (ch >= 0x4E00 && ch <= 0x9FFF);
}
```

此外，还可以根据 Unicode 块的名称进行判断，如下面的代码（cschef.CCheckData.cs 文件）。

```csharp
// 基于Unicode块
public static bool IsChineseCharacterByBlock(char ch)
{
    string pattern = @"\p{IsCJKUnifiedIdeographs}";
    return Regex.IsMatch(ch.ToString(), pattern);
}
```

接下来创建 IsChinese() 方法，判断一个字符串的内容是否全为中文，如下所示（cschef.CCheckData.cs 文件）。

```csharp
// 判断字符串是否为中文
public static bool IsChinese(string s)
{
    char[] chArr = s.ToCharArray();
    for(int i=0;i<chArr.Length;i++)
    {
        if (IsChineseCharacter(chArr[i]) == false)
            return false;
    }
    return true;
}
```

实际应用中，可使用类似如下代码判断文本内容是否都为汉字。

```csharp
string s = @"中文";
textBox1.Text = CCheckData.IsChinese(s);
```

16.3.6 验证是否可以转换为数值

接下来的功能并没有使用正则表达式，不过，为了保证 CCheckData 类内容介绍得完整性，还是将这些内容放在本章了，在应用过程中，可以不断添加自己的数据判断方法。

在 cschef.CC 类中，已经封装了一系列的类型转换方法，那么，如果只需要判断一个数据内容是不是可以正确转换为数字应该怎么办呢？

如下代码（cschef.CCheckData.cs 文件）创建了两个重载版本的 IsNumeric() 方法。

```
// 判断一个字符串是否为数值
public static bool IsNumeric(string s)
{
    decimal result;
    return decimal.TryParse(s, out result);
}
//
public static bool IsNumeric(object obj)
{
    return (CC.ToDecNullable(obj) != null);
}
```

第一个方法,判断字符串是否可以转换为数值,使用了 decimal.TryParse() 方法进行测试。

第二个方法,判断一个对象是否可以正确转换为数值,使用了 CC.ToDecNullable() 方法进行测试。

这里使用的方法是尝试将内容转换为 Decimal 类型,如果可以成功转换则返回 true 值,否则返回 false 值。

实际应用中,可以使用类似如下代码使用 IsNumeric() 方法。

```
textBox1.Text = CCheckData.IsNumeric("abc").ToString();
```

代码会在 textBox1 文本框中显示 False,即字符串 "abc" 不能转换为数值。

16.3.7 限制数据范围

有些时候,一项数据的有效值会在一定的范围内,需要对范围进行判断,然后再使用数据。不过,在一些情况下,可以快速地获取一个有效值,例如,指定的值在允许的范围内就使用原值,如果小于最小值则使用最小值,如果大于最大值就使用最大值。

如下代码(cschef.CCheckData.cs 文件)封装的 Clamp() 方法就是用于完成这项工作。

```
// 限制数据范围
public static int Clamp(int val, int min, int max)
{
    if (val < min) return min;
    else if (val > max) return max;
    else return val;
}
//
public static long Clamp(long val, long min, long max)
{
    if (val < min) return min;
    else if (val > max) return max;
    else return val;
}
//
public static float Clamp(float val, float min, float max)
{
    if (val < min) return min;
    else if (val > max) return max;
```

```
        else return val;
}
//
public static double Clamp(double val, double min, double max)
{
    if (val < min) return min;
    else if (val > max) return max;
    else return val;
}
//
public static decimal Clamp(decimal val, decimal min, decimal max)
{
    if (val < min) return min;
    else if (val > max) return max;
    else return val;
}
```

代码中,创建了Clamp()方法的5个重载版本,分别用于处理int、long、float、double和decimal类型的数据。

如下代码演示了Clamp()方法的使用。

```
int val = 10;
int min = 100;
int max = 999;
textBox1.Text = CCheckData.Clamp(val, min, max).ToString();
```

示例会在textBox1文本框中显示100。

第 17 章　SQL Server 数据库

SQL Server 是微软公司出品的大型数据库系统，其中，SQL Server 2005 与 .NET Framework 2.0 一起发布，也就是说，从这个版本开始，SQL Server 数据库系统和 .NET Framework 平台已经有了密不可分的关系。

本章介绍 SQL Server 数据库的基础操作，并讨论在 C# 代码中如何使用 ADO.NET 组件操作数据库，主要内容包括：
- 应用基础；
- 准备数据库；
- 数据表与字段；
- 数据查询；
- 视图（View）；
- 存储过程（Stored Procedure）；
- 事务（Transcation）；
- 使用 ADO.NET。

17.1　应用基础

数据库（database），也就是数据的仓库，在应用软件开发时，我们可以根据需要将数据存入数据库或者从数据库中取出，而数据库会对数据进行组织和管理。此外，数据库自身还具有极高的可编程性，对于软件开发者而言，如果能够更多地了解数据库的操作，相信会对软件中的数据处理有很大的帮助。

主流的数据库系统中，关系型数据库还是占有很重要的位置，它们以二维表，以及表与表的关系来组织和管理数据。如果大家使用过 Excel 就可以看到，这里使用的工作表（WorkSheet）就是典型的二维表形式，如图 17-1 所示。

ProductId	Name	Price
1	商品一	19.99
2	商品二	9.99
3	商品三	1.99
4	商品四	150
5	商品五	1500

图 17-1　二维表

二维表中，横向的称为行（Row）或记录（Record），纵向的称为列（Column）或字段（Field）。

图 17-1 中的 ProductId、Name、Price 就可以看作字段的名称。不过，在数据库的表中，

字段的信息会独立存在，并不像 Excel 工作表那样，将字段名和数据放在一起，除非只使用"A1"这种方法来标识单元格。

数据库系统中，数据表（Table）是组织数据的基本形式，表中会定义一系列的字段信息，这些字段信息决定了数据的类型和其他约束。每条记录中的数据会一一对应这些字段。

有了数据表，还可以通过一系列的约束将这些表关联起来，从而建立更复杂的数据模型，如订单主信息和购买商品之间的"主/子"关系（或"一对多"关系）。

操作数据库时，主要使用 SQL（结构化查询语言）语句来完成，在 SQL Server 数据库中，称为 Transact-SQL，简称 T-SQL，可以将其看作 SQL 的一种方言。实际上，了解了一种数据库的 SQL 语言以后，就可以很方便地学习其他关系型数据库中的 SQL 语法，如 MySQL、Oracle 等。在后续的内容中将主要使用 SQL 这一术语。

接下来创建自己的测试数据库，为进一步学习 SQL Server 数据库的应用做好准备。

17.2 准备数据库

在 SQL Server 安装过程中，请大家注意以下一些问题。

本书使用的是 SQL Server 2014 Express，不过，只要使用了 SQL Server 2005 或更新的版本，本书的内容都基本适用，所以，并不需要过分担心 SQL Server 的版本问题。

在安装过程中，虽然说"下一步"到底是一种习惯，但还是请大家注意几个选项，如：

选择使用"默认实例"。如图 17-2（a）所示。

在登录方式中，选择使用混合验证模式，并可设置 sa 用户的密码为 DEVTest_123456。当然，这只是在自己的计算机中进行测试时的设定，如图 17-2（b）所示。

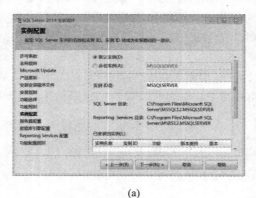
(a)

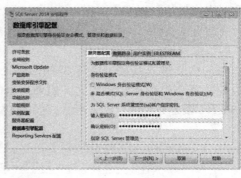
(b)

图 17-2　SQL Server 2014 安装选项

如果在其他的 SQL Server 服务器中进行测试，需要请数据库管理员（DBA）分配相应的数据库及登录用户。

接下来，直接在 SQL Server 2014 Management Studio 中使用 SQL 操作数据库。此时，可以使用"Windows 身份验证"方式进行登录，如图 17-3 所示。

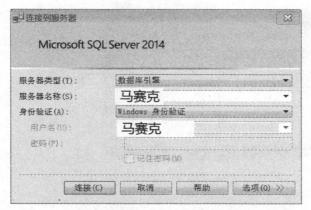

图 17-3　SQL Server 2014 Management Studio 登录

如果是在自己的计算机进行测试，"服务器名称"显示的应该是计算机的名称，而"用户名"则是 Windows 系统当前的登录用户。单击"连接"按钮，如果正确连接到 SQL Server 服务，则会显示 SQL Server 2014 Management Studio 的主界面，如图 17-4 所示。

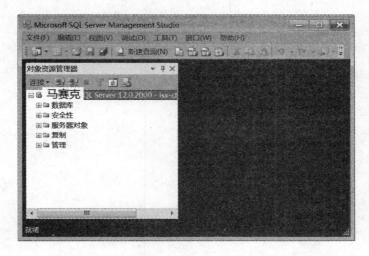

图 17-4　SQL Server 2014 Management Studio 主界面

需要查看"对象资源管理器"中选择内容的详细信息，可以按下键盘上的 F7 功能键，或者通过菜单"视图"→"对象资源管理器详细信息"打开。

接下来，可以通过工具栏里的"新建查询"创建一个新的查询文件，如图 17-5 所示。

输入 SQL 语句以后，可以通过工具栏中的"执行"按钮执行。

接下来准备一下本书示例中需要使用的 SQL Server 数据库。在 SQL Server 2014 Management Studio 中执行下面的代码，会创建本书的示例数据库。其中，数据库名为 cdb_test，如果大家的计算机中正好有同名的数据库，也可以使用其他名称，只是别忘了在以后的示例中也需要做相应的修改。

请注意，以下代码位于本书源代码中的" db/sqlserver/01- 创建 cdb_test 数据库 .sql"文件，大家可以在 SQL Server 2014 Management Studio 中打开此文件执行，并根据需要进行修改。

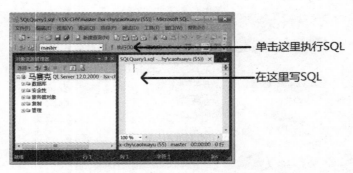

图 17-5　新建查询

```
create database cdb_test;
go

use cdb_test;
go

create table user_main(
UserId bigint identity(1,1) not null primary key,
UserName nvarchar(15) not null unique,
UserPwd nchar(40) not null check(len(UserPwd)=40),
Email nvarchar(50),
IsLocked int not null default(1),
Sex int not null default(0),
);

insert into user_main(UserName,UserPwd,IsLocked)
values('','D033E22AE348AEB5660FC2140AEC35850C4DA997',1);
insert into user_main(UserName,UserPwd,IsLocked)
values('admin','D033E22AE348AEB5660FC2140AEC35850C4DA997',0);

-- 产品信息表
create table products (
ProductId bigint identity(1,1) not null primary key,
Name nvarchar(15) not null,
Price decimal(10,2) not null default(0.00),
);

insert into products(Name,Price) values('商品一', 19.99);
insert into products(Name,Price) values('商品二', 9.99);
insert into products(Name,Price) values('商品三', 1.99);
insert into products(Name,Price) values('商品四', 150);
insert into products(Name,Price) values('商品五', 1500);

-- 订单主表
create table order_main(
OrderId bigint identity(1,1) not null primary key,
UserId bigint foreign key references user_main(UserId),
CreationTime datetime,
CreationIp nvarchar(23),
);

-- 订单子表
```

```
create table order_sub(
RecordId bigint identity(1,1) not null primary key,
OrderId bigint not null foreign key references order_main(OrderId),
ProductId bigint not null foreign key references products(ProductId),
Price decimal(10,2) not null default(0.00),
Number decimal(10,2) not null default(0.00),
);
```

执行此 SQL 语句后，会创建 cdb_test 数据库，并会创建 4 个数据表，分别是：
- user_main 表，用户信息表；
- products 表，产品信息表；
- order_main 表，订单主表；
- order_sub 表，订单子表。

第一行代码的功能是创建数据库（create database）cdb_test，很好理解，go 语句是让此前的语句立即执行，也就是创建 cdb_test 数据库以后再执行其他的操作。

第三行代码的功能是使用数据库（use database），同样也很好理解，之后就是创建数据表的一系列操作。

对于其他的 SQL 语句，不太了解也没关系，稍后就会讨论。

对于 SQL 语句的编写，有很多的标准、约定和习惯，本书约定，除了特殊的标识，所有 SQL 语句都使用小写，数据库、数据表的名称也都使用小写，单词之间使用下画线连接。此外，字段名会使用单词首字母大写的形式。

17.3 数据表与字段

本节将讨论 SQL Server 数据库中数据表的相关操作，如常用的数据类型，如何创建数据表，如何添加、更新或删除数据表中的数据，以及如何通过主键和外键将两个表关联起来。

17.3.1 常用数据类型

C# 中包含了众多的数据类型，而在 SQL Server 数据库中，同样有许多数据类型可供使用。接下来了解一些 SQL Server 中的常用数据类型。

1. 整数

和 C# 一样，SQL Server 中的整数也包括很多种，常用的有 int（32 位整数）或 bigint（64 位整数）。

在 SQL 语句中，可以直接书写整数的直接量，如 ProductId=1。

2. 十进制数

与 C# 不同的是，在 SQL Server 数据库中并没有单独的浮点型数据，而是定义为 decimal 类型，使用此类型时，还需要指定两个数据，其格式是 decimal(m, n)，其中，m 指定整数部分和小数部分的总位数，而 n 指定其中的小数位数。如 decimal(6, 2) 表示 1234.56 格式的数据。

在 SQL 语句中，同样可以直接书写十进制数的直接量，如 Price=9.99。

3. 文本

在 SQL Server 数据库中，文本类型有多种形式，但对于处理 Unicode 字符来讲，主要使用 nvarchar 类型，此类型用于处理可变长度的文本信息。其中，可以指定最大字符数，如 nvarchar(50)。如果需要保存大量的字符，还可以使用 nvarchar(max) 来定义。

此外，如果一个数据的字符数量总是相同的，还可以使用 nchar 类型，用于处理定长字符串。使用 nchar 数据类型时，同样需要指定字符数量，如示例数据库中，user_main 表的 UserPwd 字段就定义为 nchar(40) 类型，因为用户密码会进行 SHA1 编码后保存，而 SHA-1 算法会生成 40 个字符长度的内容。

在 SQL 中，文本内容使用一对单引号包含起来，如 Name=' 商品一 '。

4. 日期与时间

在 SQL Server 数据库中，datetime 类型用于处理日期与时间数据，在书写日期或时间直接量时，同样需要一对单引号包含起来。

可以使用标准的格式来书写日期或时间数据，如 '2016-8-5'、'2016-8-7 8:15:55' 等。此外，也可以使用简写格式，如 '20160805'。

17.3.2 字段与约束

了解了 SQL Server 数据库中的基本数据类型，就可以试着创建数据表，基本语法如下：

```
create table <表名>(<字段定义及约束>);
```

其中，<字段定义及约束> 会包括一系列的字段定义和约束。接下来从字段的定义开始。

最简单的字段定义，可以只包括字段名和数据类型，如 ProductId bigint。不过，创建 cdb_test 数据库的代码中，可以看到一系列的字段定义及约束。接下来看一看这些常用的功能。

1. identity

identity 关键字将字段定义为一个 ID 字段，一般会使用 int 或 bigint 作为 ID 字段的数据类型。

数据库会自动管理 ID 字段的数据，当在数据表中添加一条记录时，ID 字段的值会自动生成，即使新记录不能正确添加到数据表中，生成的 ID 也不会再次使用，所以说，使用 ID 字段是自动标识唯一一条记录的好办法。

创建示例数据库的代码中，使用了 identity(1,1) 来设置 ID 字段，其含义是，ID 值从 1 开始，每次加 1。而这也是 ID 字段的默认规则，也就是说，只使用 identity 和使用 identity(1,1) 定义 ID 字段的效果是一样的。

2. not null

首先需要注意一点，在这里 null 表示没有数据（空值），而不是 C# 中的空引用。

在定义字段时，默认是允许为空的，所以，当一个字段必须有数据时，就可以使用 not null 定义。

3. unique

unique 关键字指定，在数据表中的所有记录中，此字段的数据必须是唯一的，不能重复。

4. default

default 关键字用于指定字段的默认值。当在数据表中添加一条新记录，却没指定这个字段的数据时，记录中的字段数据就会使用这个默认值。

5. check

check 关键字用于指定字段数据的一些约束条件，如 len(UserPwd) 就要求 UserPwd 字段的数据必须是 40 个字符。

对于更多的条件语法，可以参考数据查询中的相关内容。

此外，primary key 和 foreign key 的功能，会在主键与外键部分讨论。

17.3.3 添加新记录

在数据表中添加一条新记录，可以使用 insert 语句，其基本格式如下。

```
insert into <表名>(<字段名列表>) values(<字段值列表>);
```

如下代码在 products 表中添加一条商品信息。

```
use cdb_test;
go

insert into products(Name, Price) values('Led 台灯 A 型', 55.00);
```

可以看到，在数据表名后的圆括号中列出了 Name 和 Price 字段，而在 values 关键字后的圆括号中，给出了相应的数据。其中，Name 字段是文本类型（nvarchar），其值应包含在一对单引号中。Price 字段的类型是数值（decimal），直接写出数据就可以了。

使用 SQL Server 2005 及更新版本的，还可以使用 inserted 表。此表会保存新插入的数据记录，通过这些数据，可以在插入数据后立即使用它们，而不需要重新使用一条查询语句来获取这些新数据。

如下代码会添加一条新的商品信息，并同时显示新记录的 ProductId 字段值。

```
use cdb_test;
go

insert into products(Name, Price)
output inserted.ProductId
values('Led 台灯 B 型', 65.00);
```

代码中，在 values 关键字的前面使用了 output 关键字来输出 inserted 表中的 ProductId 字段，其输入结果如图 17-6 所示。

在使用 inserted 表时，如果需要显示所有字段的数据，可以使用 * 通配符，如下面的代码。

图 17-6 使用 inserted 表

```
use cdb_test;
go
```

```
insert into products(Name, Price)
output inserted.*
values('Led 台灯 C 型', 59.00);
```

代码执行结果如图 17-7 所示。

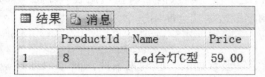

图 17-7　返回所有新数据

17.3.4　更新记录

需要更新数据表中的数据时,可以使用 update 语句,其应用格式如下:

```
update <表名> set <字段与值列表> where <条件列表>;
```

如下代码修改了"Led 台灯 C 型"商品的价格。

```
use cdb_test;
go

update products set Price=79.00 where Name='Led 台灯 C 型';
```

通过如下代码,可以看到修改后的 products 表的全部数据。

```
use cdb_test;
go

select * from products;
```

代码执行结果如图 17-8 所示。

	ProductId	Name	Price
1	1	商品一	19.99
2	2	商品二	9.99
3	3	商品三	1.99
4	4	商品四	150.00
5	5	商品五	1500.00
6	6	Led台灯A型	55.00
7	7	Led台灯B型	65.00
8	8	Led台灯C型	79.00

图 17-8　查看 products 表数据

在使用 update 语句更新数据时,最重要的一个问题就是,除非真的需要,否则,一定不要使用无条件的更新操作,因为那样会更新数据表中所有的记录。例如,在前面 update 语句的示例中,如果没有指定条件(不使用 where 语句及以后的内容)。那么,products 表中所有商品的价格都会被修改为 79.00 元,如果真是那样,你的电子商务平台就算是真的挂了。

更多的条件设置在 17.4 节中会有介绍。

17.3.5 删除记录

在数据表中删除记录,可以使用 delete 语句,其基本应用格式如下:

```
delete from <表名> where <条件列表>;
```

如下代码删除名称是"商品五"的记录。

```
use cdb_test;
go

delete from products where Name='商品五';
```

同样可以使用如下代码来查看修改后的结果。

```
use cdb_test;
go

select * from products;
```

代码执行结果如图 17-9 所示。

图 17-9　删除记录后的商品信息

在 SQL Server 2005 及更新版本中,还可以使用 deleted 表,它会临时保存刚刚删除的数据。如下代码删除名称为"商品四"的记录,并使用 deleted 表显示刚刚删除的数据。

```
use cdb_test;
go

delete from products
output deleted.*
where Name='商品四';
```

代码执行结果如图 17-10 所示。

图 17-10 使用 deleted 表

请注意，和更新记录一样，无条件的删除操作是非常危险的，它会删除数据表中的所有数据。

不过，话又说回来，如果真的想清空数据表，最高效的方法并不是使用 delete 语句，而是使用 truncate table 语句，如下面的代码（如果不想重新添加数据，请不要真的执行）。

```
truncate table products;
```

使用 truncate table 语句清理数据表以后，数据表就会像新建的一样，没有任何数据，而且，Identity 字段的数据也会重置，从指定的数值（默认为 1）重新开始计数。

此外，删除语句中的条件设置，同样可以参考稍后的数据查询部分。

17.3.6 主键

通过主键（Primary Key，PK）和外键（Foreign Key，FK）的使用，可以将基本的二维数据表进行关联，创建出多维数据结构，以满足各种数据关系和模型的需要。

先来看一看主键的应用。在数据表中，主键并不是哪一个字段的约束，而是表的约束，通过主键可以确定唯一一条记录。

创建表时，可以将一个或多个字段同时指定为主键，如下代码在创建 test 表时，同时指定 Code 和 Name 作为表的主键。

```
use cdb_test;
go

create table test (
Code nvarchar(6) not null,
Name nvarchar(10) not null,
HomeAddr nvarchar(50),
PostalCode nvarchar(6),
primary key (Code,Name)
);
```

这样一来，在 test 表中，就可以通过 Code 和 Name 字段配合来标识唯一的一条记录。也就是说，在各个记录的数据中，Code 字段的数据可以重复，Name 字段的数据也可以重复，但它们不能同时重复。

实际应用中，更多的情况是指定一个字段作为表的主键，例如，指定一个 Identity 字段作为表的主键。在准备数据库时，这里创建的表中都是这样设置的，如 user_main 表中的 UserId 字段、products 表中的 ProductId 字段等。

在这里，也许大家会发现，在数据表中，主键、Identity 字段和 unique 约束都可以标识唯一的一条数据记录。那么，它们各有什么特点呢？

首先来看 Identity 字段。在定义表的字段时，会将一个数值字段定义为 Identity 字段，这个字段的数据可以自动管理。

unique 约束，称为唯一值约束，它也是定义在字段中。在数据表的所有记录中，这个字段的值是不允许重复的。添加了 unique 约束的字段，其数据需要自己进行管理和操作，如添加、修改、判断值是否已存在等。如果设置了重复的数据，则会产生错误。

主键是表的一种约束，可以同时指定一个或多个字段作为表的主键。当主键包括多个字段时，单个字段的数据可以重复，但它们的数据组合不能重复。作为主键的字段，可以是普通字段，也可以是 Identity 字段。

17.3.7 外键

外键一般会与主键配合使用，共同创建如"一对多"的关系。

在 cdb_test 数据库中，order_sub 表中有两个字段都定义了外键约束，它们是 OrderId 字段和 ProductId 字段。这两个字段都使用了 foreign key 关键字定义了外键约束，并使用 references 关键字指定了对应的表和它的主键字段，下面再看一下这两个字段的定义。

```
OrderId bigint not null foreign key references order_main(OrderId),
ProductId bigint not null foreign key references products(ProductId),
```

order_sub 表用来保存订单中的商品信息，其中，OrderId 字段指定商品属于哪个订单，使用 order_main 表中的 OrderId 字段来约束，也就是说，order_sub 中的每一条商品信息都必须属于一个已存在的订单。ProductId 字段指定具体的商品信息，使用了 products 表中的 ProductId 字段来约束，即 order_sub 中的商品必须是 products 表中已存在的商品。

这样一来，order_main、order_sub 和 products 表之间的关系就如图 17-11 所示。

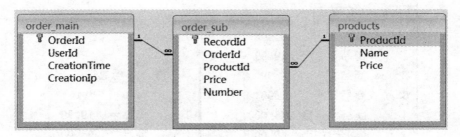

图 17-11　主键与外键

这是在 Access 中定义的关系结构图，可以看到 order_main.OrderId 和 order_sub.OrderId 字段，以及 products.ProductId 和 order_sub.ProductId 字段分别定义了"一对多"的关系，其中的"一"使用数字 1 表示，"多"使用无穷符号 ∞ 表示。

在后续内容的讨论中，还会看到主键与外键约束关系的使用，可以在学习和实践中逐渐掌握它们的应用特点。

17.4　数据查询

在前面的内容中已经使用过简单的查询语句，如下面的代码。

```
select * from products;
```

再来看一下 select 语句的基本应用格式：

```
select < 字段列表 > from < 表名 > where < 条件 >;
```

其中：

< 字段列表 > 用于指定返回查询结果中哪些字段的数据，如果有多个字段，则使用英文逗号分隔。如果返回所有字段的数据，可以使用 * 通配符。

请注意，如果字段名中包含空白字符，应使用一对方括号将字段名包含起来。此外，还可以对返回的字段使用别名，此时，需要使用 as 关键字，如下面的代码。

```
use cdb_test;
go

select Name as 名称, Price as 定价 from products;
```

代码执行结果如图 17-12 所示。

< 表名 > 可以指定查询的数据表名称，也可以是视图等元素，在后续的学习中，可以看到更多、更灵活的查询。

< 条件 > 当然是指查询数据的条件，如下代码会查询定价小于 20 元的商品记录。

```
use cdb_test;
go

select Name, Price from products
where Price < 20.00;
```

代码执行结果如图 17-13 所示。

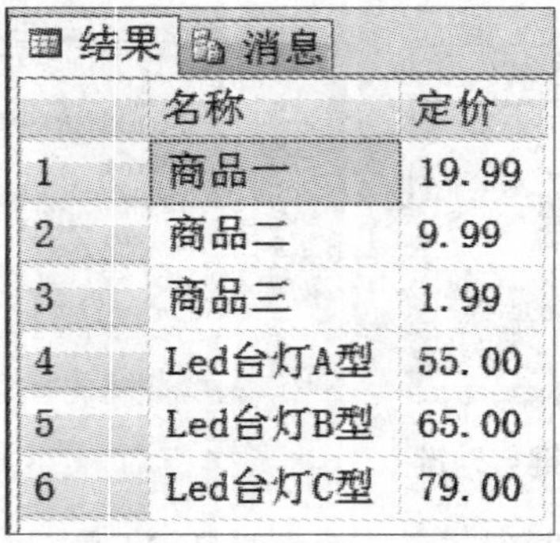

	名称	定价
1	商品一	19.99
2	商品二	9.99
3	商品三	1.99
4	Led台灯A型	55.00
5	Led台灯B型	65.00
6	Led台灯C型	79.00

图 17-12　使用字段别名

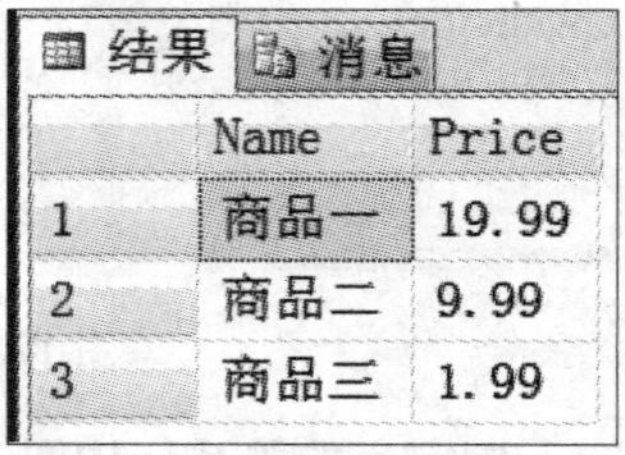

	Name	Price
1	商品一	19.99
2	商品二	9.99
3	商品三	1.99

图 17-13　使用查询条件

稍后会看到更多查询条件的设置。

接下来，再来看几个在 select 语句中常用的子句。首先是 top 子句，它应放在 select 关键字和 < 字段列表 > 之间，用于指定返回查询结果中的几条记录，在 SQL Server 2014 中，可以使用两种格式：一是 SQL 标准的“top n”格式；另一种是 T-SQL 中的“top(n)”格式。这两种格式中的 n 都是用来指定返回的记录数量，它应该是一个大于 0 的整数，如下代码会返回两条小于 20 元的商品记录。

```
use cdb_test;
go
```

```
select top 2 Name, Price from products
where Price < 20.00;
```

另一个常用的是 distinct 子句，它用于去除完全重复的记录。为了测试 distinct 子句的应用，先在 products 表中添加几条数据，如下面的代码。

```
use cdb_test;
go

insert into products(Name, Price) values('商品二', 9.99);
insert into products(Name, Price) values('商品三', 1.99);
insert into products(Name, Price) values('商品三', 1.99);
```

然后，可以使用如下代码来查看 products 表中的所有数据。

```
use cdb_test;
go

select * from products;
```

请注意，distinct 子句只会过滤完全相同的数据，如果返回字段中包含 Identity 字段，会视为不重复，所以，如下代码只返回 Name 和 Price 字段的数据。

```
use cdb_test;
go

select distinct Name,Price from products;
```

可以看到，对于 Name 和 Price 字段都相同的记录，只会返回一条。

此外，如果同时使用 distinct 和 top 子句，distinct 子句应该写在 top 子句的前面。

17.4.1 查询条件

在设置数据查询、更新或删除的条件中，可以使用一些常见的比较运算符，如：
- 等于，使用 = 运算符，这和 C# 中的等于运算符是不一样的；
- 不等于，使用 <> 运算符；
- 小于，使用 < 运算符；
- 小于等于，使用 <= 运算符；
- 大于，使用 > 运算符；
- 大于等于，使用 >= 运算符。

如下代码实现查询定价大于或等于 50 元的商品。

```
use cdb_test;
go

select distinct Name,Price from products
where Price >= 50.00;
```

代码执行结果如图 17-14 所示。

图 17-14　使用比较运算符

在数据表中，有些字段的值可以是空值，用 null 表示，在查询中，如果需要查询是空值的记录，可以使用 is null 指定查询条件，如下代码查询 user_main 表中 Email 信息为空值的记录，并返回 UserName 字段的数据。

```
use cdb_test;
go

select UserName from user_main
where Email is null;
```

代码执行结果如图 17-15 所示。

如果查询不是空值的数据，可以使用 is not null 指定条件，如下面的代码。

```
use cdb_test;
go

select UserName from user_main
where Email is not null;
```

like 运算符一般用于对文本内容的模糊查询，在设置查询的内容时，可以使用一些通配符，如：

- _ 符号，表示这个位置应该有一个字符；
- % 符号，表示这个位置有零个或多个字符；
- [字符列表] 中指定一个字符列表，表示当前位置应该是其中的某一字符；
- [^ 字符列表] 中指定一个字符列表，表示当前位置不应该是其中的字符。

如下代码将返回商品名称中包含"台灯"字样的商品信息。

```
use cdb_test;
go

select Name,Price from products
where Name like '%台灯%';
```

代码执行结果如图 17-16 所示。

图 17-15　查询空值　　图 17-16　使用 like 查询条件

between...and 用于指定条件中数据的取值范围,如下代码将返回定价在 20 ~ 70 元的商品信息。

```
use cdb_test;
go

select Name,Price from products
where Price between 20.00 and 70.00;
```

代码执行结果如图 17-17 所示。

in 关键字可以指定数据的取值范围,实际应用中,可以列出一些数值,也可以使用一个查询返回一个数据列表(稍后会有演示)。如下代码将查询价格是 9.99 和 19.99 的商品信息。

```
use cdb_test;
go

select Name,Price from products
where Price in(9.99, 19.99);
```

代码执行结果如图 17-18 所示。

	Name	Price
1	Led台灯A型	55.00
2	Led台灯B型	65.00

图 17-17 使用 between-and 查询条件

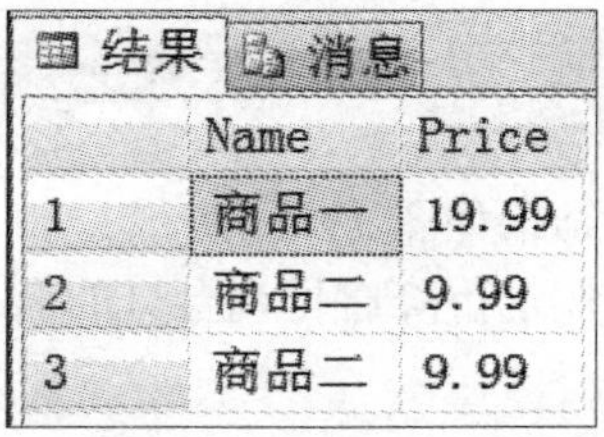

	Name	Price
1	商品一	19.99
2	商品二	9.99
3	商品二	9.99

图 17-18 使用 in 指定条件

前面讨论了单个条件的设置,但有些时候,也会需要多个条件,此时,可以使用一些逻辑运算符设置多个条件之间的应用关系,如:
- and 运算符,两个条件都满足;
- or 运算符,两个条件中有一个条件满足即可;
- not 运算符,取一个条件相反的条件。

如下代码将查询定价小于 70 元的台灯信息。

```
use cdb_test;
go

select Name,Price from products
where Name like '%台灯%' and Price<70.00;
```

代码执行结果如图 17-19 所示。
如下代码将返回商品名称中不包含"商品"字样的商品信息。

```
use cdb_test;
go

select Name,Price from products
```

```
where not Name like '%商品%';
```

代码执行结果如图 17-20 所示。

图 17-19　指定多个查询条件　　　　图 17-20　使用 not 指定条件

查询中包括多个条件时，如果不能确定默认的组合顺序，可以使用圆括号指定。

17.4.2　排序（order by 子句）

排序的功能，相信大家都不会陌生。在 select 语句中，可以使用 order by 子句指定排序的字段，如下代码实现按定价升序排列商品信息。

```
use cdb_test;
go

select Name,Price from products
order by Price;
```

代码执行结果如图 17-21 所示。

如果需要按定价降序排列台灯的商品信息，可以使用如下代码。

```
use cdb_test;
go

select Name,Price from products
where Name like '%台灯%'
order by Price desc;
```

代码执行结果如图 17-22 所示。

图 17-21　升序排列　　　　图 17-22　降序排列

代码中，在对数据进行降序排列时，需要在排列字段的后面使用 desc 关键字。相对应的，升序排列的关键字是 asc，只不过默认就是升序排列，所以很少会使用它。

此外，还可以同时指定多个排序字段，当主要字段数据相同时，会根据次要字段进行排序。如下代码会按商品名称排列数据，如果商品名称相同，则按 ProductId 字段排序。

```
use cdb_test;
go

select * from products
order by Name, ProductId;
```

代码执行结果如图 17-23 所示。

	ProductId	Name	Price
1	6	Led台灯A型	55.00
2	7	Led台灯B型	65.00
3	8	Led台灯C型	79.00
4	2	商品二	9.99
5	9	商品二	9.99
6	3	商品三	1.99
7	10	商品三	1.99
8	11	商品三	1.99
9	1	商品一	19.99

图 17-23　多字段排序

17.4.3　函数

通过在 select 语句中使用函数，可以进行一些基本的数据统计，常用的函数包括：
- min() 函数，求指定字段数据的最小值；
- max() 函数，求指定字段数据的最大值；
- avg() 函数，求指定字段数据的平均数；
- sum() 函数，求指定字段数据的和；
- count() 函数，计数。

如下代码会返回最高的定价。

```
use cdb_test;
go

select max(Price) from products;
```

代码执行结果如图 17-24 所示。

请注意，在使用函数时，不能同时返回其他字段的信息，如果需要显示最高定价的商品信息，可以使用复合查询，如下面的代码。

```
use cdb_test;
go

select * from products
where Price = (select max(Price) from products);
```

代码执行结果如图 17-25 所示。

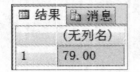

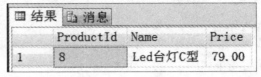

图 17-24　使用 max() 函数　　　图 17-25　复合查询

如下代码会计算所有商品定价的平均值。

```
use cdb_test;
go

select avg(Price) from products;
```

代码执行结果如图 17-26 所示。

如果需要保留两位小数，可以使用一个类型转换函数，如 convert() 函数。如下代码会保留平均值的两位小数。

```
use cdb_test;
go

select convert(decimal(10,2), avg(Price)) from products;
```

可以看到，convert() 函数的第一个参数指定目标类型，使用了 decimal(10, 2) 类型。第二个参数指定需要转换的数据，也就是商品定价的平均值。查询结果如图 17-27 所示。

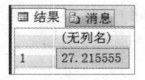

图 17-26　使用 avg() 函数　　　图 17-27　类型转换——使用 convert() 函数

在 SQL Server 数据库中，有着众多的函数，如果大家有兴趣，可以在帮助文档中查看完整的定义和应用示例。

17.4.4　分组（group by 子句）

查询结果中，可以对相同的数据进行分组，例如，可以统计有哪些商品的名称是重复的，只要这个商品名称的数量大于 1，则说明它重复了，如下代码会显示各种商品名称的数量。

```
use cdb_test;
go

select Name as 商品名称, count(Name) as 数量 from products
group by Name;
```

代码执行结果如图 17-28 所示。

从图 17-28 的统计结果中可以看到，商品二和商品三有名称重复的现象。

如果需要显示名称重复的所有商品信息，可以使用下面的复合查询。

```
use cdb_test;
go

select * from products where Name in
(
select T.Name
from (select Name, count(Name) as 数量 from products group by Name) as T
where T.数量 >1
)
order by Name;
```

代码中，从内向外来观察查询的执行。首先，给分组查询的结果起了个别名，即使用 as 关键字指定为 T。然后，指定只返回统计数量大于 1 的商品名称。最后，返回的名称信息作为显示商品信息的查询条件。

最终，查询结果如图 17-29 所示。

	商品名称	数量
1	Led台灯A型	1
2	Led台灯B型	1
3	Led台灯C型	1
4	商品二	2
5	商品三	3
6	商品一	1

图 17-28　分组统计

	ProductId	Name	Price
1	2	商品二	9.99
2	9	商品二	9.99
3	10	商品三	1.99
4	11	商品三	1.99
5	3	商品三	1.99

图 17-29　显示名称重复商品信息

可以看到，在一个表中，通过各种查询，可以得出多种多样的数据形式，灵活应用，可以实现各种数据查询、统计与汇总的功能。接下来看一看如何使用连接（join）对多个表进行查询。

17.4.5　连接（jion 子句）

为了演示多个表的连接查询，还需要在 cdb_test 数据库中添加一些数据，如下面的代码，请打开源代码中的 "/db/sqlserver/02- 添加用户及订单数据 .sql" 文件执行。

```
use cdb_test;
go
-- 添加三个用户
```

```sql
insert into user_main(UserName, UserPwd, IsLocked)
values('Smith','D033E22AE348AEB5660FC2140AEC35850C4DA997',0);
insert into user_main(UserName, UserPwd, IsLocked)
values('John','D033E22AE348AEB5660FC2140AEC35850C4DA997',0);
insert into user_main(UserName, UserPwd, IsLocked)
values('Tom','D033E22AE348AEB5660FC2140AEC35850C4DA997',0);

-- 添加两个订单
insert into order_main(UserId,CreationTime,CreationIp)
values(3,'20160810','192.168.0.1');
insert into order_main(UserId,CreationTime,CreationIp)
values(5,'20160809','127.0.0.1');

-- 添加订单商品
insert into order_sub(OrderId, ProductId, Price, Number)
values(1,7,65.00,1);
insert into order_sub(OrderId, ProductId, Price, Number)
values(1,1,19.99,1);
insert into order_sub(OrderId, ProductId, Price, Number)
values(2,6,55.00,3);
```

相信大家会有一种感觉，这些数据看起来就像天书一样。不过，当将多个表的数据连接起来以后，数据就会变得很直观了。

接下来通过连接操作来看看第一个订单的信息，如下面的代码。

```sql
use cdb_test;
go

select M.*, S.*
from order_main as M join order_sub as S on M.OrderId = S.OrderId
where M.OrderId=1;
```

查询结果如图 17-30 所示。

	OrderId	UserId	CreationTime	CreationIp	RecordId	OrderId	ProductId	Price	Number
1	1	3	2016-08-10 00:00:00.000	192.168.0.1	1	1	7	65.00	1.00
2	1	3	2016-08-10 00:00:00.000	192.168.0.1	2	1	1	19.99	1.00

图 17-30　连接查询

下面，看一下 order_main 和 order_sub 表是如何连接起来的。

在查询语句中的 from 子句中，指定了查询数据的两个表及它们的别名，即 order_main 定义为 M 表，order_sub 定义为 S 表。然后，通过 join 关键字将这两个表进行连接，连接的条件使用 on 关键字来指定，大家也应该发现了，在这里，正是通过主键和外键来连接两个表。

查询条件中，指定主表中 OrderId 为 1 的记录。

最后是返回的字段，使用 * 通配符返回了 M 表和 S 表，即 order_main 表和 order_sub 表中的所有字段。

实际应用中，也可以不使用表的别名，同时，也可以指定需要显示的字段名，如下面的代码。

```
use cdb_test;
go
select order_main.*,
       order_sub.ProductId, order_sub.Price, order_sub.Number
from order_main join order_sub
    on order_main.OrderId = order_sub.OrderId
where order_main.OrderId=1;
```

查询执行结果如图 17-31 所示。

	OrderId	UserId	CreationTime	CreationIp	ProductId	Price	Number
1	1	3	2016-08-10 00:00:00.000	192.168.0.1	7	65.00	1.00
2	1	3	2016-08-10 00:00:00.000	192.168.0.1	1	19.99	1.00

图 17-31 连接查询

本例中，在查询结果中去掉了重复的字段，这样数据看起来就简洁多了。

现在，大家大概也发现了，连接查询的 SQL 写起来可真的是有点麻烦，这还没有显示用户名和商品名称等信息呢！那么，如何让查询语句的应用能够简单一些呢？一个简单的办法就是使用视图，稍后，可以看到如何通过视图生成订单完整信息的查询模板。

此外，连接包括多种形式，感兴趣的读者可以进一步学习和掌握这一重要的查询工具。

17.4.6 自动行号

在 SQL Server 2005 以后的版本中增加了 row_number() 函数，可以在查询结果中添加一个连续的行号，通过这个行号方便进行分页等操作。

如下代码通过 ProductId 字段来标识大于或等于 10 元的商品信息，并且会将价格升序排列。

```
use cdb_test;
go

select * from products
where Price>=10.00
order by Price;
```

查询结果如图 17-32（a）所示，可以看到，ProductId 的值并不连续。

	ProductId	Name	Price
1	1	商品一	19.99
2	6	Led台灯A型	55.00
3	7	Led台灯B型	65.00
4	8	Led台灯C型	79.00

	RowNum	Name	Price
1	1	商品一	19.99
2	2	Led台灯A型	55.00
3	3	Led台灯B型	65.00
4	4	Led台灯C型	79.00

(a)   (b)

图 17-32 使用 row_number() 函数

接下来使用 row_number() 函数分配查询结果的行号。

```
use cdb_test;
go

select row_number() over(order by Price) as RowNum, Name, Price
from products
where Price>=10.00;
```

查询结果如图 17-32（b）所示，在这个查询结果中，新的行号列（RowNum）中的数据是连续的整数，这样，在进行查询结果的分页显示时，可以更方便地进行编码。

使用 row_number() 函数时，需要使用 over 子句指定排序的字段，默认为升序排列，如果需要数据降序，可以在排序字段名后面使用 desc 关键字。

实际应用中，和其他复杂的查询一样，也可以将自动行号的结果定义为视图，这样就可以更方便地调用查询结果。接下来看一看视图的定义和应用。

17.5 视图（View）

实际应用中，视图（View）可以作为查询的模板，这样就可对复杂或常用的查询进行封装了。

在 SQL Server 数据库中，使用 create view 语句创建视图，基本语法如下：

```
create view <视图名>
as
<查询语句>;
```

如下代码会创建一个名为 v_orders 的视图，用于显示订单的完整信息。大家可以打开源代码中的"/db/sqlserver/03- 创建 v_orders 视图 .sql"文件执行。

```
use cdb_test;
go

create view v_orders
as
select U.UserId,U.UserName,M.OrderId,M.CreationTime,M.CreationIp,
    S.RecordId,S.ProductId,P.Name,S.Price,S.Number
from ((user_main as U join order_main as M on U.UserId=M.UserId)
    join order_sub as S on M.OrderId=S.OrderId)
    join products as P on S.ProductId=P.ProductId;
```

习惯上会以 v_ 为前缀来命名视图。在 v_orders 视图的创建过程中，使用了多表连接，即将 user_main 表、products 表、order_main 表和 order_sub 表连接到一起。

通过使用视图，可以不用写这么复杂的查询。

那么，如何使用视图查询数据呢？这和从表中查询语句相似，只需要使用 select 语句就可以了。如下代码可以从 v_orders 视图中显示所有的订单信息。

```
use cdb_test;
go

select * from v_orders;
```

查询结果如图 17-33 所示。

	UserId	UserName	OrderId	CreationTime	CreationIp	RecordId	ProductId	Name	Price	Number
1	3	Smith	1	2016-08-10 00:00:00.000	192.168.0.1	1	7	Led台灯B型	65.00	1.00
2	3	Smith	1	2016-08-10 00:00:00.000	192.168.0.1	2	1	商品一	19.99	1.00
3	5	Tom	2	2016-08-09 00:00:00.000	127.0.0.1	3	6	Led台灯A型	55.00	3.00

图 17-33 从视图中查询数据

实际应用中，将复杂的查询创建成视图，这样就可以更方便地从中查询所需要的数据。但有一点很重要，视图本身并不会保存数据，所以，使用视图并不会提高查询的速度。如果需要持久化查询结果，可以在 select 语句中使用 into 子句将查询数据写入一个数据表，如下面的代码。

```
use cdb_test;
go

select * into t_orders from v_orders;
```

在 select 语句中，在字段后面，使用 into t_orders 语句将 v_orders 视图中的查询结果保存到 t_orders 表中。

请注意，通过 into 子句生成的数据表只能保存基本的数据类型，不会自动添加任何的约束和扩展定义，如 Identity 字段、主键约束、外键约束、唯一值约束等。

17.6 存储过程（Stored Procedure）

在大型数据库系统中，除了功能强大的查询功能，存储过程也是非常具有代表性的一种可编程形式。而且，在 C# 应用开发时，还可以调用数据库中的存储过程。

接下来，就先来看一看存储过程在 SQL Server 中的应用。首先，创建存储过程的基本语法如下面的代码。

```
create procedure <存储过程名称>
<参数>
as
<存储过程代码>;
```

在 SQL Server 中，系统中的存储过程会使用 sp_ 前缀命名，而我们自己创建的存储过程，也称为用户存储过程，一般会使用 usp_ 前缀命名。如下代码实现创建一个名为 usp_login 的存储过程。可以打开源代码中的 "/db/sqlserver/04- 创建 usp_login 存储过程 .sql" 文件执行。

```
use cdb_test;
go

create procedure usp_login
@username as nvarchar(15),
@userpwd as nchar(40)
as
select UserId from user_main
```

```
where IsLocked=0 and UserName=@username and UserPwd=@userpwd;
```

可以看到，usp_login 存储过程的功能就是检验用户的登录，其中，需要传入两个参数，即用户名（@username）和密码（@userpwd）。不过，在执行的过程中，加入了 IsLocked=0 条件，即登录用户必须没有被锁定。

下面看一看如何使用 usp_login 存储过程。

```
use cdb_test;
go

declare @username as nvarchar(15);
declare @userpwd as nchar(40);
set @username = N'admin';
set @userpwd = N'D033E22AE348AEB5660FC2140AEC35850C4DA997';

execute usp_login @username, @userpwd;
```

代码中，首先使用 declare 语句声明了两个变量，然后使用 set 语句对这两个变量赋值，最后，使用 execute 语句调用了 usp_login 存储过程。执行此代码，会返回数据 2，即 admin 用户的 UserId 字段数据。

此外，如果参数比较简单，也可以在存储过程调用时直接设置参数数据，如下面的代码。

```
use cdb_test;
go

execute usp_login N'admin', N'';
```

在这里并没有正确地带入密码，那执行此代码会显示什么呢？答案是没有数据，即一个 0 行的记录集。

17.7 事务（Transaction）

事务最重要的特点是具有原子性，也就是说，事务中的任务要不完全执行，要不就什么也不做。

最典型的示例就是银行的转账。转账过程包括两个重要的操作，一是从支出方账户转出金额，另一个是接收方账户存入相应的金额，如果其中哪一个操作出现问题，相信一定会有人不高兴的。

在 SQL Server 数据库中，事务的执行主要包括 3 个控制语句，即：

❑ begin transaction 语句，开始执行事务；
❑ commit transaction 语句，事务正确完成时，向数据库提交操作结果，即完成真正的操作；
❑ rollback transaction 语句，事务执行出现问题时，回滚操作，恢复原始状态。

如下代码演示一个简单事务的操作。事务中添加了两条商品信息，其中，第一条 insert 并不能正确完成。

```
use cdb_test;
go
```

```
begin transaction
insert into products(Name, Price) values(' 商品 X','abc');
insert into products(Name, Price) values(' 商品 Y',1.00);
commit transaction;
```

事务中的第一条 insert 语句,即插入 "商品 X" 信息的时候,我们将定价写成了字符 "abc",它不能自动转换为数值类型,所以,写入数据时会出错。此时,"商品 X" 的信息不会成功添加,由于在同一事务中,所以,出错后,第二条 insert 语句也不会执行,即 "商品 Y" 的信息同样不会被添加。

请注意,当事务执行出错时,新生成的 Identity 值会被抛弃,即使它没有被使用。这也是事务回滚操作不能完成的任务之一。

现在,可以修改 "商品 X" 的价格数据,只要是能够转换为数值的数据,这两个商品的信息都可以正确地添加到 products 表中。

无论是存储过程,还是事务,都可以进行比较复杂的编程。不过,这里并不会深入讨论 SQL Server 数据库的编程特性,因为本书的主题是 C# 编程。所以,接下来转入 C# 代码,看一看如何在 C# 应用开发中使用 SQL Server 数据库。

17.8 使用 ADO.NET

在 .NET Framework 资源中,操作数据的一系列组件统称为 ADO.NET,用于代替早期的 ADO 组件。可以在 System.Data 及其子命名空间中找到 ADO.NET 组件的定义。

对于一些第三方的数据库操作,需要相应的组件支持,如 Oracle、MySQL 等,这些数据库的开发商都提供了相应的 ADO.NET 组件,可以在官方网站下载使用。

下面,就来着重了解 SQL Server 操作组件和通用组件的使用,其中的封装代码位于 CSChef 项目。

17.8.1 连接数据库

在 C# 应用中使用数据库系统,第一件要做工作的就是能够正确地连接到数据库。连接 SQL Server 数据库时,可以使用 SqlConnection 类,它定义在 System.Data.SqlClient 命名空间。

连接 SQL Server 数据库时,可以使用两种方式,在打开 SQL Server 2014 Management Studio 时也可以看到,即:

- Windows 身份验证。应用与 SQL Server 数据库服务在同一台计算机时,可以使用 Windows 登录用户的身份连接数据库。
- SQL Server 身份验证。一般用于网络数据库的连接,需要数据库管理员分配的用户和密码。本书的示例中假设在测试数据库中操作,所以,直接使用了 sa 用户,而且在安装约定中设置了此用户的密码,在示例中注意根据实际情况修改测试代码。

使用 ADO.NET 组件连接数据时,会使用数据库连接字符串设置数据库连接的一系列参数,在 SqlConnection 对象中定义为 ConnectionString 属性。

数据库连接字符串中,有很多参数可以设置,但有时候,真的不太容易记住那么多参数,不过,可以使用 SqlConnectionStringBuilder 类(System.Data.SqlClient 命名空间)创建 SQL Server 数据库的连接字符串,此类定义了一系列数据库连接参数对应的属性。

为了方便使用,创建了 CSql 类,封装了 SQL Server 数据库操作的一些通用代码。

首先看一看 Windows 身份验证时的连接字符串生成,它封装为 CSql.GetLocalCnnStr() 方法,如下面的代码(cschef.CSql.cs 文件)。

```csharp
using System;
using System.Data;
using System.Data.SqlClient;
using System.Text;

namespace cschef
{
    public static class CSql
    {
        // 给出本地 SQL Server 数据库连接串
        public static string GetLocalCnnStr(
            string server, string dbname)
        {
            SqlConnectionStringBuilder sb =
                new SqlConnectionStringBuilder();
            sb.IntegratedSecurity = true;
            sb.DataSource = server;
            sb.InitialCatalog = dbname;
            sb.AsynchronousProcessing = true;
            return sb.ConnectionString;
        }
        //
        public static string GetLocalCnnStr(string dbname)
        {
            return GetLocalCnnStr(".", dbname);
        }
        // 其他代码
    }
}
```

这里使用了 SqlConnectionStringBuilder 类中的几个属性,如:

❑ IntegratedSecurity 属性,是否使用集成安全性,如果是使用 Windows 身份验证,就应该像代码中那样设置为 true 值;如果是连接网络数据库,则应该设置为 false 值。

❑ DataSource 属性,设置 SQL Server 数据库服务器和实例,代码中的圆点"."表示连接本机的默认实例。如果是网络数据库或特定的 SQL Server 数据库实例,可以使用类似"<服务器>\<实例>"的格式来设置。

❑ InitialCatalog 属性,设置数据库名称。

❑ AsynchronousProcessing 属性,是否使用异步处理,本例中,使用 true 值,即允许数据库的异步操作。

❑ ConnectionString 属性,用于设置或返回完整的数据库连接字符串。

如下代码将在 Form1 窗体中测试 GetLocalCnnStr() 方法生成的数据库连接字符串。

```csharp
string sCnnStr = CSql.GetLocalCnnStr("cdb_test");
try
```

```
    using (SqlConnection cnn = new SqlConnection(sCnnStr))
    {
        cnn.Open();
        textBox1.Text = "cdb_test 数据库连接成功 ";
    }
}
catch(Exception ex)
{
    textBox1.Text = ex.Message;
}
```

代码中,测试了 cdb_test 数据库的连接,如果连接成功,则会在 textBox1 文本框中显示 " cdb_test 数据库连接成功",否则会显示连接失败的异常描述。如果想看看数据库连接串中到底是什么内容,可以在 textBox1 文本框中显示 sCnnStr 变量的值,如 textBox1.Text = sCnnStr。

接下来看一下网络数据库的连接字符串的生成,它被封装为 CSql.GetRemoteCnnStr() 方法,如下面的代码(cschef.CSql.cs 文件)。

```
// 给出远程数据库连接串
public static string GetRemoteCnnStr(string server,
        string userid,string password,string dbname)
{
    SqlConnectionStringBuilder sb =
            new SqlConnectionStringBuilder();
    sb.IntegratedSecurity = false;
    sb.DataSource = server;
    sb.UserID = userid;
    sb.Password = password;
    sb.InitialCatalog = dbname;
    sb.AsynchronousProcessing = true;
    return sb.ConnectionString;
}
```

这里使用了两个新的 SqlConnectionStringBuilder 类的属性,即 UserID 和 Password 属性,它们分别用于指定登录 SQL Server 数据库的用户名和密码。

如果在公共的数据库中测试,可以请数据库管理员分配数据库和登录用户。如果是在自己的计算机中测试,而且是和 17.2 节中提到的方式来安装的 SQL Server 数据库,那么,可以使用类似下面的代码来连接 cdb_test 数据库。

```
string sCnnStr = CSql.GetRemoteCnnStr("(local)",
                "sa", "DEVTest_123456", "cdb_test");
try
{
    using (SqlConnection cnn = new SqlConnection(sCnnStr))
    {
        cnn.Open();
        textBox1.Text = "cdb_test 数据库连接成功 ";
    }
}
catch(Exception ex)
{
```

```
        textBox1.Text = ex.Message;
}
```

在这里，将服务器设置为"local"，这表示本机，实际应用中，需要设置为真实的服务器 IP 或计算机名称，必要时还需要设置 SQL Server 服务的端口，以及 SQL Server 数据库服务的实例名。

此外，在自己的计算机中，如果不能正确地通过远程方式连接数据库，可能是 SQL Server 服务器的 TCP/IP 协议没有打开，通过开始菜单打开 SQL Server 数据库"配置工具"中的"SQL Server 2014 配置管理器"，在"SQL Server 网络配置"→"MSSQLSERVER 的协议"中打开"TCP/IP"选项，如图 17-34 所示。

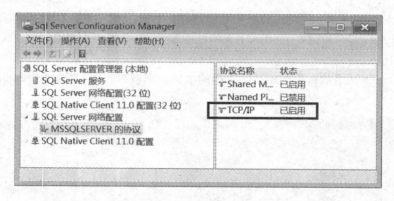

图 17-34　启用 SQL Server 数据库的 TCP/IP 协议

请注意，修改此配置项后，需要重启 mssqlserver 系统服务，可以在 cmd 窗口中通过以下两个语句来完成。

```
net stop mssqlserver
net start mssqlserver
```

数据库连接成功之后，就可以进行接下来的测试了。

17.8.2　执行 SQL 和调用存储过程

在 ADO.NET 组件中，同样可以执行 SQL 查询或调用存储过程，此时使用 SqlCommand 类（System.Data.SqlClient 命名空间），它有几个属性需要注意，如：

- ❑ CommandText 属性，定义为 string 类型，设置需要执行的 SQL 语句或存储过程名称。
- ❑ CommandType 属性，确定 CommandText 属性的内容类型，定义为 CommandType 枚举类型，其成员包括 Text（SQL 语句，默认值）、StoredProcedure（存储过程名）和 TableDirect（表名，只能在 OLEDB 组件中使用）。
- ❑ Parameters 属性，定义为一个参数集合，用于向 SQL Server 服务器传递执行 SQL 语句或存储过程时所需要的参数。

通过 SqlCommand 对象可以根据从数据库返回不同形式的数据，如：

- ❑ ExecuteScalar() 方法，返回类型为 object，用于从返回查询结果中第一条记录第一个字段的值。

- ExecuteNonQuery() 方法，执行 SQL，并返回查询影响的记录数量，返回类型为 int。此方法还有异步版本，即 BeginExeucteNonQuery() 和 EndExecuteNonQuery() 方法。
- ExecuteReader() 方法，返回查询结果记录集，定义为 SqlDataReader 类。此方法同样有异步版本，即 BeginExecuteReader() 和 EndExecuteReader() 方法。稍后会看到如何从 SqlDataReader 对象中读取数据。

下面的测试，是在 CSChef 项目中的 Form2 窗体中测试，其中包括一个文本框控件（textBox1）、一个列表控件（listBox1）和一个 DataGridView 控件（dataGridView1）。此外，将在按钮控件（button1）的 Click 事件中添加测试代码。此外，不要忘记在 Form2 窗体中引用 cschef 和 System.Data.SqlClient 命名空间。

打开 Program.cs 文件，可以在 Main() 方法中设置启动 Form2 窗体，如下面的代码。

```
static void Main()
{
    Application.EnableVisualStyles();
    Application.SetCompatibleTextRenderingDefault(false);
    // Application.Run(new Form1());
    Application.Run(new Form2());
}
```

首先，来看一下如何从数据库中获取一个值，如下面的代码。

```
string sCnnStr = CSql.GetLocalCnnStr("cdb_test");
using(SqlConnection cnn = new SqlConnection(sCnnStr))
{
    cnn.Open();
    SqlCommand cmd = cnn.CreateCommand();
    cmd.CommandText =
        @"select UserId from user_main where UserName='admin';";
    object result = cmd.ExecuteScalar();

    if (result == null)
        textBox1.Text = "[没有获取任何数据]";
    else
        textBox1.Text = result.ToString();
}
```

代码中，在创建 SqlCommand 对象时，使用了 SqlConnection 类中的实例方法 CreateCommand()，这样就可以将执行的命令和数据库连接关联。然后，在 cmd 对象的 CommandText 属性中，创建了一个简单的 SQL 查询语句，其功能是返回用户名为 admin 的用户 ID。

ExecuteScalar() 方法返回的是 object 类型数据，当查询结果中没有数据时，会返回 null 值，所以，在使用返回的结果之前，需要进行空引用（null 值）判断。本例中，如果一切正常，会在 textBox1 文本框中显示 2。

接下来，看一看 ExecuteNonQuery() 方法的使用，如下代码是在 products 表中添加一条商品信息。

```
string sCnnStr = CSql.GetLocalCnnStr("cdb_test");
using(SqlConnection cnn = new SqlConnection(sCnnStr))
{
```

```
    cnn.Open();
    SqlCommand cmd = cnn.CreateCommand();
    cmd.CommandText =
        @"insert into products(Name,Price) values(@Name,@Price);";
    cmd.Parameters.AddWithValue("@Name", "4G手机5寸");
    cmd.Parameters.AddWithValue("@Price", "999");
    textBox1.Text = cmd.ExecuteNonQuery().ToString();
}
```

如果执行成功，会在 textBox1 文本框中显示 1，即在数据库中添加了一条新记录（影响了一条记录）。代码中，还使用了 cmd.Parameters 集合中的 AddWithValue() 方法添加参数数据，其中，方法的第一个参数为传递数据的名称，请注意名称前的 @ 符号；第二个参数指定传递的数据。

如下代码是使用 BeginExecuteNonQuery() 和 EndExecuteNonQuery() 方法完成同样的任务。

```
string sCnnStr = CSql.GetLocalCnnStr("cdb_test");
using(SqlConnection cnn = new SqlConnection(sCnnStr))
{
    cnn.Open();
    SqlCommand cmd = cnn.CreateCommand();
    cmd.CommandText =
        @"insert into products(Name,Price) values(@Name,@Price);";
    cmd.Parameters.AddWithValue("@Name", "4G手机6寸");
    cmd.Parameters.AddWithValue("@Price", "1999");
    IAsyncResult ar = cmd.BeginExecuteNonQuery();
    textBox1.Text = cmd.EndExecuteNonQuery(ar).ToString();
}
```

其中，BeginExecuteNonQuery() 方法会返回一个 IAsyncResult 接口类型的对象。而 EndExecuteNonQuery() 方法的参数就使用了这个对象。这样就可以将这两个方法配合使用了。

在讨论 ExecuteReader() 方法之前，先了解一下 SqlDataReader 类的使用，其常用成员包括：

- FieldCount 属性，返回字段数量。
- HasRows 属性，定义为 bool 类型，判断对象中是否包含数据记录。
- Read() 方法，向前读取一条记录。请注意，SqlDataReader 对象定义为只能向前读取数据的记录集合，即数据读取后就不能再次访问。
- 索引器，使用从 0 开始的数值或字段名作为索引，用于返回对应字段的数据，返回类型为 object。
- GetName() 方法，参数指定为从 0 开始的索引，方法会返回相应的字段名。
- GetInt32()、GetInt64()、GetString()、GetDateTime()、GetDecimal()、GetBoolean()……这些方法的参数都是从 0 开始的索引，它们会返回指定字段数据的特定类型。使用这些方法时，应该首先知道字段的数据类型。

如下代码会在 listBox1 控件中显示 user_main 表中的字段名称。

```
string sCnnStr = CSql.GetLocalCnnStr("cdb_test");
using(SqlConnection cnn = new SqlConnection(sCnnStr))
{
```

```
    cnn.Open();
    SqlCommand cmd = cnn.CreateCommand();
    cmd.CommandText = @"select * from user_main;";
    using(SqlDataReader dr = cmd.ExecuteReader())
    {
        for(int i =0 ;i<dr.FieldCount;i++)
        {
            listBox1.Items.Add(dr.GetName(i));
        }
    }
}
```

代码执行结果如图 17-35 所示。

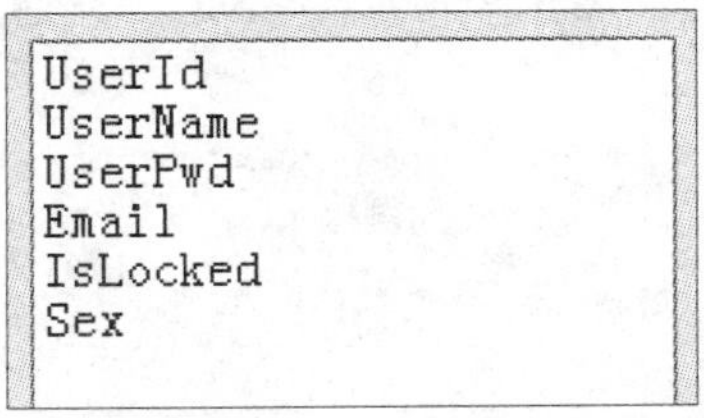

```
UserId
UserName
UserPwd
Email
IsLocked
Sex
```

图 17-35 显示 SqlDataReader 对象中的字段名列表

如下代码使用异步方法在 listBox1 列表中显示所有的用户名。

```
string sCnnStr = CSql.GetLocalCnnStr("cdb_test");
using(SqlConnection cnn = new SqlConnection(sCnnStr))
{
    cnn.Open();
    SqlCommand cmd = cnn.CreateCommand();
    cmd.CommandText = @"select * from user_main;";
    IAsyncResult ar = cmd.BeginExecuteReader();
    using(SqlDataReader dr = cmd.EndExecuteReader(ar))
    {
        while(dr.Read())
        {
            listBox1.Items.Add(dr["UserName"]);
        }
    }
}
```

前面讨论的 BeginExecuteNonQuery() 和 EndExecuteNonQuery() 方法，以及 BeginExecuteReader() 和 EndExecuteReader() 方法，它们的异步是指数据库的异步操作。在 .NET Framework 4.5 以后，在语言层面还提供了一种异步机制，而在 SqlCommand 类中也新增了以下 3 种异步方法：

❑ ExecuteScalarAsync() 方法；
❑ ExecuteNonQueryAsync() 方法；
❑ ExecuteReaderAsync() 方法。

这些方法会返回 Task<> 泛型类型，它定义在 System.Threading.Tasks 命名空间。

如下代码使用 ExecuteScalarAsync() 方法读取 UserId 为 2 的用户信息，并在 textBox1 文本中显示用户名。

```
string sCnnStr = CSql.GetLocalCnnStr("cdb_test");
using(SqlConnection cnn = new SqlConnection(sCnnStr))
{
    cnn.Open();
    SqlCommand cmd = cnn.CreateCommand();
    cmd.CommandText =
        @"select UserName from user_main where UserId=2;";
    Task<object> task = cmd.ExecuteScalarAsync();
    if (task.Result != null)
        textBox1.Text = task.Result.ToString();
}
```

还记得在 cdb_test 数据库中定义的 usp_login 存储过程吗？它包括两个参数，分别用来设置用户名和密码，验证成功会返回用户 ID。接下来，就通过 usp_login 存储过程来验证用户登录，如下面的代码。

```
//
string sUser = "admin";
string sPwd = CC.GetSha1("admin");
//
string sCnnStr = CSql.GetLocalCnnStr("cdb_test");
using(SqlConnection cnn = new SqlConnection(sCnnStr))
{
    cnn.Open();
    SqlCommand cmd = cnn.CreateCommand();
    cmd.CommandText = "usp_login";
    cmd.CommandType = CommandType.StoredProcedure;
    cmd.Parameters.AddWithValue("@username",sUser);
    cmd.Parameters.AddWithValue("@userpwd", sPwd);
    long result = CC.ToLng(cmd.ExecuteScalar());
    if (result > 0)
        textBox1.Text = "登录成功";
    else
        textBox1.Text = "登录失败";
}
```

使用 SqlCommand 对象调用存储过程时，需要在 CommandText 属性中设置存储过程的名称，然后，需要将 CommandType 属性设置为 CommandType.StoredProcedure 值，其他的工作就和执行 SQL 语句差不多了。

17.8.3 使用事务

在 ADO.NET 中调用 SQL Server 数据库中的事务，需要使用 SqlTransaction 类（System.Data.SqlClient 命名空间）。同时，还需要 SqlConnection 对象的 BeginTransaction() 方法启动一个事务。如下代码是添加一条商品信息，并通过 @@identity 变量返回新记录的 Identity 值。

```
string sCnnStr = CSql.GetLocalCnnStr("cdb_test");
object result = null;
using(SqlConnection cnn = new SqlConnection(sCnnStr))
{
    cnn.Open();
```

```
        SqlCommand cmd = cnn.CreateCommand();
        using(SqlTransaction tran = cnn.BeginTransaction())
        {
            cmd.Transaction = tran;
            cmd.CommandText =
                @"insert into products(Name,Price) values(@Name,@Price);";
            cmd.Parameters.AddWithValue("@Name", "平板电脑9寸");
            cmd.Parameters.AddWithValue("@Price", 1399);
            cmd.ExecuteNonQuery();
            // 返回ID
            cmd.CommandText = @"select @@identity;";
            result = cmd.ExecuteScalar();
            tran.Commit();
        }
    }
    if(result == null)
        textBox1.Text = "添加商品信息失败";
    else
        textBox1.Text = string.Format("新商品ID是{0}",result);
```

使用事务时，同样需要使用 SqlCommand 对象，此时，应将 SqlCommand 对象的 Transaction 属性设置为一个 SqlTransaction 对象。当所有的 SQL 执行完成后，应使用 Commit() 方法提交事务。

在使用 SqlTransaction 类时，如果 SQL 执行失败，会自动执行回滚（rollback）操作。此外，在实际开发中，可以使用 try-catch-finally 语句结构来捕捉可能出现的异常，并对异常做出相应的处理。

17.8.4 脱机组件

前面使用的 ADO.NET 组件，如 SqlConnection、SqlCommand、SqlTransaction 等，在工作时都会和数据库保持连接，它们称为连接组件。对应的，在 ADO.NET 中还包括一些非连接组件，又称为脱机组件，这些组件在使用时，并不需要与数据库保持连接，这样就减少了网络资源和数据库服务器资源的占用。

在 ADO.NET 组件中，最重要的脱机组件可能就是 DataSet 类（System.Data 命名空间）了，它表示一个数据集对象，其中包括数据表（DataTable 类）和它们之间的关系（DataRelation 类，定义表与表之间的主/子关系）。

虽说脱机组件在使用时并不需要连接数据库，但它在使用前一般会从数据库获取数据，例如，使用 SqlDataAdapter 类从数据库读取数据并填充到 DataSet 对象中。

如下代码是从 cdb_test 数据库中读取 products 表的数据，填充到一个 DataSet 对象的一个表中，这个表同样命名为 products。

```
string sCnnStr = CSql.GetLocalCnnStr("cdb_test");
using (SqlConnection cnn = new SqlConnection(sCnnStr))
{
    cnn.Open();
    SqlCommand cmd = cnn.CreateCommand();
    cmd.CommandText = "select * from products;";
    using(SqlDataAdapter ada = new SqlDataAdapter(cmd))
    {
```

```
        DataSet ds = new DataSet();
        ada.Fill(ds, "products");
        // 显示数据
        dataGridView1.DataSource = ds;
        dataGridView1.DataMember = "products";
    }
}
```

代码执行结果如图 17-36 所示。

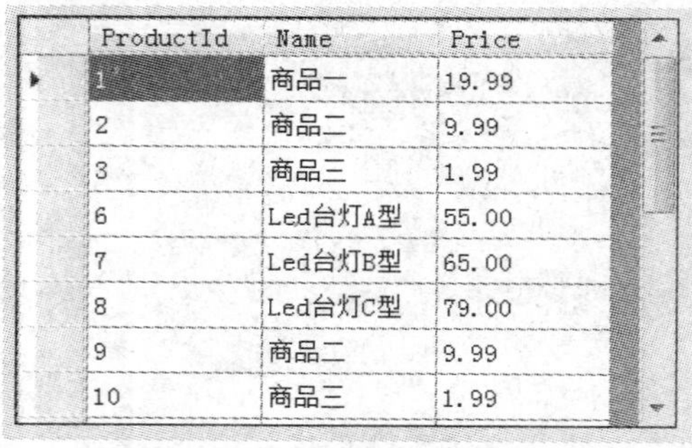

ProductId	Name	Price
1	商品一	19.99
2	商品二	9.99
3	商品三	1.99
6	Led台灯A型	55.00
7	Led台灯B型	65.00
8	Led台灯C型	79.00
9	商品二	9.99
10	商品三	1.99

图 17-36　使用 DataSet 组件绑定数据

在这个示例中，使用了 SqlCommand 对象来构建 SqlDataAdapter 对象。然后，使用 Fill() 方法为 DataSet 对象填充数据，其中，参数一为 DataSet 对象，参数二为表的名称，如果没有给表命名，也可以使用 ds.Tables[0] 来访问 DataSet 对象中的第一个表对象（DataTable 类型）。

获取包含数据的 DataSet 对象以后，将数据绑定到 dataGridView1 控件，其中 DataSource 属性指定数据源，DataMember 属性指定数据源中的成员名称，如示例中的表名。

DataSet 对象中，使用 Tables 属性返回表的集合（DataTableCollection 类型），可以使用从 0 开始的索引来获取相应的 DataTable 对象，也可以使用表名索引获取 DataTable 对象。此外，在 DataSet.Tables 对象中，还有一些常用成员需要注意，如：

- Count 属性，返回表的数量；
- Add(DataTable) 方法，将 DataTable 对象添加到集合中；
- Add() 和 Add(String) 方法，向集合中添加一个新的 DataTable 对象，方法会返回这个对象的引用；
- Clear() 方法，清除所有成员；
- Remove(String) 方法，删除指定名称的表对象；
- RemoveAt(int) 方法，删除指定索引的表对象。

为了在 DataSet 对象中方便操作表对象，再来了解一下 DataTable 类的基本应用。

在二维表中，其中的结构包括行（Row）与列（Column），而在 DataTable 中，可以使用以下两个属性获取行与列的信息。

- Rows 属性，返回表中行的集合，定义为 DataRowCollection 类，其中每一行都是一个 DataRow 对象。使用集合的 Count 属性，可以得到数据行的数量。
- Columns 属性，返回表中列信息的集合，定义为 DataColumnCollection 类，每一个字段的信息使用 DataColumn 类型定义。使用集合的 Count 属性，可以得到列的数量。

如下代码是通过 DataSet 中的数据表,将商品名称显示在 listBox1 列表中。

```
string sCnnStr = CSql.GetLocalCnnStr("cdb_test");
using (SqlConnection cnn = new SqlConnection(sCnnStr))
{
    cnn.Open();
    SqlCommand cmd = cnn.CreateCommand();
    cmd.CommandText = "select * from products;";
    using(SqlDataAdapter ada = new SqlDataAdapter(cmd))
    {
        DataSet ds = new DataSet();
        ada.Fill(ds, "products");
        // 显示数据
        DataTable tbl = ds.Tables[0];
        for (int row = 0; row < tbl.Rows.Count; row++)
        {
            listBox1.Items.Add(tbl.Rows[row]["Name"]);
        }
    }
}
```

代码执行结果如图 17-37 所示。

图 17-37　读取 DataSet 对象中的数据

下一章将学习创建数据组件,在这一过程中可以看到更多关于数据库操作与 ADO.NET 组件的应用。

第 18 章　创建数据基本操作组件

为什么要创建自己的数据组件？

好问题！笔者也一直思考这个问题。前些年，在 VB6 中使用 DAO 和 ADO 来连接数据库，感觉可以使用相同的操作方式操作各种数据库。但实际上，这只是一个美好的愿望，当深入操作数据库时，代码往往会被"绑架"到这个数据库。关于这一点，在 ADO.NET 中分别使用不同的组件操作数据库就是最好的证明。

在本章中，要做的是统一数据库的操作接口，这项工作初看上去的确是不可能完成的任务。不过，这里的工作更像是在创建数据层组件，使用这些组件处理业务数据时，不需要考虑具体的数据库类型，可以专注于业务数据的处理工作。图 18-1 给出了一系列数据组件的结构示意图。

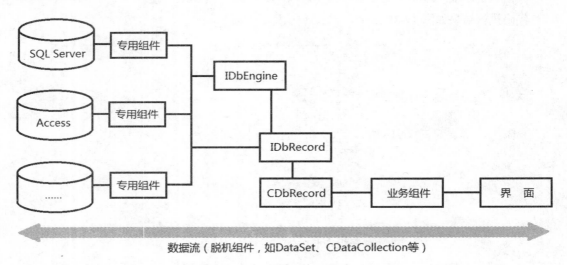

图 18-1　自定义数据组件结构示意

此外，大家还可以把本章内容当作数据处理、数据库应用、设计模式，以及软件架构等方面的一个综合练习。

接下来分为几个步骤来完成数据组件的创建工作，主要包括：

- CDataItem 和 CDataCollection 类；
- 数据引擎组件；
- 数据记录操作组件；
- 支持 Access 数据库；
- 综合测试。

友情提示：本章会有展示大量的代码，希望你喜欢敲键盘。如果你只是想看看代码，它们封装在 CSChef 项目中。

18.1　CDataItem 和 CDataCollection 类

在数据处理的相关内容中，已经讨论了各种数据类型，以及它们的运算、转换等操作。实际应用中，数据还有一个很重要的操作——传递。

这里，并不是单指数据作为参数传递，而是在整个软件系统中的传递。例如，数据在界面中的输入和显示，业务组件中的处理，以及数据库的读取和存储等。

虽然 SQL Server 2005 或更新版本的数据库与 C# 数据类型有着很高的兼容性，但在项目中，还可能会使用其他的数据库系统，或者是不同的界面类型（如 Windows 窗体或 Web 窗体），此时，一个灵活的数据处理和传递方案就显得很重要了。

在数据组件中，CDataItem 类表示一个数据项，CDataCollection 类则表示一系列数据项的集合，其成员为 CDataItem 对象。接下来介绍这两个类的实现。

18.1.1　CDataItem 类

CDataItem 类用于表示一个数据项对象，它包括两个基本的属性，即数据名称（Name）和数据值（Value）。如下代码（cschef.CDataItem.cs 文件）就是 CDataItem 类的基本定义。

```
using System;

namespace cschef
{
    [Serializable]
    public class CDataItem
    {
        // 构造函数
        public CDataItem(string sName, object oValue)
        {
            Name = sName;
            Value = oValue;
        }
        public CDataItem() : this("", null) { }
        // 基本属性
        public string Name { get; set; }
        public object Value { get; set; }
        // 其他代码
    }
}
```

代码很简单，首先，使用了 SerializableAttribute 特性，表示 CDataItem 对象可以进行序列化操作。然后是两个构造函数和两个属性。

当然，CDataItem 类还有一些扩展功能，例如，对数据进行一些判断，如下面的几个只读属性。

```
//
public bool IsEmpty
{
    get { return Name == ""; }
}
```

```
//
public bool IsNull
{
    get { return Value == null; }
}
//
public bool IsDbNull
{
    get { return Value == DBNull.Value; }
}
```

在这里，定义了 3 个只读属性，分别是：
- IsEmpty 属性，判断数据是否为空，如果名称为空字符串则返回 true，否则返回 false；
- IsNull 属性，判断数据值是否为空对象（null 值）；
- IsDbNull 属性，判断数据值是否为空数据（DBNull.Value 值）。

接下来是一系列的只读属性，用于返回指定类型的数据，下面是其中的几个。

```
//int
public int IntValue
{
    get { return CC.ToInt(Value); }
}
//double
public double DblValue
{
    get { return CC.ToDbl(Value); }
}
//string
public string StrValue
{
    get { return CC.ToStr(Value); }
}
```

在这 3 个只读属性中，分别调用了 CC 类中相应的转换方法，这样，在实际应用中，就可以很方便地通过 CDataItem 对象进行数据的传递和类型转换操作了。

如下代码显示了如何在 Form1 窗体中使用 CDataItem 类。

```
CDataItem dItem = new CDataItem("Age", 36);
textBox1.Text = dItem.StrValue;
```

代码很简单，创建了一个保存年龄数据的 CDataItem 对象，其中，数据名称为 Age，数据值为 36。然后，直接使用 StrValue 属性获取年龄数据的字符串形式，因为 TextBox 控件的 Text 属性就是 string 类型的。

反向操作，当需要从 TextBox 控件读取年龄数据时，则可以使用类似下面的代码。

```
CDataItem dItem = new CDataItem("Age", textBox1.Text);
int age = dItem.IntValue;
if (age > 0 && age < 150)
    MessageBox.Show("年龄数据正确");
else
    MessageBox.Show("年龄数据错误");
```

以上只是 CDataItem 类的基本应用，稍后，可以看到在项目数据的整体操作中是如何使用 CDataItem 对象的。

18.1.2 CDataCollection 类

顾名思义，CDataCollection 类表示一个数据集合，其中，每一个成员都是一个 CDataItem 对象。如下代码（cschef.CDataCollection.cs 文件）就是 CDataCollection 类的基本定义。

```csharp
using System;
using System.Collections.Generic;

namespace cschef
{
    [Serializable]
    public class CDataCollection
    {
        // 数据容器，泛型列表
        private List<CDataItem> myData = new List<CDataItem>();
        // 构造函数
        public CDataCollection() { }
        //
        public CDataCollection(CDataItem dItem)
        {
            myData.Add(dItem);
        }
        //
        public CDataCollection(string sName, object oValue)
        {
            myData.Add(new CDataItem(sName, oValue));
        }
        //
        public CDataCollection(CDataCollection dColl)
        {
            if (dColl == null) return;
            int count = dColl.Count;
            if (count > 0)
            {
                for (int i = 0; i < count; i++)
                {
                    myData.Add(
                        CC.Clone(dColl.GetItem(i)) as CDataItem);
                }
            }
        }
        // 成员数量
        public int Count
        {
            get { return myData.Count; }
        }
        // 其他代码
    }
}
```

在 CDataCollection 类的定义中同样使用了 SerializableAttribute 特性。然后定义了 4 个构造函数。

代码中，使用一个 List<> 对象 myData 保存真正的数据项，并定义成员类型为 CDataItem 类。也许你已经猜到了，接下来的操作会主要围绕着 myData 对象展开，就像代码中的 Count 只读属性一样，可以看到，它直接返回了 myData 对象的 Count 属性值。

请注意，这里定义的 CDataCollection 类会处理有序的数据项集合，在一些数据传递操作中是需要这一特性的，例如，向 Access 数据库传递参数数据时。

接下来是对数据集合的一系列操作。

1. 查询数据项

对数据项操作之前，判断数据项是否存在是一项很重要的工作。这里通过数据名称进行查找，并封装为 CDataCollection 类的 Find() 方法，如下面的代码（cschef.CDataCollection.cs 文件）。

```
public int Find(string sName)
{
    for(int i = 0; i < myData.Count; i++)
    {
        if (string.Compare(sName, myData[i].Name, false) == 0)
            return i;
    }
    return -1;
}
```

代码中，遍历了 myData 对象中的所有成员，并通过数据项（CDataItem 对象）的 Name 属性来对比。请注意，在比较名称时会区分字母的大小写。

Find() 方法中，找到指定名称的数据项后，返回其索引值，如果指定名称的数据项不存在，则返回 –1。

2. 添加数据项

添加数据项的操作，分为两种情况来处理：

❑ 在添加数据项之前会判断数据名称是否已存在。如果数据项（名称）已存在，则使用新的数据项替换原数据。如果数据项不存在，则添加它。这种情况使用 Add() 方法实现。

❑ 在添加数据项之前不判断数据项是否存在，而是直接添加。添加大量的数据项时，这种方法会更高效。此操作使用 Append() 方法实现。

下面就是添加数据项方法的实现，分别包括两个重载版本（cschef.CDataCollection.cs 文件）。

```
// 添加数据项，判断数据名称是否已存在
public void Add(CDataItem dItem)
{
    int index = Find(dItem.Name);
    if (index >= 0)
        myData[index] = dItem;
    else
        myData.Add(dItem);
}
```

```
//
public void Add(string sName,object oValue)
{
    Add(new CDataItem(sName, oValue));
}
// 直接追加数据项
public void Append(CDataItem dItem)
{
    myData.Add(dItem);
}
public void Append(string sName, object oValue)
{
    myData.Add(new CDataItem(sName, oValue));
}
```

可以看到，Add() 和 Append() 方法的两个重载版本中，一个方法的参数指定为 CDataItem 对象，另一个方法的参数指定数据项的名称和值。

3. 删除数据项

当需要从数据集合中删除一个数据项时，可以使用如下代码定义的 Remove() 方法，它同样有两个重载版本（cschef.CDataCollection.cs 文件）。

```
// 删除数据项，并返回删除的数据项
public CDataItem Remove(int index)
{
    if (index > 0 && index < myData.Count)
    {
        CDataItem dataItem = myData[index];
        myData.RemoveAt(index);
        return dataItem;
    }
    else
    {
        return null;
    }
}
//
public CDataItem Remove(string sName)
{
    int index = Find(sName);
    if (index >= 0)
    {
        CDataItem dataItem = myData[index];
        myData.RemoveAt(index);
        return dataItem;
    }
    else
    {
        return null;
    }
}
```

代码中，可以看到 Remove() 方法的实现，它会返回已删除的数据项，如果没有找到需要删除的对象，则返回 null 值。

删除集合中的一个数据项时，可以通过返回值对删除的数据项进行备份，然后进行下一步的操作。当然，如果真的不再需要这个数据项，也可以不处理返回值。

此外，关于 Remove() 方法的实现，还可以进行一些简化，如下代码去掉了索引范围的判断。

```
// 删除数据项，并返回删除的数据项
public CDataItem Remove(int index)
{
    CDataItem dataItem = myData[index];
    myData.RemoveAt(index);
    return dataItem;
}

//
public CDataItem Remove(string sName)
{
    Remove(Find(sName));
}
```

为什么可以这样做？

在实际应用中，如果需要删除一个数据项，应该已经知道它的索引或名称，此时，可以放心地通过索引值或名称删除数据项。当然，如果想要百分之百正确，也可以保留代码中的索引判断代码。

4. 获取数据

从数据集合中获取数据项的操作，同样分为两种情况来处理，包括获取数据项对象和直接获取数据值，这些工作由下面代码定义的一系列方法来实现。

```
// 返回数据项
public CDataItem GetItem(int index)
{
    if (index >= 0 && index < myData.Count)
        return myData[index];
    else
        return new CDataItem();
}
public CDataItem GetItem(string sName)
{
    int index = Find(sName);
    if (index >= 0)
        return myData[index];
    else
        return new CDataItem();
}
// 返回数据
public object GetValue(string sName)
{
    int index = Find(sName);
    if (index >= 0)
        return myData[index].Value;
    else
```

```
        return null;
}

//
public object GetValue(int index)
{
    if (index >= 0 && index < myData.Count)
        return myData[index].Value;
    else
        return null;
}
```

其中，GetItem() 方法用于获取数据项，GetValue() 方法用于直接获取数据值。这两个方法都有两个重载版本，分别使用索引值和数据名称作为参数。可以看到，在使用索引值的方法中，同样对索引值的范围进行了判断，不过，关于 Remove() 方法的讨论在这里同样适用。

此外，在这里还可以定义 CDataCollection 类的索引器，通过索引值访问数据项，如下面的代码。

```
public CDataItem this[int index]
{
    get { return myData[index]; }
    set { myData[index] = value; }
}
```

18.2 数据引擎组件

数据引擎组件的主要功能是连接数据库，并实现一些基本的查询工作。本节的工作内容包括：

- IDbEngine 接口；
- CDbEngineBase 基类；
- CSqlEngine 类与 CSql 类。

18.2.1 IDbEngine 接口

接口的应用，相信大家不会再陌生了，对于软件架构的灵活性来讲，从接口开始是一个不错的选择，当然，这也是开发需求所决定的。

如下代码（cschef.data-interface.cs 文件）就是定义的 IDbEngine 接口，以及组件支持的数据库类型枚举（EDbEngineType 类型）。

```
// 数据引擎类型
public enum EDbEngineType
{
    Unknow = 0,
    Access = 1,
    SqlServer = 2,
    MySql = 3,
    Oracle = 4,
```

```csharp
}

// 数据引擎接口
public interface IDbEngine
{
    string CnnStr { get; }
    bool Connected { get; }
    EDbEngineType EngineType { get; }
    // 根据表或视图载入数据
    object GetValue(string sTableOrView, string sField,
                CDataCollection cond);
    CDataCollection GetRecord(string sTableOrView, string sField,
                CDataCollection cond);
    DataSet GetDataSet(string sTableOrView, string sField,
                CDataCollection cond);
    // 根据存储过程(stored procedure)载入数据
    object SpGetValue(string spName, CDataCollection cond);
    CDataCollection SpGetRecord(string spName, CDataCollection cond);
    DataSet SpGetDataSet(string spName, CDataCollection cond);
}
```

在 IDbEngine 接口中，首先定义了 3 个只读属性，分别是：

❑ CnnStr 属性，返回数据库连接字符串。请注意，由于将此属性定义为只读属性，所以，只能通过类的构造函数来指定它的值。

❑ Connected 属性，用于判断数据库是否可以正常连接。

❑ EngineType 属性，返回数据库引擎的类型，定义为 EDbEngineType 枚举类型。

接下来看一下 GetValue() 方法，它用于获取查询结果中第一条记录的第一个字段的值，其参数定义如下：

❑ sTableOrView，定义为 string 类型，用于指定查询的表（Table）或视图（View）名称。请注意，在 Access 数据库中没有视图，可以使用查询（Query）名称。

❑ sField，同样定义为 string 类型，用于指定返回数据的字段。无论如何指定字段，GetValue() 方法只会返回第一条记录中第一个字段的值。

❑ cond，定义为 CDataCollection 对象，包含了一系列查询条件数据，如果有多个条件，它们之间的关系是与（and），即同时满足所有条件。

GetValue() 方法会返回一个 object 类型的值，也就是说，它可能是任何类型的数据。如果没有查询结果，则返回 null 值。

接下来是 GetRecord() 方法和 GetDataSet() 方法。与 GetValue() 方法不同的是，sField 参数可以指定多个字段名，也就是说，这两个方法都可以返回多个字段的数据。其中，GetRecord() 方法会返回一个 CDataCollection 对象，用于保存单个记录的数据集合。GetDataSet() 方法会返回一个 DataSet 对象，其中的第一个表（DataTable 对象）包含了查询结果的所有记录，表的名称默认就是 sTableOrView 参数。没有查询结果时，GetRecord() 和 GetDataSet() 方法同样会返回 null 值。

最后是 3 个调用数据库存储过程（Stored Procedure）的方法，其功能同样是返回一个值、一条记录和所有记录。其中，参数一指定存储过程名称，定义为 string 类型；参数二定义为 CDataCollection 对象，用于指定存储过程所需要的参数。

请注意，Access 数据库中没有存储过程，在 18.4 节会看到处理方法。

18.2.2 CDbEngineBase 基类

CDbEngineBase 类会实现 IDbEngine 接口，并作为其他数据引擎类的基类，其定义如下（cschef.CDbEngineBase.cs 文件）。

```csharp
using System;
using System.Data;

namespace cschef
{
    public abstract class CDbEngineBase : IDbEngine
    {
        private string myCnnStr;
        // 构造函数
        public CDbEngineBase(string sCnnStr)
        {
            myCnnStr = sCnnStr;
        }
        //
        public string CnnStr { get { return myCnnStr; } }
        //
        public abstract bool Connected { get; }
        public abstract EDbEngineType EngineType { get; }
        // 根据表或视图载入数据
        public abstract object GetValue(string sTableOrView,
                        string sField, CDataCollection cond);
        //
        public abstract CDataCollection GetRecord(string sTableOrView,
                        string sField, CDataCollection cond);
        //
        public abstract DataSet GetDataSet(string sTableOrView,
                        string sField, CDataCollection cond);
        // 根据存储过程(stored procedure)载入数据
        public abstract object SpGetValue(string spName,
                                    CDataCollection cond);
        //
        public abstract CDataCollection SpGetRecord(string spName,
                                    CDataCollection cond);
        //
        public abstract DataSet SpGetDataSet(string spName,
                                    CDataCollection cond);
        //
    }
}
```

可以看到，CDbEngineBase 类定义为一个抽象类，其中实现了一个构造函数和 CnnStr 只读属性，其他成员定义为抽象。这样，在 CDbEngineBase 类的子类中，就需要实现以下成员：

❑ 构造函数，参数指定数据库连接字符串，可继承 CDbEngineBase 类的构造函数；
❑ Connected 只读属性；
❑ EngineType 只读属性；
❑ GetValue() 方法；

- GetRecord() 方法；
- GetDataSet() 方法；
- SpGetValue() 方法；
- SpGetRecord() 方法；
- SpGetDataSet() 方法。

下面，就来实现操作 SQL Server 的数据库引擎类。

18.2.3 CSqlEngine 类与 CSql 类

接下来的工作是实现 CSqlEngine 类，用于 SQL Server 2005 及更新版本的数据库连接和基本查询操作。此外，会继续在 CSql 类中封装一些 SQL Server 数据库的常用操作。

首先来看 CSqlEngine 类的创建，其基本定义如下面的代码（cschef.CSqlEngine.cs 文件）。

```
using System;
using System.Data;
using System.Data.SqlClient;

namespace cschef
{
    public class CSqlEngine : CDbEngineBase
    {
        // 构造函数
        public CSqlEngine(string sCnnStr) : base(sCnnStr) { }
        // 其他代码
    }
}
```

这里，在 CSqlEngine 类中创建了一个构造函数，用于带入数据库连接字符串，它继承于 CDbEngineBase 类。

再来看 Connected 属性的实现，它的功能是测试 SQL Server 数据库是否能够正确连接，如下面的代码（cschef.CSqlEngine.cs 文件）。

```
public override bool Connected
{
    get
    {
        try
        {
            using(SqlConnection cnn = new SqlConnection(CnnStr))
            {
                cnn.Open();
                return true;
            }
        }
        catch { return false; }
    }
}
```

代码中，如果能够正确连接 SQL Server 数据库，Connected 属性返回 true 值，否则将返回 false 值。

EngineType 属性就比较简单一些,它总是返回 EDbEnginType.SqlServer 值,如下面的代码(cschef.CSqlEngine.cs 文件)。

```
public override EDbEngineType EngineType
{
    get { return EDbEngineType.SqlServer; }
}
```

接下来是基本的查询方法,它们都会使用 select 语句来完成查询操作,首先,在 CSql 类中封装一个构造 select 语句的静态方法,如下面的代码(cschef.CSql.cs 文件)。

```
// 生成 Select 语句
public static string GetSelectSql(string sTable, string sField,
    CDataCollection cond = null, int top = -1, string addCond = "")
{
    StringBuilder sb = new StringBuilder(BufferSize);
    sb.Append("select");
    // top n
    if (top > 0) sb.AppendFormat(" top {0}", top);
    sb.AppendFormat(" {0} from {1}", sField, sTable);
    // 添加条件
    if (cond != null && cond.Count > 0)
    {
        // 第一个条件
        sb.AppendFormat(" where {0}=@{1}",
                cond[0].Name, cond[0].Name);
        //
        int count = cond.Count;
        for (int i = 1; i < count; i++)
        {
            sb.AppendFormat(" and {0}=@{1}",
                    cond[i].Name, cond[i].Name);
        }
        // 附加条件
        if (addCond != "")
            sb.AppendFormat(" and ({0})", addCond);
    }
    else if (addCond != "")
    {
        // 只添加附加条件
        sb.AppendFormat(" where {0}", addCond);
    }
    sb.Append(";");
    return sb.ToString();
}
```

请注意 GetSelectSql() 方法的几个参数:
- sTable 参数,定义为 string 类型,指定查询的表或视图名称。
- sField 参数,定义为 string 类型,指定查询结果中需要返回的字段,可以是单个字段、字段列表或 * 通配符。
- cond 参数,定义为 CDataCollection 类型,指定查询条件(字段名和数据)。默认为 null 值,即进行无条件查询。当有多个条件时,各条件之间是与(and)关系。
- top 参数,定义为 int 类型,指定返回查询结果的记录数,默认为 –1,表示返回所有查询结果。
- addCond 参数，定义为 string 类型，用于指定附加的查询条件，默认为空字符串。请注意，在添加附加条件时，应使用简单的、各种数据库都通用的查询条件，否则就无法达到组件通用的效果。

此外，在 CSql 类中，还定义了 AddCommandParameters() 方法，它的功能是将 CDataCollection 对象的数据添加到 SqlCommand 对象的参数集合中，如下面的代码（cschef.CSql.cs 文件）。

```csharp
public static void AddCommandParameters(SqlCommand cmd,
        CDataCollection data, string paramPrefix = "")
{
    if (cmd == null || data == null || data.Count < 1) return;
    for (int i = 0; i < data.Count; i++)
    {
        cmd.Parameters.AddWithValue(string.Format("@{0}{1}",
            paramPrefix, data[i].Name), data[i].Value);
    }
}
```

在 AddCommandParameters() 方法中，定义了 3 个参数，分别是：
- cmd 参数，指定需要添加参数的 SqlCommand 对象；
- data 参数，定义为 CDataCollection 类型，指定需要添加到 SqlCommand 对象中的参数数据集合；
- paramPrefix 参数，指定需要在参数名称前添加的前缀，其功能是防止在 update 语句中出现数据字段和条件字段参数名相同的情况。在 CSqlRecord 类的实现中，会看到此参数的应用。

1. GetValue() 方法

现在，准备工作做得差不多了，接下来，就来实现 CSqlEngine 类的几个查询方法，首先是 GetValue() 方法，如下面的代码（cschef.CSqlEngine.cs 文件）。

```csharp
public override object GetValue(string sTableOrView,
    string sField, CDataCollection cond)
{
    try
    {
        using (SqlConnection cnn = new SqlConnection(CnnStr))
        {
            cnn.Open();
            SqlCommand cmd = cnn.CreateCommand();
            cmd.CommandText =
                CSql.GetSelectSql(sTableOrView, sField, cond, 1);
            CSql.AddCommandParameters(cmd, cond);
            return cmd.ExecuteScalar();
        }
    }
    catch
    { return null; }
}
```

在 GetValue() 方法的实现中，可以看到，实际上都是 SqlConnection、SqlCommand 等组件的简单应用。需要注意的就是，这里使用了在 CSql 类中封装的两个方法，分别用于创建 select 语句，以及向 SqlCommand 对象添加参数。

最后，使用 SqlCommand 中的 ExecuteScalar() 方法返回查询结果中第一条记录的第一个字段的数据。

2. GetRecord() 方法

GetRecord() 方法用于返回一条查询记录，返回类型为 CDataCollection 对象，如下面的代码（cschef.CSqlEngine.cs 文件）。

```
public override CDataCollection GetRecord(
    string sTableOrView, string sField, CDataCollection cond)
{
    try
    {
        using (SqlConnection cnn = new SqlConnection(CnnStr))
        {
            cnn.Open();
            SqlCommand cmd = cnn.CreateCommand();
            cmd.CommandText =
                CSql.GetSelectSql(sTableOrView, sField, cond, 1);
            CSql.AddCommandParameters(cmd, cond);
            IAsyncResult ar = cmd.BeginExecuteReader();
            using (SqlDataReader dr = cmd.EndExecuteReader(ar))
            {
                if (dr.Read())
                {
                    int count = dr.FieldCount;
                    CDataCollection result = new CDataCollection();
                    for (int i = 0; i < count; i++)
                    {
                        result.Append(dr.GetName(i), dr[i]);
                    }
                    return result;
                }
                else
                {
                    return null;
                }
            }
        }
    }
    catch
    { return null; }
}
```

在 GetRecord() 方法的实现中，调用了 SqlCommand 中的异步方法 BeginExecuteReader() 和 EndExecuteReader()，其返回结果为 SqlDataReader 对象。然后，通过 Read() 方法读取查询结果中的第一记录，如果存在记录，则将数据赋值到 CDataCollection 对象并返回，没有查询结果返回 null 值。

3. GetDataSet() 方法

GetDataSet() 方法会返回所有的查询结果，返回类型为 DataSet 对象，如下面的代码（cschef.CSqlEngine.cs 文件）。

```csharp
public override DataSet GetDataSet(string sTableOrView,
    string sField, CDataCollection cond)
{
    try
    {
        using (SqlConnection cnn = new SqlConnection(CnnStr))
        {
            cnn.Open();
            SqlCommand cmd = cnn.CreateCommand();
            cmd.CommandText =
                CSql.GetSelectSql(sTableOrView, sField, cond);
            CSql.AddCommandParameters(cmd, cond);
            using(SqlDataAdapter ada = new SqlDataAdapter(cmd))
            {
                DataSet ds = new DataSet();
                ada.Fill(ds, sTableOrView);
                if (ds.Tables[0].Rows.Count > 0)
                    return ds;
                else
                    return null;
            }
        }
    }
    catch
    { return null; }
}
```

在 GetDataSet() 方法中，使用了 SqlCommand 对象创建 SqlDataAdapter 对象。然后，使用了 SqlDataAdapter 对象中的 Fill() 方法来填充 DataSet 对象。当 DataSet 中的第一个表的记录数大于 0，也就是查询结果有记录时，返回 DataSet 对象，否则返回 null 值。

4. SpGetValue()、SpGetRecord() 和 SpGetDataSet() 方法

SpGetValue() 方法功能与 GetValue() 方法相似，只是在 SpGetValue() 方法中，调用了数据库的存储过程，并返回查询结果，如下代码就是 SpGetValue() 方法在 CSqlEngine 类中的实现。

```csharp
public override object SpGetValue(string spName, CDataCollection cond)
{
    try
    {
        using (SqlConnection cnn = new SqlConnection(CnnStr))
        {
            cnn.Open();
            SqlCommand cmd = cnn.CreateCommand();
            cmd.CommandText = spName;
            cmd.CommandType = CommandType.StoredProcedure;
            CSql.AddCommandParameters(cmd, cond);
            return cmd.ExecuteScalar();
        }
```

```
        }
        catch
        { return null; }
}
```

在 SpGetValue() 方法中，可以看到，与 GetValue() 方法不同的地方在于 SqlCommand 对象的使用，其中，CommandText 属性设置为存储过程的名称，并需要将 CommandType 属性设置为 CommandType.StoredProcedure 值，以说明 CommandText 属性指定的是存储过程。

SpGetRecord() 方法的功能与 GetRecord() 方法相似，而 SpGetDataSet() 方法的功能与 GetDataSet() 方法相似，如下面的代码（cschef.CSqlEngine.cs 文件）。

```
// 返回一条查询记录
public override CDataCollection SpGetRecord(string spName,
    CDataCollection cond)
{
    try
    {
        using (SqlConnection cnn = new SqlConnection(CnnStr))
        {
            cnn.Open();
            SqlCommand cmd = cnn.CreateCommand();
            cmd.CommandText = spName;
            cmd.CommandType = CommandType.StoredProcedure;
            CSql.AddCommandParameters(cmd, cond);
            IAsyncResult ar = cmd.BeginExecuteReader();
            using (SqlDataReader dr = cmd.EndExecuteReader(ar))
            {
                if (dr.Read())
                {
                    int count = dr.FieldCount;
                    CDataCollection result = new CDataCollection();
                    for (int i = 0; i < count; i++)
                    {
                        result.Append(dr.GetName(i), dr[i]);
                    }
                    return result;
                }
                else
                {
                    return null;
                }
            }
        }
    }
    catch
    { return null; }
}

// 返回查询结果
public override DataSet SpGetDataSet(string spName,
    CDataCollection cond)
{
    try
```

```
            {
                using (SqlConnection cnn = new SqlConnection(CnnStr))
                {
                    cnn.Open();
                    SqlCommand cmd = cnn.CreateCommand();
                    cmd.CommandText = spName;
                    cmd.CommandType = CommandType.StoredProcedure;
                    CSql.AddCommandParameters(cmd, cond);
                    using (SqlDataAdapter ada = new SqlDataAdapter(cmd))
                    {
                        DataSet ds = new DataSet();
                        ada.Fill(ds, spName);
                        if (ds.Tables[0] != null && ds.Tables[0].Rows.Count > 0)
                            return ds;
                        else
                            return null;
                    }
                }
            }
            catch
            { return null; }
}
```

SpGetRecord() 和 SpGetDataSet() 方法中同样是将 CommandText 属性设置为存储过程名称，而 CommandType 则相应地设置为 CommandType.StoredProcedure 值。

在项目中，如果不需要使用存储过程，可以将 IDbEngine 接口、CDbEngineBase 类和 CSqlEngine 类中的这 3 个方法注释掉。在开发中，不只是添加代码，删除不需要的代码也是一项非常重要的工作。

18.3 数据记录操作组件

在这一部分将封装数据记录操作组件，主要包括添加新记录，更新或删除已有记录，以及记录的查询和载入等功能，主要工作包括：

- IDbRecord 接口；
- CDbRecordBase 基类；
- CSqlRecord 类；
- CDbRecord 类。

此外，还将讨论如何在项目中对数据记录操作组件进行初始化。

18.3.1 IDbRecord 接口

如下代码就是 IDbRecord 接口的定义（cschef.data-interface.cs 文件）。

```
public interface IDbRecord
{
    IDbEngine DbEngine { get; set; }
    string TableName { get; }
    string IdName { get; }
    //
```

```
        long Find(CDataCollection cond, long notEqualIdValue);
        long Find(CDataCollection cond);
        long Find(long idValue);
        //
        CDataCollection Load(string sField, CDataCollection cond);
        CDataCollection Load(CDataCollection cond);
        CDataCollection Load(long idValue);
        // 删除数据
        long Delete(CDataCollection cond);
        long Delete(long idValue);
        //
        long Save(CDataCollection data, CDataCollection cond);
        long Save(CDataCollection data, long idValue);
        long Save(CDataCollection data);
}
```

在 IDbEngine 接口中，可以看到 3 个基本的属性，即：

- DbEngine 属性，定义为 IDbEngine 接口类型，表示数据库引擎类型，也就是数据库类型。
- TableName 只读属性，定义为 string 类型，表示数据表名称。
- IdName 只读属性，定义为 string 类型，表示数据表中 Identity 字段的名称。在 SQL Server 数据库中，应使用 identity 关键字定义字段。

接下来是几个数据操作方法。先看 Find() 方法。它包括了 3 个重载版本，用于在数据表中查询指定条件的记录，如果找到符合条件的记录，则返回其中一条记录的 identity 值（long 类型）。

Find() 方法的参数定义如下：

- cond 参数，指定查询条件的数据，定义为 CDataCollection 类型；
- notEqualIdValue 参数，指定在查询结果中，不包括此 identity 值的记录，定义为 long 类型；
- idValue 参数，根据 identity 值判断记录是否存在，定义为 long 类型。

Load() 方法用于返回满足条件的一条记录，返回结果为 CDataCollection 对象。如果没有满足条件的记录，则返回 null 值。

Load() 方法的参数定义如下：

- sField 参数，定义为 string 类型，指定返回的字段，如果不指定，则返回数据表中的所有字段数据；
- cond 参数，定义为 CDataCollection 类型，指定载入数据的条件；
- idValue 参数，根据指定的 identity 值载入数据记录，定义为 long 类型。

Delete() 方法用于按指定条件删除数据表记录，操作成功时返回大于 0 的值，否则返回 0，出现异常则返回小于 0 的值。请注意，Delete() 方法不允许无条件的删除操作。

Delete() 方法的参数定义如下：

- cond 参数，指定删除记录的条件，定义为 CDataCollection 类型；
- idValue 参数，按 identity 值删除记录，定义为 long 类型。

Save() 方法用于保存数据，包括插入新记录或更新已存在的记录，它们是如何区别的呢？我们约定以下规则：

- Identity 操作优先级最高，当条件中包含记录的 identity 时，按此条件更新记录数据；
- 否则，指定条件时，根据条件更新记录；
- 最后，如果没有指定条件，则插入新记录。

成功插入新记录时，Save() 方法返回新记录的 identity 值。成功更新记录时，返回其中一条记录的 identity 值。否则返回小于 0 的值。

Save() 方法的参数定义如下：
- data 参数，定义为 CDataCollection 类型，指定需要写入的数据；
- cond 参数，同样定义为 CDataCollection 类型，指定更新数据的条件；
- idValue 参数，指定根据 identity 值更新记录数据。

通过对 IDbRecord 接口成员的介绍，可以看到，使用 IDbRecord 相关的组件时，会有一个基本的约定，即使用 IDbRecord 接口组件操作的数据表都应该有一个 identity 字段。在 SQL Server 数据库中，这个字段应该使用 identity 关键字定义，而对于 Access 数据表，字段类型应指定为"自动编号"。

18.3.2 CDbRecordBase 基类

正如你所想到的，CDbRecordBase 类实现了 IDbEngine 接口，并作为具体的数据记录操作类的基类，如下面的代码（cschef.CDbRecordBase.cs 文件）。

```csharp
using System;
using System.Data;

namespace cschef
{
    public abstract class CDbRecordBase : IDbRecord
    {
        //
        private IDbEngine myDbEngine;
        private string myTableName;
        private string myIdName;
        // 构造函数
        public CDbRecordBase(IDbEngine dbe,
                    string sTableName, string sIdName)
        {
            myDbEngine = dbe;
            myTableName = sTableName;
            myIdName = sIdName;
        }
        //
        public IDbEngine DbEngine
        {
            get { return myDbEngine; }
            set { myDbEngine = value; }
        }
        public string TableName { get { return myTableName; } }
        public string IdName { get { return myIdName; } }
        // 其他代码
    }
}
```

从代码中可以看到，CDbRecordBase 类定义为一个抽象类，定义了一个构造函数用于指定数据库引擎、数据表和 Identity 字段。然后，分别是 DbEngine 属性（IDbEngine 类型）、TableName 属性（string 类型）和 IdName 属性（string 类型）。

接下来，再看记录操作方法的实现。

首先是 Find() 方法，它的功能是查询记录，并返回其中一条记录的 identity 值，如下面的代码（cschef.CDbRecordBase.cs 文件）。

```
public abstract long Find(CDataCollection cond, long notEqualIdValue);
//
public virtual long Find(CDataCollection cond)
{
    return Find(cond, -1L);
}
//
public virtual long Find(long idValue)
{
    return Find(new CDataCollection(IdName, idValue));
}
```

代码中，将一个 Find() 版本定义为抽象方法，这样，就应该在 CDbRecordBase 的子类中重写它。

接下来是 Load() 方法，先看代码（cschef.CDbRecordBase.cs 文件）。

```
//
public virtual CDataCollection Load(string sField,
    CDataCollection cond)
{
    return DbEngine.GetRecord(TableName, sField, cond);
}
//
public virtual CDataCollection Load(CDataCollection cond)
{
    return Load("*", cond);
}
//
public virtual CDataCollection Load(long idValue)
{
    return Load(new CDataCollection(IdName, idValue));
}
```

可以看到，Load() 方法的实现，实际上是调用了 IDbEngine 接口成员。

Delete() 方法，用于记录的删除操作，如下面的代码（cschef.CDbRecordBase.cs 文件）。

```
//
public abstract long Delete(CDataCollection cond);
//
public virtual long Delete(long idValue)
{
    return Delete(new CDataCollection(IdName, idValue));
}
```

同样的，在 CDbRecordBase 的子类里需要重写一个 Delete() 方法。

下面是数据保存操作，即 Save() 方法的实现（cschef.CDbRecordBase.cs 文件）。

```
//
public virtual long Save(CDataCollection data, CDataCollection cond)
{
    CDataItem idData = data.Remove(IdName);
    if(idData!=null)
    {
        return Update(data, new CDataCollection(idData));
    }
    else if(cond==null || cond.Count<1)
    {
        return Insert(data);
    }
    else
    {
        return Update(data, cond);
    }
}
//
public virtual long Save(CDataCollection data, long idValue)
{
    data.Remove(IdName);
    return Update(data, new CDataCollection(IdName, idValue));
}
//
public virtual long Save(CDataCollection data)
{
    CDataItem idData = data.Remove(IdName);
    if (idData != null)
    {
        return Update(data, new CDataCollection(idData));
    }
    else
    {
        return Insert(data);
    }
}
```

还记得在 IDbRecord 接口中对于 Save() 方法的约定吗？大家可以先回顾一下，条件中指定 Identity 时，按 identity 数据更新记录。条件中没有 Identity 时，按指定的条件更新记录。没有条件时插入新记录。

代码中，分别使用了 Insert() 和 Update() 方法执行插入新记录和更新记录的操作，在 CDbRecordBase 类中，它们定义为抽象方法，如下面的代码。

```
// 插入新数据
protected abstract long Insert(CDataCollection data);
// 更新数据
protected abstract long Update(CDataCollection data,
                               CDataCollection cond);
```

了解了 CDbRcordBase 类的实现，可以看到，在其子类中需要重写的成员包括：
- 构造函数，指定数据引擎对象、数据表名和 Identity 字段名，可以继承 CDbRecordBase 类的构造函数；

- long Find(CDataCollection cond, long notEqualIdValue) 方法；
- long Delete(CDataCollection cond) 方法；
- long Insert(CDataCollection data) 方法；
- long Update(CDataCollection data, CDataCollection cond) 方法。

18.3.3 CSqlRecord 类

接下来的工作，会实现 CSqlRecord 类，用于操作 SQL Server 数据表。此外，还会继续在 CSql 类中封装一些常用的操作代码。

首先来看 CSqlRecord 类的基本定义，以及构造函数的实现，如下面的代码（cschef.CSqlRecord.cs 文件）。

```
using System;
using System.Data;
using System.Data.SqlClient;
namespace cschef
{
    public class CSqlRecord : CDbRecordBase
    {
        // 构造函数
        public CSqlRecord(IDbEngine dbe,
            string sTableName, string sIdName)
            : base(dbe, sTableName, sIdName) { }
        // 其他代码
    }
}
```

接下来是 Find() 方法的实现，如下面的代码（cschef.CSqlRecord.cs 文件）。

```
// 查询记录，并返回其中一条的 identity 值
public override long Find(CDataCollection cond, long notEqualIdValue)
{
    try
    {
        using(SqlConnection cnn = new SqlConnection(DbEngine.CnnStr))
        {
            cnn.Open();
            SqlCommand cmd = cnn.CreateCommand();
            if(notEqualIdValue>0)
            {
                cmd.CommandText =
                    CSql.GetSelectSql(TableName, IdName, cond, 1,
                    string.Format("{0}<>{1}",IdName,notEqualIdValue));
            }
            else
            {
                cmd.CommandText =
                    CSql.GetSelectSql(TableName, IdName, cond, 1);
            }
            CSql.AddCommandParameters(cmd, cond);
            return CC.ToLng(cmd.ExecuteScalar());
        }
    }
```

```
            catch { return -1L; }
}
```

在这个 Find() 方法的实现中,需要注意 notEqualIdValue 参数的处理,当其大于 0 时,会在 select 语句中添加类似"ID 字段 <>ID 值"的条件。实现这一条件的作用是,需要判断某些数据(cond)是否存在,但又不包括正在操作的记录。

例如,修改一条记录的数据时,需要检查主键(PK)数据、唯一键(unique)等不能重复的数据,但此时是不需要检查当前记录的。

1. 删除记录

在 CSqlRecord 类中,Delete() 方法用于删除记录,此时需要使用 delete 语句。在 CSql 类中封装了 GetDeleteSql() 方法,用于构建 delete 语句,如下面的代码(cschef.CSql.cs 文件)。

```
public static string GetDeleteSql(string sTable,CDataCollection cond)
{
    if (cond == null || cond.Count < 1) return "";
    //
    StringBuilder sb = new StringBuilder(BufferSize);
    sb.AppendFormat("delete from {0} where ", sTable);
    // 第一个条件
    string sName = cond[0].Name;
    sb.AppendFormat("{0}=@{0}", sName);
    // 其他条件
    for (int i = 1; i < cond.Count;i++ )
    {
        sName = cond[i].Name;
        sb.AppendFormat(" and {0}=@{0}", sName);
    }
    //
    sb.Append(";");
    return sb.ToString();
}
```

可以看到,在构建 delete 语句时就已经确定,不允许执行无条件的删除操作。

下面是 CSqlRecord.Delete() 方法的实现(cschef.CSqlRecord.cs 文件)。

```
public override long Delete(CDataCollection cond)
{
    try
    {
        using(SqlConnection cnn = new SqlConnection(DbEngine.CnnStr))
        {
            cnn.Open();
            SqlCommand cmd = cnn.CreateCommand();
            cmd.CommandText = CSql.GetDeleteSql(TableName, cond);
            CSql.AddCommandParameters(cmd, cond);
            IAsyncResult ar = cmd.BeginExecuteNonQuery();
            if (cmd.EndExecuteNonQuery(ar) >= 0)
                return 1L;
            else
                return -1L;
        }
```

```
        catch { return -1L; }
}
```

代码中，调用了 SqlCommand 对象中的 BeginExecuteNonQuery() 和 EndExecute-NonQuery() 方法异步执行 delete 语句，删除记录中，EndExecuteNonQuery() 方法会返回删除的记录数量。但有一个问题请注意，就是当数据表中并不存在满足条件的记录时，EndExecuteNonQuery() 方法会返回 0，但此时，目的已经达到了，删除操作的目的就是让记录消失。所以，在这里，只要 delete 语句执行成功，Delete() 方法就会返回 1，只是在 delete 语句执行错误时返回 -1。

2. 插入新记录

CSqlRecord 类中的 Insert() 方法用于插入一条新记录，此时需要使用 insert 语句，首先在 CSql 类中创建 GetInsertSql() 方法用于构建 insert 语句，如下面的代码（cschef.CSql.cs 文件）所示。

```
public static string GetInsertSql(string sTable,
    string sIdName, CDataCollection data)
{
    // 无数据项返回空串
    if (data == null || data.Count < 1) return "";
    //
    StringBuilder sb = new StringBuilder(BufferSize);
    sb.AppendFormat("insert into {0}(", sTable);
    StringBuilder sbValue = new StringBuilder(BufferSize);
    sbValue.AppendFormat(") output inserted.{0} values(", sIdName);
    // 第一个数据项
    string sName = data[0].Name;
    sb.Append(sName);
    sbValue.AppendFormat("@{0}", sName);
    // 其他数据项
    for (int i = 1; i < data.Count; i++)
    {
        sName = data[i].Name;
        sb.AppendFormat(",{0}", sName);
        sbValue.AppendFormat(",@{0}", sName);
    }
    //
    sb.AppendFormat("{0});", sbValue.ToString());
    return sb.ToString();
}
```

在 CSql.GetInsertSql() 方法中，会返回一个如下格式的 insert 语句。

```
insert into <表名>(<字段列表>)
output inserted.<ID 字段>
values(<值列表>);
```

请注意其中的"output inserted.<ID 字段>"，在这里使用了 SQL Server 数据库中的 inserted 表，它保存了最新插入的数据记录，使用 output 子句返回 inserted.<ID 字段> 数据，可以直接返回新记录的 Identity 值。

下面是 CSqlRecord 类中 Insert() 方法的实现（cschef.CSqlRecord.cs 文件）。

```csharp
protected override long Insert(CDataCollection data)
{
    try
    {
        using (SqlConnection cnn = new SqlConnection(DbEngine.CnnStr))
        {
            cnn.Open();
            SqlCommand cmd = cnn.CreateCommand();
            cmd.CommandText =
                CSql.GetInsertSql(TableName, IdName, data);
            CSql.AddCommandParameters(cmd, data);
            return CC.ToLng(cmd.ExecuteScalar());
        }
    }
    catch { return -1L; }
}
```

由于在 insert 语句中使用 inserted 表返回新 Identity 的值，所以，在这里直接使用 SqlCommand 对象中的 ExecuteScalar() 方法返回新记录的 Identity 值就可以了。

3. 更新记录

更新记录，需要使用 update 语句，在 CSql 类中，定义了 GetUpdateSql() 方法来构建 update 语句，如下面的代码（cschef.CSql.cs 文件）。

```csharp
public static string GetUpdateSql(string sTable,
    CDataCollection data, CDataCollection cond, string condPrefix = "")
{
    if (data == null || cond == null ||
        data.Count < 1 || cond.Count < 1) return "";
    //
    StringBuilder sb = new StringBuilder(BufferSize);
    // 数据，第一个
    sb.AppendFormat("update {0} set {1}=@{1}", sTable, data[0].Name);
    // 其他数据
    for (int i = 1; i < data.Count; i++)
    {
        sb.AppendFormat(",{0}=@{0}", data[i].Name);
    }
    // 条件，第一个
    sb.AppendFormat(" where {0}=@{1}{0}", cond[0].Name, condPrefix);
    // 其他条件
    for (int i = 1; i < cond.Count; i++)
    {
        sb.AppendFormat(" and {0}=@{1}{0}", cond[i].Name, condPrefix);
    }
    //
    sb.Append(";");
    return sb.ToString();
}
```

在数据库中，无条件更新和无条件删除一样具有强大的破坏性，所以，这里同样约定，不允许构建无条件的 update 语句。

此外，构建 update 语句时请注意，在条件的变量名前使用了"cond_"前缀，这样一来，更新字段和条件字段相同时就不会产生混乱了。需要注意的是，在向执行 update 语句的 SqlCommand 对象添加参数时，条件参数的名称也要同步使用 "cond_" 前缀。在下面的 CSqlRecord.Update() 方法中，可以看到，在调用 CSql.AddCommandParameters() 方法时就是这样操作的（cschef.CSqlRecord.cs 文件）。

```
protected override long Update(CDataCollection data,
    CDataCollection cond)
{
    try
    {
        using (SqlConnection cnn = new SqlConnection(DbEngine.CnnStr))
        {
            cnn.Open();
            SqlCommand cmd = cnn.CreateCommand();
            using (SqlTransaction tran = cnn.BeginTransaction())
            {
                cmd.Transaction = tran;
                // 首先判断需要更新的记录是否存在
                cmd.CommandText =
                    CSql.GetSelectSql(TableName, IdName, cond, 1);
                CSql.AddCommandParameters(cmd, cond);
                long result = CC.ToLng(cmd.ExecuteScalar());
                if (result <= 0) return 0;
                //
                cmd.CommandText =
                    CSql.GetUpdateSql(TableName, data, cond, "cond_");
                cmd.Parameters.Clear();
                CSql.AddCommandParameters(cmd, data);
                CSql.AddCommandParameters(cmd, cond, "cond_");
                IAsyncResult ar = cmd.BeginExecuteNonQuery();
                if (cmd.EndExecuteNonQuery(ar) >= 0)
                {
                    tran.Commit();
                    return result;
                }
                else
                {
                    tran.Rollback();
                    return -1L;
                }
            }
        }
    }
    catch { return -1L; }
}
```

在 CSqlRecord.Update() 方法中，使用了事务，首先判断需要更新的记录是否存在，如果不存在则返回 0 值；当需要更新的记录存在时，会执行更新操作。更新语句执行成功时返回一个记录的 Identity 值。

请注意，在执行 update 语句时，EndExecuteNonQuery() 方法同样可能返回 0 值，如更新的数据与原数据相同时，此时，并不会修改任何数据。在执行 update 语句之前，已经判断了记录是否存在，所以不必担心需要更新的记录不存在的情况，这和删除记录的操作是有区别的。

18.3.4 CDbRecord 类

与数据库引擎组件不同，在这里还会创建一个 CDbRecord 类，这是一个通用类，也是一个包装类，它的功能是什么呢？先来看一个开发中的应用场景。

项目中，需要操作用户数据时可能需要创建一个 CUser 类，而这个类会有一些基本的操作，例如读取或写入数据库中的 user_main 表。那么，CUser 类应该如何定义呢？如果是继承 CSqlRecord 类，则会被 SQL Server 数据库"绑架"，那样就不能实现业务组件与数据库组件真正有效地分离了。

针对这种情况，这里创建 CDbRecord 类作为操作数据表业务组件的基类，它的基本定义如下（cschef.CDbRecord.cs 文件）。

```csharp
using System;

namespace cschef
{
    // 对象创建委托
    public delegate IDbRecord DDbRecordObjectBuilder(
        IDbEngine dbe, string sTableName, string sIdName);

    public class CDbRecord : IDbRecord
    {
        // 包装对象
        private IDbRecord myDbRecord;

        // 当前对象构建器
        public static DDbRecordObjectBuilder DbRecordObjectBuilder =
            new DDbRecordObjectBuilder(CDbRecord.CreateObject);

        // 默认对象创建方法
        private static IDbRecord CreateObject(IDbEngine dbe,
            string sTableName, string sIdName)
        {
            switch(dbe.EngineType)
            {
                case EDbEngineType.SqlServer:
                    return new CSqlRecord(dbe, sTableName, sIdName);
                // case EDbEngineType.Access:
                // return new CAccessRecord(dbe, sTableName, sIdName);
                default:
                    return null;
            }
        }

        // 构造函数
        public CDbRecord(IDbEngine dbe,
            string sTableName, string sIdName)
        {
            myDbRecord = CDbRecord.DbRecordObjectBuilder(dbe,
                                    sTableName, sIdName);
```

```csharp
        // 实现 IDbRecord 成员
        public IDbEngine DbEngine
        {
            get { return myDbRecord.DbEngine; }
            set
            {
                myDbRecord = CDbRecord.DbRecordObjectBuilder(value,
                    myDbRecord.TableName, myDbRecord.IdName);
            }
        }

        // 只读属性，数据表、ID 字段名
        public string TableName { get { return myDbRecord.TableName; } }
        public string IdName { get { return myDbRecord.IdName; } }
        // 其他代码
    }
}
```

首先，在 CDbRecord 类的外部定义了一个委托类型 DDbRecordObjectBuilder，定义为返回 IDbRecord 接口类型的对象，参数则与 CDbRecordBase 类的构造函数相同，即包括 IDbEngine 对象、数据表名和 Identity 字段名。

接下来是 CDbRecord 类的定义，它直接实现了 IDbRecord 接口，其中有几个比较重要的成员需要注意：

❑ 私有的 myDbRecord 对象，定义为 IDbRecord 接口类型。前面介绍过，CDbRecord 类是一个包装类，而 myDbRecord 对象就是被包装的内容了。

❑ 静态的 DbRecordObjectBuilder 对象，这是一个委托对象，定义为 DDbRecordObjectBuilder 类型。默认情况下，会调用 CreateObject() 方法完成 myDbRecord 对象的创建工作。

❑ CreateObject() 方法是在 CDbRecord 类中创建 IDbRecord 对象的默认方法，可以看到，它会根据数据引擎的类型创建具体类型的 IDbRecord 对象，如 CSqlRecord 对象。此外，稍后创建 Access 数据库支持组件以后，大家可以把代码中的注释取消了。

❑ 在 CDbRecord 类的构造函数中，使用 DbRecordObjectBuilder 委托对象来创建 myDbRecord 对象。默认情况下调用了 CreateObject() 方法。

❑ 在 DbEngine 属性的实现中，可以看到，在 get 块，会直接返回 myDbRecord 对象的 DbEngine 属性。而在 set 块中，会根据带入的数据库引擎对象的类型重新创建 myDbRecord 对象。在进行此操作时，应注意与项目代码配合使用，例如，指定的数据库引擎应该是在 DbRecordObjectBuilder 对象中支持的数据库类型。

❑ TableName 和 IdName 属性，它们实际上返回了 myDbRecord 对象中相应的属性值。

接下来，也许你已经猜到了 IDbRecord 接口中的其他方法的实现形式，没错，我们依然是调用 myDbRecord 对象中对应的方法，如下面的代码（cschef.CDbRecord.cs 文件）。

```csharp
// 记录查询
public long Find(CDataCollection cond, long notEqualIdValue)
{
    return myDbRecord.Find(cond, notEqualIdValue);
}
public long Find(CDataCollection cond)
```

```csharp
        return myDbRecord.Find(cond);
    }
    public long Find(long idValue)
    {
        return myDbRecord.Find(idValue);
    }
    // 载入记录
    public CDataCollection Load(string sField, CDataCollection cond)
    {
        return myDbRecord.Load(sField, cond);
    }
    public CDataCollection Load(CDataCollection cond)
    {
        return myDbRecord.Load(cond);
    }
    public CDataCollection Load(long idValue)
    {
        return myDbRecord.Load(idValue);
    }
    // 删除数据
     public long Delete(CDataCollection cond)
    {
         return myDbRecord.Delete(cond);
    }
    public long Delete(long idValue)
    {
        return myDbRecord.Delete(idValue);
    }
    // 保存数据
    public long Save(CDataCollection data, CDataCollection cond)
    {
        return myDbRecord.Save(data, cond);
    }
    public long Save(CDataCollection data, long idValue)
    {
        return myDbRecord.Save(data, idValue);
    }
    public long Save(CDataCollection data)
    {
        return myDbRecord.Save(data);
    }
```

代码很简单，重要的是，大家需要思考 CDbRecord 类的工作原理。马上就来讨论如何在项目中使用这个类。

18.3.5　在项目中初始化 CDbRecord 类

接下来关注一下在 CDbRecord 类的外部改变 myDbRecord 对象的创建方法。

下面的代码（cschef.appx.CApp.cs 文件）创建了一个基本的项目主控类，定义为 CApp 类，其中主要包括了数据库相关的初始化工作。

```csharp
using System;
// 项目初始模板类
```

```
// 数据组件初始化
namespace cschef.appx
{
    public static class CApp
    {
        // 项目主数据库引擎
        public static IDbEngine MainDb =
            new CSqlEngine(CSql.GetLocalCnnStr("cdb_test"));

        // CDbRecord 对象创建委托
        public static IDbRecord CreateDbRecordObject(IDbEngine dbe,
            string sTableName, string sIdName)
        {
            return new CSqlRecord(dbe, sTableName, sIdName);
        }

        // 项目初始化方法
        public static bool Init()
        {
            //
            CDbRecord.DbRecordObjectBuilder =
              new DDbRecordObjectBuilder(CApp.CreateDbRecordObject);
            //
            return true;
        }
        //
    }
}
```

先来看 MainDb 对象,它定义为 IDbEngine 类型,作为项目的主数据引擎来使用。

CreateDbRecordObject() 方法,请注意它的返回值和参数,与 DDbRecordObjectBuilder 委托类型相同。

Init() 方法是项目的初始化方法,这里将 CDbRecord 类的 DbRecordObjectBuilder 静态成员设置为新的 DDbRecordObjectBuilder 委托对象,调用的正是 CApp.CreateDbRecordObject() 方法。

接下来的工作就是在项目启动的时候调用一下 CApp.Init() 方法,此时,不要忘了引用 cschef.appx 命名空间。在 CSChef 项目中,可以在 Program.cs 文件中的 Main() 方法中调用,也可以在 Form1 窗体的 Load 事件中调用,如下面的代码(Form1.cs 文件)。

```
private void Form1_Load(object sender, EventArgs e)
{
    CApp.Init();
}
```

在 ASP.NET 项目中,可以在 Global.asax 文件中的 Application_Start() 方法中执行,如下面的代码。

```
<%@ Application Language="C#" %>

<script runat="server">
    void Application_Start(object sender, EventArgs e)
```

```
        {
            // 在应用程序启动时运行的代码
            CApp.Init();
        }
</script>
```

在综合测试部分，可以看到数据组件的具体应用。为了更有效地演示业务组件与数据组件的关系，再来实现 Access 数据库相关的组件。

18.4 支持 Access 数据库

本节的工作是实现数据操作组件支持 Access 数据库操作，主要内容包括：
- CAccess 类，封装 Access 数据库的常用操作资源；
- CAccessEngine 类，处理 Access 数据库的连接与基本查询；
- CAccessRecord 类，操作 Access 数据表记录。

此外，还会讨论如何在 CDbRecord 类中支持 Access 数据库的操作，并创建测试用 Access 数据库。

18.4.1 CAccess 类

在项目中，可以使用 ADO.NET 中的 OLEDB 组件连接 Access 数据库，这些组件定义在 System.Data.OleDb 命名空间。首先考虑 Access 数据库的连接字符串。

需要连接 Access 2003 数据库（.mdb 文件）时，可以使用如下所示的连接字符串格式：

```
Provider=Microsoft.Jet.OLEDB.4.0;Data Source=<Access 文件路径>;
Jet OLEDB:Database Password=<Access 文件访问密码>
```

需要连接 Access 2007 或更新版本的 Access 数据库（.accdb 文件）时，可以使用 AccessDatabaseEngine 组件。然后，连接字符串中的 Provider 参数应设置为"Microsoft.ACE.OLEDB.12.0"，如下面的代码。

```
Provider=Microsoft.ACE.OLEDB.12.0;Data Source=<Access 文件路径>
Jet OLEDB:Database Password=<Access 文件访问密码>
```

在数据组件中，CAccess 类的功能与 CSql 类相似，用于封装一些常用的辅助代码，如下代码（cschef.CAccess.cs 文件）包含了生成 Access 2003 和 Access 2007 数据库连接字符串的方法。

```csharp
using System;
using System.Data;
using System.Data.OleDb;
using System.Text;

namespace cschef
{
    public static class CAccess
    {
        private const int BufferSize = 255;
```

```
        // Access2003 数据库连接串
        public static string GetCnnStr2003(string sFilename,
            string sPwd="")
        {
            StringBuilder sb = new StringBuilder(BufferSize);
            sb.AppendFormat(@"Provider=Microsoft.Jet.OLEDB.4.0;
Data Source={0};Jet OLEDB:Database Password={1};",
                sFilename, sPwd);
            return sb.ToString();
        }

        // Access2007 数据库连接串
        public static string GetCnnStr2007(string sFilename,
            string sPwd = "")
        {
            StringBuilder sb = new StringBuilder(BufferSize);
            sb.AppendFormat(@"Provider=Microsoft.ACE.OLEDB.12.0;
Data Source={0};Jet OLEDB:Database Password={1};", sFilename, sPwd);
            return sb.ToString();
        }
        // 其他代码
    }
}
```

接下来的工作就和 CSql 差不多了，只是在操作 Access 数据库时，会使用 System.Data.OleDb 命名空间中的组件。

首先是 AddCommandParameters() 方法，用于向 OleDbCommand 对象添加参数，如下面的代码（cschef.CAccess.cs 文件）。

```
public static void AddCommandParameters(OleDbCommand cmd,
    CDataCollection data, string paramPrefix = "")
{
    if (cmd == null || data == null || data.Count < 1) return;
    for (int i = 0; i < data.Count; i++)
    {
        cmd.Parameters.AddWithValue(
            string.Format("@{0}{1}", paramPrefix, data[i].Name),
            data[i].Value);
    }
}
```

有一种熟悉的感觉，只是除了 OleDbCommand 对象的使用。

18.4.2 CAccessEngine 类

CAccessEngine 用于 Access 数据库的连接，并进行基本的查询操作，它会继承 CDbEngineBase 类。如下代码（cschef.CAccessEngine.cs 文件）就是 CAccessEngine 类的基本定义。

```
using System;
using System.Data;
using System.Data.OleDb;
```

```csharp
namespace cschef
{
    public class CAccessEngine : CDbEngineBase
    {
        // 构造函数
        public CAccessEngine(string sCnnStr) : base(sCnnStr) { }
        //
        public override bool Connected
        {
            get
            {
                try
                {
                    using (OleDbConnection cnn =
                        new OleDbConnection(CnnStr))
                    {
                        cnn.Open();
                        return true;
                    }
                }
                catch { return false; }
            }
        }

        // 数据库类型
        public override EDbEngineType EngineType
        {
            get { return EDbEngineType.Access; }
        }
        // 其他代码
    }
}
```

CAccessEngine 类中,构造函数同样调用了基类中的实现。在 Connected 只读属性中,使用 OleDbConnection 对象测试 Access 数据库的连接是否正确。最后是 EngineType 只读属性,它会返回 EDbEngineType.Access 值。

接下来就是查询操作。同样使用 select 语句,在 CAccess 类中,也同样使用 GetSelectSql() 方法来构建,如下面的代码(cschef.CAccess.cs 文件)。

```csharp
public static string GetSelectSql(string sTable, string sField,
    CDataCollection cond = null, int top = -1, string addCond = "")
{
    StringBuilder sb = new StringBuilder(BufferSize);
    sb.Append("select");
    // top n
    if (top > 0) sb.AppendFormat(" top {0}", top);
    sb.AppendFormat(" {0} from {1}", sField, sTable);
    // 添加条件
    if (cond != null && cond.Count > 0)
    {
        // 第一个条件
        sb.AppendFormat(" where {0}=@{1}", cond[0].Name, cond[0].Name);
        //
        int count = cond.Count;
```

```
            for (int i = 1; i < count; i++)
            {
                sb.AppendFormat(" and {0}=@{1}",
                            cond[i].Name, cond[i].Name);
            }
        // 附加条件
        if (addCond != "")
            sb.AppendFormat(" and ({0})", addCond);
    }
    else if (addCond != "")
    {
        // 只添加附加条件
        sb.AppendFormat(" where {0}", addCond);
    }
    sb.Append(";");
    return sb.ToString();
}
```

1. GetValue() 方法

下面来看 CAccessEngine 类中的 GetValue() 方法的实现（cschef.CAccessEngine.cs 文件）。

```
public override object GetValue(string sTableOrView,
    string sField, CDataCollection cond)
{
    try
    {
        using (OleDbConnection cnn = new OleDbConnection(CnnStr))
        {
            cnn.Open();
            OleDbCommand cmd = cnn.CreateCommand();
            cmd.CommandText =
                CAccess.GetSelectSql(sTableOrView, sField, cond, 1);
            CAccess.AddCommandParameters(cmd, cond);
            return cmd.ExecuteScalar();
        }
    }
    catch
    { return null; }
}
```

与 CSqlEngine.GetValue() 方法的代码很相似，只是使用了 ADO.NET 中的 OleDb 组件。

2. GetRecord() 方法

如下是 CAccessEngine.GetRecord() 方法的代码（cschef.CAccessEngine.cs 文件）。

```
public override CDataCollection GetRecord(
    string sTableOrView, string sField, CDataCollection cond)
{
    try
    {
        using (OleDbConnection cnn = new OleDbConnection(CnnStr))
        {
            cnn.Open();
```

```
            OleDbCommand cmd = cnn.CreateCommand();
            cmd.CommandText =
                CAccess.GetSelectSql(sTableOrView, sField, cond, 1);
            CAccess.AddCommandParameters(cmd, cond);
            using (OleDbDataReader dr = cmd.ExecuteReader())
            {
                if (dr.Read())
                {
                    int count = dr.FieldCount;
                    CDataCollection result = new CDataCollection();
                    for (int i = 0; i < count; i++)
                    {
                        result.Append(dr.GetName(i), dr[i]);
                    }
                    return result;
                }
                else
                {
                    return null;
                }
            }
        }
    }
    catch
    { return null; }
}
```

和 CSqlEngine.GetRecord() 方法差不多，只是需要注意，在 OleDbCommand 对象中没有成对的异步方法，只能使用 ExecuteReader() 方法获取 OleDbDataReader 对象。

3. GetDataSet() 方法

如下是 CAccessEngine.GetDataSet() 方法的实现（cschef.CAccessEngine.cs 文件）。

```
public override DataSet GetDataSet(string sTableOrView,
    string sField, CDataCollection cond)
{
    try
    {
        using (OleDbConnection cnn = new OleDbConnection(CnnStr))
        {
            cnn.Open();
            OleDbCommand cmd = cnn.CreateCommand();
            cmd.CommandText =
                CAccess.GetSelectSql(sTableOrView, sField, cond, 1);
            CAccess.AddCommandParameters(cmd, cond);
            using (OleDbDataAdapter ada = new OleDbDataAdapter(cmd))
            {
                DataSet ds = new DataSet();
                ada.Fill(ds, sTableOrView);
                if (ds.Tables[0].Rows.Count > 0)
                    return ds;
                else
                    return null;
            }
        }
```

```
    }
    catch
    { return null; }
}
```

4. SpGetValue()、SpGetRecord() 和 SpGetDataSet() 方法

如果使用过 Access 数据库就会发现，它没有存储过程，那么这 3 个方法如何实现呢？"偷梁换柱"，当然，这里只是使用替代技术，并不存在其他问题。

看一下代码就会明白（cschef.CAccessEngine.cs 文件）。

```
// 根据存储过程（stored procedure）载入数据
public override object SpGetValue(string spName,
    CDataCollection cond)
{
    return GetValue(spName, "*", cond);
}
//
public override CDataCollection SpGetRecord(string spName,
    CDataCollection cond)
{
    return GetRecord(spName, "*", cond);
}
//
public override DataSet SpGetDataSet(string spName,
    CDataCollection cond)
{
    return GetDataSet(spName, "*", cond);
}
```

这是什么情况呢？

实际上，可以在 Access 数据库创建相应的查询（Query），然后从中返回查询结果。

18.4.3　CAccessRecord 类

CAccessRecord 类用于 Access 数据表的记录操作，它继承 CDbRecordBase 类，其基本定义如下（cschef.CAccessRecord.cs 文件）。

```
using System;
using System.Data;
using System.Data.OleDb;

namespace cschef
{
    public class CAccessRecord : CDbRecordBase
    {
        // 构造函数
        public CAccessRecord(IDbEngine dbe, string sTableName,
                    string sIdName)
            : base(dbe, sTableName, sIdName) { }
        // 其他代码
    }
```

可以看到，CAccessRecord 类同样是调用了父类的构造函数。接下来就是需要重写的 4 个方法，即：

- long Find(CDataCollection cond, long notEqualIdValue) 方法；
- long Delete(CDataCollection cond) 方法；
- long Insert(CDataCollection data) 方法；
- long Update(CDataCollection data, CDataCollection cond) 方法。

1. 查找记录

首先是 Find() 方法，如下面的代码（cschef.CAccessRecord.cs 文件）。

```csharp
public override long Find(CDataCollection cond, long notEqualIdValue)
{
    try
    {
        using (OleDbConnection cnn =
            new OleDbConnection(DbEngine.CnnStr))
        {
            cnn.Open();
            OleDbCommand cmd = cnn.CreateCommand();
            if (notEqualIdValue > 0)
            {
                cmd.CommandText =
                    CSql.GetSelectSql(TableName, IdName, cond, 1,
                    string.Format("{0}<>{1}", IdName, notEqualIdValue));
            }
            else
            {
                cmd.CommandText =
                    CSql.GetSelectSql(TableName, IdName, cond, 1);
            }
            CAccess.AddCommandParameters(cmd, cond);
            return CC.ToLng(cmd.ExecuteScalar());
        }
    }
    catch { return -1L; }
}
```

在 CAccessRecord 类的 Find() 方法中，需要使用 OleDb 相关组件，此外，CAccess 类中的 AddCommandParameters() 和 GetSelectSql() 方法的实现，在前面的内容中已经讨论过了。

2. 删除记录

接下来是删除记录的方法，如下面的代码（cschef.CAccessRecord.cs 文件）。

```csharp
public override long Delete(CDataCollection cond)
{
    try
    {
        using (OleDbConnection cnn =
            new OleDbConnection(DbEngine.CnnStr))
        {
            cnn.Open();
            OleDbCommand cmd = cnn.CreateCommand();
            cmd.CommandText =
```

```
                CAccess.GetDeleteSql(TableName, IdName, cond);
            CAccess.AddCommandParameters(cmd, cond);
            if (cmd.ExecuteNonQuery() >= 0)
                return 1L;
            else
                return -1L;
        }
    }
    catch { return -1L; }
}
```

相信 Delete() 方法的代码并不难理解，只有 CAccess.GetDeleteSql() 方法还没有介绍，在这里可以偷个懒，可以把 CSql 类中的 GetDeleteSql() 方法复制到 CAccess 类中就可以了。

3. 插入新记录

在 Access 数据库的表中插入新记录时应注意，Access 中并没有 inserted 表可用，所以，还是使用老办法来获取新记录的 identity 值。首先从 insert 语句开始，如下代码就是 CAccess.GetInsertSql() 方法。

```
public static string GetInsertSql(string sTable, string sIdName,
    CDataCollection data)
{
    // 无数据项返回空串
    if (data == null || data.Count < 1) return "";
    //
    StringBuilder sb = new StringBuilder(BufferSize);
    sb.AppendFormat("insert into {0}(", sTable);
    StringBuilder sbValue = new StringBuilder(BufferSize);
    sbValue.Append(") values(");
    // 第一个数据项
    string sName = data[0].Name;
    sb.Append(sName);
    sbValue.AppendFormat("@{0}", sName);
    // 其他数据项
    for (int i = 1; i < data.Count; i++)
    {
        sName = data[i].Name;
        sb.AppendFormat(",{0}", sName);
        sbValue.AppendFormat(",@{0}", sName);
    }
    //
    sb.AppendFormat("{0});", sbValue.ToString());
    return sb.ToString();
}
```

在这个 GetInsertSql() 方法中，取消了使用 inserted 表的部分，接下来，在 CAccessRecord.Insert() 方法中，可以看到是如何返回新记录的 identity 值，如下面的代码（cschef. CAccessRecord.cs 文件）。

```
protected override long Insert(CDataCollection data)
{
    try
    {
        using (OleDbConnection cnn =
```

```
                new OleDbConnection(DbEngine.CnnStr))
        {
            cnn.Open();
            OleDbCommand cmd = cnn.CreateCommand();
            using (OleDbTransaction tran = cnn.BeginTransaction())
            {
                cmd.Transaction = tran;
                cmd.CommandText =
                    CAccess.GetInsertSql(TableName, IdName, data);
                CAccess.AddCommandParameters(cmd, data);
                long result = cmd.ExecuteNonQuery();
                if (result <= 0) return -1L;
                cmd.CommandText = "select @@IDENTITY;";
                result = CC.ToLng(cmd.ExecuteScalar());
                if(result>0)
                {
                    tran.Commit();
                    return result;
                }
                else
                {
                    tran.Rollback();
                    return -1L;
                }
            }
        }
    }
    catch { return -1L; }
}
```

CAccessRecord 类中的 Insert() 方法与 CSqlRecord 类中的实现有着很大的不同,在这里使用了事务。首先使用 insert 语句插入新的记录,然后,使用如下代码获取新记录的 identity 值。

```
select @@IDENTITY;
```

其中,@@IDENTITY 是一个数据库中的系统变量,其功能就是保存系统中新生成的 identity 值。

实际上,不同的数据库对于记录 Identity 值的处理都是不太一样的,例如,MySQL 中的获取方式就和上面的代码差不多,而 Oracle 数据库的 Identity 值是通过序列来实现的。如果在项目中使用数据库,就应该熟悉它们的基本操作特点,如果能深入地学习,则可以在项目代码中更合理地应用,从而能够更高效地处理数据。

4. 更新记录

如下代码(cschef.CAccessRecord.cs 文件)是 CAccessRecord.Update() 方法的实现。

```
protected override long Update(CDataCollection data,
    CDataCollection cond)
{
    try
    {
        using (OleDbConnection cnn =
            new OleDbConnection(DbEngine.CnnStr))
```

```
            {
                cnn.Open();
                OleDbCommand cmd = cnn.CreateCommand();
                using (OleDbTransaction tran = cnn.BeginTransaction())
                {
                    cmd.Transaction = tran;
                    // 首先判断需要更新的记录是否存在
                    cmd.CommandText =
                        CAccess.GetSelectSql(TableName, IdName, cond, 1);
                    CAccess.AddCommandParameters(cmd, cond);
                    long result = CC.ToLng(cmd.ExecuteScalar());
                    if (result <= 0) return 0;
                    //
                    cmd.CommandText =
                     CAccess.GetUpdateSql(TableName, data, cond, "cond_");
                    cmd.Parameters.Clear();
                    CAccess.AddCommandParameters(cmd, data);
                    CAccess.AddCommandParameters(cmd, cond, "cond_");
                    if (cmd.ExecuteNonQuery() >= 0)
                    {
                        tran.Commit();
                        return result;
                    }
                    else
                    {
                        tran.Rollback();
                        return -1L;
                    }
                }
            }
        catch { return -1L; }
}
```

与 SQL Server 数据库更新记录操作相似，同样使用了事务，其中，首先判断需要更新的记录是否存在，如果记录存在，则执行更新操作，否则返回 0 值。更新操作成功返回 1，否则返回 –1。

至于 CAccess.GetUpdateSql() 方法，同样从 CSql 类中复制过来就可以了。

18.4.4 在 CDbRecord 类支持 Access

还记得讨论 CDbRecord 类时，在 CreateObject() 方法中加注释的两行代码吗？

现在已经实现了 CAccessEngine 和 CAccessRecord 类，所以，可以让这两行代码正式"上岗"了，也就是说，在默认情况下，CDbRecord 类同时支持 SQL Server 和 Access 两种数据库，如下面的代码（cschef.CDbRecord.cs 文件）。

```
private static IDbRecord CreateObject(IDbEngine dbe,
    string sTableName, string sIdName)
{
```

```
    switch(dbe.EngineType)
    {
        case EDbEngineType.SqlServer:
            return new CSqlRecord(dbe, sTableName, sIdName);
        case EDbEngineType.Access:
            return new CAccessRecord(dbe, sTableName, sIdName);
        default:
            return null;
    }
}
```

当然，如果在项目中只使用 Access 数据库，也可以在项目初始化过程中修改 CDbRecord.DbRecordObjectBuilder 的值，使其可以直接创建 CAccessRecord 对象，提高项目代码的执行效率。

18.4.5 测试用 Access 数据库

上一章已经创建了 SQL Server 中的测试数据库 cdb_test，在这里，准备一个 Access 数据库，命名为 cdb_test.mdb 文件。其中，同样使用 user_main 表来保存用户数据，其字段定义如图 18-2 所示。

字段名称	数据类型
UserId	自动编号
UserName	文本
UserPwd	文本
IsLocked	数字
Email	文本
Sex	数字

图 18-2 Access 数据库中的 user_main 表定义

在 Access 数据库的 user_main 表中，将 UserId 字段设置为"自动编号"，就像 SQL Server 数据表中的 Identity 字段一样。而表的主键，设置为 UserName，这样就可以避免用户名重复。

此外，UserPwd 和 Email 字段为文本类型，其中，UserPwd 字段的长度设置为 40 个字符，而 Email 字段的长度使用默认的 50 个字符。IsLocked 和 Sex 字段都设置为长整型数字类型，对应 32 位整数。

默认情况下，Access 数据库并没有密码，如果需要设置密码，可以使用"独享"的方式打开数据库文件，然后通过 Access 2003 的菜单中的"工具"→"安全"→"设置数据库密码"来设置数据库访问密码。

下面来看一下如何在项目中使用自定义组件操作数据库。

18.5 综合测试

在本章中，我们已经敲了很多代码，那么这些代码在项目中到底是什么作用呢？

接下来看一看这些数据组件是如何将业务代码和数据操作有效分离，并如何在界面、业务组件和数据库之间传递数据。

为了简单起见，在这里只使用 Windows 窗体项目来测试用户登录功能。其中，用户数据存放在 SQL Server 或 Access 数据库中的 user_main 表中。接下来，创建 CUser 类，它继承于 CDbRecord 类，如下面的代码（cschef.apps.CUser.cs 文件）。

```
using System;
using cschef;

namespace cschef.appx
{
    public class CUser : CDbRecord
    {
        public CUser()
            : base(CApp.MainDb, "user_main", "UserId") { }
        //
    }
}
```

代码中，确定操作的数据库就是 CApp.MainDb 对象指定的项目主数据库，数据表为 user_main，表中的 Identity 字段就是 UserId。

接下来，在 CSChef 项目中创建一个 FrmLogin 窗体，并创建两个标签和两个文本框控件，以及一个按钮，它们的作用如下：

- textBox1 文本框，用于输入登录用户名，MaxLength 属性设置为 15。
- textBox2 文本框，用于输入登录密码，MaxLength 属性设置为 15，PasswordChar 属性设置为 "*"。
- button1 按钮，执行测试代码，并最终实现登录操作。

窗体设计完成后的效果如图 18-3 所示。

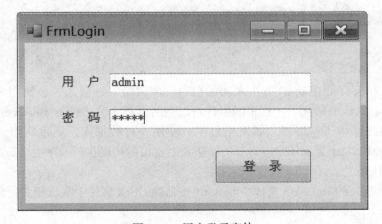

图 18-3　用户登录窗体

接下来，在 Form1 窗体中加一个按钮（如 button2），并添加两行代码用来启动 FrmLogin 窗体，如下面的代码（Form1.cs 文件）。

```
private void button2_Click(object sender, EventArgs e)
```

```
        {
            FrmLogin f = new FrmLogin();
            f.ShowDialog();
        }
```

下面讨论数据组件的应用问题。请注意，不要忘了在 FrmLogin 窗体中引用 cschef 和 cschef.appx 命名空间，如下面的代码。

```
using cschef;
using cschef.appx;
```

18.5.1 基本数据操作测试

首先使用 Access 数据库，在实际发布的项目中，可将数据库放在主程序相同的位置，使用第 12 章封装的代码获取主程序的路径，并组合成项目数据库文件的完整路径，如下面的代码。

```
string dbfile = Path.Combine(CPath.AppDir, "cdb_test.mdb");
public static IDbEngine MainDb =
        new CAccessEngine(CAccess.GetCnnStr(dbfile));
```

测试过程中，可以将数据库文件放在一个固定的位置，如" D:\cdb_test.mdb"，这样，在 CApp 类中，可以使用如下代码来初始化。

```
using System;

// 项目初始模板类
// 数据组件初始化
namespace cschef.appx
{
    public static class CApp
    {
        // 项目主数据库引擎
        public static IDbEngine MainDb =
          new CAccessEngine(CAccess.GetCnnStr(@"D:\cdb_test.mdb"));
    }
}
```

在这里，并没有创建 Init() 方法来初始项目。原因是，一会儿还会使用 SQL Server 数据库进行测试。默认的情况下，这里的组件可以同时支持 SQL Server 和 Access 数据库。所以，就不必多此一举了。当然，如果项目中只使用一种数据库，则重新指定 CDbRecord.DbRecordObjectBuilder 对象还是有必要的，毕竟更直接的代码执行效率也会更高，特别是需要频繁调用的代码。

接下来，可以在 FrmLogin 窗体中 button1 按钮的 Click 事件中测试相关代码。

1．数据库连接

首先，测试数据库文件 cdb_test.mdb 的连接是否正确，如下面的代码（FrmLogin.cs 文件）。

```
textBox1.Text = CApp.MainDb.Connected.ToString();
```

单击 button1 按钮后,如果数据连接正常,会显示如图 18-4 所示的结果,即在 textBox1 文本框中显示 True。

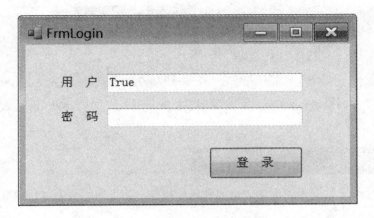

图 18-4　测试数据库连接

2. 数据表操作

下面使用 CUser 类对 user_main 表中的数据进行一系列的操作测试。

(1) 添加记录。首先,添加一个新的用户,如下面的代码。

```
CDataCollection data = new CDataCollection();
data.Append("UserName", "user01");
data.Append("UserPwd", CC.GetSha1("123456"));
data.Append("IsLocked", 0);
data.Append("Email", "user01@haha.com");
//
CUser user = new CUser();
textBox1.Text = user.Save(data).ToString();
```

在 FrmLogin 窗体中执行此代码,如果添加用户记录成功,则会在 textBox1 文本框中显示新记录的 Identity 值,大家可以记下新记录的 Identity,稍后测试使用。

如果显示 –1,则说明数据表添加记录的操作失败,可以从数据库连接、字段拼写、数据正确性等方面来检查和调试。

此外,如果在数据添加成功后再次执行此代码,也会显示 –1,这是因为在 cdb_test.mdb 数据库中,user_main 表的 UserName 字段定义为主键,而主键的数据是不允许重复的。

(2) 修改记录。如下代码是修改新用户 user01 的 E-mail。

```
CDataCollection data =
    new CDataCollection("Email", "user01@test.com");
//
CDataCollection cond =
    new CDataCollection("UserName", "user01");
//
CUser user = new CUser();
textBox1.Text = user.Save(data, cond).ToString();
```

操作成功后,同样会在 textBox1 文本框中显示用户的 Identity 值,大家还记得刚刚添加的新用户的 Identity 值吗，在这里显示的结果应该是一样的。

（3）删除记录。删除记录的操作同样简单，如下面的代码。

```
CDataCollection cond =
    new CDataCollection("UserName", "user01");
//
CUser user = new CUser();
textBox1.Text = user.Delete(cond).ToString();
```

代码执行正确时会在 textBox1 文本框中显示 1。当然，如果 user_main 表中根本就没有 user01 用户的信息，同样会返回 1。

18.5.2 用户登录

前面已经介绍了数据表的添加、修改和删除操作，接下来，再通过用户登录功能来测试数据组件中其他的功能。

首先，使用查询功能进行用户登录检查，这里需要 3 个重要的条件，即：
- 用户名；
- 密码，本书示例中的密码使用 SHA-1 算法编码，当传递给数据操作时需要注意这一点；
- 是否锁定，用户必须没有被锁定才能进行登录操作，即 IsLocked 字段值为 0 的时候。

如下代码是在 FrmLogin 窗体中进行登录测试。

```
private void button1_Click(object sender, EventArgs e)
{
    CDataCollection cond = new CDataCollection();
    cond.Append("UserName", textBox1.Text);
    cond.Append("UserPwd", CC.GetSha1(textBox2.Text));
    cond.Append("IsLocked", 0);
    //
    CUser user = new CUser();
    if (user.Find(cond) > 0)
        MessageBox.Show("登录成功");
    else
        MessageBox.Show("登录失败");
}
```

这里只是简单地显示登录结果，实际的项目中，在登录成功后，一般会打开程序的主界面或用户设置的默认界面。

由于用户登录是一个比较常用的功能，特别是在 Web 应用中，操作过程中可能需要多次验证用户的身份，所以，可以将登录功能进行封装，封装的地方当然还是 CUser 类，如下面的代码（cschef.appx.CUser.cs 文件）。

```
using System;
using cschef;

namespace cschef.appx
{
```

```
    public class CUser : CDbRecord
    {
        public CUser()
            : base(CApp.MainDb, "user_main", "UserId") { }
        //
        // 用户登录
        public static bool Login(string sUser, string sPwd)
        {
            CDataCollection cond = new CDataCollection();
            cond.Append("UserName", sUser);
            cond.Append("UserPwd", sPwd);
            cond.Append("IsLocked", 0);
            CUser user = new CUser();
            return user.Find(cond) > 0;
        }
        // 其他代码
    }
}
```

这样一来，就可以在项目中使用类似如下代码测试用户登录。

```
private void button1_Click(object sender, EventArgs e)
{
    if (CUser.Login(textBox1.Text, textBox2.Text) > 0)
        MessageBox.Show("登录成功");
    else
        MessageBox.Show("登录失败");
}
```

此外，在网站中，还可能需要验证码功能，在第 22 章会讨论相关内容。

18.5.3 切换数据库

前面的测试工作，使用了 Access 数据库，随着项目的深入，可能需要将数据迁移到大型数据库，如 SQL Server 数据库。开发中，如果只是使用 ADO.NET 的基本组件，例如只使用 System.Data.OleDb 命名空间中的相关组件。那么，当项目迁移到 SQL Server 数据库时，就必须重写所有的数据操作代码，改用 System.Data.SqlClient 命名空间中的组件来实现，想像一下就知道工作量有多大。

还好前面的工作都做了，现在，所需要做的工作就只有：
- 准备好 SQL Server 数据库，如果需要，则将 Access 中的数据导入到 SQL Server 数据库中，记得数据表和字段命名要一致。
- 修改 CApp 类中的 MainDb 对象初始化代码，如下面的代码。

```
using System;

// 项目初始模板类
// 数据组件初始化
namespace cschef.appx
{
    public static class CApp
```

```
        {
            // 项目主数据库引擎
            public static IDbEngine MainDb =
                new CSqlEngine(CSql.GetLocalCnnStr("cdb_test"));
        }
    }
```

当再次执行本节的数据操作代码,就会操作 SQL Server 中的 cdb_test 数据库,不妨从 18.5.1 节开始,再次测试一遍代码,看看是否正确操作 SQL Server 数据库。

第 19 章　创建数据查询组件

前一章定义的数据处理组件中，数据的查询条件使用比较简单的形式，基本上只是在处理同时满足多个条件的查询，如"a and b and c"。

实际应用中，还可能需要更加灵活的数据查询方式。在本章中封装的查询组件将会处理以下几种形式的数据查询操作：

- 通过基本的比较运算符查询，如等于、不等于、大于、大于等于、小于、小于等于。
- 根据指定的数据范围查询，如 18 ~ 60 岁的人员信息。
- 完整处理指定日期范围的查询，如从某日 0 时 0 分 0 秒到之后某日的 23 时 59 分 59 秒。
- 根据指定的数据列表查询，如某字段值是 1、3、5 的记录。
- 文本的模糊查询，如名字中包含 Smith 的用户。
- 空值查询，即查询数据为 NULL 值的记录。

接下来，我们就开始创建数据查询组件，主要的工作包括：查询条件的处理、IQuery 接口及相关组件的创建。

19.1　查询条件

查询数据时，对于查询条件的处理是一项基本的，也是非常重要的工作。接下来介绍查询条件类型、条件之间的关系，以及如何组织条件信息等内容。

19.1.1　查询条件类型

前面已经说过本章处理的查询类型，也就是查询条件的类型，如下代码（cschef.data-interface.cs 文件）封装了 EConditionType 枚举，用于标识可用的查询条件类型。

```
public enum EConditionType
{
    Unknow = 0,
    Compare = 1,      // 基本查询，标准比较运算符
    Range = 2,        // 按数据范围查询
    ValueList = 3,    // 按数据列表查询
    Fuzzy = 4,        // 文本的模糊查询
    NullValue = 5     // 空值查询
}
```

其中，定义的枚举成员包括：

- Unknow 值，保留值；
- Compare 值，使用基本的比较运算符条件查询；
- Range 值，按数据范围查询；

- ValueList 值，按数据列表查询；
- Fuzzy 值，文本的模糊查询；
- NullValue 值，空值（NULL）查询。

此外，在使用比较运算符设置条件时，会使用一些常见的比较运算，在 ECompareOperator 枚举进行了定义，如下面的代码（cschef.data-interface.cs 文件）。

```
// 比较运算符类型
public enum ECompareOperator
{
    Unknow = 0,
    Equal = 1,
    NotEqual = 2,
    GreaterThan = 3,
    GreaterThanEqual = 4,
    LessThan = 5,
    LessThanEqual = 6
}
```

其中定义的比较运算符包括：
- Unknow 值，保留；
- Equal 值，等于；
- NotEqual 值，不等于；
- GreaterThan 值，大于；
- GreaterThanEqual 值，大于等于；
- LessThan 值，小于；
- LessThanEqual 值，小于等于。

19.1.2 条件之间的关系

当讨论条件之间的关系时，主要会指两个条件之间的关系，在逻辑关系中包括与（And）关系和或（Or）关系。如下代码（cschef.data-interface.cs 文件）是使用 EConditionRelation 枚举定义了这两种关系。

```
// 条件关系
public enum EConditionRelation
{
    R_And = 1,
    R_Or = 2,
}
```

这两种关系是：
- R_And 值，与关系，即两个条件同时满足；
- R_Or 值，或关系，即两个条件中有一个条件满足就可以了。

此外，逻辑关系中还有一个 Not 关系，但 Not 的作用是取与一个条件相反的条件，而不是两个条件之间的关系。在稍后封装的 CCondition 类和 CConditionGroup 类中，会看到对 Not 运算的处理。

19.1.3 条件组合

与（And）关系和或（Or）关系的优先级是不同的，其中，And 的优先级要高于 Or，所以，当需要处理多个 And 和 Or 关系的条件时，应注意它们的运算顺序。

如下两组条件的最终处理结果是不同的。

```
a or b and c
(a or b) and c
```

其中：
- 第一个关系指定必须同时满足条件 b 和 c，或者满足条件 a；
- 第二个关系指定满足条件 a 或条件 b，但必须满足条件 c。

在查询组件中会处理这样的条件组合问题。下面就从基本的 CCondition 类开始。

19.2 CCondition 类

接下来对以上讨论的条件类型进行封装，这里使用 CCondition 类来表示条件包括的信息，其基本定义如下（cschef.CCondition.cs 文件）。

```csharp
using System;

namespace cschef
{
    public class CCondition
    {
        // 不允许使用构造函数创建对象
        private CCondition()
        {
            ConditionRelation = EConditionRelation.R_Or;
            UseNot = false;
        }
        // 指定查询类型
        public EConditionType ConditionType { get; set; }

        // 指定查询条件逻辑关系，And,Or
        public EConditionRelation ConditionRelation { get; set; }

        // 条件取反
        public bool UseNot { get; set; }

        // 查询字段
        public string FieldName { get; set; }

        // 用于范围查询
        public object MinValue { get; set; }

        // 用于范围查询
        public object MaxValue { get; set; }

        // 比较运算符
```

```csharp
        public ECompareOperator CompareOperator { get; set; }

        // 比较的数据
        public object CompareValue { get; set; }

        //用于值列表查询
        public object[] ValueList { get; set; }

        //用于文本内容模糊查询。
        public string FuzzyValue { get; set; }

        // 其他代码
    }
}
```

在定义的 CCondition 类中，主要包括以下内容：
- 私有的构造函数，其中，将条件与其他条件的默认关系设置为或（Or）关系，并且不进行条件的取反操作（UseNot 属性）。当一个类定义了私有构造函数后，就不能使用构造函数创建对象了，如 "CCondition cond = new CCondition();" 操作就是错误的。那么，如何创建 CCondition 对象呢？稍后会有答案。
- ConditionType 属性，EConditionType 枚举类型，指定查询类型。
- ConditionRelation 属性，EConditionRelation 枚举类型，指定查询的条件与其他条件的关系，如与（R_And）关系和或（R_Or）关系。
- UseNot 属性，bool 类型，指定是否取与条件设置相反的条件。
- FieldName 属性，string 类型，查询字段。
- MinValue 属性，object 类型，最小值，用于范围查询。
- MaxValue 属性，object 类型，最大值，用于范围查询。
- CompareOperator 属性，ECompareOperator 枚举类型，指定比较运算符类型。
- CompareValue 属性，object 类型，指定使用比较运算符时使用的数据。
- ValueList 属性，object 数组，指定值列表查询内容。
- FuzzyValue 属性，string 类型，指定文本模糊查询的内容。

19.2.1 CreateCompareCondition() 方法

前面说过，不能使用 CCondition 类的构造函数创建对象，那么，如何来创建 CCondition 对象呢？

在数据查询组件中，需要处理 5 类查询条件，如果使用构造函数创建 CCondition 对象，再设置相关的属性值，相信大家会感觉有些烦琐。

下面定义 6 个静态方法（即使用工厂方法），分别用于创建不同类型的 CCondition 对象。首先看看使用基本比较运算的条件信息设置，如下面的代码（cschef.CCondition.cs 文件）。

```csharp
// 基本比较查询
public static CCondition CreateCompareCondition(string fieldName,
    ECompareOperator compareOperator, object compareValue)
{
```

```
    CCondition cond = new CCondition();
    cond.ConditionType = EConditionType.Compare;
    cond.FieldName = fieldName;
    cond.CompareOperator = compareOperator;
    cond.CompareValue = compareValue;
    return cond;
}
```

CConditon.CreateCompareCondition() 方法中，定义了 3 个参数，分别是：
- fieldName，设置查询字段名；
- compareOperator，设置为比较运算符；
- compareValue，设置查询的数据。

如果需要添加一个用户名（UserName）为 admin 的查询条件，可以使用如下代码创建 CCondition 对象。

```
CCondition cond = CCondition.CreateCompareCondition("UserName",
    ECompareOperator.Equal, "admin");
```

此外，在这里，还需要注意两个属性的使用，即 ConditionRelation 和 UseNot 属性。
ConditionRelation 属性用于指定当前条件与其他条件的关系，默认为或（Or）关系，如果需要使用与（And）关系，就必须重新设置，如下面的代码。

```
cond.ConditionRelation = EConditionRelation.R_And;
```

如果需要查询 admin 用户以外的记录，可以将 UseNot 属性设置为 true，如下所示。

```
cond.UseNot = true;
```

当然也可以使用不等于比较运算，如下面的代码。

```
CCondition cond = CCondition.CreateCompareCondition("UserName",
    ECompareOperator.NotEqual, "admin");
```

请注意，在一些情况下，只能使用 Not 来取相反的条件，如模糊查询、范围查询、列表值查询等。

19.2.2 CreateRangeCondition() 方法

再来看按数据范围查询的条件对象创建方法，如下面的代码（cschef.CCondition.cs 文件）。

```
// Range,按数据范围查询
public static CCondition CreateRangeCondition(
    string fieldName, object minValue, object maxValue)
{
    CCondition cond = new CCondition();
    cond.ConditionType = EConditionType.Range;
    cond.FieldName = fieldName;
    cond.MinValue = minValue;
    cond.MaxValue = maxValue;
    return cond;
}
```

当设置指定范围的查询条件时,需要指定字段名、最小值和最大值,如下面的代码。

```
CCondition con =
    CCondition.CreateRangeCondition("Price", 10m, 20m);
```

代码中,设置的查询条件是价格在 10 ~ 20 元。

19.2.3　CreateDateRangeCondition() 方法

在创建范围条件时,日期的范围有一定的特殊性,如果需要完整地包含较早日期到较晚日期,就需要从较早日期的 0 时 0 分 0 秒到较晚日期的 23 点 59 分 59 秒,针对这一应用特点,在 CCondition 封闭了 CreateDateRangeCondition() 方法,如下面的代码(cschef.CCondition.cs 文件)。

```
// 创建日期时间范围条件
// 较早日期的 00:00:00 到较晚日期的 23:59:59
public static CCondition CreateDateRangeCondition(
    string fieldName,DateTime startTime, DateTime endTime)
{
    if (startTime > endTime)
        CC.Swap<DateTime>(ref startTime, ref endTime);
    startTime = new DateTime(startTime.Year,
        startTime.Month, startTime.Day);
    endTime = new DateTime(endTime.Year,
        endTime.Month, endTime.Day, 23, 59, 59);
    return CCondition.CreateRangeCondition(
        fieldName, startTime, endTime);
}
```

代码中,对于参数带入的两个 DateTime 类型数据,假设 startTime 为较早日期,如果不是则交换 startTime 和 endTime 的数据。然后,将 startTime 变量中的时间数据设置为 0 点 0 分 0 秒,而 endTime 变量中的时间设置为 23 点 59 分 59 秒。

如下代码创建一个包含系统时间当日的条件对象。

```
CCondition cond = CCondition.CreateDateRangeCondition("CreationTime",
    DateTime.Now, DateTime.Now);
```

19.2.4　CreateValueListCondition() 方法

下面创建 CreateValueListCondition() 方法,其功能是创建指数据列表查询条件,代码如下(cschef.CCondition.cs 文件)。

```
// ValueList, 按数据列表查询
public static CCondition CreateValueListCondition(
    string fieldName, params object[] valueList)
{
    CCondition cond = new CCondition();
    cond.ConditionType = EConditionType.ValueList;
    cond.FieldName = fieldName;
    cond.ValueList = valueList;
    return cond;
}
```

方法中，第一个参数设置查询的字段名，第二个字段设置为参数数组，可以设置为需要查询的数据的数组，也可以依次写出需要查询的数据，如下面的代码。

```
CCondition cond = 
    CCondition.CreateValueListCondition("UserId",1,3,5);
```

其中，指定的条件是查询用户 ID 为 1、3、5 的记录。

19.2.5 CreateFuzzyCondition() 方法

如下是创建文本模糊查询条件对象的代码（cschef.CCondition.cs 文件）。

```
// Fuzzy, 文本的模糊查询
public static CCondition CreateFuzzyCondition(
    string fieldName, string fuzzyValue)
{
    CCondition cond = new CCondition();
    cond.ConditionType = EConditionType.Fuzzy;
    cond.FieldName = fieldName;
    cond.FuzzyValue = fuzzyValue;
    return cond;
}
```

当需要查询商品名称中包含"台灯"字样的数据记录时，可以使用如下条件设置。

```
CCondition cond = CCondition.CreateFuzzyCondition("Name","台灯");
```

19.2.6 CreateNullValueCondition() 方法

如下是创建空值查询条件的方法（cschef.CCondition.cs 文件）。

```
// NullValue, 空值查询
public static CCondition CreateNullValueCondition(string fieldName)
{
    CCondition cond = new CCondition();
    cond.ConditionType = EConditionType.NullValue;
    cond.FieldName = fieldName;
    return cond;
}
```

当需要查询用户 E-mail 为空值时，可以使用如下代码设置条件对象。

```
CCondition cond = CCondition.CreateNullValueCondition("Email");
```

这里已经创建了几种基本的查询条件，接下来，使用 CConditionGroup 类处理条件的组合问题。

19.3 CConditionGroup 类

CConditionGroup 类用于定义一个条件的组合，其中会包含一系列的条件（CCondition 对象），如下代码（cschef.CConditionGroup.cs 文件）就是 CConditionGroup 类的完整定义。

```csharp
using System;
using System.Collections.Generic;

namespace cschef
{
    public class CConditionGroup
    {
        // 构造函数
        public CConditionGroup(EConditionRelation relation =
            EConditionRelation.R_And)
        {
            Conditions = new List<CCondition>();
            ConditionRelation = relation;
        }

        // 条件组关系
        public EConditionRelation ConditionRelation { get; set; }

        // 条件取反
        public bool UseNot { get; set; }

        // 条件列表
        public List<CCondition> Conditions { get; set; }

        //
    }
}
```

可以看到，CConditionGroup 类的定义比较简单，只包括了 3 个属性，即：
- ConditionRelation 属性，指定条件组与其他条件组的关系；
- UseNot 属性，指定是否取条件组相反的条件；
- Conditions 属性，定义了条件组中的条件（CCondition 对象）。

请注意，在构造函数中，将 ConditionRelation 属性值的默认值设置为与（R_And），这和 CCondition.ConditionRelation 的默认值是不一样的。

稍后可以看到 CConditon 和 CConditionGroup 对象在查询组件的具体应用。但在这之前，需要注意一些问题：

对于第一个条件或条件组合，其关系设置不会起作用，也就是说，会忽略第一个条件或条件组对象的 ConditionRelation 属性。例如，在 SQL 语句中是不会使用类似"where and (UserName='admin')"查询条件的。

从第二个条件（或条件组）开始，其 ConditionRelation 属性是指其与前一条件（或条件组）的关系，如"where (Name like '% 台灯 %') and (Price < 70)"就是查询名称中包含"台灯"，而且价格小于 70 的数据。

在应用开发中，只需要一些常用的查询就可以解决大部分的问题了。那么，对于一些结构过于复杂的查询语句，应该如何应用呢？

对于复杂的查询操作，建议由数据库管理员来编写，并创建视图或存储过程。而应用软件开发人员则可以在代码中通过调用查询或存储过程来执行这些数据查询操作，如使用 IDbEngine 组件中的 GetDataSet() 方法或 SpGetDataSet() 方法来获取查询结果。

了解了一些数据查询工作中需要注意的问题以后，接下来创建自己的数据查询组件，首先从 IDbQuery 接口开始。

19.4 IDbQuery 接口

查询组件的创建过程与 IDbRecord 组件的创建过程有些相似，也是从一个基本的接口类型开始，如下代码（cschef.data-interface.cs 文件）就是 IDbQuery 接口的定义。

```csharp
// 数据查询接口
public interface IDbQuery
{
    IDbEngine DbEngine { get; set; }
    string TableName { get; }
    void AddCondition(CCondition cond,
        EConditionRelation groupRelation=EConditionRelation.R_And);
    void AddConditionGroup(CConditionGroup cond);
    DataSet Query(string fieldList, int top);
    DataSet Query(string fieldList);
}
```

其中，接口成员包括：
- IDbEngine 属性，数据库引擎对象；
- TableName 只读属性，查询的数据表或视图名称。与 CDbRecord 类中的 TableName 属性相似，需要在类的构造函数中设置此属性的值；
- AddCondition() 方法，添加查询条件（CCondition 对象）；
- AddConditionGroup() 方法，添加一个条件组合（CConditionGroup 对象）；
- Query() 方法，返回查询结果（DataSet 对象），参数一为返回的字段列表，参数二指定最多返回多少条记录。

19.5 CDbQueryBase 类

CDbQueryBase 类会实现 IDbQuery 接口，用于不同数据库系统中数据查询操作的基类。

19.5.1 基本实现

如下代码就是 CDbQueryBase 类的基本定义（cschef.CDbQueryBase.cs 文件）。

```csharp
using System;
using System.Data;
using System.Collections.Generic;
using System.Text;

namespace cschef
{
    public abstract class CDbQueryBase : IDbQuery
    {
        // 条件
        protected List<CConditionGroup> myCond;
        private string myTableName;
```

```csharp
    // 构造函数
    public CDbQueryBase(IDbEngine dbe, string tblName)
    {
        // 初始化条件组
        myCond = new List<CConditionGroup>();
        //
        DbEngine = dbe;
        myTableName = tblName;
    }

    // 数据引擎
    public IDbEngine DbEngine { get; set; }

    // 查询数据表或视图
    public string TableName
    {
        get
        {
            return myTableName;
        }
    }

    // 条件以条件组对象添加
    public void AddCondition(CCondition cond,
     EConditionRelation groupRelation = EConditionRelation.R_And)
    {
        //
        CConditionGroup grp = new CConditionGroup(groupRelation);
        grp.Conditions.Add(cond);
        myCond.Add(grp);
    }

    public void AddConditionGroup(CConditionGroup cond)
    {
        // 条件组直接添加
        myCond.Add(cond);
    }

    // 实际的查询操作
    public abstract DataSet Query(string fieldList, int top);
    //
    public virtual DataSet Query(string fieldList)
    {
        return Query(fieldList, -1);
    }

    // 其他代码
}
```

在 CDbQueryBase 类中，首先定义了以下成员：

❑ myCond 对象，定义为 List<CConditionGroup> 类型，其成员定义为条件组对象，用于保存一系列的查询条件和条件组合。

❑ myTableName 用户保存数据表（或视图）名称。

- 构造函数中，定义了两个参数，分别用于指定数据引擎和数据表（或视图）。此外，还对 myCond 对象进行了初始化。

接下来是对 IDbQuery 接口成员的实现，如：

- DbEngine 属性，指定数据库引擎对象；
- TableName 只读属性，返回数据表（或视图）名称；
- AddCondition() 方法，添加条件对象，新的条件会放在条件组并添加到 myCond 对象中；
- AddConditionGroup() 方法，将条件组添加到 myCond 对象中；
- Query() 方法用于执行真正的查询操作，必须在 CDbQueryBase 类的子类中重写。

接下来创建一些辅助的方法，以帮助执行真正的查询操作。

19.5.2 GetCompareOperator() 方法

前面定义了 ECompareOperator 枚举类型，用于标识一些常用的比较运算，在实际应用中，需要给出真正的比较运算符。这个工作就由 GetCompareOperator() 方法来完成，如下面的代码（cschef.CDbQueryBase.cs 文件）。

```
// 给出实际操作符
protected virtual string GetCompareOperator(ECompareOperator opt)
{
    switch (opt)
    {
        case ECompareOperator.Equal:
            return "=";
        case ECompareOperator.NotEqual:
            return "<>";
        case ECompareOperator.GreaterThan:
            return ">";
        case ECompareOperator.GreaterThanEqual:
            return ">=";
        case ECompareOperator.LessThan:
            return "<";
        case ECompareOperator.LessThanEqual:
            return "<=";
        default:
            return "";
    }
}
```

这里将 GetCompareOpeartor() 方法定义为受保护的（protected）的虚拟（virtual）方法。如果使用的数据库系统中，比较运算符与代码中定义的不同，就可以在 CDbQueryBase 类的子类中重写此方法。

19.5.3 GetConditionSql() 方法

GetConditionSql() 方法的功能是根据 CCondition 对象的信息生成相应的条件语句。

不同的数据库系统，其 SQL 语法也会有所区别，之所以将生成 SQL 的方法放在 CDbQueryBase 类中，原因是在组件中，默认支持 SQL Server 和 Access 数据库，而它们的

SQL又非常相似。

如下代码（cschef.CDbQueryBase.cs 文件）就是 GetConditionSql() 方法的实现。

```csharp
// 生成单个条件语句
// 根据条件对象返回条件语句
protected virtual string GetConditionSql(CCondition cond)
{
    if (cond == null) return "";
    //
    StringBuilder sb = new StringBuilder(50);
    switch (cond.ConditionType)
    {
        case EConditionType.Compare:
            // 基本比较查询条件
            sb.AppendFormat("({0}{1}@{0})", cond.FieldName,
                GetCompareOperator(cond.CompareOperator));
            break;
        case EConditionType.Range:
            // 指定数据范围查询条件
            sb.AppendFormat("({0} between @{0}_MinValue and @{0}_MaxValue)",
                cond.FieldName);
            break;
        case EConditionType.ValueList:
            // 值列表查询条件
            sb.AppendFormat("({0} in (@{0}_Value0", cond.FieldName);
            for (int i = 1; i < cond.ValueList.Length; i++)
            {
                sb.AppendFormat(",@{0}_Value{1}", cond.FieldName, i);
            }
            sb.Append("))");
            break;
        case EConditionType.NullValue:
            sb.AppendFormat("({0} is null)", cond.FieldName);
            break;
        case EConditionType.Fuzzy:
            // 文本模糊查询
            // 过滤敏感词...
            //
            sb.AppendFormat("({0} like '%{1}%')",
                cond.FieldName, cond.FuzzyValue);
            break;
        default:
            return "";
    }
    // 是否使用 Not
    if (cond.UseNot)
        return string.Format("(not {0})", sb.ToString());
    else
        return sb.ToString();
}
```

在这里，GetConditionSql() 方法同样定义为受保护的虚拟方法，也就是说，在 CDbQueryBase 类的子类中，可以根据需要重写此方法。

方法中处理了 5 类查询条件的 SQL，分别是：

- 比较运算。生成"(<字段名><比较运算符>@<字段名>)"格式的 SQL 语句，如"(UserName =@UserName)""(UserId>@UserId)"。在执行查询时，应添加以字段名命名的参数。
- 范围查询。会生成"(<字段名> between @<字段名>_MinValue and @<字段名>_MaxValue)"格式的 SQL 语句，如"Price between @Price_MinValue and @Price_MaxValue"。执行查询时，应添加最小值和最大值的参数。
- 值列表。会生成"(<字段名> in (@<字段名>_Value0,@<字段名>Value1,...))"格式的 SQL 语句，如"(UserId in (@UserId_Value0,@UserId_Value1))"。执行查询时，需要传递与 CCondition 对象 ValueList 属性中对应的参数。
- 空值查询。生成"(<字段名> is null)"格式的 SQL 语句，如"(Email is null)"。使用空值查询时，不需要传递参数。
- 模糊查询。生成"(<字段名> like '%<查询内容>%')"格式的 SQL 语句，如"(Name like '% 五 %')"，使用模糊查询时，同样不需要传递参数，但需要注意，在这里进行了 SQL 语句的拼接操作，如果查询的内容中包括特定的 SQL 就会造成 SQL 注入，所以，在需要的时候，应该对查询的内容进行检查。

此外，在方法的最后处理了 UseNot 属性，如果此属性设置为 true，则会在已生成条件前添加 not 关键字，如"(not (Name like '% 五 %'))"。

19.5.4 GetConditionGroupSql() 方法

前面，定义的 GetConditionSql() 方法用于生成单一条件的 SQL 语句，而这里创建的 GetConditionGroupSql() 方法将会生成一个条件组合的 SQL 语句，如"(a or b)"形式。

如下代码（cschef.CDbQueryBase.cs 文件）就是 GetConditionGroupSql() 方法的定义。

```
// 给出条件组语句
protected virtual string GetConditionGroupSql(CConditionGroup grp)
{
    if (grp == null || grp.Conditions == null ||
            grp.Conditions.Count == 0)
        return "";
    //
    StringBuilder sb = new StringBuilder("(", 200);
    // 第一个条件，不使用逻辑运算符,and,or
    sb.Append(GetConditionSql(grp.Conditions[0]));
    //
    for (int i = 1; i < grp.Conditions.Count; i++)
    {
        if (grp.Conditions[1].ConditionRelation ==
                EConditionRelation.R_And)
            sb.Append(" and ");
        else
            sb.Append(" or ");
        sb.Append(GetConditionSql(grp.Conditions[i]));
    }
    //
    sb.Append(")");
```

```
    // 是否使用 Not
    if (grp.UseNot)
        return string.Format("(not {0})", sb.ToString());
    else
        return sb.ToString();
}
```

代码中，忽略了条件组合中第一个条件的 ConditionRelation 属性。然后，依次添加条件，并使用相应的条件关系进行连接。方法的最后，同样对条件组（CConditionGroup）的 UseNot 属性进行了处理。

19.5.5 GetSelectSql() 方法

最后一个关于 SQL 创建的方法是 GetSelectSql() 方法，其功能是创建真正的查询语句，如下面的代码（cschef.CDbQueryBase.cs 文件）。

```
// 创建查询 SQL
protected virtual string GetSelectSql(string fieldList, int top = -1)
{
    StringBuilder sb = new StringBuilder("select ", 200);
    // top
    if (top > 0) sb.AppendFormat(" top {0} ", top);
    // 字段
    sb.AppendFormat("{0} from {1}", fieldList, TableName);
    // 根据条件组条件
    if (myCond.Count > 0 && myCond[0].Conditions.Count > 0)
    {
        sb.Append(" where ");
        // 第一条件组，不使用关系（And, Or）
        sb.Append(GetConditionGroupSql(myCond[0]));
        // 其他条件组，只包括 And 和 Or 关系语句
        for (int i = 1; i < myCond.Count; i++)
        {
            if (myCond[i].ConditionRelation ==
                                EConditionRelation.R_And)
                sb.Append(" and ");
            else
                sb.Append(" or ");
            //
            sb.Append(GetConditionGroupSql(myCond[i]));
        }
    }
    //
    sb.Append(";");
    return sb.ToString();
}
```

相信大家对 select 语句的应用已经比较熟悉了。在这里需要说明的是条件的设置。首先，以条件组合为单位添加查询条件。其次，对于第一个条件组合，同样不使用关系运算。

此外，再次说明一下，这里创建的 GetSelectSql() 方法与 GetCompareOperator()、GetConditionSql() 和 GetCondtionGroupSql() 方法一样，默认支持 SQL Server 和 Access 数据库，如果是其他数据库系统，可以根据实际需要重写。

下面，首先来实现支持 SQL Server 数据库查询的 CSqlQuery 类。

19.6　CSqlQuery 类

CSqlQuery 类用于查询 SQL Server 数据库，它继承于 CDbQueryBase 类，其基本定义如下面的代码（cschef.CSqlQuery.cs 文件）。

```
using System;
using System.Data;
using System.Data.SqlClient;
using System.Text;

namespace cschef
{
    public class CSqlQuery : CDbQueryBase
    {
        // 构造函数
        public CSqlQuery(IDbEngine dbe, string tblName)
            : base(dbe, tblName) { }

        // 其他代码
    }
}
```

这里定义了 CSqlQuery 类的构造函数，它继承于 CDbQueryBase 类的构造函数。

接下来，也是最重要的一项工作，就是重写 CDbQueryBase 类中的 Query(string, int) 方法，其代码如下（cschef.CSqlQuery.cs 文件）。

```
// 查询方法
public override DataSet Query(string fieldList, int top)
{
    try
    {
        using (SqlConnection cnn = new SqlConnection(DbEngine.CnnStr))
        {
            cnn.Open();
            SqlCommand cmd = cnn.CreateCommand();
            cmd.CommandText = GetSelectSql(fieldList, top);
            // 添加参数，多个条件，不同条件类型
            for (int i = 0; i < myCond.Count; i++)
            {
                for (int j = 0; j < myCond[i].Conditions.Count; j++)
                {
                    CCondition cond = myCond[i].Conditions[j];
                    switch (cond.ConditionType)
                    {
                        case EConditionType.Compare:
                            // 比较运算，单个参数
                            cmd.Parameters.AddWithValue(
                                string.Format("@{0}",
                                cond.FieldName),
                                cond.CompareValue);
                            break;
```

```csharp
                            case EConditionType.Range:
                                // 范围查询，两个参数
                                cmd.Parameters.AddWithValue(
                                    string.Format("@{0}_MinValue",
                                    cond.FieldName),
                                    cond.MinValue);
                                cmd.Parameters.AddWithValue(
                                    string.Format("@{0}_MaxValue",
                                    cond.FieldName),
                                    cond.MaxValue);
                                break;
                            case EConditionType.ValueList:
                                // 值列表查询，多个参数
                                for (int k = 0; k < cond.ValueList.Length;
                                    k++)
                                {
                                    cmd.Parameters.AddWithValue(
                                        string.Format("@{0}_Value{1}",
                                        cond.FieldName, k),
                                        cond.ValueList[k]);
                                }
                                break;
                            default:
                                // 没有参数
                                break;
                        }
                    }
                }
                // 执行查询
                using (SqlDataAdapter ada = new SqlDataAdapter(cmd))
                {
                    DataSet ds = new DataSet();
                    ada.Fill(ds, TableName);
                    if (ds.Tables[0].Rows.Count > 0)
                        return ds;
                    else
                        return null;
                }
            }
        }
        catch
        {
            return null;
        }
    }
```

在Query()方法中，使用GetSelectSql()方法获取查询语句，并赋值到SqlCommand对象的CommandText属性。然后，根据不同的条件类型添加相应的参数，使用for循环结构添加myCond对象中的所有参数。

此外，由于空值查询和文本模糊查询不需要参数，所以主要关注以下类型条件中的参数传递。

（1）EConditionType.Compare值。使用基本比较运算符条件时，参数名称为"@<字段名>"，"<字段名>"由CCondition对象的FieldName属性指定，而数据则由CCondition对象中的 CompareValue 属性指定。

（2）EConditionType.Range 值。指定查询数据范围时，需要传递的参数有两个，分别是"@<字段名>_MinValue"和"@<字段名>_MaxValue"，而数据则分别由 CCondition 对象中的 MinValue 和 MaxValue 属性指定。

（3）EConditionType.ValueList 值。使用数据列表查询时，需要传递一个或多个参数，参数的名称规则是"@<字段名>_Value<序号>"，其数据由 CCondition 对象的 ValueList 属性指定。

Query() 方法的最后，使用 SqlDataAdapter 对象的 Fill() 方法填充 DataSet 对象，如果查询结果中包含数据，则返回 DataSet 对象，否则返回 null 值。

稍后，会讲到 Query() 方法的实际应用。

19.7 CAccessQuery 类

由于 Access 数据库是 SQL Server 数据库的"近亲"，因此，CAccessQuery 类的实现会与 CSqlQuery 类非常相似，最主要的区别在于，操作 Access 数据库时，我们会使用 System.Data.OleDb 命名空间中的资源。

如下代码（cschef.CAccessQuery.cs 文件）就是 CAccessQuery 类的基本定义。

```csharp
using System;
using System.Data;
using System.Data.OleDb;
using System.Text;

namespace cschef
{
    public class CAccessQuery : CDbQueryBase
    {
        // 构造函数
        public CAccessQuery(IDbEngine dbe, string tblName)
            : base(dbe, tblName) { }

        // 其他代码
    }
}
```

接下来是 Query() 方法的重写，这里使用了 OLEDB 相关组件来执行 Access 数据库的查询操作。如下面的代码（cschef.CAccessQuery.cs 文件）。

```csharp
// 查询方法
public override DataSet Query(string fieldList, int top)
{
    try
    {
        using (OleDbConnection cnn =
            new OleDbConnection(DbEngine.CnnStr))
        {
            cnn.Open();
            OleDbCommand cmd = cnn.CreateCommand();
            cmd.CommandText = GetSelectSql(fieldList, top);
```

```csharp
// 添加参数，多个条件，不同条件类型
for (int i = 0; i < myCond.Count; i++)
{
    for (int j = 0; j < myCond[i].Conditions.Count; j++)
    {
        CCondition cond = myCond[i].Conditions[j];
        switch (cond.ConditionType)
        {
            case EConditionType.Compare:
                // 比较运算，单个参数
                cmd.Parameters.AddWithValue(
                    string.Format("@{0}",
                    cond.FieldName),
                    cond.CompareValue);
                break;
            case EConditionType.Range:
                // 范围查询，两个参数
                cmd.Parameters.AddWithValue(
                    string.Format("@{0}_MinValue",
                    cond.FieldName),
                    cond.MinValue);
                cmd.Parameters.AddWithValue(
                    string.Format("@{0}_MaxValue",
                    cond.FieldName),
                    cond.MaxValue);
                break;
            case EConditionType.ValueList:
                // 值列表查询，多个参数
                for (int k = 0; k < cond.ValueList.Length;
                    k++)
                {
                    cmd.Parameters.AddWithValue(
                        string.Format("@{0}_Value{1}",
                        cond.FieldName, k),
                        cond.ValueList[k]);
                }
                break;
            default:
                // 没有参数
                break;
        }
    }
}
// 执行查询
using (OleDbDataAdapter ada = new OleDbDataAdapter(cmd))
{
    DataSet ds = new DataSet();
    ada.Fill(ds, TableName);
    if (ds.Tables[0].Rows.Count > 0)
        return ds;
    else
        return null;
}
```

```
        }
    }
    catch
    {
        return null;
    }
}
```

19.8　CDbQuery 通用类

与 IDbRecord 组件的实现相同，需要一个通用的包装类来统一处理数据查询工作，这个类就是 CDbQuery 类，其基本定义如下（cschef.CDbQuery.cs 文件）。

```
using System;
using System.Data;

namespace cschef
{
    // 创建 IDbQuery 对象委托
    public delegate IDbQuery DDbQueryObjectBuilder(
        IDbEngine dbe,string tableName);
    //
    public class CDbQuery : IDbQuery
    {
        // 包装对象
        private IDbQuery myDbQuery;

        // 对象构建器
        public static DDbQueryObjectBuilder DbQueryObjectBuilder =
            new DDbQueryObjectBuilder(CDbQuery.CreateObject);

        // 默认的对象创建方法
        private static IDbQuery CreateObject(IDbEngine dbe,
            string tableName)
        {
            switch (dbe.EngineType)
            {
                case EDbEngineType.SqlServer:
                    return new CSqlQuery(dbe, tableName);
                case EDbEngineType.Access:
                    return new CAccessQuery(dbe, tableName);
                default:
                    return null;
            }
        }

        // 构造函数
        public CDbQuery(IDbEngine dbe, string tblName)
        {
            myDbQuery = CDbQuery.DbQueryObjectBuilder(dbe, tblName);
        }
```

```
            // 其他代码
        }
    }
```

代码中，首先创建了 DDbQueryObjectBuilder 委托类型，操作参数包括数据库引擎（IDbEngine 类型）、查询的数据表（或视图）名称（string 类型）。返回值则定义为 IDbQuery 接口类型。

在 CDbQuery 类中，定义了以下一些成员：

- myDbQuery 对象，定义为 IDbQuery 接口类型。此对象就是 CDbQuery 类中包装的对象。
- DbQueryObjectBuilder 对象，定义为 DDbQueryObjectBuilder 委托类型，其功能就是通过委托对象创建 IDbQuery 对象。默认情况下会使用 CDbQuery.CreateObject() 方法创建。
- CreateObject() 方法，根据数据库引擎类型生成 myDbQuery 对象，默认支持 CSqlQuery 和 CAccessQuery 类型。
- 构造函数中，通过 DbQueryObjectBuilder 对象创建 myDbQuery 对象。

接下来来实现 IDbQuery 接口成员，首先是 DbEngine 属性，如下面的代码（cschef.CDbQuery.cs 文件）。

```
public IDbEngine DbEngine
{
    get
    {
        return myDbQuery.DbEngine;
    }
    set
    {
        myDbQuery =
            CDbQuery.DbQueryObjectBuilder(value,
                myDbQuery.TableName);
    }
}
```

在 get 块中，直接返回 myDbQuery.DbEngine 属性值，而在 set 块中，调用了 DbQueryObjectBuilder 委托对象重新生成了 myDbQuery 对象。

其他的成员实现就比较简单了，直接调用了 myDbQuery 对象中相应的成员，如下面的代码（cschef.CDbQuery.cs 文件）。

```
//
public string TableName
{
    get
    {
        return myDbQuery.TableName;
    }
}

//
public void AddCondition(CCondition cond,
    EConditionRelation groupRelation = EConditionRelation.R_And)
```

```
{
    myDbQuery.AddCondition(cond);
}
//
public void AddConditionGroup(CConditionGroup cond)
{
    myDbQuery.AddConditionGroup(cond);
}

//
public DataSet Query(string fieldList, int top)
{
    return myDbQuery.Query(fieldList, top);
}
public DataSet Query(string fieldList)
{
    return myDbQuery.Query(fieldList);
}
```

接下来使用 CDbQuery 类测试数据库的查询操作。

19.9 综合测试

针对本部分的测试工作，可以在 CSChef 项目中创建 Form5 窗体，其中包括两个控件：一个 DataGridView 控件，用于显示查询结果；另一个按钮控件用于执行操作代码。窗体创建后如图 19-1 所示。

图 19-1 查询测试窗体

不要忘了在 Form5 窗体中引用 cschef 和 cschef.appx 两个命名空间，如下面的代码（Form5.cs 文件）。

```
using cschef;
using cschef.appx;
```

此外，可以在 Program.cs 文件中修改启动窗体，如下面的代码。

```csharp
static void Main()
{
    //
    // cschef.appx.CApp.Init();
    //
    Application.EnableVisualStyles();
    Application.SetCompatibleTextRenderingDefault(false);
    Application.Run(new Form5());
}
```

请注意，由于在这里需要测试 SQL Server 和 Access 数据库，因此并不需要修改 CDbQuery.DbQueryObjectBuilder 对象的实现。当然，如果在项目中只需要使用一种数据库，如 SQL Server，则可以在 CApp 类中进行相关设置，如下面的代码（cschef.appx.CApp.cs 文件）。

```csharp
using System;

// 项目初始模板类
// 数据组件初始化
namespace cschef.appx
{
    public static class CApp
    {
        // 项目主数据库引擎
        public static IDbEngine MainDb =
            new CSqlEngine(CSql.GetLocalCnnStr("cdb_test"));

        // CDbRecord 对象创建委托方法
        public static IDbRecord CreateDbRecordObject(IDbEngine dbe,
            string sTableName, string sIdName)
        {
            return new CSqlRecord(dbe, sTableName, sIdName);
        }

        // CDbQuery 对象创建委托方法
        public static IDbQuery CreateDbQueryObject(IDbEngine dbe,
            string sTableName)
        {
            return new CSqlQuery(dbe, sTableName);
        }

        // 项目初始化方法
        public static bool Init()
        {
            //
            CDbRecord.DbRecordObjectBuilder =
              new DDbRecordObjectBuilder(CApp.CreateDbRecordObject);
            //
            CDbQuery.DbQueryObjectBuilder =
              new DDbQueryObjectBuilder(CApp.CreateDbQueryObject);
            //
            return true;
        }
```

```
            //
        }
}
```

初始化项目时，不要忘了在程序启动时执行一次 CApp.Init() 方法，例如，将 Program.cs 文件中的 "cschef.appx.CApp.Init();" 代码的注释取消即可。

接下来使用 SQL Server 中的 cdb_test 数据库进行查询测试。此时，应和上面的代码一样，将 MainDb 对象设置为 CSqlEngine 类型。不过，测试时会使用 CDbQuery 类，而不是 CSqlQuery 类。

请注意，示例中的查询结果的前提是 user_main 表中的数据，如图 19-2 所示。

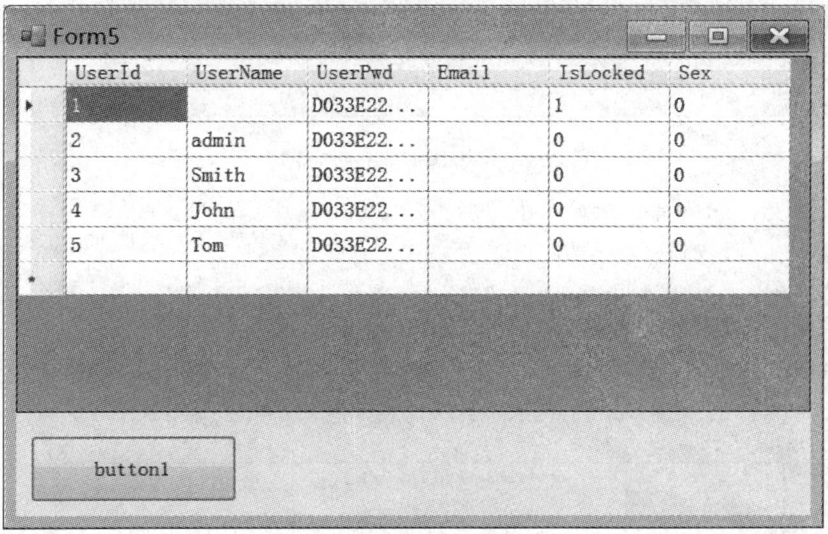

图 19-2　基础数据

19.9.1　比较运算符查询

如下代码用于查询用户名为 admin 的用户信息。

```
private void button1_Click(object sender, EventArgs e)
{
    //
    CDbQuery qry = new CDbQuery(CApp.MainDb, "user_main");
    //
    CCondition cond = CCondition.CreateCompareCondition(
                "UserName", ECompareOperator.Equal,"admin");
    qry.AddCondition(cond);
    //
    DataSet ds = qry.Query("*");
    if (ds != null) dataGridView1.DataSource = ds.Tables[0];
    else MessageBox.Show(" 没有查询结果 ");
}
```

代码执行结果如图 19-3 所示。

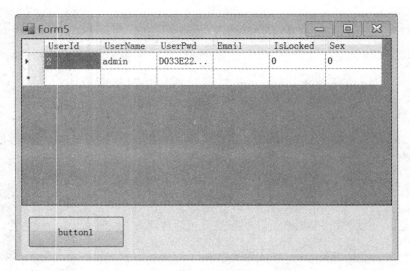

图 19-3　使用比较运算符查询（1）

接下来修改 cond 对象，以显示用户名不是 admin 的用户信息。

```
CCondition cond = CCondition.CreateCompareCondition(
    "UserName", ECompareOperator.NotEqual, "admin");
qry.AddCondition(cond);
```

代码执行结果如图 19-4 所示。

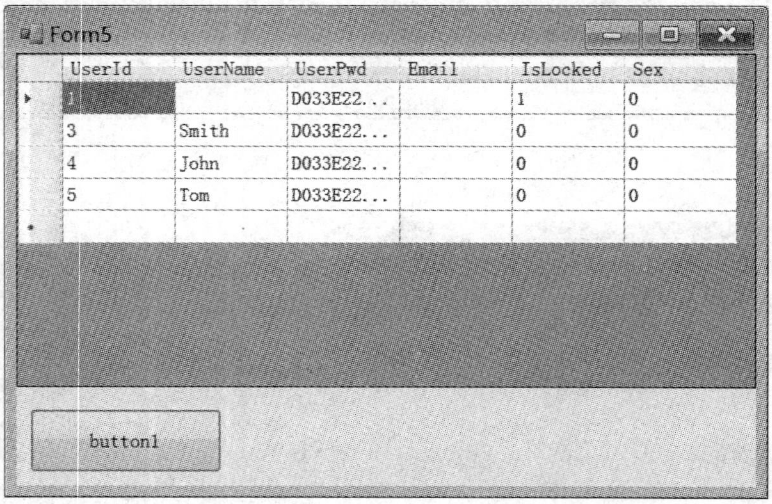

图 19-4　使用比较运算符查询（2）

此外，如果只需要返回 2 条记录，可以修改 qry.Query() 方法的调用，如下面的代码。

```
DataSet ds = qry.Query("*", 2);
```

代码执行结果如图 19-5 所示。

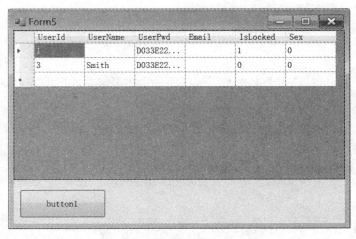

图 19-5　返回指定数量的记录

19.9.2　范围查询

如下代码用于查询 UserId 值为 3 ~ 5 的用户记录。

```
private void button1_Click(object sender, EventArgs e)
{
    //
    CDbQuery qry = new CDbQuery(CApp.MainDb, "user_main");
    //
    CCondition cond = CCondition.CreateRangeCondition("UserId", 3, 5);
    qry.AddCondition(cond);
    //
    DataSet ds = qry.Query("*");
    if (ds != null) dataGridView1.DataSource = ds.Tables[0];
    else MessageBox.Show("没有查询结果");
}
```

代码执行结果如图 19-6 所示。

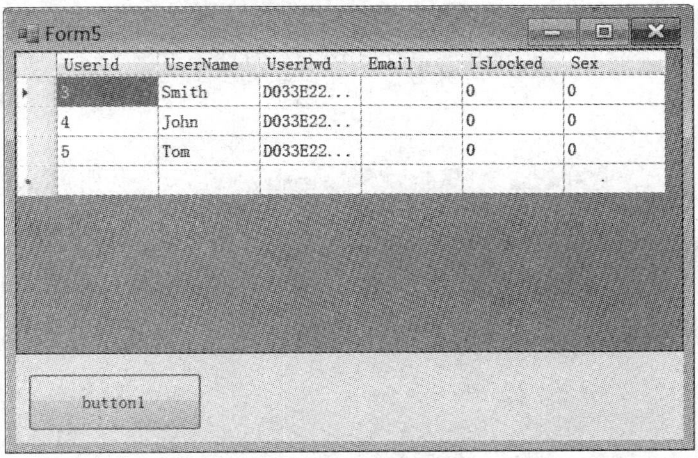

图 19-6　使用范围查询

19.9.3 数据列表查询

如下代码用于查询 UserId 值为 1，3，5 的用户信息。

```
private void button1_Click(object sender, EventArgs e)
{
    //
    CDbQuery qry = new CDbQuery(CApp.MainDb, "user_main");
    //
    CCondition cond = CCondition.CreateValueListCondition(
            "UserId", 1, 3, 5);
    qry.AddCondition(cond);
    //
    DataSet ds = qry.Query("*");
    if (ds != null) dataGridView1.DataSource = ds.Tables[0];
    else MessageBox.Show("没有查询结果");
}
```

代码执行结果如图 19-7 所示。

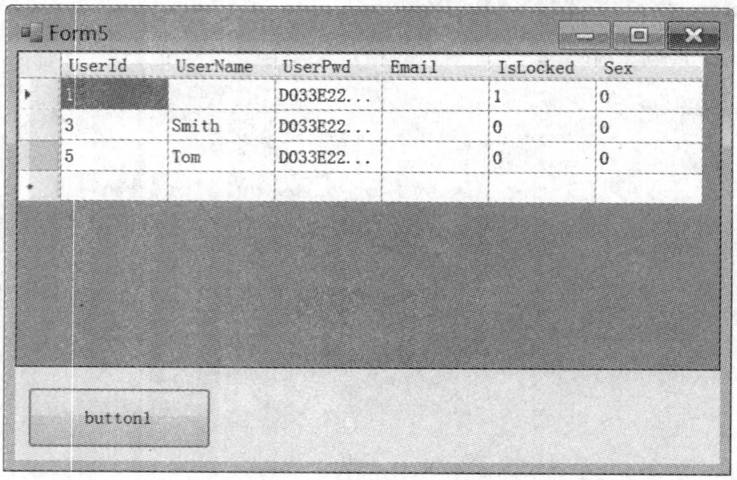

图 19-7　使用数据列表查询

使用数据列表查询时，也可以指定文本内容，如下代码所示，我们指定条件为查找"admin""Smith"和"Tom"的信息。

```
CCondition cond = CCondition.CreateValueListCondition(
            "UserName", "admin", "Smith", "Tom");
```

19.9.4 空值（NULL）查询

如下代码用于查询用户 E-mail 地址为空的用户信息。

```
private void button1_Click(object sender, EventArgs e)
{
    //
    CDbQuery qry = new CDbQuery(CApp.MainDb, "user_main");
```

```
//
CCondition cond = CCondition.CreateNullValueCondition("Email");
qry.AddCondition(cond);
//
DataSet ds = qry.Query("*");
if (ds != null) dataGridView1.DataSource = ds.Tables[0];
else MessageBox.Show("没有查询结果");
}
```

在本例中,由于所有用户信息中的 Email 字段都为空值,所以会显示所有用户的信息,如图 19-2 所示。

19.9.5 文本模糊查询

如下代码用于查询用户名中包含字母 m 的用户信息。

```
private void button1_Click(object sender, EventArgs e)
{
    //
    CDbQuery qry = new CDbQuery(CApp.MainDb, "user_main");
    //
    CCondition cond = CCondition.CreateFuzzyCondition(
            "UserName", "m");
    qry.AddCondition(cond);
    //
    DataSet ds = qry.Query("*");
    if (ds != null) dataGridView1.DataSource = ds.Tables[0];
    else MessageBox.Show("没有查询结果");
}
```

代码执行结果如图 19-8 所示。

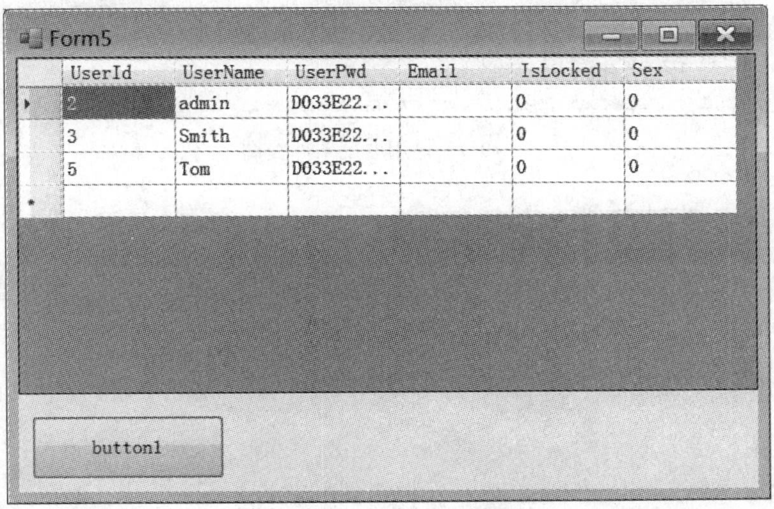

图 19-8 文本模糊查询

19.9.6 使用 UseNot 属性

如下代码用于查询用户名中不包含字母 m 的用户信息。

```
private void button1_Click(object sender, EventArgs e)
{
    //
    CDbQuery qry = new CDbQuery(CApp.MainDb, "user_main");
    //
    CCondition cond = CCondition.CreateFuzzyCondition(
            "UserName", "m");
    cond.UseNot = true;
    qry.AddCondition(cond);
    //
    DataSet ds = qry.Query("*");
    if (ds != null) dataGridView1.DataSource = ds.Tables[0];
    else MessageBox.Show("没有查询结果");
}
```

请注意,这里将"cond"对象的 UseNot 属性设置为 true,代码执行结果如图 19-9 所示。

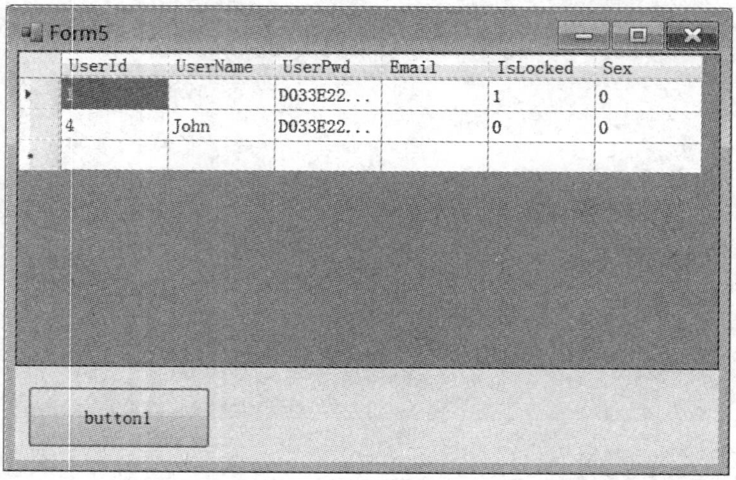

图 19-9 使用取反条件查询

19.9.7 组合条件查询

前面使用了简单的单个条件,如果需要创建"(a or b) and c"的条件,则需要构建条件组。

```
CCondition a,b,c;
CConditionGroup grp = new CConditionGroup();
grp.Conditions.Add(a);
grp.Conditions.Add(b);
//
CDbQuery qry = new CDbQuery();
qry.AddConditionGroup(grp);
qry.AddCondition(c);
```

```
DataSet ds = qry.Query("*");
```

在创建的组件中，单件的默认关系就是或（Or），所以在条件组 grp 中，组成的关系就是"a or b"。在 CDbQuery 对象中，首先添加条件组 grp，然后添加条件 c，此时会创建另一个条件组。条件组的默认关系是与（And），所以最终 qry 查询的条件就是"((a or b) and c)"。

为了测试的完整性，可以将 CApp.MainDb 对象设置为 CAccessEngine 类型，并对 Access 数据库进行查询测试。

19.10 支持其他数据库

前面完整地介绍了数据查询组件的创建过程，并进行了简单的测试工作。同时，创建的数据查询组件默认支持 SQL Server 和 Access 数据库，如果在项目中需要使用其他类型的数据库，则还需要做一些工作。

首先，需要一个支持数据的 IDbQuery 组件，它继承于 CDbQueryBase 类，如支持 MySQL 数据库的 CMySqlQuery 类等。在这个查询类中，需要关注以下成员：

- ❑ 构造函数。可以继承 CDbQueryBase 类中的构造函数，其中包括两个参数，分别指定数据库引擎（IDbEngine）和数据表或视图名称。
- ❑ Query(string,int) 方法，必须重写此方法，以实现真正的查询操作，并将查询结果以 DataSet 对象形式返回。
- ❑ GetCompareOperator() 方法，用于根据 ECompareOperator 枚举类型返回真正的比较运算符。大多数数据库中的比较运算符都是一样的，但有的数据库也会与众不同，例如，在 Oracle 数据库中，不等于使用 != 运算符，而不是 SQL Server 和 Access 数据库中的 <> 运算符。
- ❑ GetConditionSql() 方法，根据 CCondition 对象信息给出真正的条件语句，注意 UseNot 属性的处理。
- ❑ GetConditionGroupSql() 方法，根据 CConditionGroup 对象给出条件组合语句，同样需要注意 UseNot 属性的处理。
- ❑ GetSelectSql() 方法，根据 myCond 对象中提供的条件，TableName 属性提供的数据表或视图名称，以及 Query() 方法中提供的字段和返回数据等信息构建真正的查询语句。这里会忽略第一个条件组的 ConditionRelation 属性，以及各个条件组中第一个条件的 ConditionRelation 属性。

作为软件开发人员，如果项目中需要使用某种数据库，就应该掌握这种数据库的基本操作，最少包括如何连接数据库，数据的插入、更新、删除及查询等操作，相信掌握本书介绍的 SQL Server 数据库操作以后，再学习其他类型数据库的这些操作并不是一件难事。当然，数据库的强大是在一本 C# 开发书中无法全面展示的，可以根据自己的需要深入学习一种或多种数据库的操作。

第 20 章 操作 Excel 文件

项目中，有时会进行数据的导入或导出操作，例如将 Excel 数据导入到项目数据库，或者将项目数据导出到 Excel 文件。本章讨论在 C# 应用中操作 Excel 文档的两种方法，包括使用 OLEDB 和使用 Excel 对象库。

此外，本章封装代码位于 CSChef 项目。

20.1 使用 OLEDB

首先讨论如何使用 OLEDB 连接并操作 Excel 工作表数据。

20.1.1 打开工作表

与连接 Access 数据库的方法相似，使用 Excel 文档时，也会区分版本，例如，在连接 Excel 2003 时，可以使用如下格式的连接字符串。

```
Provider=Microsoft.Jet.OLEDB.4.0;Data Source=< 文件名 >;
Extended Properties='Excel 8.0;HDR=No;IMEX=2;';
```

其中的扩展属性（Extended Properties）包括：
- Excel 8.0，指定 Excel 文档的版本；
- HDR，指定是否将第一行作为标题行（字段名）；
- IMEX，指定 Excel 文档的打开模式，0 为写入打开，1 为读取打开，2 则表示可以读取和写入数据。

在连接 Excel 2007 或更新版本的文档时，我们需要使用如下格式的连接字符串：

```
Provier=Microsoft.ACE.OLEDB.12.0;Data Source=< 文件名 >;
Extended Properties='Excel 12.0;HDR=No;IMEX=2;';
```

如下代码（cschef.CExcel.cs 文件）在 CExcel 类中封装两个方法，分别用于生成这两种形式的连接字符串。

```csharp
using System;
using System.Text;
using System.Data;

namespace cschef
{
    public static class CExcel
    {
        // 生成 Excel2003 连接串
        public static string GetCnnStr2003(string xlsFileName,
            bool hdr = false)
        {
```

```
            StringBuilder sb = new StringBuilder(200);
            sb.AppendFormat(@"Provider=Microsoft.Jet.OLEDB.4.0;
Data Source={0};
Extended Properties='Excel 8.0;HDR={1};IMEX=2;';",xlsFileName,
(hdr ? "Yes" : "No"));
            return sb.ToString();
        }

        // 生成Excel2007连接串
        public static string GetCnnStr2007(string xlsxFileName,
            bool hdr = false)
        {
            StringBuilder sb = new StringBuilder(200);
            sb.AppendFormat(@"Provider=Microsoft.ACE.OLEDB.12.0;
Data Source={0};
Extended Properties='Excel 12.0;HDR={1};IMEX=2;';", xlsxFileName,
(hdr ? "Yes" : "No"));
            return sb.ToString();
        }
        //
    }
}
```

继续在 Form5 中进行测试。首先，创建两个版本的 Excel 文档，分别是 user_main.xls 文件和 user_main.xlsx 文件。它们的内容是一致的，在 Sheet1 工作表中的内容如图 20-1 所示。

	A	B	C	D	E	F
1	UserId	UserName	UserPwd	Email	IsLocked	Sex
2	1		D033E22AE348AEB5660FC2140AEC35850C4DA997	NULL	1	0
3	2	admin	D033E22AE348AEB5660FC2140AEC35850C4DA997	NULL	0	0
4	3	Smith	D033E22AE348AEB5660FC2140AEC35850C4DA997	NULL	0	0
5	4	John	D033E22AE348AEB5660FC2140AEC35850C4DA997	NULL	0	0
6	5	Tom	D033E22AE348AEB5660FC2140AEC35850C4DA997	NULL	0	0

图 20-1　Excel 工作表内容

如下代码读取 user_main.xls 文件中 Sheet1 表的内容，并填充到 dataGridView1 控件中。

```
string sCnnStr = CExcel.GetCnnStr2003(@"d:\user_main.xls");
using(OleDbConnection cnn = new OleDbConnection(sCnnStr))
{
    cnn.Open();
    OleDbCommand cmd = cnn.CreateCommand();
    cmd.CommandText = "select * from [Sheet1$];";
    using (OleDbDataAdapter ada = new OleDbDataAdapter(cmd))
    {
        DataSet ds = new DataSet();
        ada.Fill(ds, "Sheet1");
        dataGridView1.DataSource = ds.Tables[0];
    }
}
```

代码执行结果如图 20-2 所示。

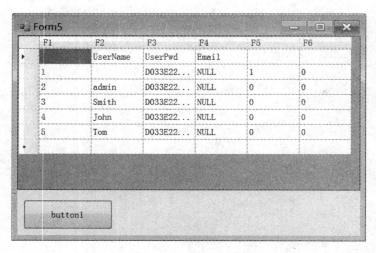

图 20-2 读取工作表内容

可以看到,在读取 Excel 的工作表数据时,会自动分析数据类型,其中,UserId 字段的数据分析为数值型,这样,其字段名就没有能够正确读取。通过将 GetCnnStr2003() 方法的第 2 个参数设置为 true,就可以将第一行作为表的字段,如下面的代码。

```
string sCnnStr = CExcel.GetCnnStr2003(@"d:\user_main.xls",true);
```

再次执行代码,可以看到,第一行的内容就被自动当作数据表的字段名了,如图 20-3 所示。

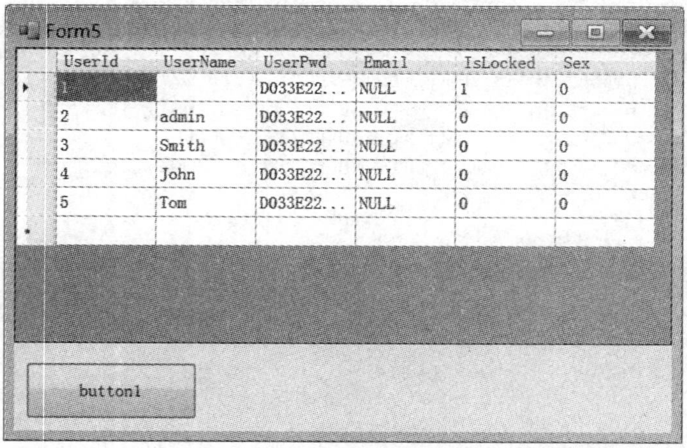

图 20-3 读取有标题行的工作表

请注意,在选择 Excel 工作表时使用了 [<工作表>$] 格式,其中的 <工作表> 是指工作表的名称,即工作表标签中显示的内容,如图 20-4 所示。

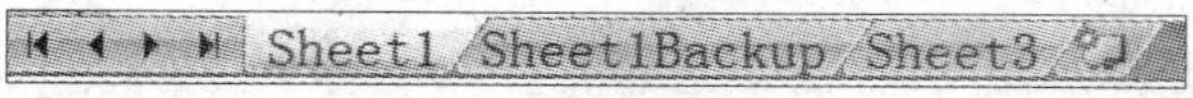

图 20-4 工作表名称

20.1.2 数据操作

有了明确的字段名,还可以做更多的操作,例如指定查询条件,下面修改执行的 SQL 语句。

```
cmd.CommandText = "select * from [Sheet1$] where UserId>2;";
```

代码中,指定返回 UserId 大于 2 的记录,查询结果如图 20-5 所示。

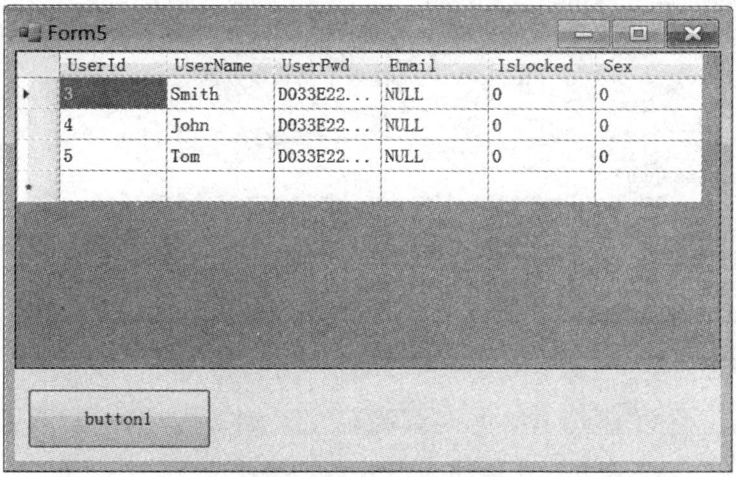

图 20-5　有条件查询工作表数据

如下代码在 Sheet1 工作中添加一条记录。

```
string sCnnStr = CExcel.GetCnnStr2003(@"d:\user_main.xls",true);
using(OleDbConnection cnn = new OleDbConnection(sCnnStr))
{
    cnn.Open();
    OleDbCommand cmd = cnn.CreateCommand();
    cmd.CommandText =
         "insert into [Sheet1$](UserId,UserName) values(6,'user06')";
    cmd.ExecuteNonQuery();
}
```

代码执行成功后,打开 user_main.xls 文件查看结果,如图 20-6 所示。

如下代码修改 user06 用户的 IsLocked 和 Sex 字段数据。

```
string sCnnStr = CExcel.GetCnnStr2003(@"d:\user_main.xls",true);
using(OleDbConnection cnn = new OleDbConnection(sCnnStr))
{
    cnn.Open();
    OleDbCommand cmd = cnn.CreateCommand();
    cmd.CommandText =
     "update [Sheet1$] set IsLocked=1,Sex=1 where UserName='user06';";
    cmd.ExecuteNonQuery();
}
```

代码执行结果如图 20-7 所示。

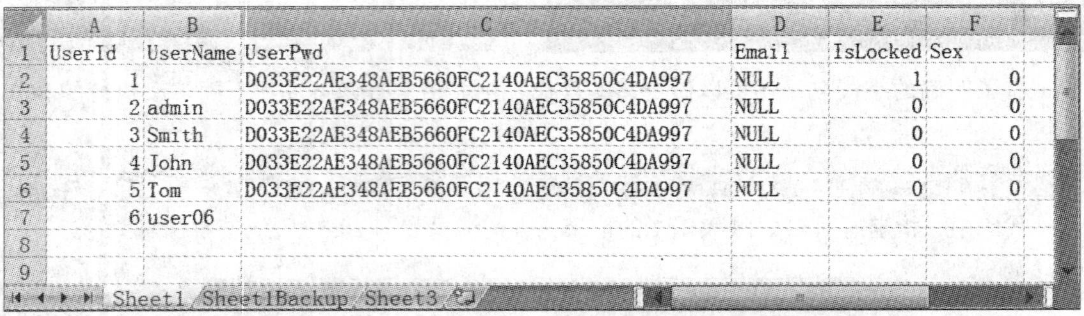

	A	B	C	D	E	F
1	UserId	UserName	UserPwd	Email	IsLocked	Sex
2	1		D033E22AE348AEB5660FC2140AEC35850C4DA997	NULL	1	0
3	2	admin	D033E22AE348AEB5660FC2140AEC35850C4DA997	NULL	0	0
4	3	Smith	D033E22AE348AEB5660FC2140AEC35850C4DA997	NULL	0	0
5	4	John	D033E22AE348AEB5660FC2140AEC35850C4DA997	NULL	0	0
6	5	Tom	D033E22AE348AEB5660FC2140AEC35850C4DA997	NULL	0	0
7	6	user06				

图 20-6　在工作表中插入新数据

	A	B	C	D	E	F
1	UserId	UserName	UserPwd	Email	IsLocked	Sex
2	1		D033E22AE348AEB5660FC2140AEC35850C4DA997	NULL	1	0
3	2	admin	D033E22AE348AEB5660FC2140AEC35850C4DA997	NULL	0	0
4	3	Smith	D033E22AE348AEB5660FC2140AEC35850C4DA997	NULL	0	0
5	4	John	D033E22AE348AEB5660FC2140AEC35850C4DA997	NULL	0	0
6	5	Tom	D033E22AE348AEB5660FC2140AEC35850C4DA997	NULL	0	0
7	6	user06				1	1

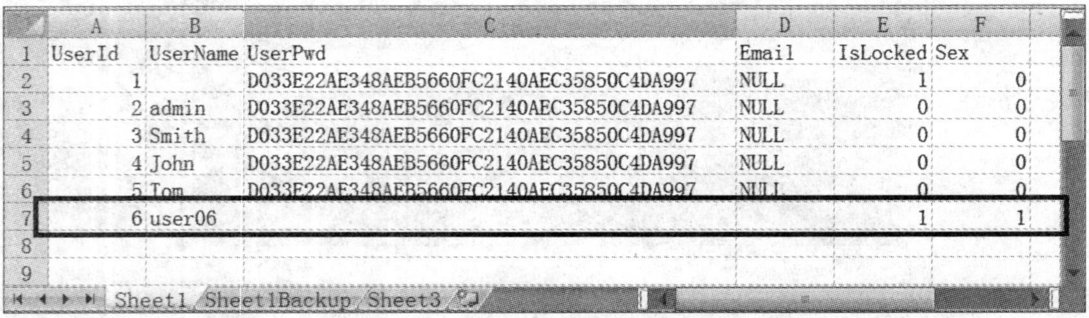

图 20-7　更新工作表数据

前面已经介绍使用 OLEDB 连接在 Excel 工作表中进行查询、添加和修改操作，但是不能使用删除操作，不过没关系，接下来会使用 Excel 对象库对 Excel 文档进行更多的操作。

20.2　使用 Excel 对象库

可以看到，使用 OLEDB 不能删除 Excel 工作表记录，而且只能操作已经存在的 Excel 文档，如果需要在代码中创建新的 Excel 文档应该怎么办呢？此时，可以使用 Excel 对象库。

在项目中，首先需要引用相关的资源。打开项目的"引用管理器"，选择"COM"，在资源列表中选择"Microsoft Excel 12.0 Object Library"，如图 20-8 所示。请注意，这里是安装了 Office 2007 的版本。

引用成员后，可在"解决方案资源管理器"中看到引用资源的列表，如图 20-9 所示。

在代码文件中，需要引用 Excel 操作的相关资源，如下面的代码（cschef.CExcelLib.cs 文件）。

```
using Excel = Microsoft.Office.Interop.Excel;
```

接下来就可以在代码中直接使用 Excel 来引用相关资源了。

图 20-8　引用 Excel 对象库

图 20-9　引用的 Office 与 Excel 资源

20.2.1　Excel 文档与工作表

操作 Excel 文档时，基本的对象类型包括：
- Application，表示 Excel 应用程序对象；
- Workbook，表示 Excel 文件，如 .xls 或 .xlsx 文件；
- Worksheet，表示 Excel 工作表。

如下代码（cschef.CExcelLib.cs 文件）在 CExcelLib 类中封装一个方法，其功能是创建一个空白 Excel 文档，方法的参数指定文件保存的路径。

```
public static class CExcelLib
{
    // 创建一个新的空白 Excel 文件
    public static string CreateFile(string filename)
    {
        try
        {
            Excel.Application xApp = new Excel.Application();
            xApp.Visible = false;
```

```
            Excel.Workbook xWb = xApp.Workbooks.Add();
            xWb.SaveAs(filename);
            xWb.Close();
            xApp.Quit();
            return filename;
        }
        catch { return ""; }
    }
}
```

代码中，首先创建了一个新的 Excel.Application 对象 xApp。这个对象中的 WorkBooks 属性表示工作表（Excel 文件）集合，我们使用其中的 Add() 方法创建一个新的 Excel 文件，并通过 SaveAs() 方法保存到指定位置。最后，关闭 Excel 文件并退出 Excel 应用程序。

执行此方法，如果创建 Excel 文档成功，则返回文件的路径，否则返回空字符串。如果大家想看一看创建的过程，还可以将 xApp 对象的 Visible 属性设置为 true 值。

此外，代码生成的 Excel 文件的版本由项目中引用的 Excel Object Library 的版本决定，如果引用的是 12.0 版本，则创建的就是 Excel 2007 版本的文件。如下代码（cschef. CExcelLib.cs 文件）表示在 CExcelLib 类中封装了静态属性 Version，它会返回当前 Excel 对象库的版本。

```
public static string Version
{
    get
    {
        Excel.Application xApp = new Excel.Application();
        string ver = xApp.Version;
        xApp.Quit();
        return ver;
    }
}
```

Version 属性会返回 Excel 版本的字符串形式，如 "12.0"。

如下代码创建一个新的 Excel 2007 文件，并保存到 d:\Excel_01.xlsx 文件中。

```
textBox1.Text = CExcelLib.CreateFile(@"d:\Excel_01.xlsx");
```

如果代码执行成功，会在 textBox1 文本框中显示文件的路径。

当多次执行此代码时，Excel 会提示我们文件已存在，是否覆盖原文件，这样就可让用户根据实际情况进行选择。

当需要打开一个已存在的 Excel 文件时，可以使用如下代码。

```
Excel.Application xApp = new Excel.Application();
xApp.Visible = true;
Excel.Workbook xWb = xApp.Workbooks.Open(@"d:\Excel_01.xlsx");
xWb.Close();
xApp.Quit();
```

代码中，使用 xApp.Workbooks 集合中的 Open() 方法打开 Excel 文件，并创建一个 Workbook 对象。执行此代码，Excel 会打开文件后马上关闭。

请注意，如果在代码中不能正常关闭 Excel 文件，就会在系统中保留 Excel 进程，所以，需要对资源进行有效的清理。

如果需要操作工作表中的内容，还需要获取 Worksheet 对象，如下面的代码。

```
Excel.Application xApp = new Excel.Application();
Excel.Workbook xWb = xApp.Workbooks.Open(@"d:\Excel_01.xlsx");
Excel.Worksheet xWs = xWb.Worksheets["Sheet1"];
// 操作工作表
//
xWb.Save(); // 保存文件
xWb.Close();
xApp.Quit();
```

Workbook 对中的 Worksheets 表示 Excel 文件中的工作表集合，可以通过数值索引或工作表名索引来获取需要的工作表，并返回一个 Worksheet 对象。

安装 Excel 文件的操作后，需要使用 Workbook 对象中的 Save() 方法保存文件，然后关闭文件并退出 Excel 应用程序。

接下来看一下工作表中的具体操作。

20.2.2 单元格

使用过 Excel 的朋友一定都知道，工作表中的单元格是由"列"和"行"来定位的，其中，列使用字母表示，行使用数字表示，如"B2"就表示第二列第二行的单元格，如图 20-10 所示。

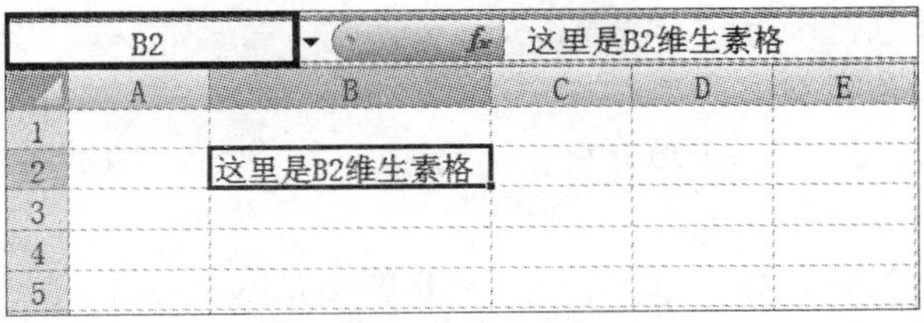

图 20-10　单元格定位

在 Worksheet 对象中，可以直接使用列和行的索引值来定位单元格，如下面的代码，在 Excel_01.xlsx 文件的 Sheet1 表中修改 3 个单元格的内容。

```
Excel.Application xApp = new Excel.Application();
Excel.Workbook xWb = xApp.Workbooks.Open(@"d:\Excel_01.xlsx");
Excel.Worksheet xWs = xWb.Worksheets["Sheet1"];
// 操作工作表
xWs.Cells[1,1] = 10;
xWs.Cells[1, 2] = 99;
xWs.Cells[1, 3] = "=sum(a1:b1)";
//
xWb.Save();
xWb.Close();
xApp.Quit();
```

代码中使用 Worksheet 对象 xWs 中的 Cells 集合处理单元格，其中，第一个索引值为"行"，第二个索引值为"列"，这两个数值都是从 1 开始的。

第一行第一个单元格，即"A1"单元格中，设置内容为数字"10"。

第一行第二个单元格，即"B1"单元格中，设置内容为数字"99"。

第一行第三个单元格，即"C1"单元格中，使用了求和函数 sum()，这样，"C1"单元格显示的就是前两个单元格数字相加的和。修改后的工作表内容如图 20-11 所示。

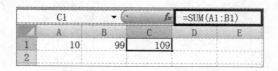

图 20-11　修改单元格内容

20.2.3　区域（Range）与格式

在 Worksheet 对象中，可以使用 Range[] 表示一个区域，然后，可以对区域进行操作，如设置格式等。

如下代码用于修改"A1"单元的字体颜色。

```
Excel.Application xApp = new Excel.Application();
Excel.Workbook xWb = xApp.Workbooks.Open(@"d:\Excel_01.xlsx");
Excel.Worksheet xWs = xWb.Worksheets["Sheet1"];
// 操作工作表
xWs.Range["a1"].Font.Color = Color.Red;
//
xWb.Save();
xWb.Close();
xApp.Quit();
```

代码中，只选择"A1"一个单元格作用区域范围，然后，通过 Font.Color 设置了区域中的字体颜色。

如下代码设置从"A1"到"C1"三个单元格的填充色为黄色。

```
xWs.Range["a1","c1"].Interior.Color = Color.Yellow;
```

下面给出了一些常用的区域操作及格式设置：

- Merge() 方法，合并单元格操作。
- Font 属性，表示字体，如 Font.Name 设置字体名称、Font.Size 设置字体尺寸等。
- Interior 属性，用于设置区域的填充风格，其中的 Color 属性指定填充色。
- HorizontalAlignment 属性，设置水平对齐方式，使用 Excel.XlHAlign 指定，如 xlHAlignCenter 值表示居中。
- VerticalAlignment 属性，设置垂直对齐方式，使用 Excel.XlVAlign 指定。
- Borders，设置区域的边框。其中，LineStyle 属性设置边框风格，使用 Excel.XlLineStyle 类型值设置；Weight 属性指定线条宽度，使用 Excel.XlBorderWeight 类型值设置。

此外，如果需要整行或整列设置格式，可以使用 Range 对象中的 EntireRow 或 EntireColumn 属性分别返回整行或整列的区域，如下面的代码将第二行背景设置为红色，第二列背景色设置为蓝色。

```
Excel.Range range = xWs.Range["b2"];
range.EntireRow.Interior.Color = Color.Red;
range.EntireColumn.Interior.Color = Color.Blue;
```

代码中,首先使用"B2"单元格定义了一个区域range,然后,通过EntireRow属性确定单元格所在行的区域,并设置填充色为红色。通过EntireColumn属性确定单元格所在列的区域,并设置填充色为蓝色。

实际应用中,虽然可以通过编码实现Excel工作表中的格式设置,但在生成复杂的Excel报表时,还可以创建一个Excel文件作为模板,然后在程序中复制模板文件作为报表,并根据约定的位置和形式将数据填充到工作表中指定的单元格或区域。

第 21 章 Windows 窗体应用

开发中，一系列的控件可以帮助我们构建不同样式、不同功能的窗体界面，这些资源（包括 Form 类）都定义在 System.Windows.Forms 命名空间，可以参考帮助文档了解它们的基础应用。

本章讨论窗体设计的常用资源和方法，并对一些功能进行了封装，主要内容包括：
- 窗体与布局；
- Button 控件；
- TextBox 控件；
- MaskedTextBox 控件；
- NumericUpDown 控件；
- CheckBox 控件；
- RadioButton 与 GroupBox 控件；
- 列表控件；
- CheckedBoxList 控件；
- 日期与时间控件；
- 菜单；
- 通知图标；
- 工具栏；
- DataGridView 控件；
- TreeView 控件；
- 对话框。

本章的示例与封装代码位于 CSChef 项目。

21.1 窗体与布局

窗体（Form）是图形化界面的重要组成部分，本节介绍 WinForm 和 MDI 窗体的应用，以及如何对窗体区域进行分割布局，如何创建异形窗体，如何移动无标题窗体等。

21.1.1 Form 类

Windows 窗体定义为 System.Windows.Forms.Form 类的实例，本节将讨论一些 WinForm 窗体的应用特点。

首先了解一些常用的属性：
- Text 属性，窗体标题显示的内容。
- MaximizeBox 属性，是否显示最大化按钮。
- MinimizeBox 属性，是否显示最小化按钮。

- StartPosition 属性，窗体启动时的位置，如果需要放到屏幕中间，可以调协为 CenterScreen。
- WindowState 属性，窗体启动时的状态，如最大化、最小化、正常状态。
- ShowInTaskbar 属性，是否在任务栏上显示。
- KeyPreview 属性，是否接收键盘输入，如果需要在窗体中响应热键，就需要将此属性设置为 True。
- Icon 属性，指定窗体的图标。可以从资源文件（*.resx）里选择，也可以直接选择图标文件（*.ico）。
- AcceptButton 属性，指定一个窗体中已定义的按钮（Button），当在窗体中按 Enter 键时，自动响应此按钮的单击操作。
- CancelButton 属性，指定一个窗体中已定义的按钮（Button），当在窗体中按下 Esc 键时，自动响应此按钮的单击操作。

此外，在程序是使用窗体时，可能需要一些初始化，这些工作可以放在 Load 事件中。开发过程中，双击窗体时，默认打开的就是窗体的 Load 事件响应代码，如下面的代码。

```
private void Form1_Load(object sender, EventArgs e)
{
// 窗体初始化
}
```

在窗体关闭的过程中，我们还有机会取消关闭操作，这个功能需要在 FormClosing 事件中完成。可以选中窗体，然后在属性窗口中选择事件，双击其中的 FormClosing 即可自动生成此事件的代码，如下面的代码。

```
private void Form1_FormClosing(object sender, FormClosingEventArgs e)
{
// 取消关闭操作时设置 e.Cancel = true;
}
```

关闭窗体时需要清理一些资源时，可以将这些代码放在 FormClose 事件中，如下面的代码。

```
private void Form1_FormClosed(object sender, FormClosedEventArgs e)
{
// 窗体清理
}
```

打开窗体时，经常会使用两个方法，即：
- Show() 方法，正常显示窗体。
- ShowDialog() 方法，将窗体显示为对话框的模式，在关闭此窗体之前不能操作其他窗体。

此外，关闭窗体时，可以使用 Close() 方法。

21.1.2 使用 SplitContainer 控件布局

使用 SplitContainer 控件，可以将窗体区域分割为左右两部分，或上下两部分，并可以通过分割线调整两个区域的尺寸。可以在"工具箱"的"容器"组中找到 SpiteContainer 控件。

如图 21-1 所示就是使用 SplitContainer 控件分割为左右两个区域的窗体，这也是 SplitContainer 控件的默认分割方式（Form6 窗体）。

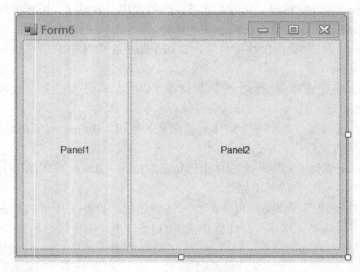

图 21-1 分割窗体

可以看到，SplitContainer 控件分割的两个部分分别命名为 Panel1 和 Panel2。默认情况下，启动窗体并手动调整窗体的尺寸时，Panel1 和 Panel2 的尺寸会按比例自动缩放。如果需要固定某个区域的尺寸，例如，确定 Panel1 的宽度默认总是 300 像素，可以通过设置以下两个属性来完成：

- FixedPanel 属性，设置窗体调整时，尺寸不变的区域，如 Panel1。
- SplitterDistance 属性，设置分割线距离窗体左边界或上边界的距离。对于左右分割的区域，就是指定 Panel1 区域的宽度。在这里，可以设置为 300 像素。

如果需要在窗体中创建上下两个区域，可以修改 Orientation 属性值。其默认值为 Vertical（垂直分割），即创建左右两个区域。修改为 Horizontal（水平分割）后，就会将窗体分割为上下两个区域。

21.1.3 控件的 Dock 属性

Dock 属性决定控件在其容器中的停靠方式，其值包括：
- None，控件会根据 Top、Left、Width 和 Height 属性确定位置和尺寸；
- Top，控件的宽度自动设置为所在容器的宽度，并总是向容器的上边框靠近；
- Bottom，控件的宽度自动设置为所在容器的宽度，并总是向容器的下边框靠近；
- Left，控件高度自动设置为所在容器的高度，并总是向容器的左边框靠近；
- Right，控件高度自动设置为所在容器的高度，并总是向容器的右边框靠近；
- Fill，控件会自动填充整个容器。

例如，在 Form6 窗体中的左栏可以放几个按钮（Button），并将它们的 Dock 属性都设置为 Top，就可以创建如图 21-2 所示的按钮列表。

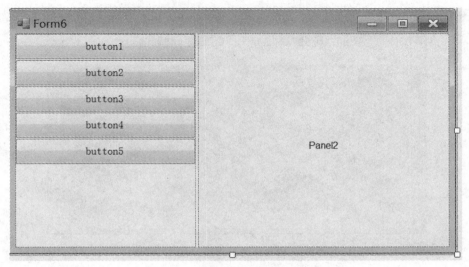

图 21-2　使用 Dock 属性排列按钮

21.1.4　MDI 窗体

MDI(多文档界面)窗体,也是开发应用时经常会使用的一种窗体类型。在 MDI 窗体中,可以同时打开多个子窗体,例如,我们使用的 Excel 等应用软件就是这种窗体类型。

下面在 CSChef 项目中添加一个 MDI 窗体,选择类型如图 21-3 所示。

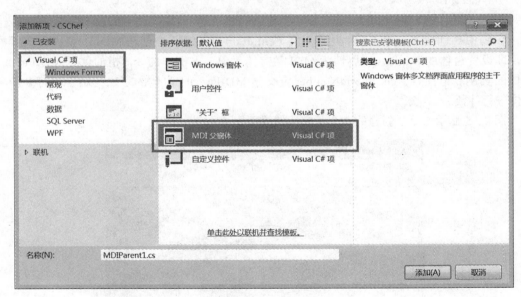

图 21-3　创建 MDI 父窗体

MDI 窗体创建后,可以看到,通过模板创建的 MDI 窗体会自动添加很多元素,如图 21-4 所示。

接下来着重讨论一些关于 MDI 父窗体和子窗体应用的相关内容。

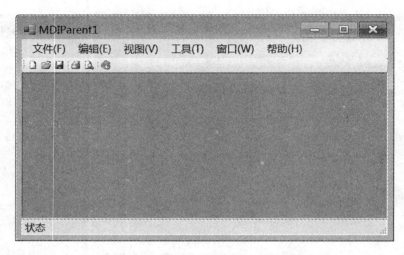

图 21-4 根据模板创建的 MDI 父窗体

首先,可以通过"新建"操作添加一个 MDI 子窗体,其操作代码如下(MDIParent1.cs 文件)。

```csharp
private void ShowNewForm(object sender, EventArgs e)
{
    Form childForm = new Form();
    childForm.MdiParent = this;
    childForm.Text = "窗口 " + childFormNumber++;
    childForm.Show();
}
```

代码中,创建了一个 Form 类的实例(childForm)。接下是创建 MDI 子窗体的关键所在,即设置窗体的 MdiParent 属性为 MDI 父窗体对象,本例中的 this 指的就是 MDIParent1 窗体的实例。请注意,childFormNumber 定义为 MDIParent1 窗体的字段,用于对打开的子窗体进行计数。

图 21-5 显示的就是新建的 3 个子窗体的界面。

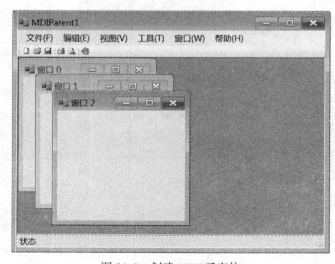

图 21-5 创建 MDI 子窗体

新建多个子窗体后，可以通过菜单项"窗口"看到这些窗体的列表，如图 21-6 所示。

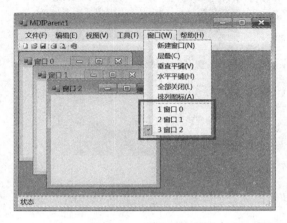

图 21-6　窗口列表菜单

这个功能是如何实现的呢？其实非常简单，只需要设置菜单控件（MenuStrip）的一个属性就可以了，这个属性就是 MdiWindowListItem。本例中，设置为默认创建的"窗口"菜单，命名为 windowsMenu。

实际应用中，如果 MDI 子窗体不是从 MDI 父窗体中直接创建，可以通过类似如下代码来设置窗体的 MdiParent 属性。

```
Form f = new Form();
f.MdiParent =
    Application.OpenForms["MDIParent1"];   // 指定 MDI 父窗体
f.Show();
```

21.1.5　异形窗体

创建异形窗体时，需要准备一张包含一些透明部分的 PNG 图片，其中的非透明部分就是窗体的形状。然后，可以在窗体的"属性"窗口中设置窗体背景相关的属性，包括：

❑ BackgroundImage 属性，设置窗体的背景图片。
❑ BackgroundImageLayout 属性，设置背景图片的排列方式，本例中设置为 None 值即可。

然后，双击窗体，打开窗体 Load 事件的响应方法，编写如下代码。

```
private void Form3_Load(object sender, EventArgs e)
{
    this.Text = "";
    this.ControlBox = false;
    this.FormBorderStyle = FormBorderStyle.None;
    this.TransparencyKey = this.BackColor;
}
```

就这样，使用 F5 或单击工具栏中的"启动"按钮，就会显示一个图形，但它的确是一个窗体。图 21-7 显示的窗体就使用了冥王星的图片。

图 21-7 形窗体

现在的问题时，异形窗体如何实现移动、关闭等操作呢？

21.1.6 无标题窗体移动与关闭

先来看异形窗体的移动问题，在这里，只需要使用两个变量和两个鼠标事件就可以了，如下面的代码。

```csharp
using System;
using System.Collections.Generic;
using System.ComponentModel;
using System.Data;
using System.Drawing;
using System.Linq;
using System.Text;
using System.Threading.Tasks;
using System.Windows.Forms;

namespace CSChef
{
    public partial class Form3 : Form
    {
        //
        private int x, y;
        //
        public Form3()
        {
            InitializeComponent();
        }

        private void Form3_Load(object sender, EventArgs e)
        {
            this.Text = "";
            this.ControlBox = false;
            this.FormBorderStyle = FormBorderStyle.None;
            this.TransparencyKey = this.BackColor;
        }

        private void Form3_MouseDown(object sender, MouseEventArgs e)
        {
            x = e.X;
```

```
            y = e.Y;
        }

        private void Form3_MouseMove(object sender, MouseEventArgs e)
        {
            if (e.Button == MouseButtons.Left)
            {
                int xOffset = e.X - x;
                int yOffset = e.Y - y;
                this.Left += xOffset;
                this.Top += yOffset;
            }
        }
    }
}
```

代码中，首先定义了变量 x 和 y，用于保存鼠标单击时的坐标，并会在鼠标单击时（MouseDown 事件），更新 x 和 y 的数值。然后，在鼠标移动的事件中（MouseMove 事件），如果移动鼠标时按下了鼠标左键，则执行窗体的移动操作，此时，会根据鼠标移动的距离重新计算窗体的位置，从而达到移动异形窗体的目的。

对于无标题窗体（如悬浮窗）的其他操作，可以使用弹出菜单来操作。下面，我们会在窗体中添加一个退出菜单，首先，在窗体中添加一个 ContextMenuStrip 控件，并添加一个 "Exit" 项目，如图 21-8 所示。

双击其中的 "Exit" 项目，可以编辑菜单项的响应代码，如下面的代码。

```
private void exitToolStripMenuItem_Click(object sender, EventArgs e)
{
    Application.Exit();
}
```

接下来，我们只需要将窗体的 ContextMenuStrip 属性设置为 "contextMenuStrip1" 即可。再次执行程序，并在异形窗体中右击，可以看到弹出菜单，如图 21-9 所示，单击其中的 "Exit" 就会退出程序。

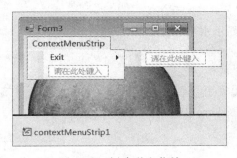

图 21-8　创建弹出菜单

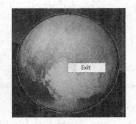

图 21-9　弹出菜单

21.2　Button 控件

前面的示例中，有很多代码都放在 Button 控件的 Click 事件中测试。在窗体中，使用 Button 控件可以显示标准按钮，也可以添加包含图标的按钮。通过下面的几个属性，可以设置按钮中显示的文本和图像，并确定它们的位置关系。

- Text 属性，设置或获取按钮中显示的文本内容，默认为按钮的名称（Name）属性；
- TextAlign 属性，指定按钮文本的对齐方式；
- Image 属性，设置按钮中显示的图像；
- ImageAlign 属性，设置图像的对齐方式；
- TextImageRelation 属性，指定文本与图像的关系，其值包括：Overlay、ImageAboveText、TextAboveImage、ImageBeforeText、TextBeforeImage。

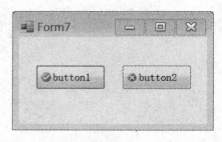

图 21-10　在 Button 控件中使用图标

图 21-10 显示了两个图标按钮，其 TextAlign 和 ImageAlign 都设置为 TopMiddle，而 TextImageRelation 属性设置 ImageBeforeText。

此外，如果需要给按钮添加右键菜单，可以使用按钮的 ContextMenuStrip 属性，将其设置为一个已创建的 ContextMenuStrip 控件即可，稍后可以看到各种菜单的使用。

21.3　TextBox 控件

TextBox 显示为传统的文本框，可以用来显示或输入文本内容，其常用的属性包括：
- Text 属性，定义为 string 类型，设置或获取文本框中的内容；
- TextAlign 属性，设置文本的对齐方式，默认为 Left（左对齐）；
- MaxLength 属性，指定允许输入或显示的最大字符数；
- ReadOnly 属性，指定文本框中的内容是否为只读；
- PasswordChar 属性，定义为 char 类型，指定输入密码时显示的字符；
- ImeMode 属性，设置进入文本框后的输入状态；
- Multiline 属性，指定是否显示为多行文本框；
- ScrollBars 属性，设置滚动条的显示状态，一般会在多行文本框中使用，其值包括 None（默认，不显示）、Horizontal（水平滚动条）、Vertical（垂直滚动条）、Both（显示水平和垂直滚动条）。

图 21-11　TextBox 控件的多种形式

如图 21-11 所示，创建了 3 个文本框，分别用于输入用户名、密码和备注内容，大家可主要关注 MaxLength、PasswordChar、Multiline 及 ScrollBars 等属性的设置。

21.4　MaskedTextBox 控件

MaskedTextBox 用于输入一定格式的数据内容，可以通过控件的 Mask 属性进行设置，单击 Mask 属性后的"浏览"按钮，可以打开选择窗口，如图 21-12 所示。

图 21-12 中，选择了短日期格式。在下面的示例中，在 Form9 窗体中创建了一个 MakedTextBox、一个 TextBox 控件和一个 Button 控件，如图 21-13 所示。

图 21-12 MaskedTextBox 控件的格式设置

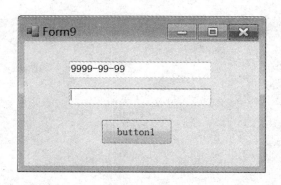

图 21-13 MaskedTextBox 控件中使用短格式日期格式

可以看到，在 MakedTextBox 控件中，只要输入的数字格式是 ××××-××-×× 都是可以的，并不对数据的正确性和有效性进行验证，所以，在实际应用中，还是需要我们编写代码对数据进行验证。

此外，还可以使用 Text 属性获取 MakedTextBox 控件中输入的内容。下面，在 Button 控件的 Click 事件中添加一行代码，其功能是在 TextBox 控件中显示 MaskedTextBox 控件中的内容。

```
private void button1_Click(object sender, EventArgs e)
{
    textBox1.Text = maskedTextBox1.Text;
}
```

可以看到，通过 Text 属性，获取的是 MaskedTextBox 控件中的完整内容，如图 21-14 所示。

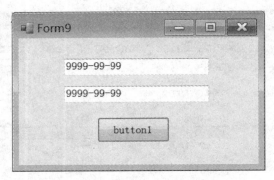

图 21-14 获取 MaskedTextBox 控件内容

虽然使用 MaskedTextBox 控件时不能同时验证数据的有效性和正确性，但可以通过 Text 获取输入的文本内容，然后就可以通过一系列的验证方法对其进行检查，并通过一系列的转换方法将这些文本内容转换为所需要的类型。还记得前面封装的 CC 类和 CCheckData 类吗？

如下代码（CCheckData.cs 文件）是在 CCheckData 类中封装 IsDate() 方法，其功能就是判断参数中的内容是否可以正确地转换为日期类型。

```csharp
// 判断是否可以正确地转换为日期值
public static bool IsDate(string s)
{
    DateTime result;
    return DateTime.TryParse(s, out result);
}
//
public static bool IsDate(object obj)
{
    return (CC.ToDateNullable(obj) != null);
}
```

回到 Form9 窗体，修改 Button 控件的 Click 事件的代码如下。

```csharp
private void button1_Click(object sender, EventArgs e)
{
    textBox1.Text = CCheckData.IsDate(maskedTextBox1.Text).ToString();
}
```

如图 21-15 所示就是再次输入 "9999-99-99" 后单击 button1 按钮的执行结果。

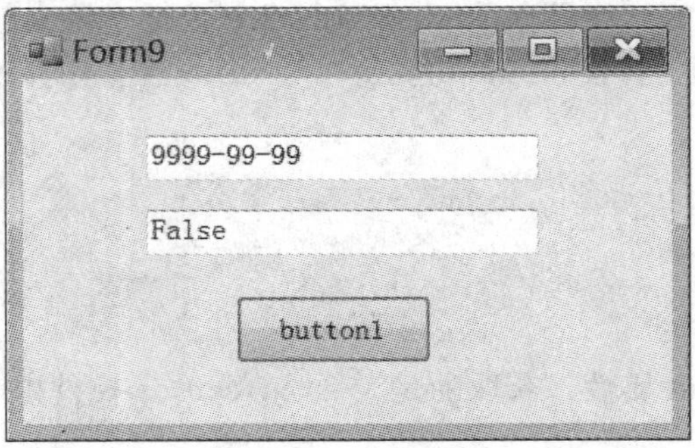

图 21-15 验证日期格式

实际应用中，可以通过 MaskedTextBox 控件确定所需数据的基本格式，如日期、时间、邮政编码等。然后，可以使用验证方法验证数据的正确性。最后，可以通过类型转换方法将输入的内容转换为所需要的类型。

21.5 NumericUpDown 控件

NumericUpDown 控件用于输入数值数据，其主要的属性就是 Value 属性，它定义为 decimal 类型，可以设置或获取输入的数值内容。

此外，可以通过 Minimun 和 Maximun 属性来设置取值范围，并可以通过 Increment 属性设置上下箭头每次调整的数值。

当需要输入整数时，可以将 DecimalPlaces 属性设置为 0，这也是此属性的默认值。当然，也可以通过此属性设置允许的小数位。

实际应用中，可以在设置 Minimnu 和 Maximun 属性后，放心地对输入的数值进行所需要的转换操作。例如需要设置工人的年龄是 18 ~ 50 岁，就可以通过以下属性的设置来实现：

❏ Minimun 属性设置为 18；
❏ Maximun 属性设置为 50；
❏ DecimalPlaces 属性设置为 0；
❏ Value 属性设置为 18。

然后，在控件中输入或通过上下按钮调整数据后，可以通过以下代码将年龄数据转换为 int 类型。

```
int age = (int)numericUpDown1.Value;
```

21.6 CheckBox 控件

使用 CheckBox 控件，最简单的方式就是通过 Checked 属性检查项目是否被选中，它定义为 bool 类型。

此外，CheckBox 控件还有一个 CheckState 属性，表示控件的三种选中状态，包括：

❏ Checked 值，显示为已选中；
❏ Unchecked 值，显示为没有选中；
❏ Indeterminate 值，显示为不确定状态。

图 21-16 显示了这 3 种状态。

实际应用中，如果 CheckState 属性设置为 Checked 或 Indeterminate 值时，Checked 属性的值都是 true。只有 CheckState 属性设置为 Unchecked 值时，Checked 属性的值才是 false。

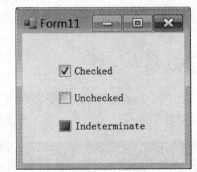

图 21-16 CheckBox 控件的三种选择状态

在布局方面，可以通过 CheckAlign 属性和 TextAlign 属性设置复选框和文本的位置。

使用多个 CheckBox 控件，可以设置多选项，但必须在代码中分别检查每一个

CheckBox 控件的 Checked 属性，以判断项目是否被选中。而使用 CheckedBoxList 控件同样可以创建多选项，使用起来会更高效，稍后可以看到相关介绍。

21.7 RadioButton 与 GroupBox 控件

RadioButton 称为单选按钮控件，一般会同时使用两个以上，可设置其中一个的 Checked 属性为 true 值，作为默认选项。

图 21-17 所示的就是性别的选项设置。

请注意，在相同容器内的 RadioButton 控件具有排他性，也就是说，在相同容器中的 RadioButton 控件同时只能有一个被选中。如果在一个窗体中有多个数据需要使用 RadioButton 控件，可以将它们放在不同的容器控件内，如 GroupBox 控件等。

如图 21-18 所示，使用 GroupBox 设置两组性别选择，分别使用了不同的样式，可以根据需要参考应用。

图 21-17　使用 RadioButton 控件

图 21-18　创建 RadioButton 控件组

在这个窗体中，将两个"保密"选项的 Checked 属性都设置为 true 值，可以看到，它们并不会产生冲突，这是因为它们分别位于不同的 GroupBox 控件内。

此外，可以使用 GroupBox 控件中的 Text 属性设置其边框上显示的文本，如图 21-18 中下面一组选项。如果不需要在 GroupBox 控件上显示文本，将其 Text 属性设置为空字符串即可，如图 21-18 中上面一组选项。

21.8 列表控件

在 Windows 窗体控件中，列表类控件主要包括 ListBox 和 ComboBox 控件，它们的应用比较相似，接下来首先了解它们的基本应用。

21.8.1 ListBox 和 ComboBox 控件

首先了解一下这两个控件的基本属性：
- Items 属性，包含了列表项的集合，每个成员定义为 Object 类型。可以使用集合中的 Add() 方法添加列表项。
- SelectedIndex 属性，单选模式下，返回已选择的项目，没有选中项目时返回 –1 值。

可以使用此属性检查列表中是否有项目被选中。
- SelectedItem 属性，返回已选中的列表项，没有时返回 null 值。
- SelectedValue 属性，返回已选中列表项中对应的数据，没有时返回 null 值。
- Text 属性，直接获取选择项目的文本内容，没有选中列表项时返回空字符串。

如下代码使用 ComboBox 控件来选择直辖市，显示结果如图 21-19 所示。

```
private void Form13_Load(object sender, EventArgs e)
{
    comboBox1.Items.Add("北京");
    comboBox1.Items.Add("上海");
    comboBox1.Items.Add("天津");
    comboBox1.Items.Add("重庆");
}
```

除了使用代码添加列表项，还可以在"属性"窗口中的 Items 属性中编辑列表内容。

此外，在默认情况下，可以在 ComboBox 控件中输入内容，如果应用中，ComboBox 列表的项目允许使用手工输入内容是没有问题的。但是，如果需要限制只能选择列表中的内容，如直辖市的选择，则可以通过 DropDownStyle 属性的设置来实现，其值包括：
- DropDown 值，默认值；
- DropDownList 值，用户只能选择列表中的项目；
- Simple 值，显示为如图 21-20 所示的样式，用户同样可以自己输入内容。

图 21-19　ComboBox 控件　　　　图 21-20　ComboBox 控件的 Simple 样式

21.8.2　列表的数据处理

这里讨论的问题是列表中的数据与列表项处理，首先关注几个属性：
- DataSource 属性，指定绑定的数据源；
- DisplayMember 属性，指定在数据源中用于显示列表项文本的成员名称；
- ValueMember 属性，指定在数据源中用于设置列表项数据的成员名称。

如下代码是将 cdb_test 数据库中 products 表中的商品信息绑定到 listBox1 控件中。

```
string sCnnStr = CSql.GetLocalCnnStr("cdb_test");
using(SqlConnection cnn = new SqlConnection(sCnnStr))
{
    cnn.Open();
    SqlCommand cmd = cnn.CreateCommand();
    cmd.CommandText = "select ProductId,Name from products;";
    using(SqlDataAdapter ada = new SqlDataAdapter(cmd))
    {
        DataSet ds = new DataSet();
        ada.Fill(ds, "products");
        //
        listBox1.DataSource = ds.Tables[0];
        listBox1.ValueMember = "ProductId";
        listBox1.DisplayMember = "Name";
    }
}
```

如果是使用封装的数据组件，可以使用如下代码完成相同的工作。

```
DataSet ds =
    CApp.MainDb.GetDataSet("products", "ProductId,Name", null);
listBox1.DataSource = ds.Tables[0];
listBox1.ValueMember = "ProductId";
listBox1.DisplayMember = "Name";
```

然后，可以选择其中的商品信息，并显示对应的 ProductId 值，如下面的代码。

```
if (listBox1.SelectedIndex >= 0)
    textBox1.Text = listBox1.SelectedValue.ToString();
else
    textBox1.Text = "[没有选择商品]";
```

获取选择项的文本内容，可以使用列表控件的 Text 属性，如下代码显示选择的商品名称。

```
if (listBox1.SelectedIndex >= 0)
    textBox1.Text = listBox1.Text;
else
    textBox1.Text = "[没有选择商品]";
```

此外，用于自动绑定列表的数据类型应该是实现了 IList 或 IListSource 接口的类型，如果需要管理列表的自定义数据项目，可以先创建一个列表项目类，如下面的代码（cschef.winx.CListItem.cs 文件）。

```
using System;
namespace cschef.winx
{
    public class CListItem
    {
        // 构造函数
        public CListItem(object oValue = null, object oText = null)
        {
            Text = oText;
            Value = oValue;
```

```
    }
        //
        public object Text { get; set; }
        public object Value { get; set; }
    }
}
```

可以通过 ArrayList 对象添加列表项。

```
ArrayList arrList = new ArrayList();
arrList.Add(new CListItem(0, "保密"));
arrList.Add(new CListItem(1, "男"));
arrList.Add(new CListItem(2, "女"));
//
listBox1.DataSource = arrList;
listBox1.ValueMember = "Value";
listBox1.DisplayMember = "Text";
```

然后，可以通过类似如下的代码获取选中项目对应的值。

```
if (listBox1.SelectedIndex >= 0)
    textBox1.Text = (listBox1.SelectedItem as CListItem).Value.ToString();
else
    textBox1.Text = "[没有选择项目]";
```

当然，也可以直接使用列表控件的属性，如下面的代码。

```
if (listBox1.SelectedIndex >= 0)
    textBox1.Text = listBox1.SelectedValue.ToString();
else
    textBox1.Text = "[没有选择项目]";
```

21.9　CheckedBoxList 控件

CheckedBoxList 控件用于定义复选框列表，经常用于多选项目的选择。默认情况下，双击一个选项才会改变它的选择状态，如果需要单击选择，可以修改 CheckOnClick 属性。

如下代码是在 checkedListBox1 控件中添加了 4 个直辖市的选项。

```
private void Form14_Load(object sender, EventArgs e)
{
    checkedListBox1.Items.Add("北京");
    checkedListBox1.Items.Add("上海");
    checkedListBox1.Items.Add("天津");
    checkedListBox1.Items.Add("重庆");
}
```

代码执行结果如图 21-21 所示。

如果需要在添加列表项目时指定默认的选中状态，可以使用 Add() 方法的另一个重载版本，如下面的代码。

```
private void Form14_Load(object sender, EventArgs e)
```

```
{
    checkedListBox1.Items.Add(" 北京 ");
    checkedListBox1.Items.Add(" 上海 ");
    checkedListBox1.Items.Add(" 天津 ");
    checkedListBox1.Items.Add(" 重庆 ", true);
}
```

代码执行结果如图 21-22 所示。

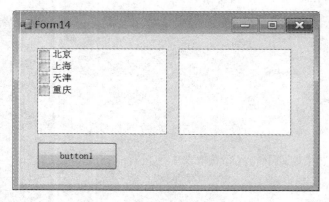

图 21-21　CheckedBoxList 控件

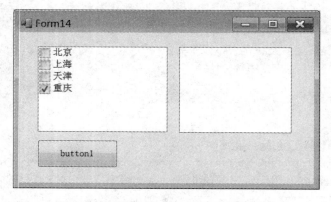

图 21-22　设置 CheckedBoxList 选项状态

在这个版本的 Add() 方法中，参数二用于指定选项的选择状态，true 表示选中，false 表示没有选中。此外，Add() 方法的另一个重载版本中，第二个参数定义为 CheckState 类型，其取值与 CheckBox 控件的 CheckState 属性取值相同，即包括 Checked、Unchecked 和 Indeterminate 值。

实际应用中，如果需要获取已选择的项目，可以使用 CheckedItems 属性判断，如下面的代码。

```
private void button1_Click(object sender, EventArgs e)
{
    foreach(object obj in checkedListBox1.CheckedItems)
    {
        listBox1.Items.Add(obj);
```

    }
}

代码执行结果如图 21-23 所示。

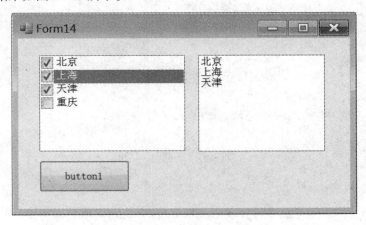

图 21-23　获取 CheckedBoxList 选择项

与 CheckBox 和 ComboBox 控件相似，同样可以在 CheckedListBox 控件中进行数据绑定操作。如下代码将 products 表中的 ProductId 和 Name 字段数据绑定到 checkedListBox1 控件中。

```
private void Form14_Load(object sender, EventArgs e)
{
    DataSet ds =
        CApp.MainDb.GetDataSet("products", "ProductId,Name", null);
    checkedListBox1.DataSource = ds.Tables[0];
    checkedListBox1.DisplayMember = "Name";
    checkedListBox1.ValueMember = "ProductId";
}
```

代码执行结果如图 21-24 所示。

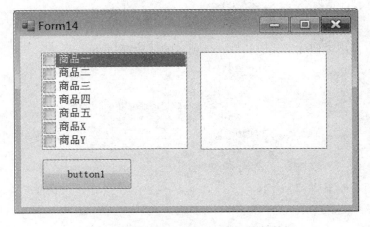

图 21-24　绑定 CheckedBoxList 控件数据

在显示数据过程中，如果需要设置默认的选择项，可以通过读取 DataTable 对象的数据来完成，如下面的代码。

```csharp
private void Form14_Load(object sender, EventArgs e)
{
    DataSet ds =
        CApp.MainDb.GetDataSet("products", "ProductId,Name", null);
    DataTable tbl = ds.Tables[0];
    for(int i=0;i<tbl.Rows.Count;i++)
    {
        // 选中 ID 为单数的商品
        if (CC.ToLng(tbl.Rows[i]["ProductId"]) % 2 == 1)
            checkedListBox1.Items.Add(tbl.Rows[i]["Name"],true);
        else
            checkedListBox1.Items.Add(tbl.Rows[i]["Name"]);
    }
}
```

实际应用中，如果需要更多地控制 checkedListBox1 列表项目，例如，需要获取多选项目的值，则可以继续使用前面封装的 CListItem 作为列表项类型，如下代码使用 CListItem 对象绑定列表项。

```csharp
private void Form14_Load(object sender, EventArgs e)
{
    DataSet ds =
        CApp.MainDb.GetDataSet("products", "ProductId,Name", null);
    DataTable tbl = ds.Tables[0];
    List<CListItem> lst = new List<CListItem>();
    for(int i=0;i<tbl.Rows.Count;i++)
    {
        lst.Add(new CListItem(
            tbl.Rows[i]["ProductId"],
            tbl.Rows[i]["Name"]));
    }
    checkedListBox1.DataSource = lst;
    checkedListBox1.ValueMember = "Value";
    checkedListBox1.DisplayMember = "Text";
}
```

接下来可以使用类似如下代码获取选择项目的值数据。

```csharp
private void button1_Click(object sender, EventArgs e)
{
    foreach(CListItem item in checkedListBox1.CheckedItems)
    {
        listBox1.Items.Add(item.Value);
    }
}
```

代码执行结果如图 21-25 所示。

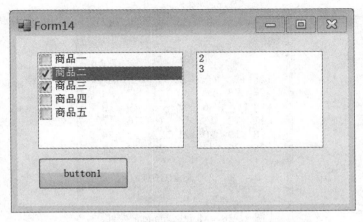

图 21-25　获取 CheckedBoxList 选择项的数据值

21.10　日期与时间控件

在 Windows 窗体中，日期与时间相关的控件包括 DateTimePicker 和 MonthCalendar 控件。

DateTimePicker 控件用于显示日期或时间，默认显示为长日期格式，如果需要显示指定格式的日期或时间数据，可以使用 Format 属性指定，其值包括：

❑ Long，默认值，显示为长日期格式；
❑ Short，显示为短日期格式；
❑ Time，显示为时间，包括"时:分:秒"；
❑ Custom，自定义格式。

图 21-26 显示了前 3 种显示格式。

此外，还可以使用 CustomFormat 属性指定为相应的格式化字符串，但此时需要将 Format 属性设置为 Custom 值。例如，只需要输入年份和月份时，可以使用"yyyy-MM"格式字符串，其显示结果如图 21-27 所示。

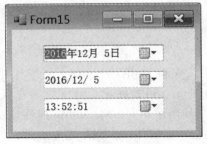
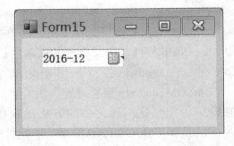

图 21-26　DateTimePicker 控件的不同格式　　图 21-27　自定义 DateTimePicker 控件显示格式

设置或获取控件的数据时，使用 DateTimePicker 控件的 Value 属性，它定义为 DateTime 属性，可以通过第 8 章讨论的相关内容处理日期和时间数据。

请注意，MaskedTextBox 控件不同，DateTimePicker 控件默认可以对日期或时间数据进行验证，大家可以根据需要灵活选择应用。

MonthCalendar 控件用于显示月历，如图 21-28 所示。

图 21-28　MonthCalendar 控件

在 MonthCalendar 控件中选择日期时，可以同时选择多个日期，可以使用 SelectionStart 属性获取选择的开始日期，使用 SelectionEnd 属性获取选择的结束日期，这两个属性都定义为 DateTime 类型。

此外，可以使用 SelectedRange 属性获取选择的日期范围，其中的 Start 和 End 属性分别对应了 MonthCalendar 控件的 SelectionStart 和 SelectionEnd 属性。

如下代码表示在 listBox1 控件中显示选择的日期列表。

```
DateTime dt = monthCalendar1.SelectionStart;
do
{
    listBox1.Items.Add(dt.ToLongDateString());
    dt = dt.AddDays(1);
} while (dt <= monthCalendar1.SelectionEnd);
```

实际应用中，如果只选择了 1 个日期，则可以直接使用 SelectionStart 或 SelectionEnd 属性获取选择的日期，它们返回的值是相同的。

21.11　菜单

应用开发中，主要使用两种类型的菜单控件，分别是：
- MenuStrip 控件，定义标准的菜单栏；
- ContextMenuStrip 控件，用于定义右键菜单，实际应用中，可以在组件中将 ContextMenuStrip 属性设置为所需要的 ContextMenuStrip 控件。

在窗体中定义这两种菜单的方法比较相似，只是其用途不同，MenuStrip 控件显示在窗体主体的顶部。而 ContextMenuStrip 控件则不直接显示在窗体中，而是需要通过组件的 ContextMenuStrip 设置，并在此组件上右击时显示。当然，也可以通过编写代码在需要的时候显示 ContextMenuStrip 菜单。

设置菜单时，可以直接在窗体中进行，也可以通过菜单控件的 Items 属性打开菜单项设计窗口，其中，可以对菜单进行更多的设计。

在菜单设计窗口中，选中一个菜单项，可以通过它的 DropDownItems 属性设置其子菜单，如图 21-29 所示，在 menuStrip1 控件中添加一个菜单项（toolStripMenuItem1），并在其中创建 4 个下拉项目，包括：
- 菜单项（MenuItem）；
- 下拉列表项（ComboBox）；
- 分割线（Separator）；
- 文本框项（TextBox）。

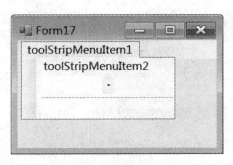

图 21-29　添加菜单项

接下来，看一下这 4 种菜单项目的应用特点。

（1）菜单项（MenuItem），可以用于执行某一操作，也可以作为"开／关"选项。当需要单击菜单项后执行一些代码时，可以将这些代码放在菜单项的 Click 事件中。此外，还可以通过 Checked 属性标识菜单项的选择状态。如下代码通过 Click 事件切换 toolStripMenuItem2 菜单项的选择状态。

```
private void toolStripMenuItem2_Click(object sender, EventArgs e)
{
    toolStripMenuItem2.Checked =
        !toolStripMenuItem2.Checked;
}
```

打开 Form17 窗体，单击 toolStripMenuItem2 菜单项，可以看到，它的状态在如图 21-30 所示的两个形式之间转换。

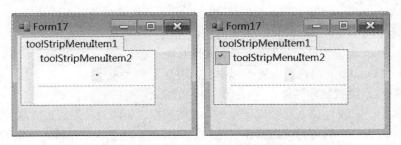

图 21-30　使用菜单项的 Checked 属性

（2）下拉列表项（ComboBox）和 ComboBox 控件的应用相似，如果在菜单中只允许选中特定的项目，可以在 ComboBox 中进行设置，如下代码在 Form17 启动时，设置 toolStripComboBox1 只能选择直辖市。

```
private void Form17_Load(object sender, EventArgs e)
{
```

```
toolStripComboBox1.Items.Add("北京");
toolStripComboBox1.Items.Add("上海");
toolStripComboBox1.Items.Add("天津");
toolStripComboBox1.Items.Add("重庆");
toolStripComboBox1.DropDownStyle =
    ComboBoxStyle.DropDownList;
}
```

菜单项显示如图 21-31 所示。

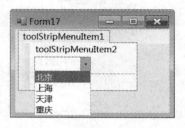

图 21-31　在菜单项中使用下拉列表

如果需要对选项的改变作出响应，可以在通过 SelectedIndexChanged 事件实现，如下代码通过消息对话框显示选择的城市名称。

```
private void toolStripComboBox1_SelectedIndexChanged(object sender,
    EventArgs e)
{
    MessageBox.Show(toolStripComboBox1.Text);
}
```

（3）分割线（Separator）的功能就比较简单了，就是用于对菜单中的项目进行分组。

（4）文本框项（TextBox）用于在菜单中定义可以输入内容的菜单项，如搜索菜单，其应用与 TextBox 控件比较相似。

21.12　通知图标

通知图标使用 NotifyIcon 控件，主要的属性包括：
- Icon 属性，设置为显示的图标（.ico 文件）；
- ContextMenuStrip 属性，设置图标中右击时显示的菜单；
- Text 属性，设置鼠标悬停在图标上时显示的文本内容。

开发过程中，应该为 Icon 属性设置一个有效的图标，否则，是无法正确显示通知图标的。

通知图标的另一个特点是可以弹出气泡消息，此时，需要关注 NotifyIcon 控件的以下一些成员：
- BalloonTipIcon 属性，设置气泡中显示的图标，定义为 ToolTipIcon 枚举类型，其成员包括 None（无图标）、Info（信息图标）、Error（错误图标）和 Warning（警告图标）；
- BalloonTipTitle 属性，设置气泡中显示信息的标题；
- BalloonTipText 属性，设置气泡中显示信息的文本内容；
- ShowBalloonTip() 方法，显示气泡。

实际应用中，如果图标显示的内容是固定的，则可以使用 BalloonTipIcon、BalloonTipTitle 和 BalloonTipText 属性设置显示的图标和信息，然后通过 ShowBalloonTip() 方法显示，此时，在方法中只需要设置气泡显示的时间（秒）即可。

如果需要通过气泡显示不同类型的信息，则可以使用 ShowBalloonTip() 方法的另一个版本，参数包括：

- 参数一，指定气泡显示的时间，单位为秒；
- 参数二，指定显示信息的标题；
- 参数三，指定显示的文本内容；
- 参数四，指定显示的图标。

如下代码会显示一个包括信息图标的气泡信息。

```
notifyIcon1.ShowBalloonTip(3,
    "信息标题",
    "一个小提示，泡泡消息显示中....",
    ToolTipIcon.Info);
```

显示结果如图 21-32 所示。

图 21-32　显示通知消息

21.13　工具栏

ToolStrip 控件用于在窗体中定义标准的工具栏，如图 21-33 所示，可以看到在工具栏中允许添加的内容。

图 21-33　添加工具栏项目

在工具栏中，常用的子控件是按钮（Button），如图 21-33 所示，添加了两个按钮。在工具栏中添加按钮后，可以通过按钮的 Image 属性设置其显示的图标，而双击按钮，则可以打开按钮的响应代码，即 Click 事件，如下面的代码。

```
private void toolStripButton1_Click(object sender, EventArgs e)
{
```

```
    MessageBox.Show(" 正确 ");
}
private void toolStripButton2_Click(object sender, EventArgs e)
{
    MessageBox.Show(" 错误 ");
}
```

然后，分别单击工具栏中的按钮，可以分别看到如图 21-34 所示的两个消息对话框。

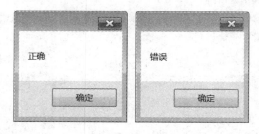

图 21-34　响应工具栏操作

工具栏中的其他子控件类型，都是基于基本的控件，大家可以根据这些控件的特点在工具栏中合理地使用。

21.14　DataGridView 控件

DataGridView 控件通过二维表的形式显示数据，合理地应用此控件，可以在窗体灵活地显示或编辑数据，下面，就来看一看 DataGridView 控件的常用操作。

DataGridView 控件位于"工具箱"中的"数据"组中，在窗体中添加此控件后会显示一些基本的属性设置，如图 21-35 所示。

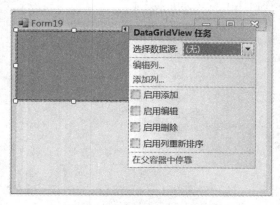

图 21-35　添加 DataGrid 控件

如果只需要一个只读的二维数据显示容器，则可以取消所有选项，如图 21-35 所示。

21.14.1　数据访问

接下来，将 products 数据表中的商品信息显示到 dataGridView1 控件中，如下面的代码。

```
private void Form19_Load(object sender, EventArgs e)
{
    DataSet ds =
        CApp.MainDb.GetDataSet("products", "*", null);
    dataGridView1.DataSource = ds.Tables[0];
}
```

代码中，使用 CApp 类，大家不要忘了在文件中引用 cschef.appx 命名空间。

启动 Form19 窗体，会显示类似如图 21-36 所示的内容。

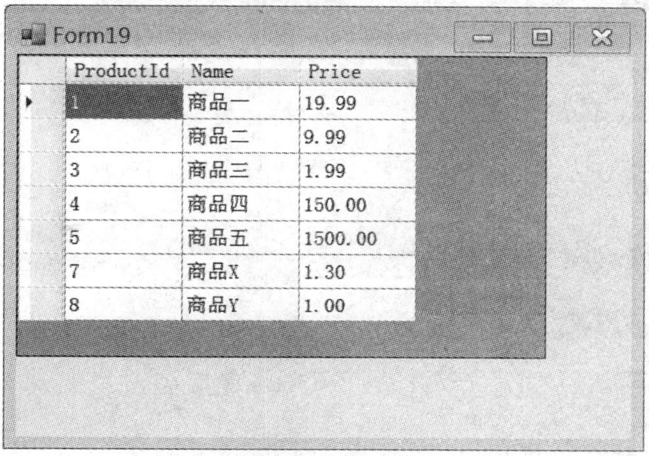

图 21-36　绑定 DataGrid 控件数据

如何访问这些数据呢？

首先，可以使用 Columns 属性访问字段信息，如下代码所示，从 dataGridView1 控件中读取字段名，并显示在 listBox1 控件中。

```
private void button1_Click(object sender, EventArgs e)
{
    for(int i=0;i<dataGridView1.Columns.Count;i++)
    {
        listBox1.Items.Add(dataGridView1.Columns[i].Name);
    }
}
```

代码执行结果如图 21-37 所示。

读取 DataGridView 控件中的数据，可以从 Rows 集合中获取，如下代码所示，会从 dataGridView1 控件中读取所有的商品名称，并显示在 listBox1 控件中。

```
for(int i=0;i<dataGridView1.Rows.Count;i++)
{
    listBox1.Items.Add(dataGridView1.Rows[i].Cells["Name"].Value);
}
```

请注意，使用数据行对象中的 Cells 集合具体列的数据，此时，可以使用列名（如代码中的"Name"），也可以使用整数索引（从 0 开始）。代码执行结果如图 21-38 所示。

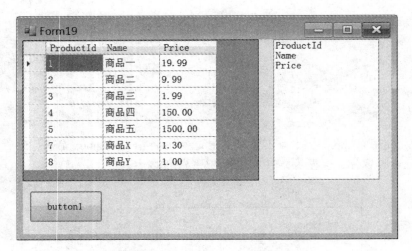

图 21-37 读取 DataGrid 控件字段信息

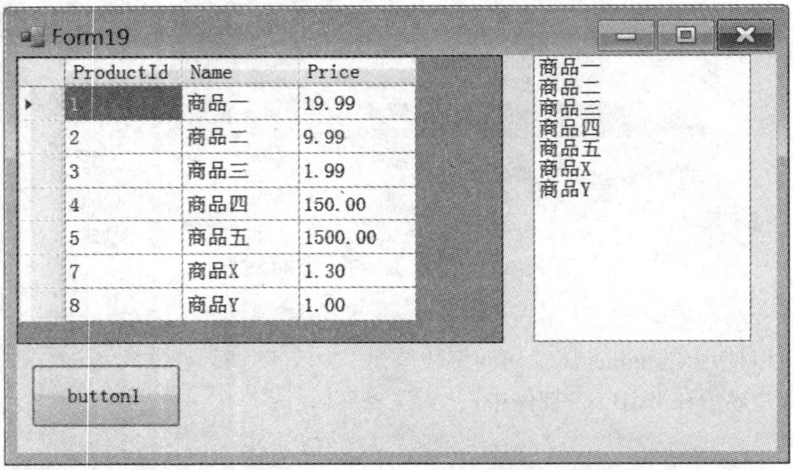

图 21-38 读取 DataGrid 控件数据

DataGridView 控件中，CurrentRow 属性返回当前选中的行，返回类型为 DataGridViewRow，如果没有选中的数据行，则返回 null 值。下面的代码会在 listBox1 列表中显示选中行的索引值。

```
if (dataGridView1.CurrentRow != null)
{
    listBox1.Items.Clear();
    listBox1.Items.Add(dataGridView1.CurrentRow.Index);
}
```

CurrentCell 属性返回当前选中的单元格，返回类型为 DataGridViewCell，如果没有选中单元格，则返回 null 值。如果需要获取当前单元格的行和列，可以使用 CurrentCellAddress 属性，它返回 Point 结构类型。

如下代码是在 listBox1 控件中显示选中单元格所在的行和列索引。

```
if (dataGridView1.CurrentCell != null)
{
    Point pt = dataGridView1.CurrentCellAddress;
    listBox1.Items.Clear();
    listBox1.Items.Add(pt.Y);
    listBox1.Items.Add(pt.X);
}
```

图 21-39 所示为一次执行结果。

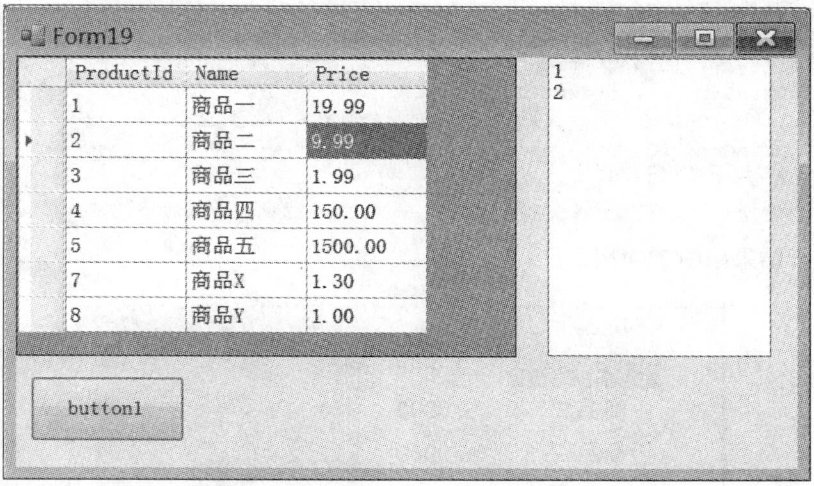

图 21-39 获取 DataGrid 单元格位置

21.14.2 显示与格式设置

前面，通过一系列的方法访问 DataGridView 控件中的数据，而在实际应用中，还可以设置 DataGridView 中字段和数据的显示格式。

如果需要将一列作为隐藏数据，可以将此列的 Visible 属性设置为 false，如 "dataGridView1.Columns[0].Visible = false;"，这样，显示的数据就只有商品名称和价格，也许这样更便于用户查看商品信息，如图 21-40 所示。

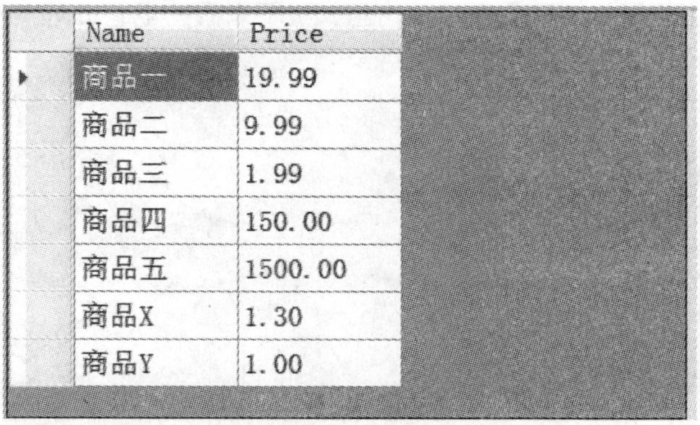

图 21-40 隐藏 DataGrid 控件字段

这里，虽然 ProductId 字段隐藏了，但它实际还是存在于 dataGridView1 控件的，所以，依然可以在代码中使用 ProductId 数据，例如，使用此数据打开某一商品数据进行编辑。

如下代码会将 Name 和 Price 两列的内容（字段名与数据）居中对齐，并将 Price 数据格式设置为 4 位小数。

```
// 居中对齐
dataGridView1.Columns["Name"].HeaderCell.Style.Alignment =
    DataGridViewContentAlignment.MiddleCenter;
dataGridView1.Columns["Name"].DefaultCellStyle.Alignment =
    DataGridViewContentAlignment.MiddleCenter;
dataGridView1.Columns["Price"].HeaderCell.Style.Alignment =
    DataGridViewContentAlignment.MiddleCenter;
dataGridView1.Columns["Price"].DefaultCellStyle.Alignment =
    DataGridViewContentAlignment.MiddleCenter;
// 金额显示格式
dataGridView1.Columns["Price"].DefaultCellStyle.Format = "f4";
```

代码执行结果如图 21-41 所示。

Name	Price
商品一	19.9900
商品二	9.9900
商品三	1.9900
商品四	150.0000
商品五	1500.0000
商品X	1.3000
商品Y	1.0000

图 21-41　设置 DataGrid 数据格式

21.15　TreeView 控件

TreeView 控件用于显示树状数据结构信息，接下来看一下它的基本应用。

如下代码会显示 C 盘根目录下的所有目录。

```
private void button1_Click(object sender, EventArgs e)
{
    DirectoryInfo bootDir = new DirectoryInfo(@"c:\");
    DirectoryInfo[] dir = bootDir.GetDirectories();
    TreeNode bootNode =
            treeView1.Nodes.Add(bootDir.Name, bootDir.Name);
    for (int i = 0; i < dir.Length; i++)
    {
        bootNode.Nodes.Add(dir[i].Name, dir[i].Name);
    }
}
```

执行此代码，会默认显示 "c:\"，当单击其前面的加号时，就会显示出完整的目录列表，如图 21-42 所示。

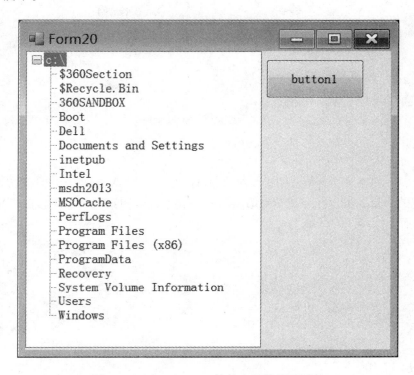

图 21-42 在 TreeView 控件中显示目录列表

需要获取选择的节点时，可使用 SelectedNode 属性，如果没有选择节点，则此属性返回 null 值。如下代码会显示当前选中节点的文本内容。

```
if (treeView1.SelectedNode != null)
    MessageBox.Show(treeView1.SelectedNode.Text);
```

如果需要获取选中节点的完整路径，可以使用 FullPath 属性，如下面的代码。

```
if (treeView1.SelectedNode != null)
    MessageBox.Show(treeView1.SelectedNode.FullPath);
```

默认设置中，节点之间使用 "\" 符号进行分割，如果需要使用其他符号分割，可以设置 PathSeparator 属性。

此外，还可以通过一系列的事件来响应 TreeView 控件的操作，例如，双击时显示选择节点的完整路径，如下面的代码。

```
private void treeView1_DoubleClick(object sender, EventArgs e)
{
    if (treeView1.SelectedNode != null)
        MessageBox.Show(treeView1.SelectedNode.FullPath);
}
```

当然，双击时，也可以载入此目录下的子目录，修改双击事件的代码如下。

```csharp
private void treeView1_DoubleClick(object sender, EventArgs e)
{
    if (treeView1.SelectedNode == null) return;
    TreeNode curNode = treeView1.SelectedNode;
    DirectoryInfo curDir = new DirectoryInfo(curNode.FullPath);
    DirectoryInfo[] dir = curDir.GetDirectories();
    for(int i=0;i<dir.Length;i++)
    {
        curNode.Nodes.Add(dir[i].Name, dir[i].Name);
    }
}
```

实际应用中,如果节点数量众多,就可以采取这种逐步载入的方式来生成 TreeView 节点,也就是根据用户操作的需要来载入节点内容。

请注意,一些目录会有特殊的操作权限,可能在载入其子目录时会出现异常。如果需要只操作特定的目录,可以在生成节点时对目录的属性进行判断,如下代码在载入 C 盘目录时过滤了具有系统属性的目录。

```csharp
for (int i = 0; i < dir.Length; i++)
{
    FileAttributes attr = dir[i].Attributes;
    if ((attr & FileAttributes.System) != FileAttributes.System)
        bootNode.Nodes.Add(dir[i].Name, dir[i].Name);
}
```

21.16 对话框

对话框是在 Windows 窗体应用项目中非常常见的一个元素,它为应用提供了丰富的交互方式。在"工具箱"中也包含了一些对话框控件,而本节将会直接使用代码操作对话框,并对常用功能进行封装,这些代码主要定义在 CDialog 类中(cschef.winx.CDialog.cs 文件)。

21.16.1 信息、警告与错误

从显示消息的级别上讲,信息、警告和错误是不同类型的消息,但从实现上看,它们却是一回事,只是显示的图标不同而已。

实现消息对话框时,会使用 MessageBox 类,它定义在 System.Windows.Forms 命名空间。如果只是简单地显示一条信息,可以使用如下代码。

```csharp
MessageBox.Show("这是一条信息");
```

执行代码,可以看到如图 21-43 所示的对话框。

如果需要显示信息、警告或错误图标,需要使用 Show() 方法的另一个重载版本,其格式如下。

图 21-43 消息对话框

```csharp
MessageBox.Show(<消息>,<标题>,<按钮>,<图标>);
```

其中：
- <消息>为显示的文本内容，定义为 string 类型。
- <标题>为对话框的标题内容，定义为 string 类型。
- <按钮>指定对话框显示的按钮，定义为 MessageBoxButtons 枚举类型。如果只是显示消息，可以只显示"确定"按钮，此时，使用 MessageBoxButtons.OK 值。
- <图标>指定显示的图标，定义为 MessageBoxIcon 枚举类型。常用成员包括 Information（显示 i 的信息图标）、Warning（黄三角加叹号的警告图标）、Error（红底加白 × 的错误图标）和 Question（显示问号的图标）。

也许每次都写这么多参数有点麻烦了，没关系，可以进行封装，如下代码（cschef.winx.CDialog.cs 文件）显示包含 Information 图标对话框的方法。

```
using System;
using System.Windows;
using System.Windows.Forms;

namespace cschef.winx
{
    public static class CDialog
    {
        //
        public static void ShowInf(string msg, params object[] argv)
        {
            MessageBox.Show(string.Format(msg, argv),
                "", MessageBoxButtons.OK, MessageBoxIcon.Information);
        }
    }
}
```

请注意，在 ShowInf() 方法中使用了参数数组，在方法内部，使用 String.Format() 方法组合后，显示完整的信息。同时，对话框显示了"确定"按钮和 Information 图标。

接下来，如果同样只显示简单的信息，可以使用如下代码。

```
CDialog.ShowInf("这是一条信息");
```

图 21-44　消息对话框

执行代码会显示如图 21-44 所示的对话框。

如果信息中包括其他数据，可以使用类似 Console.WriteLine() 或 String.Format() 方法的书写格式，如下面的代码。

```
int[] arr = { 3,8,6,9,15};
CDialog.ShowInf("数组中有 {0} 个数据，平均数是 {1}",
    arr.Length, arr.Average());
```

代码执行结果如图 21-45 所示。

如下代码是 CDialog 类中显示警告和错误消息的方法（cschef.winx.CDialog.cs 文件）。

```
// 显示警告
public static void ShowWarning(string msg, params object[] argv)
{
    MessageBox.Show(string.Format(msg, argv),
        "", MessageBoxButtons.OK, MessageBoxIcon.Warning);
```

```
}
//
public static void ShowErr(string msg, params object[] argv)
{
    MessageBox.Show(string.Format(msg, argv),
        "", MessageBoxButtons.OK, MessageBoxIcon.Error);
}
```

这两个方法会分别显示如图 21-46 所示的对话框。

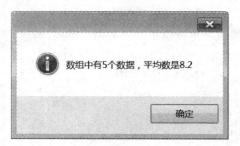

图 21-45 组合并显示信息

图 21-46 警告与错误消息对话框

21.16.2 提问对话框

项目中，需要用户做出决定时，可以通过一个对话框来提出问题，并通过用户单击的按钮做出相应的处理。此时，需要使用 MessageBox.Show() 方法的返回值，它定义为 DialogResult 枚举类型，其成员包括：

❏ OK，单击了"确定"按钮；
❏ Cancel，单击了"取消"按钮；
❏ Ignore，单击了"忽略"按钮；
❏ Abort，单击了"中止"按钮；
❏ Retry，单击了"重试"按钮；
❏ Yes，单击了"是"按钮；
❏ No，单击了"否"按钮。
❏ None，没有单击按钮。

如下是封装的 ShowQes() 方法（cschef.winx.CDialog.cs 文件）。

```
public static DialogResult ShowQes(
```

```
    MessageBoxButtons buttons, string msg, params object[] argv)
{
    return MessageBox.Show(string.Format(msg, argv),
        "", buttons);
}
```

代码中并没有显示 Question 图标，这是因为微软官方文档中已经建议不再使用此图标表示"提问"的概念，而总是表示"帮助"的概念。

方法中，定义了 3 个参数，分别是：
❑ 参数一，指定需要显示的按钮类型，定义为 MessageBoxButtons 枚举类型；
❑ 参数二，指定显示的问题；
❑ 参数三，定义为数组参数，用于组合问题的文本内容。

如下代码会显示一个包含"确定"和"取消"按钮的提问对话框。

```
DialogResult result =
    CDialog.ShowQes(MessageBoxButtons.OKCancel, "确定要继续操作吗");
if (result == DialogResult.OK)
    textBox1.Text = "确定继续";
else
    textBox1.Text = "取消操作";
```

代码会显示如图 21-47 所示的对话框。

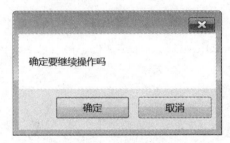

图 21-47　提问对话框

实际上，没有标题和图标的对话框更能真正突出重要的内容，你说呢？

21.16.3　输入对话框

在应用中需要用户输入简单的数据时，可以使用输入对话框，使用过 VB 或 VB.NET 的朋友可能会比较熟悉，而在 C# 中，需要自己创建一个。

首先，创建一个窗体，命名为 CInputBox，定义在 cschef.winx.CInputBox.cs 文件中。其中，创建一个标签（label1）、一个文本框（textBox1），以及两个按钮，包括"确定"按钮和"取消"按钮。如图 21-48 所示。

此外，还需要对窗体的几个属性进行设置，包括：
❑ Text 属性，设置为空；
❑ AcceptButton 属性，设置为 button1（确定）；
❑ CancelButton 属性，设置为 button2（取消）；
❑ MinimizeBox 属性，设置为 False，即不显示最小化按钮；

❏ StartPosition 属性，设置为 CenterScreen，窗体启动后会显示在屏幕中央的位置。

请注意，将 CInputBox 窗体定义在 cschef.winx 命名空间下，需要对两个代码文件进行修改，如图 21-49 所示。

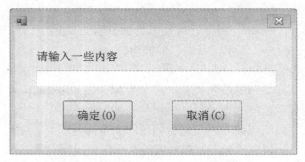

图 21-48　输入对话框

图 21-49　窗体代码文件

首先是 cschef.winx.CInputBox.Designer.cs 文件，修改名空间的定义。

```
namespace cschef.winx
{
    partial class CInputBox
    {
        // 自动生成的代码
    }
}
```

接下来是 cschef.winx.CInputBox.cs 文件，这里给出了完整的定义，如下面的代码。

```
using System;
using System.Collections.Generic;
using System.ComponentModel;
using System.Data;
using System.Drawing;
using System.Linq;
using System.Text;
using System.Windows.Forms;

namespace cschef.winx
{
    public partial class CInputBox : Form
    {
        // 标记是否返回输入内容，只在单击"确定"按钮后
        private bool useReturnValue = false;
```

```csharp
// 显示或输入的值
public string Value
{
    get
    {
        if (useReturnValue)
            return textBox1.Text;
        else
            return "";
    }
    set
    {
        textBox1.Text = value;
    }
}

// 说明文本
public string Description
{
    get { return label1.Text; }
    set { label1.Text = value; }
}

// 显示
public static string Show(string description,
    string defaultValue = "", string caption = "")
{
    CInputBox f = new CInputBox();
    f.Text = caption;
    f.Value = defaultValue;
    f.Description = description;
    f.ShowDialog();
    return f.Value;
}

//
public CInputBox()
{
    InitializeComponent();
}

// 确定按钮
private void button1_Click(object sender, EventArgs e)
{
    useReturnValue = true;
    this.Close();
}

// 取消按钮
private void button2_Click(object sender, EventArgs e)
{
    this.Close();
}
```

在 CInputBox 窗体中，首先定义了一个 bool 类型的变量 useReturnValue，它的功能是用于标识在关闭窗体时，是否返回文本框中的内容。接下来是两个属性，Value 属性用于设置和获取 textBox1 控件的内容，也就是输入对话框显示和输入的内容。请注意，只有当 useReturnValue 变量为 true 时才返回文本框的内容，否则返回空字符串。Description 属性用于设置和获取提示内容，即 label1 控件的内容。

接下来是 Show() 静态方法，它用于显示一个输入窗体。方法中包括 3 个 string 类型的参数，分别是：

- description，指定需要显示的提示内容；
- defaultValue，设置默认值；
- caption，设置窗体的标题内容。

应用时，只有单击"确定"按钮时，会将 useReturnValue 变量设置为 true 值，这样，才会返回文本框输入的内容，否则只会返回空字符串。

如下代码演示了 CInputBox 窗体的使用。

```
textBox1.Text = CInputBox.Show("请输入一些内容", "0");
```

代码会显示如图 21-50 所示的对话框。

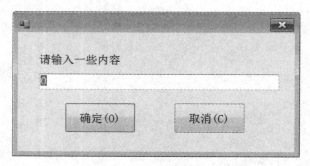

图 21-50　调用输入对话框

大家可以输入一些内容，分别单击"确定""取消"，或者直接关闭窗体来观察输出的结果。

此外，在一些情况下，可能需要当前用户再次输入密码，可以定义一个 ShowForPassword() 方法来实现，如下面的代码（cschef.winx.CInputBox.cs 文件）。

```
// 显示密码输入对话框
public static bool ShowForPassword(string description, out string sPwd)
{
    CInputBox f = new CInputBox();
    f.Description = description;
    TextBox txtPwd = f.Controls.Find("textBox1", false)[0] as TextBox;
    txtPwd.PasswordChar = '*';
    f.ShowDialog();
    if (f.useReturnValue)
    {
        sPwd = txtPwd.Text;
        return true;
    }
```

```
        else
        {
            sPwd = "";
            return false;
        }
    }
```

请注意，在 ShowForPassword() 方法中，在取消或直接关闭对话框时，并没有使用空字符串作为返回值，因为有时候密码就是空字符串。在这里，如果单击了"确定"按钮，则方法返回 true 值，输入的密码由第 2 个参数输出。如果单击了"取消"按钮或直接关闭，则方法返回 false 值。

最后，如果大家想保持对话框调用的一致性，可以在 CDialog 类中封装两个显示输入对话框的方法，如下面的代码（cschef.winx.CDialog.cs 文件）。

```
//
public static string InputBox(string description,
    string defaultValue="",string caption="")
{
    return CInputBox.Show(description, defaultValue, caption);
}

//
// 密码输入对话框
public static bool PasswordInputBox(string description, out string sPwd)
{
    return CInputBox.ShowForPassword(description, out sPwd);
}
```

在如下代码中，如果单击"确定"按钮，会在 textBox1 文本框中显示输入的密码，否则显示"没有输入密码"。

```
string pwd;
if (CDialog.PasswordInputBox("请输入密码", out pwd))
    textBox1.Text = pwd;
else
    textBox1.Text = "没有输入密码";
```

显示对话框后，当输入内容时，会显示为掩码，如图 21-51 所示。

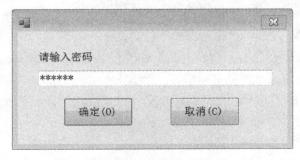

图 21-51　密码输入对话框

21.16.4 颜色

需要选择颜色时，可以使用 ColorDialog 类。如果想尽可能地减少代码，可以继续进行封装，如下面的代码（cschef.winx.CDialog.cs 文件）。

```csharp
public static Color ShowColor(Color initColor)
{
    ColorDialog dlg = new ColorDialog();
    dlg.AllowFullOpen = true;
    dlg.AnyColor = true;
    dlg.Color = initColor;
    dlg.ShowDialog();
    return dlg.Color;
}
```

方法中，定义了一个参数，用于带入初始颜色值。然后，主要使用了 ColorDialog 类的以下一些成员：

- AllowFullOpen 属性，是否允许显示完整的颜色选择窗口；
- AnyColor 属性，是否允许显示所有可用的颜色；
- Color 属性，设置和获取选择的颜色；
- ShowDialog() 方法，显示选择颜色的对话框窗口。

如下代码将通过一个颜色选择对话框来设置 textBox1 控件的背景色。

```csharp
textBox1.BackColor = CDialog.ShowColor(textBox1.BackColor);
```

此外，如果需要使用自定义颜色，可以关注 CustomColors 属性的使用。

21.16.5 字体

选择字体时，可以使用 FontDialog 类，如下是在 CDialog 类中封装的 ShowFont() 方法。

```csharp
public static Font ShowFont(Font initFont)
{
    FontDialog dlg = new FontDialog();
    dlg.AllowScriptChange = true;
    dlg.AllowSimulations = true;
    dlg.AllowVectorFonts = true;
    dlg.AllowVerticalFonts = true;
    dlg.Font = initFont;
    dlg.ShowDialog();
    return dlg.Font;
}
```

其中，4 个以 "Allow" 开始的属性保证在字体对话框中显示所有的可用字体。而 Font 属性则用于设置和获取字体对象。ShowDialog() 方法同样用于显示字体选择对话框，最后会返回选择的字体。其参数用于指定初始字体。

如下代码可以设置 textBox1 文本框的字体。

```csharp
textBox1.Font = CDialog.ShowFont(textBox1.Font);
```

此外，在选择字体时，可以同时设置字体的颜色，此时，需要关注 FontDialog 类中的 Color 属性。如下代码就是同时设置字体和颜色的方法（cschef.winx.CDialog.cs 文件）。

```
public static Font ShowFont(Font initFont,
    Color initColor, out Color selectedColor)
{
    FontDialog dlg = new FontDialog();
    dlg.AllowScriptChange = true;
    dlg.AllowSimulations = true;
    dlg.AllowVectorFonts = true;
    dlg.AllowVerticalFonts = true;
    dlg.Font = initFont;
    dlg.ShowColor = true;
    dlg.Color = initColor;
    dlg.ShowDialog();
    selectedColor = dlg.Color;
    return dlg.Font;
}
```

在这个 ShowFont() 方法的重载版本中，增加了两个参数，它们都定义为 Color 类型，其中，initColor 用于带入初始颜色，selectedColor 定义为输出参数，用于返回用户选择的颜色。

通过类似下面的代码，可以修改 textBox1 文本框中的字体和颜色。

```
Color c;
textBox1.Font =
    CDialog.ShowFont(textBox1.Font,textBox1.ForeColor,out c);
textBox1.ForeColor = c;
```

21.16.6 打开、保存文件

处理文件时经常会使用打开和保存对话框，它们的使用比较相似，都是选择文件的路径，而不会真正地操作文件。

先来看保存文件对话框，它会显示为"另存为"窗口，使用 SaveFileDialog 类来调用。下面是对这一功能的封装（cschef.winx.CDialog.cs 文件）。

```
public static string ShowSaveFile(string filter=" 所有文件 |*.*")
{
    SaveFileDialog dlg = new SaveFileDialog();
    dlg.Filter = filter;
    dlg.AddExtension = true;
    dlg.ShowDialog();
    return dlg.FileName;
}
```

选择"保存"和"打开"文件的时候，一个重要的操作就是对文件类型的过滤，在 ShowSaveFile() 方法中的参数就是这个功能。

过滤规则由两个部分组成，使用 | 符号分隔。其中，前一部分设置显示的信息，如代码中的"所有文件"，后一部分过滤文件类型的扩展名，同时指定多个扩展名时，使用分号分隔。

此外，多个过滤规则同样使用|符号分隔。
如下代码指定只能选择3种图片文件。

```
textBox1.Text = CDialog.ShowSaveFile("图片文件|*.jpg;*.bmp;*.png");
```

如果分别设置每一种图片的过滤规则，可以使用以下代码。

```
string filter = "JPEG图片|*.jpg|位图文件|*.bmp|PNG图片|*.png";
textBox1.Text = CDialog.ShowSaveFile(filter);
```

执行此代码，会在"另存为"对话框中的"保存类型"里分别显示这3种图片文件的过滤，如图21-52所示。

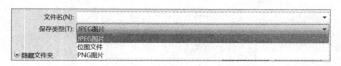

图21-52 选择文件类型

此外，如果输入的文件名没有包含扩展名，还可以自动添加，此时，需要将SaveFileDialog类中的AddExtension属性设置为true值。

调用"打开"对话框时，使用OpenFileDialog类，如下代码就是此功能的封装方法（cschef.winx.CDialog.cs文件）。

```
public static string ShowOpenFile(string filter="所有文件|*.*")
{
    OpenFileDialog dlg = new OpenFileDialog();
    dlg.Filter = filter;
    dlg.ShowDialog();
    return dlg.FileName;
}
```

打开文件与保存文件不同的是，打开文件可以同时打开多个文件，下面，创建一个ShowOpenFiles()方法，支持同时打开多个文件（cschef.winx.CDialog.cs文件）。

```
public static string[] ShowOpenFiles(string filter = "所有文件|*.*")
{
    OpenFileDialog dlg = new OpenFileDialog();
    dlg.Filter = filter;
    dlg.Multiselect = true;
    dlg.ShowDialog();
    return dlg.FileNames;
}
```

在这个方法中，设置了OpenFileDialog类中的Multiselect属性，它决定是否允许进行多选。此外，FileNames属性会返回一个string[]类型，数组中包含了所有选中文件的完整路径，如果数组成员数量为0，说明没有选择任何文件。

实际应用中，可以通过类似如下的代码使用ShowOpenFiles()方法。

```
string filter = "JPEG图片|*.jpg|位图文件|*.bmp|PNG图片|*.png";
string[] arr = CDialog.ShowOpenFiles(filter);
if(arr.Length==0)
{
```

```
        textBox1.Text = "没有选择文件";
}
else
{
    for (int i = 0; i < arr.Length; i++)
        listBox1.Items.Add(arr[i]);
}
```

此外，在使用 OpenFileDialog 类时，如果只需要获取文件名，而不需要路径信息，可以使用 SafeFileName 和 SafeFileNames 属性。

21.16.7 选择路径

选择路径时，可以使用 FolderBrowserDialog 类，下面是封装的 ShowFolder() 方法（cschef.winx.CDialog.cs 文件）。

```
public static string ShowFolder()
{
    FolderBrowserDialog dlg = new FolderBrowserDialog();
    dlg.ShowNewFolderButton = true;
    dlg.ShowDialog();
    return dlg.SelectedPath;
}
```

其中，ShowNewFolderButton 属性用于指定是否显示"新建文件夹"按钮，这样，当用户没有找到需要的目录时，可以直接在对话框中创建。

如下代码演示了 ShowFolder() 方法的使用。

```
textBox1.Text = CDialog.ShowFolder();
```

第22章 ASP.NET 网站开发

网站，或者说是 Web 应用的优势是只需要在服务器发布和维护。本章内容的主角是 ASP.NET，这是一种动态页面技术，本章介绍在 Windows 操作系统中使用 IIS 或 IIS Express 来运行 ASP.NET 网站。

此外，当项目需要数据库支持时，也可以选择各种数据库。第 17 ~ 20 章已经讨论了相关的内容，在本章中还会看到这些内容的应用，特别是封装的数据组件在 ASP.NET 项目中的应用。

接下来讨论 ASP.NET 网站的开发，主要内容包括：
- 网站开发概述；
- 创建 ASP.NET 网站；
- 页面与 Web 窗体；
- 常用对象；
- Web 控件；
- 文件上传；
- 缓存；
- Ajax 基础；
- 全站编译；
- 示例：基于数据库的用户注册与登录。

22.1 网站开发概述

本节为网站开发初学者提供快速的入门教程，如果你已经可以使用 HTML、CSS、JavaScript 开发网站，则可以跳过本部分，直接阅读 ASP.NET 相关的内容。

开发具有一定规模的 Web 项目时，一些技术的综合应用是必需的，如 HTML、CSS、JavaScript、动态页面技术和数据库，笔者称之为"Web 开发五剑客"。下面分别讨论这些技术在 Web 项目中的角色和分工。

请注意，本部分的代码可以先通读一遍，在下一节中，在了解了如何运行 ASP.NET 网站之后，就可以看到这些内容真正的执行效果。

22.1.1 HTML

世界上的第一个网页就是使用 HTML 编写的，HTML 是指超文本标记语言（HyperText Markup Language），在经历了 HTML 到 XHTML（可扩展标记语言）的发展，以及漫长的等待，直到 HTML5 的发布，HTML 才又真正地重回主流。那么，HTML 到底是什么呢？

在实际应用中，HTML 定义了页面的内容和结构，其中包含了文本内容，以及由一系列标签定义的各种元素。

HTML5 标准中，按照标签的格式可以分为两种：一是单标签元素，如换行标签
；另一种是由开始标签和结束标签组成的双标签元素，如定义一个段落的 <p> 和 </p> 标签。

此外，在 XHTML 标准中，要求单标签也应该有结束标识，如
。

在 HTML5 标准中，对标签的使用更加自由，但在实际开发中，一个清晰的页面结构可以更有效地进行开发和维护工作。所以，在创建页面时，还是应该从一个基本的页面结构开始，如下面的代码（/demo/test01.html 文件）。

```html
<!doctype html>
<html>
    <head>
        <meta charset="utf-8">
        <title>页面标题</title>
    </head>
    <body>
        <h1>页面内容</h1>
    </body>
</html>
```

图 22-1 就是使用 IE11 浏览器打开此页面的效果。

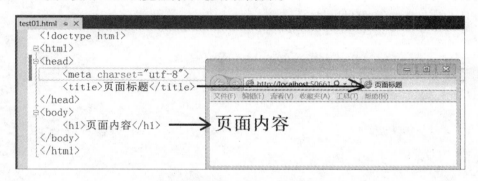

图 22-1　HTML5 页面基本结构

可以从这个简单的示例中看到 HTML5 页面的基本结构，如：

❑ <!doctype> 元素会为浏览器说明页面的文档类型，代码中就是 HTML5 页面的声明。

❑ <html> 和 </html> 标签定义了 HTML 页面的内容。

❑ <head> 和 </head> 标签定义了页面的头部，用于定义页面的一些基本数据。其中，<meta> 定义一些页面中的元数据，也就是关于页面的一些信息和参数。代码中，我们指定页面采用了 UTF-8 编码（Unicode）。<title> 和 </title> 标签定义了页面的标题，它会显示在浏览器标题或标签中，如图 22-1 所示。

❑ <body> 和 </body> 标签定义了页面的主体部分，也就是显示在浏览器中的正式内容。其中，<h1> 和 </h1> 标签定义为一级标题元素。

在后续的内容中还会介绍一些常用的 HTML 标签。

22.1.2　CSS

前面说过，HTML 定义了页面的基本内容和结构，如果将 HTML 页面比喻为毛坯房，那么 CSS 的功能就是对房子进行装修。

CSS（Cascading Style Sheets，层叠样式表）是一种定义 HTML（或 XHTML）页面样式的技术，主要用于定义页面元素的布局、外观等。实际应用中，CSS 样式会使用一系列的属性来定义，属性定义的格式如下：

```
< 属性名 >:< 属性值列表 >;
```

其中，每一个属性由属性名和属性值组成，它们由英文冒号分隔。设置样式属性时，有些时候可以使用多个属性值，这些属性值需要使用空格分隔。最后，不要忘了，每个属性都应该使用英文分号作为结束。

页面中，可以有几种基本的方法使用 CSS 样式，如：

直接在 HTML 元素中定义，此时，使用标签中的 style 属性定义，如下面的代码，将一级标题的内容设置为红色。

```html
<h1 style="color:red;"> 页面内容 </h1>
```

另一种方法是单独定义样式，然后通过选择器（selector）确定哪些元素应用哪些样式。可以在页面内部使用 <style></style> 标签包含样式表，一般定义在 <head></head> 标签中，如下面的代码（/demo/test02.html）。

```html
<!doctype html>
<html>
<head>
    <meta charset="utf-8">
    <title>页面标题</title>
    <style>
        h1 {
            color:red;
        }
    </style>
</head>
<body>
    <h1>页面内容</h1>
</body>
</html>
```

在大型的 Web 项目中，会将 CSS 样式表定义在独立的文件中，并以 .css 作为扩展名，如下面的代码（/demo/test.css）。

```css
h1 { color:red; }
```

然后，可以在页面中使用 <link> 标签来引用它，如下面的代码（/demo/test03.html）。

```html
<!doctype html>
<html>
<head>
    <meta charset="utf-8">
    <title>页面标题</title>
    <link rel="stylesheet" href="test.css" >
</head>
<body>
    <h1>页面内容</h1>
</body>
```

```
</html>
```

前面的几种方法都会显示红色的内容。

创建独立的样式表时，我们使用了名称选择器，也就是通过页面元素的名称指定应用哪个样式。除了名称选择器，还可以使用其他一些选择器指定应用的样式，常用的包括：

（1）ID 选择器。通过标签中的 id 属性来指定元素应用的样式。如下代码在 <h1> 标签中使用了 id 属性。

```
<h1 id="red_title">红色标题</h1>
```

使用 # 符号定义 ID 选择器，如下面的代码。

```
#red_title {color:red;}
```

（2）类（class）选择器。通过标签中的 class 属性指定元素应用的样式，如下面 <h1> 标签的定义。

```
<h1 class="blue_title">蓝色标题</h1>
```

使用圆点（.）定义类选择器，如下面的代码。

```
.blue_title {color:blue;}
```

如下代码（/demo/test04.html 文件）在页面中定义了 3 个 <h1> 标签，可以看到这 3 个标题分别显示为不同的颜色。

```
<!doctype html>
<html>
<head>
    <meta charset="utf-8">
    <title>页面标题</title>
    <style>
        #red_title {color:red;}
        .blue_title {color:blue;}
    </style>
</head>
<body>
    <h1 id="red_title">红色标题</h1>
    <h1 class="blue_title">蓝色标题</h1>
    <h1>正常标题</h1>
</body>
</html>
```

如果有多个元素使用同样的样式，无论是通过名称、ID 还是类选择器，都可以同时定义，此时，只需要用逗号将它们分隔即可，如下面的代码（/demo/test05.html 文件）。

```
<!doctype html>
<html>
<head>
    <meta charset="utf-8">
    <title>页面标题</title>
    <style>
        #red_title , h2 {
```

```
            color: red;
        }
    </style>
</head>
<body>
    <h1 id="red_title">红色标题</h1>
    <h2>红色标题</h2>
</body>
</html>
```

此外，在确定应用样式的页面元素时，还可以指定应用元素的层次，如下面的代码（/demo/test06.html 文件）。

```
<!doctype html>
<html>
<head>
    <meta charset="utf-8">
    <title>页面标题</title>
    <style>
        .center_content {text-align:center;}
        .center_content h1 {color:red;}
    </style>
</head>
<body>
    <div class="center_content">
        <h1>居中标题</h1>
    </div>
    <h1>正常标题</h1>
</body>
</html>
```

代码中，确定在 center_content 类中的 <h1> 元素显示为红色，此时，使用空格来确定样式应用的元素层次。

同 HTML 一样，在接下来的学习实践中会看到更多样式的应用。

22.1.3 JavaScript

JavaScript 是一种脚本语言，一般会运行在用户的浏览器中。很久以来，JavaScript 的恶名与其强大的功能一样引人注目。不过，随着 Ajax、RIA（Rich Interface Application）等技术在网站开发中的大量应用，JavaScript 又重新回到主流技术之中。现在，JavaScript 不再是泛滥地弹出窗口、霸道地修改浏览器外观、令人炫目地"飞行"元素等影响用户体验因素的元凶，而是默默地在后台与服务器交互数据、创建更加友好的 Web 交互界面。当然，也少不了在后台玩一玩大数据，例如根据用户浏览记录和习惯载入一些小广告等。

JavaScript 是一种功能强大的编程语言，无论是函数式编程，还是面向对象编程，JavaScript 都可以轻松应对。而且，它的语法同样属于 C/C++ 风格的。此外，JavaScript 还可以通过 BOM（Brower Object Model）或 DOM（Document Object Model）与浏览器、页面元素进行交互，从而实现更加丰富的用户体验。下面来看一下在页面中如何编写并执行 JavaScript 代码。

和样式表的应用相似，可以通过多种形式执行 JavaScript 代码。其中，最直接的方式同样是在页面元素中使用，可以在元素的事件中执行 JavaScript 代码，如下代码（/demo/test07.html 文件）通过元素的 onclick（单击）事件来显示一个弹出消息对话框。

```
<h1 onclick="alert(' 单击了标题了 ');"> 标题 </h1>
```

在 <a> 标签中，还可以通过 href 属性执行 JavaScript 代码，如下代码（/demo/test07.html 文件）同样会显示一个弹出消息对话框。

```
<a href="javascript:alert(' 单击超链接 ');"> 一个超链接 </a>
```

单击这两个元素会分别显示如图 22-2 所示的消息对话框。

图 22-2　JavaScript 消息对话框

如果是大量的 JavaScript 脚本，可以通过 <script></script> 元素定义，并在需要的地方调用，如下面的代码（/demo/test08.html）。

```
<!doctype html>
<html>
<head>
    <meta charset="utf-8">
    <title> 页面标题 </title>
</head>
<body>
    <button onclick="sayHello();">Say Hello</button>
</body>
</html>
<script>
    function sayHello() {
        alert("Hello, JavaScript.");
    }
</script>
```

页面中，定义了一个显示"Say Hello"的按钮，单击此按钮会调用 sayHello() 函数，这个函数是定义在页面末尾的 <script> 和 </script> 标签中，使用了 function 关键字。页面执行结果如图 22-3 所示。

在网站中定义通用的 JavaScript 代码，可以封装在独立的文件中，通常以 .js 作为扩展名，如下面的代码（/demo/test.js）。

```
function sayHello() {
    alert("Hello, JavaScript File.");
}
```

图 22-3 使用 JavaScript 函数

然后，在 HTML 页面中通过 <script></script> 标签引用这个脚本文件，此时，使用 <script> 标签的 src 属性设置 JavaScript 文件的路径。如下面的代码（/demo/test09.html）。

```
<!doctype html>
<html>
<head>
    <meta charset="utf-8">
    <title> 页面标题 </title>
</head>
<body>
    <button onclick="sayHello();">Say Hello</button>
</body>
</html>
<script src="test.js"></script>
<script>
    sayHello();
</script>
```

打开此页面时，会显示一个消息对话框，单击"Say Hello"按钮，会再次显示相同的消息对话框。

22.1.4 动态页面技术

简单来说，动态页面技术是指在服务器端可以对用户提交的数据进行处理，并根据需要向客户端返回特定内容的开发技术。

与动态页面相对应的就是静态页面了，静态页面的主要特点就是用户浏览的页面源代码与服务器中存放的页面内容是完全一致的。前面使用 HTML 和 CSS 编写的页面就属于静态页面。而在动态页面中，用户看到的内容则是服务器代码执行后生成的结果。

接下来，先使用 ASP.NET 技术模拟传统的用户数据处理方式。如下代码（/demo/test10.html 文件）定义了一个 HTML 表单（form）。

```html
<!doctype html>
<html>
<head>
    <meta charset="utf-8">
    <title>页面标题</title>
</head>
<body>
<form action="test10.aspx" method="post">
<p>用 户
<input name="username" maxlength="15" style="width:200px;">
</p>
<p>密 码
<input name="userpwd" type="password"
       maxlength="15" style="width:200px;">
</p>
<p><input type="submit" value="登 录"></p>
</form>
</body>
</html>
```

请注意 <form> 标签中的属性：

❏ action 属性，指定处理表单数据的动态页面，在这里指定为 test10.aspx 页面，稍后会创建这个页面；

❏ method 属性，指定数据传输的方式，post 值指定数据会创建一个新的连接，单独传输。另一种传输方式是使用 get 值，此时会通过 URL 参数的形式传输数据。

在这个表单中，主要创建了 3 个 <input> 元素，分别是输入用户名和登录密码的文本框（显示为掩码），以及用于提交表单数据的按钮。此表单在 IE11 中显示的结果如图 22-4 所示。

图 22-4　HTML 表单

接下来使用 ASP.NET 页面来接收 HTML 表单数据，其创建过程如图 22-5 所示。

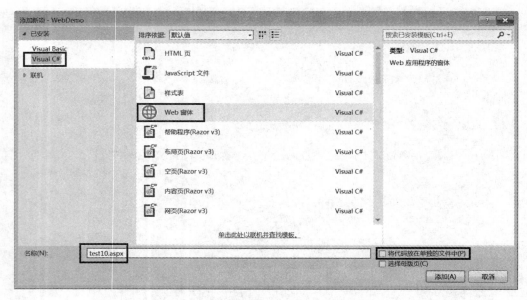

图 22-5　创建 ASP.NET 页面

然后，修改 test10.aspx 页面的内容，如下面的代码（/demo/test10.aspx）。

```
<%@ Page Language="C#" %>
<script runat="server">
private void Page_Load(){
    Response.Write(Request.Form["username"]);
    Response.Write("<br>");
    Response.Write(Request.Form["userpwd"]);
}
</script>
```

在测试时，注意选中 test10.html 页面，然后再执行。如果在 HTML 表单中输入了用户名和密码，并单击"登录"按钮后，表单数据就会提交到 test10.aspx 页面，其中会显示用户输入的内容，如图 22-6 所示。

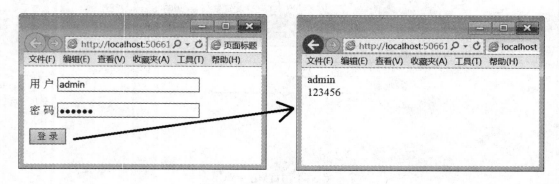

图 22-6　提交 HTML 表单数据

在 test10.aspx 页面中，使用了 C# 代码和一些对象，简单地显示了 HTML 表单输入的内容。这就是传统的 HTML 表单与动态页面配合工作的基本形式。稍后，可以看到，在 ASP.NET 网站中，使用 Web 窗体处理用户数据的方式有什么不同。

22.1.5 数据库

在网站中，数据的处理是一项非常基础，同时，也是非常重要的工作。在第 17～20 章中已经介绍了 SQL Server 数据库的基本应用，也封装了自己的一些数据操作组件。在这里可以将这些封装的代码直接复制到 ASP.NET 项目中来使用，稍后会介绍具体的操作方法。

接下来了解一下如何使用 VS Express 2013 for Web 开发 ASP.NET 网站。

22.2 创建 ASP.NET 网站

打开 VS Express 2013 for Web，通过菜单项"文件"→"新建网站"打开"新建网站"的窗口，如图 22-7 所示。

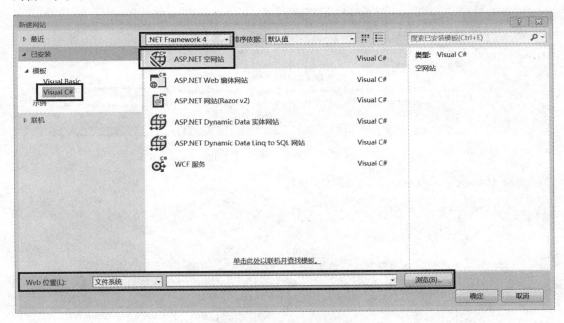

图 22-7　创建 ASP.NET 网站

创建 ASP.NET 网站时，需要注意几个事项，如：
- 选择 C# 作为开发语言。
- 选择 .NET Framework 的版本，大家可以根据项目的需要和网站服务器的具体配置来选择。在本章中使用 .NET Framework 4.0。
- 网站类型，在这里选择 "ASP.NET 空网站"，然后一步一步完成练习。
- Web 位置，网站的物理存放位置，大家可以根据自己计算机的分区合理创建，如 "d:\WebDemo"。

设置完成后，单击"确定"按钮完成网站的创建工作。在新网站中会自动创建一个 Web.config 文件，它是当前网站的配置文件，如图 22-8 所示。

图 22-8　新的 ASP.NET 网站

接下来就在这个 ASP.NET 网站中完成一系列的测试工作。首先,在网站根目录下创建一个 Test.aspx 页面。选择项目"WebDemo",如图 22-8 所示,通过菜单项"网站"→"添加新项"添加文件,如图 22-9 所示。

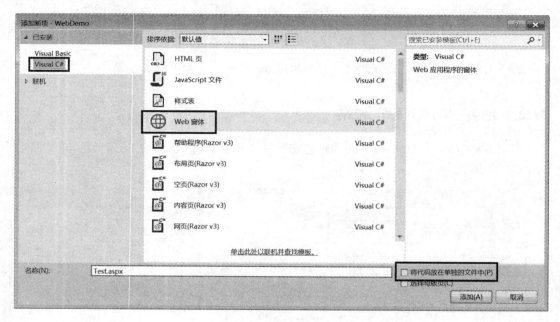

图 22-9 创建 ASP.NET 页面

如下代码就是 Test.aspx 页面的默认内容。

```
<%@ Page Language="C#" %>

<!DOCTYPE html>

<script runat="server">

</script>

<html xmlns="http://www.w3.org/1999/xhtml">
<head runat="server">
<meta http-equiv="Content-Type" content="text/html; charset=utf-8"/>
    <title></title>
</head>
<body>
    <form id="form1" runat="server">
    <div>

    </div>
    </form>
</body>
</html>
```

这是根据 Web 窗体模板创建的内容,与前面的 HTML5 页面内容相比,有一些需要注意的地方:

❑ <%@Page %> 指令，用于指定页面的基本信息，如使用了 C# 语言。此外，如果代码是存放在单独的文件里，还应该在这个指令中设置代码文件名称。

❑ <script> 元素，与 HTML 页面中的 <script> 元素最大的不同点是，在这里使用了 runat="server" 属性指定此处的 JavaScript 代码会在服务器端执行，而不是在浏览器中执行。

❑ <head> 元素中，同样使用了 runat="server" 属性，这样就可以根据需要动态地修改页面数据了，如动态地设置页面标题。

❑ <form> 元素，在这里定义的并不是 HTML 表单，因为它同样包含了 runat="server" 属性，这样，定义的就是 ASP.NET 页面中的 Web 窗体（Web Form）。

实际上，可以发现，在 VS Express 2013 for Web 中提供的模板中，使用的是 HTML5 与 XHTML 标准的混合模式，称之为 XHTML5 页面。如果不需要在单标记后使用 /> 结束，可以通过菜单项"工具"→"选项"打开设置界面，然后在"文本编辑器"→"HTML"→"高级"里，将其中的"XHTML 编码样式"项设置为 False 即可，如图 22-10 所示。

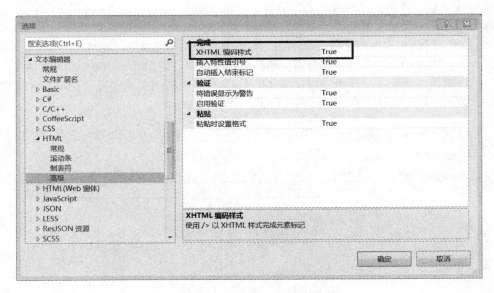

图 22-10　Visual Studio 选项设置

接下来，对于一些简单的 C# 代码进行测试，在 Test.aspx 页面中的 <script runat="server"></script> 中完成。

22.2.1　使用 IIS Express 测试

网站运行时需要网站服务器，而 VS Express 2013 for Web 中提供了一个简单的 IIS（Internet Information Service）服务器，称为 IIS Express。

当编辑好一个页面后，如前面创建的 Test.aspx 页面，可以选中此页面，然后单击工具栏中的执行按钮，如图 22-11 所示。

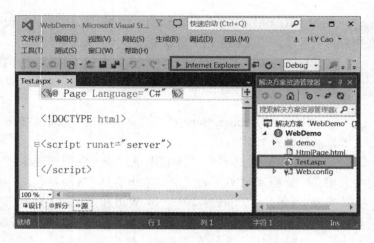

图 22-11 使用 IIS Express 运行网站

图 22-11 中，选择 IE 作为测试用浏览器，单击执行按钮后，会自动调用 IE 浏览器，对于 Test.aspx 文件，现在只能看到一个空白的页面。

如果计算机中安装了其他的浏览器，如 Google Chrome 或 Firefox 等，还可以通过执行按钮后的小三角选择它们。对于网站的兼容性来讲，使用多个浏览器进行测试是非常有必要的。

此外，在测试网站时，如果总是需要从默认页面开始，如 Default.aspx、Index.html 等页面，还可以对网站属性进行设置，在"WebDemo"项目的右键菜单选择"属性"，打开属性页，在"启动选项"页中选择"特定页"，如图 22-12 所示。

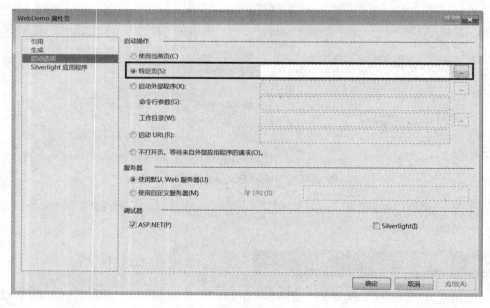

图 22-12 设置网站参数

为了方便测试，暂时还是选择"使用当前页"，如果需要完整地测试网站，再设置为使用"特定页"。

22.2.2 使用 IIS 测试

如果需要在更真实的环境中测试网站,可以使用 Windows 系统中的 IIS。如果是 Windows 7 操作系统,需要专业版以上的版本。大家可以在控制面板中的"程序和功能"中通过"打开或关闭 Windows 功能"来设置,如图 22-13 所示。

图 22-13　打开 Windows 系统中的 IIS 功能

配置完成后需要重新启动计算机,然后,还需要在"计算机管理"中对 IIS 进行配置,如图 22-14 所示。

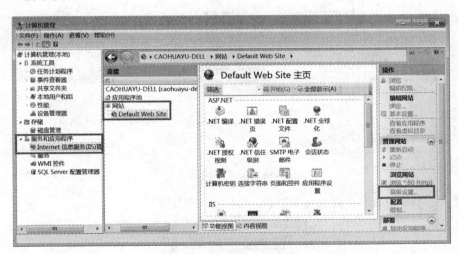

图 22-14　配置 IIS 网站

首先来看网站的相关配置,打开网站的"高级设置",如图 22-15 所示。

网站测试时,需要关注的参数包括:

❑ 物理路径,选择网站根目录的真实路径;
❑ 物理路径凭据登录类型,选择为"Network",这样就可以像发布的网站那样工作了;
❑ 应用程序池,设置 ASP.NET 应用程序池名称,默认使用的就是 DefaultAppPool。

图 22-15　网站高级配置

此外，如果是按 IP 发布网站，还需要对"绑定"项进行设置，在这里可以设置绑定的 IP 和端口。如果不设置绑定参数，则可以通过 http://localhost/ 或 http://127.0.0.1/ 来访问本机网站。

接下来设置 ASP.NET 应用程序池，如图 22-16 所示。

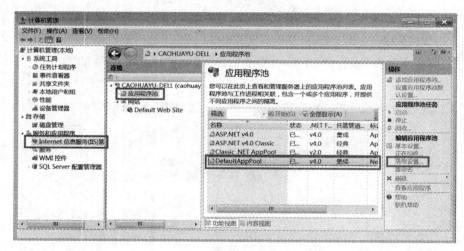

图 22-16　配置应用程序池

同样在"高级设置"中配置相关参数，如图 22-17 所示。

图 22-17　应用程序池高级设置

在这里，需要关注的参数包括：
- "（常规）"中的".NET Framework 版本"项，本章中的示例网站，使用 .NET Framework 4.0。
- "（常规）"中的"启用 32 位应用程序"，如果网站中使用了 32 位组件，应将此参数设置为 True。
- "进程模型"中的"标识"，配合网站的运行方式，选择"NetworkService"。

下面，在 Default.aspx 页面（网站根目录）中添加一些内容，如下面的代码。

```
<body>
    <h1>我的网站</h1>
</body>
```

然后，通过 http://localhost/ 或 http://127.0.0.1/ 来访问网站，显示结果如图 22-18 所示。

图 22-18　IIS 运行的网站

接下来，如果是简单的功能测试，在 VS Express 2013 for Web 中直接使用 IIS Express 进行测试，如果需要模拟网站真实的运行环境，建议使用 IIS 和多个浏览器进行全面的测试。

22.2.3　常用目录

网站中，不可能把所有的资源都放在一个目录里，而是使用各种目录组织和管理这些资源。在 ASP.NET 项目中，有些目录是不允许用户直接访问的，这样就可以保证代码和资源（如数据库、用户文件）的安全性。这里介绍几个常用的 ASP.NET 目录，如：
- app_code 目录，用于存放源代码，如 C# 或 VB.NET 代码。厉害的是，我们可以在项目中同时使用多种语言编写代码，只要它们在 app_code 下不同的子目录即可。
- app_data 目录，用于存放数据，如 LocalDB 数据库、Access 数据库等。当然，还可以存放一些不能通过 URL 直接访问的文件，如用户上传的文件等。
- bin 目录，用于存放编译后的代码库，如 .dll 文件等。

除了 ASP.NET 系统目录，还可以使用一些目录分类存放各种资源，如：
- css 目录，存放 CSS 样式表文件。
- js 目录，存放 JavaScript 脚本文件。
- img 目录，存放网站中公共的图片文件。
- controls 目录，存放 ASP.NET 项目中的自定义控件（.ascx 文件）。

除了以上目录，还可以根据需要创建更多的目录。接下来，可以通过选择网站项目右键菜单"添加"→"新建文件夹"创建所需的目录。创建完成后，网站的结构如图22-19所示。

图 22-19　网站结构

22.2.4　常用文件类型

前面已经了解了一些常用的目录，在这里，再来认识一些常用的文件类型。

首先，还是 ASP.NET 项目中的文件类型，如：

Web.config 文件，网站的配置文件，其内容为 XML 格式，如下代码就是创建空网站时自动创建的 Web.config 文件内容（删除了注释内容）。

```xml
<?xml version="1.0"?>
<configuration>
  <system.web>
    <compilation debug="true" targetFramework="4.0"/>
    <httpRuntime/>
  </system.web>
</configuration>
```

在后续的学习中，在需要的时候修改或添加一些配置内容。

Global.asax 文件称为"全局应用程序类"文件，选择网站项目，然后，通过菜单项"网站"→"添加新项"，并在文件类型列表中选择"全局应用程序类"，可以看到，默认的文件名就是 Global.asax，单击"添加"按钮即可，如图 22-20 所示。

此外，Global.asax 文件中的代码会使用项目指定的编程语言，在本项目中使用了 C#。打开 Global.asax 文件，可以看到几个事件，分别是：

❑ Application_Start 事件，在 ASP.NET 网站启动时执行。

❑ Application_End 事件，在 ASP.NET 网站停止时执行。

❑ Application_Error 事件，用于处理代码中未处理的错误，如果想简单点，可以创建一个通用的错误页面，如根目录下的 Error.html 页面。然后，通过 Response.Redirecit("/Error.html"); 跳转到这个错误页面。

❑ Session_Start 事件，用户会话开始时执行。

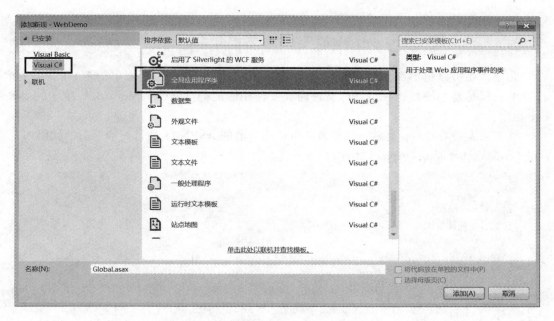

图 22-20　添加 Global.asax 文件

❑ Session_End 事件，用户会话结束时执行。

接下来是在 ASP.NET 网站中常用的一些文件类型，如：

❑ .html 文件，HTML 页面文件；
❑ .css 文件，CSS 样式表文件；
❑ .js 文件，JavaScript 脚本文件；
❑ .aspx 文件，ASP.NET 页面文件，也称为 Web 窗体文件；
❑ .ascx 文件，ASP.NET 网站中的自定义控件。

22.2.5　加入封装代码库

前面的讨论中，已经封装了不少的代码，在本章的 ASP.NET 项目中，可以继续使用，否则封装就没意义了。

现在，可以从 CSChef 项目中复制一些代码过来，主要包括 cschef 和 cschef.appx 命名空间中的内容，将这些代码放在 app_code 目录中。

然后，在 Web.config 配置文件中添加对这两个命名空间的引用，如下面的代码（/Web.config 文件）。

```
<?xml version="1.0"?>
<configuration>
  <system.web>
    <compilation debug="true" targetFramework="4.0"/>
    <httpRuntime/>
    <pages>
      <namespaces>
        <add namespace="cschef"/>
        <add namespace="cschef.appx"/>
      </namespaces>
```

```
        </pages>
    </system.web>
</configuration>
```

此外,还可以将不需要修改的代码编译成 .dll 文件,并将其放到网站根目录下的 bin 目录中。只是需要注意,在编译库文件时,要使用匹配的 .NET Framework 版本中的 csc.exe 程序。

接下来需要对 CApp 类做一些修改,以适应当前的 ASP.NET 项目,修改后的代码如下 (/app_code/cschef.appx.CApp.cs 文件)。

```csharp
using System;

// 项目初始模板类
// 数据组件初始化
namespace cschef.appx
{
    public static class CApp
    {
        // 项目主数据库引擎
        public static IDbEngine MainDb = new CSqlEngine(
         CSql.GetRemoteCnnStr(".", "sa",
                            "DEVTest_123456", "cdb_test"));

        // CDbRecord 对象创建委托
        public static IDbRecord CreateDbRecordObject(IDbEngine dbe,
            string sTableName, string sIdName)
        {
            return new CSqlRecord(dbe, sTableName, sIdName);
        }

        // 项目初始化方法
        public static bool Init()
        {
            //
            CDbRecord.DbRecordObjectBuilder =
             new DDbRecordObjectBuilder(CApp.CreateDbRecordObject);
            //
            return true;
        }
        //
    }
}
```

可以看到,在当前的 ASP.NET 网站中,只需要使用 SQL Server 数据库,也就是说,在使用 CDbRecord 类时,只需要生成 CSqlRecord 对象就可以了。最后,在 Global.asax 文件的 Application_Start 事件里执行 CApp.Init() 方法,进行项目初始化工作,如下面的代码。

```
<%@ Application Language="C#" %>

<script runat="server">

    void Application_Start(object sender, EventArgs e)
```

```
        {
            // 在应用程序启动时运行的代码
            CApp.Init();
        }
// 其他代码
</script>
```

如下代码将实现在 Test.aspx 页面中测试 cdb_test 数据库的连接。

```
<script runat="server">
    private void Page_Load()
    {
        Response.Write(CApp.MainDb.Connected);
    }
</script>
```

在"解决方案资源管理器"中选择 Test.aspx 文件，然后单击工具栏中的执行按钮，在浏览器中，如果 SQL Server 中的 cdb_test 数据库连接成功则显示 True，否则显示 False。

22.3 页面与 Web 窗体

在前面的讨论中，已经介绍了 ASP.NET 页面与 HTML 页面的不同。例如，在 HTML 页面中使用 <form> 元素定义表单，而在 ASP.NET 页面中，<form> 元素使用 runat="server" 属性，定义的就是 Web 窗体（WebForm），它会与 ASP.NET 页面配合使用，从而简化页面中的数据处理工作。

在传统的用户数据处理方法中，一般会使用 HTML 表单来输入数据，然后将数据提交到一个动态页面中来处理。而在 ASP.NET 网站中，可以只使用一个页面来完成这些工作。如下代码（/demo/test11.aspx）创建了一个 ASP.NET 页面，其中定义了 Web 窗体以及两个标签控件和一个按钮控件。

```
<%@ Page Language="C#" %>

<!DOCTYPE html>

<script runat="server">
    private void Page_Load()
    {
        if (!IsPostBack)
        {
            lblOpenTime.Text = DateTime.Now.ToString();
        }
        lblRefreshTime.Text = DateTime.Now.ToString();
    }
    //
    private void button1_Click(object o, EventArgs e)
    {
        //
    }
</script>
```

```html
<html xmlns="http://www.w3.org/1999/xhtml">
<head runat="server">
<meta http-equiv="Content-Type" content="text/html; charset=utf-8"/>
    <title></title>
</head>
<body>
    <form id="form1" runat="server">
        <p><asp:Label ID="lblOpenTime" runat="server"/></p>
        <p><asp:Label ID="lblRefreshTime" runat="server" /></p>
        <p>
            <asp:Button ID="button1" Text="刷新时间"
                OnClick="button1_Click" runat="server" />
        </p>
    </form>
</body>
</html>
```

此页面显示如图 22-21 所示。

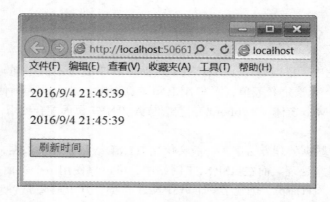

图 22-21　ASP.NET 页面与 Web 窗体

请注意，当页面首次打开时，两个标签显示的内容应该是一样的（计算机中的系统时间）。但当单击"刷新时间"按钮时，只有 lblRefreshTime 标签的时间会变化。

这个例子演示了 ASP.NET 页面的一个基本特性，即页面中包括两种基本的状态：

❑ 首次打开。用户第一次打开页面。

❑ 回传操作。在 Web 窗体中执行了回传操作，如单击了按钮，或者执行了控件的自动回传事件。

代码中，使用页面的 IsPostBack 属性判断页面的这两种状态，当 IsPostBack 属性为 False 时，页面为首次打开，否则为页面回传操作。

在页面中，定义了两个方法，即：

❑ Page_Load() 方法，页面载入事件的响应方法，可以在这里进行页面的初始化操作，只是需要注意，哪些工作是页面初次载入执行，哪些工作是每次回调后都会执行。

❑ button1_Click() 方法，它用于响应 button1 按钮的单击操作，可以使用按钮控件中的 OnClick 事件来关联这个方法。

读者也许会想 Web 窗体有什么秘密呢？可以通过浏览器查看页面的源代码。在 IE 11 浏览器中，可以通过页面右键菜单中的"查看源"查看源代码内容，以下就是 test11.aspx 页面

在浏览器中显示的 <form> 元素定义。

```
<form method="post" action="./test11.aspx" id="form1">
```

可以看到，它只是将接收数据的页面设置为自己，这样也就是实现了单个页面处理用户数据的功能。但它的本质依然是 HTML 表单和动态处理技术的组合，只是在 ASP.NET 页面中，将这两者合二为一了。

此外，ASP.NET 页面的基类定义为 Page 类，定义在 System.Web.UI 命名空间。

在工作中，我们可以使用 ASP.NET 技术提高网站开发的效率，同时，也可以结合传统的 HTML、CSS、JavaScript 等技术更加灵活地实现网站功能，在后续的讨论中可以看到这些技术的综合应用。

22.4 常用对象

我们知道，在网站项目中，要处理很多客户端（浏览器）和服务器之间的数据，.NET Framework 中封装了很多功能强大的资源来帮助我们处理这些数据。接下来就来了解一些资源的应用，并将常用的代码封装为 CWeb 类。此外，在使用 CWeb 类时，不要忘了在 Web.config 文件中添加 cschef.webx 命名空间的引用。如下代码（/app_code/cschef.webx.CWeb.cs 文件）就是 CWeb 类的基本定义。

```
using System;
using System.Web;

namespace cschef.webx
{
    public static class CWeb
    {
        // 其他代码
    }
}
```

22.4.1 Request 对象

当用户（浏览器）向网站发出一条请求时，ASP.NET 服务器会使用 Request 对象封装一系列客户端的信息，如图 22-22 所示。

在 ASP.NET 页面中，可以直接使用 Request 对象调用来自客户端的信息。在 app_code 目录中编写代码时，需要调用 HttpContext.Current.Request 对象，其中 HttpContext.Current 表示当前会话上下文。

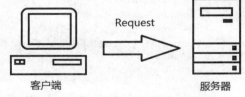

图 22-22　客户端请求（Request）操作

如下代码（/app_code/cschef.webx.CWeb.cs 文件）会在 CWeb 类中封装几个静态属性，分别获取几个常用的客户端信息。

```
// 用户 IP 地址
public static string UserIp
{
```

```
        get
        {
            return HttpContext.Current.Request.UserHostAddress;
        }
    }

    // 用户主机名
    public static string UserHost
    {
        get
        {
            return HttpContext.Current.Request.UserHostName;
        }
    }

    // 用户浏览器支持的第一语言
    public static string UserFirstLanguage
    {
        get
        {
            return HttpContext.Current.Request.UserLanguages[0].ToLower();
        }
    }
```

代码中还可以在 get 语句块中使用 try-catch 语句来处理可能的异常情况。在这里，定义的 3 个静态属性分别是：

- UserIp 属性，返回客户端的 IP 地址，使用 Request.UserHostAddress 属性获取。
- UserHost 属性，返回客户端的主机名称，如果没有，则会返回 IP 地址，使用 Request.UserHostName 属性获取。
- UserFirstLanguage 属性，返回客户端浏览器支持的第一语言。其中的 Request.UserLanguages 属性包括一个语言信息的字符串数组，获取了其中的第一个成员，并以全小写的形式返回。

如下代码在 Test.aspx 页面中测试这几个属性的使用。

```
<script runat="server">
private void Page_Load()
{
    Response.Write(CWeb.UserIp);
    Response.Write("<br>");
    Response.Write(CWeb.UserHost);
    Response.Write("<br>");
    Response.Write(CWeb.UserFirstLanguage);
}
</script>
```

此外，Request 对象中的 RawUrl 属性可以获取页面调用的原始 URL，即从网站根目录开始的内容，如"http://localhost/Default.aspx"的原始路径就是"/Default.aspx"。

请注意，RawUrl 属性返回的内容会包含查询参数，即 URL 中 ? 以后的内容，如"http://localhost/Test.aspx?id=99"返回"/Test.aspx?id=99"。

Request 对象定义为 HttpRequest 类型，它定义在 System.Web 命名空间，可以在帮助文档中查看它的完整定义。

22.4.2 Response 对象

Response 对象封装了 ASP.NET 服务器端对客户端的一系列操作，如图 22-23 所示。

在前面的示例中，已经使用了 Response 对象的一些成员，如 Write() 方法，此方法用于在当前会话的缓存中写数据，可以是文本或流数据等。

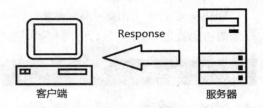

图 22-23　服务器响应（Response）操作

显示测试结果时，已经多次使用了 Response.Write() 方法，只是在需要换行时需要单独添加
 标签，为了应用方便，可以在 CWeb 类中定义一个 WriteLine() 方法，如下面的代码（cschef.webx.CWeb.cs 文件）。

```
// 在缓存中写行
public static void WriteLine(string s)
{
    HttpContext.Current.Response.Write(s);
    HttpContext.Current.Response.Write("<br>");
}
```

然后，可以使用如下的代码调用这个方法。

```
<script runat="server">
    private void Page_Load()
    {
        CWeb.WriteLine(CWeb.UserIp);
        CWeb.WriteLine(CWeb.UserHost);
        CWeb.WriteLine(CWeb.UserFirstLanguage);
    }
</script>
```

Response 对象中还有一些常用的方法，如 Flush() 方法，其功能是将缓存的内容立即发送到客户端，对于内容较多的页面来讲，可以分块发送至用户页面，这样用户就不会因为等待时间太长而感觉页面没有响应了。

另一个常用的方法是 Redirect() 方法，其功能是将页面重新定向到另一个位置，即实现页面的跳转功能。

此外，Response 对象定义为 HttpResponse 类型，同样定义在 System.Web 命名空间，可以在帮助文档中查看它的完整定义。

22.4.3 Server 对象

Request 对象和 Response 对象完成了网站访问中的基本"请求/应答"工作，而 Server 对象则可以在网站服务器中做更多的工作。

Server 对象定义为 HttpServerUtility 类型，它定义在 System.Web 命名空间，可以在帮助文档中查看它的完整定义，下面来看几个常用成员。

MapPath() 方法，将网站中的虚拟路径转换为服务器中的物理路径。在网站中，"/"表示根目录，那么它的物理路径是什么呢？可以使用如下代码显示。

```
Response.Write(Server.MapPath("/"));
```

友情提示：不要将这么重要的信息显示在真正的网页里！

UrlEncode() 和 UrlDecode() 方法：URL 中的一些字符在传递时会进行编码，而这两个方法的功能就是对 URL 进行编码和解码操作。

22.4.4 Session 对象

Session 对象表示一个用户会话连接，它定义为 HttpSessionState 类型（System.Web 命名空间）。常用成员包括：
- SessionID 只读属性，表示会话的唯一标识，定义为 string 类型。
- 索引器。可以通过 Session 对象的索引器保存一些简单的用户数据，如 Session["username"] = "admin"。
- Clear() 方法，清除会话中的全部数据。

22.5 Web 控件

前面已经讨论了网站开发中的一些基本概念和常用资源，本节中将讨论 Web 窗体中的常用控件，这些控件可以帮助创建各种用户界面。此外，Web 控件都定义在 System.Web.UI.WebControls 命名空间，可以在帮助文档中查看完整的定义。

使用 Web 控件时，有一些属性几乎是每个控件都需要的，如：
- ID 属性，用于指定 Web 控件的唯一标识；
- runat 属性，指定为 server 值，用于说明此控件会在服务器端处理；
- CssClass 属性，指定 HTML 元素中的 class 属性，便于样式的应用。

此外，标准的 Web 控件标签都会以 asp: 开头，如下代码分别定义了两个文本框控件。

```
<asp:TextBox ID="textBox1" runat="server" />
<asp:TextBox ID="textBox2" runat="server"></asp:TextBox>
```

可以看到，在定义 Web 控件时，同样会使用标签。对于简单的控件，可以使用前一种简洁的格式。如果在控件中还需要包含其他组件，就需要使用第二种完整的格式。

22.5.1 按钮类控件

在前面的示例中，可以看到 Button 控件的使用，它用于创建一个标准的按钮控件。除了 Button 控件，还可以使用 ImageButton 和 LinkButton 控件，它们分别显示图片按钮和链接按钮。

现在，还以 Button 为例，看一看按钮在 Web 窗体中的具体应用。首先了解一下 Button 控件的常用成员：
- Text 属性，指定控件显示的内容；
- OnClick 属性，指定单击控件时的响应方法；
- Width 和 Height 属性指定控件的尺寸，单位为像素；
- OnClientClick 属性，指定 HTML 元素中的 onclick 事件，这个事件是在客户端执行，使用 JavaScript 脚本定义，代码执行的结果应该是一个布尔类型的值，即返回 true 或 false 值，当结果为 true 时，页面会提交到服务器，否则不会进行提交操作。

如下代码（/demo/test12.aspx）演示了 Button 控件的使用，并会通过 OnClientClick 属性进行客户端的验证工作。

```
<%@ Page Language="C#" %>
<!DOCTYPE html>
<script runat="server">
    private void button1_Click(object o ,EventArgs e)
    {
        Response.Write(" 已提交到服务器 ");
    }
</script>
<html xmlns="http://www.w3.org/1999/xhtml">
<head runat="server">
<meta http-equiv="Content-Type" content="text/html; charset=utf-8"/>
    <title></title>
</head>
<body>
    <form id="form1" runat="server">
        <asp:Button ID="button1" Text=" 提交 "
            OnClientClick="return checkData();"
            OnClick ="button1_Click" runat="server" />
    </form>
</body>
</html>
<script>
    // 模拟客户端验证
    function checkData() {
        var result = false;
        if (result)
            alert(" 验证通过，提交到服务器 ");
        else
            alert(" 验证不通过，不会提交到服务器 ");
        return result;
    }
</script>
```

可以修改 JavaScript 脚本定义的 checkData() 函数中 result 变量的值，以观察页面执行的结果。

22.5.2 文本类控件

常用的文本控件包括 Label 和 TextBox，其中，Label 只能显示文本内容（使用 Text 属性），而 TextBox 控件则可以让用户输入文本内容。下面来看一看 TextBox 控件的常用成员：

- Text 属性，设置或获取控件中的内容；
- Enabled 属性，控件是否有效，设置为 false 时不能输入内容；
- TextMode 属性，设置文本模式，设置为 SingleLine(默认值，单行文本)、MultiLine(多行文本) 和 Password（字符显示为掩码）；

❏ MaxLength 属性，指定最大字符数，多行文本模式时无效；
❏ Rows 属性，设置多行文本时，TextBox 控件显示的行数。

如下代码（/demo/test13.aspx）定义了 3 个 TextBox 控件，分别用于输入用户的名称、密码和留言内容。

```
<p>用 户
    <asp:TextBox ID="username"
        MaxLength="15" Width="200" runat="server" />
</p>
<p>密 码
    <asp:TextBox ID="userpwd"
      TextMode="Password" MaxLength="15" Width="200" runat="server" />
</p>
<p>留 言
    <asp:TextBox ID="message"
        TextMode="MultiLine" Rows="5" Width="300" runat="server" />
</p>
```

代码显示的页面如图 22-24 所示（内容为手工输入的）。

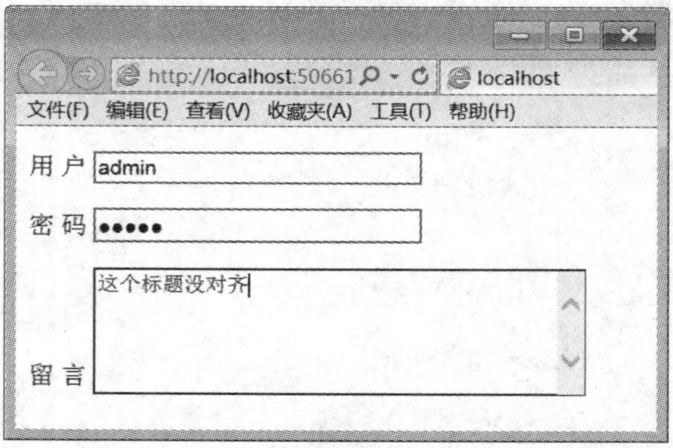

图 22-24　使用 TextBox 控件

在代码中，可以看到"留言"与多行文本框并没有在顶部对齐，如下代码（/demo/test14.aspx 文件）使用 HTML 表格进行布局。

```
<table class="data_sheet" border="0" cellpadding="0" cellspacing="0">
<tr>
    <td>用 户</td>
    <td>
        <asp:TextBox ID="username"
            MaxLength="15" Width="200" runat="server" />
    </td>
</tr>
<tr>
    <td>密 码</td>
    <td>
    <asp:TextBox ID="userpwd"
      TextMode="Password" MaxLength="15" Width="200" runat="server" />
    </td>
```

```
    </tr>
    <tr>
        <td> 留 言 </td>
        <td>
        <asp:TextBox ID="message"
            TextMode="MultiLine" Rows="5" Width="300" runat="server" />
        </td>
    </tr>
</table>
```

此外，还需要一点 CSS 样式，如下面的代码（/demo/test14.aspx 文件）。

```
<head runat="server">
<meta http-equiv="Content-Type" content="text/html; charset=utf-8"/>
    <title></title>
    <style>
        .data_sheet tr td {
            vertical-align:top;
            padding:5px;
        }
    </style>
</head>
```

这样页面显示的结果就如图 22-25 所示。

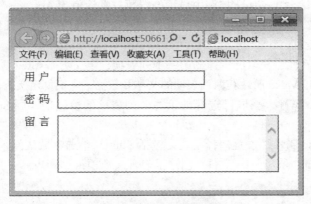

图 22-25　使用表格布局

此外，如果在浏览器中查看 TextBox 控件的实现的源代码，就会发现：
- 单行文本框由 <input type="text"> 元素生成；
- 密码文本框由 <input type="password"> 元素生成；
- 多行文本框由 <textarea></textarea> 元素生成。

了解了这些，就可以在页面中更加灵活地使用 CSS 样式或 JavaScript 脚本操作这些元素。

22.5.3　CheckBox 控件

CheckBox 控件用于表示两种状态的数据，它的 Checked 属性标识控件是否处于选中状态。如下代码演示了 CheckBox 控件的应用（/demo/test15.aspx 文件）。

```
<asp:CheckBox ID="acceptEmail"
    Text="是否接收系统邮件"
    Checked="false" runat="server" />
```

显示结果如图 22-26 所示。

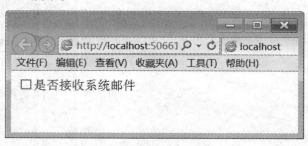

图 22-26　使用 CheckBox 控件

22.5.4　列表类控件

在这一部分会介绍 ListBox 和 DropDownList 控件的使用，首先是 ListBox 控件，其常用成员包括：

- Rows 属性，表示 ListBox 控件中显示的行数，默认值为 4；
- SelectedIndex 属性，表示已选择的第一个列表项索引值（从 0 开始），如果没有选择列表项，则返回 –1；
- SelectedItem 属性，获取已选择的第一个列表项，定义为 ListItem 类型，可以分别使用其中的 Text 和 Value 属性获取列表项的文本和数据，它们都定义为 string 类型；
- SelectedValue 属性，获取已选择的第一个列表项的数据值，同 SelectedItem.Value 值相同；
- SelectionMode 属性，设置选择模式，包括 Single（单选，默认值）和 Multiple（多选）。

如下代码（/demo/test16.aspx 文件）创建了包含 3 个项目的列表。

```
<asp:ListBox ID="sex" runat="server">
    <asp:ListItem Value="0" Text="保密" Selected="True"></asp:ListItem>
    <asp:ListItem Value="1" Text="男"></asp:ListItem>
    <asp:ListItem Value="2" Text="女"></asp:ListItem>
</asp:ListBox>
```

其显示结果如图 22-27 所示。

然后，可以通过一个按钮来显示选择的内容，按钮定义如下（/demo/test16.aspx 文件）。

```
<asp:Button ID="button1" Text="选定内容"
    OnClick="button1_Click" runat="server" />
```

其响应代码如下（/demo/test16.aspx 文件）。

```
<script runat="server">
private void button1_Click(object o, EventArgs e)
{
```

```
        if (sex.SelectedIndex >= 0)
        Response.Write(string.Format("选择项索引是{0},值是{1},文本是{2}",
            sex.SelectedIndex,sex.SelectedValue,sex.SelectedItem.Text));
}
</script>
```

如图 22-28 所示就是其中一次执行的结果。

图 22-27　使用 ListBox 控件

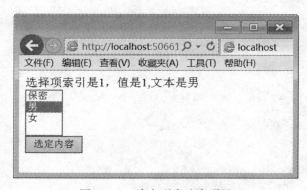

图 22-28　确定列表选中项目

DropDownList 控件的使用与 ListBox 控件相似，只是 DropDownList 显示为下拉列表，而且不能进行多选操作。如下代码（/demo/test17.aspx 文件）同样定义了一个性别选择的控件。

```
<asp:DropDownList ID="sex" runat="server">
    <asp:ListItem Value="0" Text="保密" Selected="True"></asp:ListItem>
    <asp:ListItem Value="1" Text="男 "></asp:ListItem>
    <asp:ListItem Value="2" Text="女 "></asp:ListItem>
</asp:DropDownList>
```

在使用列表控件时，除了可以使用 ListItem 定义列表项，还可以使用数据绑定来指定，如下代码（/demo/test18.aspx 文件）将 cdb_test 数据库中 user_main 表中的用户名绑定到一个 CheckBoxList 控件中。

```
<%@ Page Language="C#" %>

<!DOCTYPE html>

<script runat="server">
```

```
        private void Page_Load()
        {
            if (!IsPostBack)
            {
                DataSet ds =
                    CApp.MainDb.GetDataSet("user_main",
                               "UserId,UserName", null);
                userlist.DataSource = ds;
                userlist.DataMember = "user_main";
                userlist.DataValueField = "UserId";
                userlist.DataTextField = "UserName";
                userlist.DataBind();
            }
        }
        //
        private void button1_Click(object o, EventArgs e)
        {
            for (int i = 0; i < userlist.Items.Count; i++)
            {
                if (userlist.Items[i].Selected)
                    CWeb.WriteLine(
                        string.Format("选中用户ID({0})",
                        userlist.Items[i].Value));
            }
        }
</script>

<html xmlns="http://www.w3.org/1999/xhtml">
<head runat="server">
<meta http-equiv="Content-Type" content="text/html; charset=utf-8"/>
    <title></title>
</head>
<body>
    <form id="form1" runat="server">
        <asp:CheckBoxList ID="userlist" runat="server">
        </asp:CheckBoxList>
        <br />
        <asp:Button ID="button1" Text="选定内容"
            OnClick="button1_Click" runat="server" />
    </form>
</body>
</html>
```

页面中定义了一个CheckBoxList控件（userlist）和一个按钮控件（button1）。页面初次载入时，会从user_main中读取UserId和UserName字段的数据，并将其绑定到userlist控件上，其中的属性包括：

❑ DataSouce属性，设置绑定的数据源。
❑ DataMember属性，如果数据源包括一个以上的表，可以使用此属性设置需要绑定的表。对于本例，我们不设置此属性同样可以正常工作，代码会自动绑定ds对象中的user_main数据表。
❑ DataValueField属性，设置列表项数据内容的字段名。
❑ DataTextField属性，设置列表项文本内容的字段名。

❑ DataBind() 方法，执行数据的绑定操作。

当在页面中单击"选定内容"按钮时，会显示选中的项目数据，也就是 UserId 字段的数据。请注意，在判断多选项时，使用了循环操作，对每个列表项的 Selected 属性进行判断，在使用 ListBox 时，如果允许多选操作，同样可以使用这种方法判断项目是否被选中。

如图 22-29 所示就是此页面的一次执行结果。

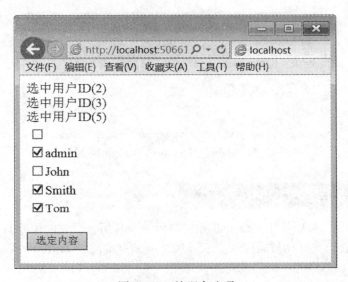

图 22-29 处理多选项

关于列表，再来看一下 RadioButtonList 控件，它的功能是只能选择一组选项中的一个。如下代码（/demo/test19.aspx 文件）使用 RadioButtonList 控件实现性别的选择。

```
<asp:RadioButtonList ID="sex" runat="server">
    <asp:ListItem Value="0" Text=" 保密 " Selected="True"></asp:ListItem>
    <asp:ListItem Value="1" Text=" 男 "></asp:ListItem>
    <asp:ListItem Value="2" Text=" 女 "></asp:ListItem>
</asp:RadioButtonList>
```

页面显示结果如图 22-30 所示。

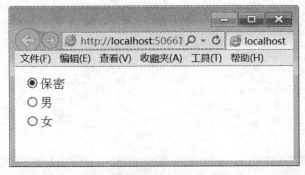

图 22-30 使用 RadioButtonList 控件

此外，对于 CheckBoxList 和 RadioButtonList 控件，还可以使用以下属性来设置列表项的排列：

- RepeatDirection 属性，设置列表项目排列的方向，包括 Vertical（垂直）和 Horizontal（水平）；
- RepeatColumns 属性，设置或获取列表项目显示的列数。

如图 22-31 所示就是将 RepeatDirection 属性设置为 Horizontal 值时的效果。

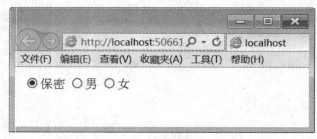

图 22-31　水平显示的 RadioButtonList 控件

22.5.5　日期与自定义控件

在 Web 窗体中，可以使用 Calendar 控件显示一个日历，但它的尺寸有点大。实际应用时，可以根据需要设置日期或时间的显示方法，例如直接使用 TextBox 或 DropDownList 等控件组合输入或选择日期。

接下来就来创建几个日期控件，大家可以根据实际情况选择使用。此外，自定义控件定义为以 .ascx 为扩展名的文件。为了方便管理，可以将这些自定义的控件放在网站根目录下的 controls 目录中。

1. 创建 CDatePicker 控件

首先选中 controls 目录，选择菜单项"网站"→"添加新项"，然后选择"Visual C#"模板中的"Web 用户控件"，如图 22-32 所示。

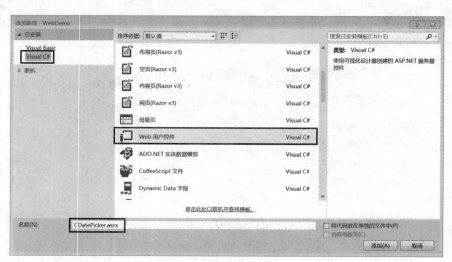

图 22-32　创建自定义控件

CDatePicker 控件的完整代码如下（/controls/CDatePicker.ascx 文件）。

```asp
<%@ Control Language="C#" ClassName="CDatePicker" %>

<script runat="server">
    // 初始化
    private void Page_Load()
    {
        if (!IsPostBack)
        {
            // 年份
            int minYear = DateTime.Now.Year - 10;
            int maxYear = DateTime.Now.Year + 10;
            for (int i = minYear; i <= maxYear; i++)
            {
                drpYear.Items.Add(new ListItem(i.ToString(),
                                            i.ToString()));
            }
            // 月份
            for (int i = 1; i <= 12; i++)
            {
                drpMonth.Items.Add(new ListItem(i.ToString(),
                    i.ToString()));
            }
            // 日期
            drpMonth_SelectedIndexChanged(null, null);
        }
    }
    //
    private void drpYear_SelectedIndexChanged(object o, EventArgs e)
    {
        // 选择年份后，根据月份显示日期列表，主要判断 2 月情况
        if(CC.ToInt(drpMonth.SelectedValue)==2)
            drpMonth_SelectedIndexChanged(o, e);
    }
    private void drpMonth_SelectedIndexChanged(object o, EventArgs e)
    {
        // 选择月份后，更新日期列表
        int maxDay =
            DateTime.DaysInMonth(
            CC.ToInt(drpYear.SelectedValue),
            CC.ToInt(drpMonth.SelectedValue));
        drpDay.Items.Clear();
        for (int i = 1; i <= maxDay; i++)
        {
            drpDay.Items.Add(new ListItem(i.ToString(),
                i.ToString()));
        }
    }
    //
    public DateTime SelectedDate
    {
        get
        {
            return new DateTime(CC.ToInt(drpYear.SelectedValue),
                CC.ToInt(drpMonth.SelectedValue),
```

```
                CC.ToInt(drpDay.SelectedValue));
        }
        set
        {
            drpYear.SelectedValue = value.Year.ToString();
            drpMonth.SelectedValue = value.Month.ToString();
            drpMonth_SelectedIndexChanged(null, null);
            drpDay.SelectedValue = value.Day.ToString();
        }
    }
</script>
<asp:DropDownList ID="drpYear" AutoPostBack="true"
    OnSelectedIndexChanged="drpYear_SelectedIndexChanged"
    runat="server" style="width:5em;"></asp:DropDownList> 年
<asp:DropDownList ID="drpMonth" AutoPostBack="true"
    OnSelectedIndexChanged="drpMonth_SelectedIndexChanged"
    runat="server" style="width:3em;"></asp:DropDownList> 月
<asp:DropDownList ID="drpDay" runat="server" style="width:3em;">
    </asp:DropDownList> 日
```

可以看到，创建用户控件时，会使用 <%@ Control %> 指令，而不是 ASP.NET 页面的 <%@ Page %> 指令。

在 CDatePicker 控件中，我们使用了 3 个 DropDownList 控件，分别用于显示年、月、日列表。在 Page_Load() 事件中，初次打开页面时会自动生成这 3 个列表，其规则是：

❏ 年份使用系统当前日期前 10 年到后 10 年的年份；
❏ 月份是固定的 1 ~ 12 月；
❏ 日子的范围会根据年份和月份来确定，在这里，我们调用了一个事件响应方法，稍后介绍。

在 drpYear 和 drpMonth 控件中，将 AutoPostBack 属性设置为 true，并设置了响应 OnSelectedIndexChanged 事件的方法。当这两个列表选择的内容改变时，会自动回传到服务器，并执行事件响应方法，其中：

❏ 年份改变时，如果月份是 2 月则重新设置日列表；
❏ 月份改变时，重新设置日列表。

请注意，style 并不是 Web 控件的有效属性，而是 HTML 元素的属性，用于设置元素的 CSS 样式。在 Web 控件中，如果设置了无效的属性，会原样发送到客户端，通过这一特性，可以在 Web 控件中灵活地使用 HTML 元素属性。但有一点要非常小心，只有在充分了解 Web 控件的有效属性后才能正确地使用这一特性。

最后，定义了 SelectedDate 属性，用于设置或获取控件中显示的日期，其类型定义为 DateTime 结构。

如果需要在页面中使用这个控件，还需要在 Web.config 配置文件中注册它，如下面的代码（/Web.config 文件）。

```
<pages>
    <namespaces>
        <add namespace="System.Data"/>
        <add namespace="cschef"/>
        <add namespace="cschef.appx"/>
        <add namespace="cschef.webx"/>
```

```
        </namespaces>
        <controls>
            <add tagPrefix="chy" tagName="DatePicker"
                src="/controls/CDatePicker.ascx" />
        </controls>
    </pages>
```

注册自定义控件时，需要注意3个属性：
- tagPrefix 属性，设置定义控件标记时的前缀，如 asp:Button 中的 asp；
- tagName 属性，设置控件名称，如 asp:Button 中的 Button；
- src 属性，设置控件文件（.ascx）的位置。

接下来，就可以在页面中使用 CDatePicker 控件了，如下面的代码（/demo/test18.aspx 文件）。

```
<%@ Page Language="C#" %>

<!DOCTYPE html>

<script runat="server">
    private void button1_Click(object o, EventArgs e)
    {
        CChineseLunisolar lunar =
            new CChineseLunisolar(dp1.SelectedDate);
        CWeb.WriteLine(lunar.ToString());
    }
    //
    private void button2_Click(object o, EventArgs e)
    {
        dp1.SelectedDate = DateTime.Now;
    }
</script>

<html xmlns="http://www.w3.org/1999/xhtml">
<head runat="server">
<meta http-equiv="Content-Type" content="text/html; charset=utf-8"/>
    <title></title>
</head>
<body>
    <form id="form1" runat="server">
        <p><chy:DatePicker ID="dp1" runat="server" /></p>
        <p>
            <asp:Button ID="button1" Text="农 历"
                OnClick="button1_Click" runat="server" />
        </p>
        <p>
            <asp:Button ID="button2" Text="当前日期"
                OnClick="button2_Click" runat="server" />
        </p>
    </form>
</body>
</html>
```

页面中会显示一个 CDatePicker 控件和两个 Button 控件，单击"农 历"按钮会显示选定日期的农历信息。单击"当前日期"按钮时，会将 CDatePicker 控件的内容设置为系统中的当前日期。

如图 22-33 所示就是单击"农 历"按钮后的结果。

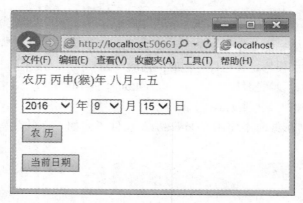

图 22-33　显示农历信息

2. 创建 CDateTextBox 控件

如果年份的范围比较大，还可以创建一个由 TextBox 控件组合的日期控件，如下面的代码（/controls/CDateTextBox.ascx）。

```
<%@ Control Language="C#" ClassName="CDateTextBox" %>

<script runat="server">
    public DateTime Date
    {
        get
        {
            string d = string.Format("{0}-{1}-{2}",
                txtYear.Text, txtMonth.Text, txtDay.Text);
            DateTime result = CC.ToDate(d);
            txtYear.Text = result.Year.ToString();
            txtMonth.Text = result.Month.ToString();
            txtDay.Text = result.Day.ToString();
            return result;
        }
        set
        {
            txtYear.Text = value.Year.ToString();
            txtMonth.Text = value.Month.ToString();
            txtDay.Text = value.Day.ToString();
        }
    }
</script>

<asp:TextBox ID="txtYear" MaxLength="4"
    style="width:3em;text-align:right;" runat="server"></asp:TextBox>-
<asp:TextBox ID="txtMonth" MaxLength="2"
    style="width:2em;text-align:right;" runat="server"></asp:TextBox>-
<asp:TextBox ID="txtDay" MaxLength="2"
    style="width:2em;text-align:right;" runat="server"></asp:TextBox>
```

可以看到，除了用于输入和显示年、月、日的3个文本框（TextBox）控件以外，只定义了一个属性，即Date属性。请注意Date属性的返回值规则：当输入的日期不正确时会自动返回公元0001年1月1日的值（DateTime.MinValue值）。

应用CDateTextBox控件前，不要忘了在Web.config配置文件中注册，如下面的代码。

```
<controls>
    <add tagPrefix="chy" tagName="DatePicker"
        src="/controls/CDatePicker.ascx" />
    <add tagPrefix="chy" tagName="DateTextBox"
        src="/controls/CDateTextBox.ascx" />
</controls>
```

然后，可以在页面中使用CDateTextBox控件，如下面的代码（/demo/test19.aspx文件）。

```
<%@ Page Language="C#" %>

<!DOCTYPE html>

<script runat="server">
    private void button1_Click(object o,EventArgs e)
    {
        CWeb.WriteLine(date1.Date.ToString());
    }
    private void button2_Click(object o, EventArgs e)
    {
        date1.Date = DateTime.Now;
    }
</script>

<html xmlns="http://www.w3.org/1999/xhtml">
<head runat="server">
<meta http-equiv="Content-Type" content="text/html; charset=utf-8"/>
    <title></title>
</head>
<body>
    <form id="form1" runat="server">
        <p><chy:DateTextBox ID="date1" runat="server" /></p>
        <p><asp:Button ID="button1" Text="获取日期"
            runat="server" OnClick="button1_Click" /></p>
        <p><asp:Button ID="button2" Text="当前日期"
            runat="server" OnClick="button2_Click" /></p>
    </form>
</body>
</html>
```

图22-34所示就是在没有输入日期或输入格式不正确时，单击"获取日期"按钮后的结果。

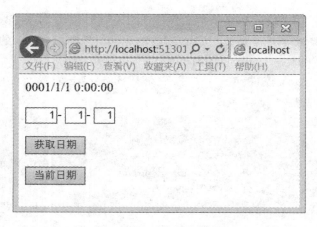

图 22-34 日期输入控件

3. 创建 CDateTextBoxEx 控件

在实际应用中,有些用户可能还是喜欢使用 Calendar 控件来选择日期,那么可以将 CDateTextBox 控件与 Calendar 控件组合使用。这里创建了一个 CDateTextBoxEx 控件,它有 CDateTextBox 控件的功能,并添加了一个 Calendar 控件用于选择日期,完整代码如下(/controls/CDateTextBoxEx.cs 文件)。

```
<%@ Control Language="C#" ClassName="CDateTextBoxEx" %>

<script runat="server">
    public DateTime Date
    {
        get
        {
            string d = string.Format("{0}-{1}-{2}",
                txtYear.Text, txtMonth.Text, txtDay.Text);
            DateTime result = CC.ToDate(d);
            txtYear.Text = result.Year.ToString();
            txtMonth.Text = result.Month.ToString();
            txtDay.Text = result.Day.ToString();
            return result;
        }
        set
        {
            txtYear.Text = value.Year.ToString();
            txtMonth.Text = value.Month.ToString();
            txtDay.Text = value.Day.ToString();
        }
    }
    //
    private void lbtnShow_Click(object o, EventArgs e)
    {
        calendar1.Visible = !calendar1.Visible;
    }
    //
    private void calendar1_SelectionChanged(object o, EventArgs e)
    {
        this.Date = calendar1.SelectedDate;
```

```
            calendar1.Visible = false;
        }
        //
</script>

<asp:TextBox ID="txtYear" MaxLength="4"
    style="width:3em;text-align:right;" runat="server"></asp:TextBox>-
<asp:TextBox ID="txtMonth" MaxLength="2"
    style="width:2em;text-align:right;" runat="server"></asp:TextBox>-
<asp:TextBox ID="txtDay" MaxLength="2"
    style="width:2em;text-align:right;" runat="server"></asp:TextBox>

<asp:LinkButton ID="lbtnShow" Text=" 选择 "
    OnClick="lbtnShow_Click" runat="server" />
<br />
<asp:Calendar ID="calendar1" Visible="false"
    OnSelectionChanged ="calendar1_SelectionChanged" runat="server" />
```

可以看到,除了 CDateTextBox 控件的内容,还添加了一个 LinkButton 控件,用于显示或隐藏 Calendar 控件(calendar1)。

在 calendar1 控件中选择日期后,会在文本框中显示相同的日期,并自动隐藏 calendar1 控件。

然后,继续在 Web.config 配置文件中注册这个控件,如下面的代码(/Web.config 文件)。

```
<add tagPrefix="chy" tagName="DateTextBoxEx"
    src="/controls/CDateTextBoxEx.ascx" />
```

如下代码(/demo/test20.aspx 文件)表示在页面中定义了一个 CDateTextBoxEx 控件。

```
<%@ Page Language="C#" %>

<!DOCTYPE html>

<script runat="server">
    private void Page_Load()
    {
        if(IsPostBack == false)
        {
            date1.Date = DateTime.Now;
        }
    }
</script>

<html xmlns="http://www.w3.org/1999/xhtml">
<head runat="server">
<meta http-equiv="Content-Type" content="text/html; charset=utf-8"/>
    <title></title>
</head>
<body>
    <form id="form1" runat="server">
    <chy:DateTextBoxEx ID="date1" runat="server" />
    </form>
</body>
</html>
```

打开此页面时，会显示计算机中的当前日期，如果是 2016 年 9 月 7 日，初始状态会显示为如图 22-35(a) 所示。当单击"选择"时，会显示 Calendar 控件，如图 22-35(b) 所示。选择一个日期后，会自动隐藏 Calendar 控件，并显示选择的日期，如图 22-35(c) 所示。

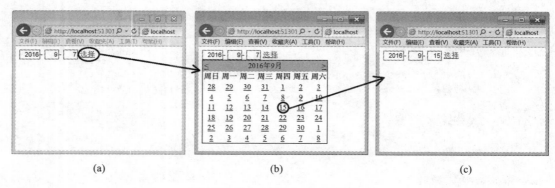

图 22-35　日期输入与选择控件

默认情况下，由于 Calendar 控件占用的面积比较大，页面中的其他元素会被挤开，这样页面有时就不太美观了。为了解决这个问题，可在 Calendar 控件中添加一些 CSS 样式，如下面的代码（/controls/CDateTextBoxEx.cs 文件）。

```
<asp:Calendar ID="calendar1" Visible="false"
    OnSelectionChanged ="calendar1_SelectionChanged"
    runat="server"
    style="position:fixed;background-color:lightyellow;"/>
```

这样一来，CDateTextBoxEx 控件在页面中的显示效果就如图 22-36 所示。

图 22-36　固定日历位置

22.5.6　Panel 控件

前面封装日期控件时，使用了控件的自动回传功能，虽然 ASP.NET 页面的这一功能可以为开发工作带来很大的便利，但在访问量非常大的项目中，尽可能地减少服务器端的操作是很有必要的，这也是高性能网站的基本要求之一。

页面中的隐藏和显示功能中，如果没有太复杂的附加操作，并不需要在服务器端使用控件的 Visible 属性来设置，可以在浏览器中，使用 JavaScript 脚本设置 CSS 样式中的 display 属性实现。

为了兼顾服务器端和客户端操作，可以将需要隐藏或显示的内容定义在 Panel 控件中，这是一个容器控件，它在客户端浏览器时会以 <div> 元素的形式呈现，这样一来，就可以在服务器端使用 Panel 控件操作，而在客户端，使用 JavaScript 脚本操作相应的 <div> 元素即可。

如下代码（/demo/test21.aspx 文件）创建了一个页面，默认只显示一些基本信息，更多的信息会隐藏起来，然后，可以通过单击"工作信息"链接显示隐藏的信息。

```
<%@ Page Language="C#" %>

<!DOCTYPE html>

<script runat="server">

</script>

<html xmlns="http://www.w3.org/1999/xhtml">
<head runat="server">
<meta http-equiv="Content-Type" content="text/html; charset=utf-8"/>
    <title></title>
</head>
<body>
    <form id="form1" runat="server">
        <h3> 基本信息 </h3>
        <p> 姓 名 <asp:TextBox ID="txtName"
            MaxLength="30" Width="200" runat="server" /> </p>
        <p> 电子信箱 <asp:TextBox ID="txtEmail"
            MaxLength="50" Width="300" runat="server"/></p>
        <p> 联系电话 <asp:TextBox ID="txtPhone"
            MaxLength="30" Width="100" runat="server"/></p>

        <h3><a href="javascript:showInfo();"> 工作信息 </a></h3>

        <asp:Panel ID="panel1" runat="server" style="display:none;">
            <p> 地 址 <asp:TextBox ID="txtAddress"
                MaxLength="50" Width="300" runat="server"/></p>
            <p> 邮 编 <asp:TextBox ID="txtPostalCode"
                MaxLength="6" Width="60" runat="server"/></p>
            <p> 电 话 <asp:TextBox ID="txtPhone1"
                MaxLength="30" Width="100" runat="server"/></p>
            <p> 传 真 <asp:TextBox ID="txtFax"
                MaxLength="30" Width="100" runat="server"/></p>
        </asp:Panel>
    </form>
</body>
</html>
<script>
    function showInfo() {
        var panel1 = document.getElementById("panel1");
```

```
            if (panel1.style.display == "none")
                panel1.style.display = "block";
            else
                panel1.style.display = "none";
    }
</script>
```

页面中创建了两类信息，即基本信息和工作信息，其中，工作信息包含在一个 Panel 控件（panel1）中。而且，通过 style 属性设置了它的样式，即默认情况下是不显示的。

"工作信息"的标题定义为一个超链接，只是在 href 属性中使用了 JavaScript 脚本，此处调用了一个 JavaScript 函数，它的功能是修改 panel1 元素的显示状态，即通过样式表中的 display 属性实现工作信息的显示和隐藏功能。

默认情况下，"工作信息"部分是不显示的，如图 22-37(a) 所示，当单击"工作信息"后，则会显示出来，如图 22-37(b) 所示。

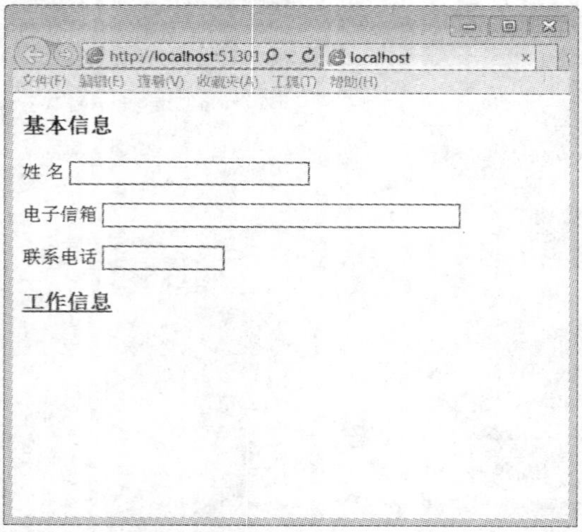

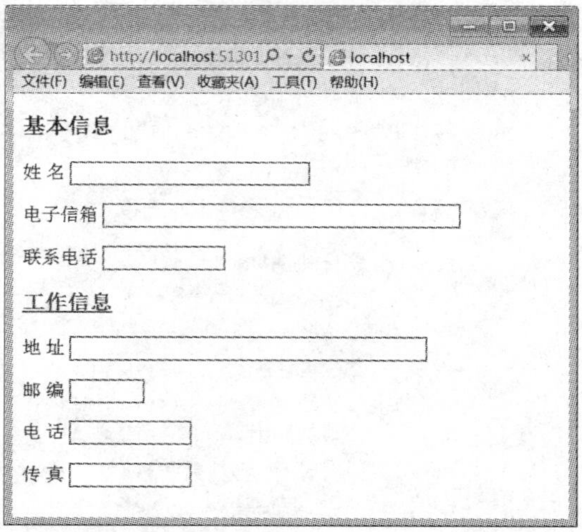

图 22-37　使用 display 属性显示和隐藏页面内容

此外，使用 Panel 控件，还可以像 Web 窗体一样快速遍历其中的控件，例如，可以使用下面的代码清空 panel1 控件中所有文本框控件的内容。

```
foreach (Control ctr in panel1.Controls)
{
    if (ctr is TextBox)
    {
        (ctr as TextBox).Text = "";
    }
}
```

22.6　文件上传

接收用户上传文件的功能，在一些 Web 应用中也是一项非常重要的工作，例如，需要用户上传身份证或个人照片时,不但需要接收用户上传的文件,还可能对其格式、尺寸等信息进行检查,并对图片进行进一步的操作,例如使用统一的格式和命名规则保存到服务器等。

在 ASP.NET 项目中,可以使用 FileUpload 控件进行文件上传操作,接下来,先来看一看 FileUpload 控件的一些常用成员:

- HasFile 属性,定义为 bool 类型,判断控件是否包含文件。
- FileName 属性,定义为 string 类型,返回上传文件的文件名,不包含文件在客户端的路径信息。
- FileBytes 属性,定义为 byte[] 数组类型,表示上传文件的字节数组。
- FileContent 属性,定义为 Stream 类型,表示上传文件流数据。
- SaveAs() 方法,将上传的文件保存到服务器中指定的路径。

此外,FileUpload 控件中的 PostedFile 属性包含了已经上传到服务器中的文件信息,它定义为 HttpPostedFile 类型(System.Web 命名空间),其常用成员包括:

- ContentLength 属性,返回上传文件的字节数。
- ContentType 属性,返回上传文件的 MIME 信息。
- FileName 属性,返回上传文件在客户端的完整路径。
- InputStream 属性,返回上传文件的 Stream 对象。
- SaveAs() 方法,将上传文件保存到服务器中指定的位置。

在上传文件时,还可以限定上传文件的尺寸,这需要在 Web.config 配置文件中的 <httpRuntime> 元素中设置,如下面的代码(/Web.config 文件)。

```
<system.web>
    <compilation debug="true" targetFramework="4.0"/>
    <httpRuntime maxRequestLength="10240" />
</system.web>
```

在 <httpRuntime> 元素中,maxRequestLength 属性设置用户上传文件的最大尺寸,单位是 KB,默认值为 4096,即 4MB 大小的文件。在代码中,重新设置允许上传文件的最大尺寸为 10M。

如下代码(/demo/test22.aspx 文件)在页面中创建了一个 FileUpload 控件,可以看到,它的定义非常简单。

```
<%@ Page Language="C#" %>

<!DOCTYPE html>

<script runat="server">
    private void button1_Click(object o, EventArgs e)
    {

    }
</script>

<html xmlns="http://www.w3.org/1999/xhtml">
<head runat="server">
<meta http-equiv="Content-Type" content="text/html; charset=utf-8"/>
    <title></title>
</head>
```

```
<body>
    <form id="form1" runat="server">
        <p>请选择需要上传的图片
            <asp:FileUpload ID="file1" runat="server" />
        </p>
        <p>
            <asp:Button ID="button1" Text="上传文件"
                OnClick="button1_Click" runat="server" />
        </p>
    </form>
</body>
</html>
```

页面在 IE 11、Google Chrome 和 Firefox 浏览器中的显示效果如图 22-38 所示。

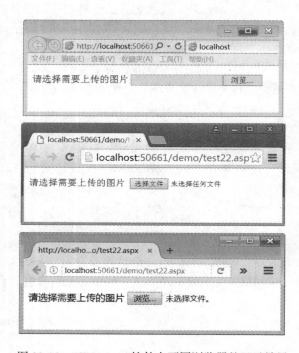

图 22-38　FileUpload 控件在不同浏览器的显示效果

在页面中，还创建了一个按钮控件，接下来的测试就会在这个按钮的 Click 事件中完成。

在如下代码（/demo/test22.aspx 文件）中，首先会判断是否选择了文件、是否为 JPEG 或 PNG 文件类型，然后会将文件统一使用 PNG 格式保存到网站的 /app_data/upload_files 目录中，请自行创建此目录。

```
private void button1_Click(object o, EventArgs e)
{
    // 检查是否选择文件
    if (file1.HasFile == false)
    {
        CWeb.WriteLine("请选择需要上传的文件");
        return;
    }
    // 检查扩展名
```

```
    string ext = System.IO.Path.GetExtension(file1.FileName).ToLower();
    if (ext != ".png" && ext != ".jpg")
    {
        CWeb.WriteLine("只允许上传 .png 或 .jpg 文件");
        return;
    }
    // 保存文件
    string filename = System.IO.Path.Combine(
        Server.MapPath(@"/app_data/upload_files"),
        CC.GuidString+".png");
    System.Drawing.Bitmap bmp = 
        new System.Drawing.Bitmap(file1.FileContent);
    bmp.Save(filename, System.Drawing.Imaging.ImageFormat.Png);
    CWeb.WriteLine("图片已成功上传");
}
```

代码中，调用了 System.IO 和 System.Drawing 命名空间中的相关内容，如果项目经常使用这些资源，可以在 Web.config 配置文件中引用它们，如下面的代码。

```
<namespaces>
    <add namespace="System.IO"/>
    <add namespace="System.Drawing"/>
    <add namespace="System.Drawing.Imaging"/>
    <add namespace="System.Data"/>
    <add namespace="cschef"/>
    <add namespace="cschef.appx"/>
    <add namespace="cschef.webx"/>
</namespaces>
```

保存图片时，将图片重新命名为"<guid>.png"的格式，并使用 Bitmap 对象中的 Save() 方法保存，这样就可以转换图片格式了。请注意，Bitmap 对象创建时的构造函数，其参数设置为 FileUpload 对象中的 FileContent 属性值，即上传文件的数据流（Stream）。

实际应用中，还可以对图片文件的尺寸进行判断，例如使用 file1.PostedFile.ContentLength 属性来获取文件的字节数。此外，在保存用户的图片时，还应该确保图片与用户能够有效地关联，例如，可以使用 UserId 来命名图片，或者在用户数据中保存文件名称。

实际开发中，可以根据项目的整体要求综合考虑用户文件的保存策略，主要包括：

❑ 将文件保存到数据库，此时可以将文件的字节数组数据直接写入数据库。在 SQL Server 数据库中，一般会使用 varbinary 类型的字段来保存二进制数据。在大多数情况下，这样做的效率并不高。

❑ 将文件保存到不能被客户端直接使用 URL 访问的位置，例如，在 app_data 目录下创建一个子目录来保存用户文件，就像前面的代码那样。

22.7 缓存

动态页面可以灵活处理用户的各种请求，不过，代码的执行总是需要时间的，那么页面的响应速度就是开发者不得不考虑的问题了。ASP.NET 页面中，如果页面内容不是每次访问都需要更新，就可以在页面中使用缓存。

设置页面或控件的缓存参数时，使用 <%@ OutputCache %> 指令。其中，在页面中使用缓存时，可以主要关注以下参数：
- Location，指定缓存的位置，默认为 Any，即在任何可能的地方进行缓存。
- Duration，必选参数，设置缓存的时间，单位为秒。请注意，如果服务器系统资源紧张，会自动清理缓存。
- VaryByParam，设置按 URL 参数（get 或 post 方式传递）缓存，如果对所有参数进行缓存，可以使用通配符 *。如果指定具体的参数，可以使用"<参数名 1>,<参数名 2>,<参数名 3>"的格式。如果不针对参数缓存，可以设置为 none。

如下代码会在 /Default.aspx 页面中设置缓存。

```
<%@ Page Language="C#" %>
<%@ OutputCache Duration="300" VaryByParam="none" %>

<!DOCTYPE html>
```

可以看到，<%@ OutputCache %> 指令应该和 <%@ Page %> 指令一起定义在页面内容的顶部。在这里，设置 Default.aspx 页面不按任何参数缓存，并且缓存时间为 300s。

除了在页面中使用缓存，还可以在用户控件（.ascx 文件）中使用缓存，此时同样使用 <%@ OutputCache %> 指令，主要参数包括：
- Duration，必选参数，设置缓存的时间，单位为秒。
- Shared，设置控件的缓存是否在多个页面中共享，默认为 false。如果是一个静态控件，如页面的页头或页脚控件，可以将此参数设置为 true。

如下代码（/controls/CPageFooter.ascx 文件）在 CPageFooter 控件中设置了控件缓存。

```
<%@ Control Language="C#" ClassName="CPageFooter" %>
<%@ OutputCache Duration="600" VaryByParam="none" Shared="true" %>

<style>
    #page_footer{
        display:block;
        clear:both;
        text-align:center;
        padding:2em 0em;
    }
</style>

<div id="page_footer">
    <p>caohuayu.com 版权所有 &copy;</p>
    <p>E-mail:
<a href="mailto:chydev@163.com" target="_blank">chydev@163.com</a>
    </p>
</div>
```

请注意，在这里为了页脚内容的完整性，将样式表也一同定义在 CPageFooter 控件中。
下面是在 Web.config 文件中注册 CPageFooter 控件的代码。

```
<add tagPrefix="chy" tagName="PageFooter"
    src="/controls/CPageFooter.ascx" />
```

接下来在 Default.aspx 页面中使用 CPageFooter 控件，如下面的代码。

```
<body>
    <form id="form1" runat="server">
        <h1>主页</h1>
        <chy:PageFooter ID="footer1" runat="server" />
    </form>
</body>
```

页面显示结果如图 22-39 所示。

图 22-39 使用页脚控件

以上就是在 ASP.NET 页面及用户控件中设置缓存的基本方法。此外，在网站开发中，使用静态内容依然是提高网站访问效率的重要方法之一，例如，网站的主页的大部分内容都是静态的，只有一小部分需要动态载入，如当前的登录用户名。在这种情况下，应该如何做呢？

一个有效的方法是，主页使用静态页面，如使用 Index.html 文件。然后，对于一些需要动态载入的内容，使用 Ajax 技术从服务器获取。接下来了解 Ajax 的应用基础。

22.8 Ajax 基础

Ajax（Asynchronous Javascript + XML）技术最重要的特点就是通过 JavaScript 代码和 XMLHttpRequest 对象，在客户端浏览器的后台与服务器进行交互，这样就可以避免为了部分内容的更新而重新载入整个页面。

与表单数据的处理相似，可以使用 XMLHttpRequest 对象向服务器提交一个资源请求，并可以使用 get 或 post 方式传递数据，最终，服务器会以文本或 XML 格式返回处理结果。

随着新版浏览器普及率越来越高，对于 XMLHttpRequest 对象的支持也比较一致了，现在只需要如下代码就可以创建 XMLHttpRequest 对象。

```
var xhr = new XMLHttpRequest();
```

接下来封装一个 ajaxGetText() 函数，如下面的代码（/js/Ajax.js 文件）。

```
// 使用 GET 方式传递参数，获取文本内容
function ajaxGetText(url, param, fn)
{
```

```javascript
        var xhr = new XMLHttpRequest();
        if (xhr == null) return;
        xhr.onreadystatechange = function () {
            if (xhr.readyState == 4) {
                if (xhr.status == 200 || xhr.status == 304) {
                    fn(xhr.responseText);
                    xhr = null;
                }
            }
        };
        xhr.open("GET", url + "?" + param, true);
        xhr.send(null);
    }
```

通过这个 JavaScript 函数,来看一下 XMLHttpRequest 对象中的常用成员:

- onreadystatechange 属性,定义为一个函数类型,当 XMLHttpRequest 对象会话状态改变时执行。
- readyState 属性,返回连接服务器的状态,状态码 4 表示服务器已正确连接。
- status 属性,返回获取资源的状态码,其中,200 表示已从服务器成功获取资源,304 表示已从缓存中成功获取资源。在这两种状态下,都可以使用所需要的资源。
- open() 方法,参数一指定数据发送的方式,可以设置为自己熟悉的 GET 或 POST 方式;参数二设置资源的 URL 地址,代码中包含了资源地址和数据(使用 GET 方式传递数据);参数三设置是否异步操作,大多数情况下,都会设置为 true 值,即使用异步操作。
- send() 方法,向服务器发送资源的请求。参数用于指定附加数据,如果是通过 GET 方式发送到服务器,设置为 null 即可。如果通过 POST 方式发送到服务器,则将参数设置为发送的数据。
- responseText 属性,成功获取资源后,responseText 属性返回获取的文本内容。

我们定义的 ajaxGetText() 函数,其功能是从指定的地址获取文件内容,并使用 GET 方式传递 URL 参数,其中包括 3 个参数,分别是:

- url,指定获取资源的 URL 地址;
- param,指定获取资源所需要的参数,会与 url 组合使用;
- fn,指定获取文本内容的处理代码,它定义为一个函数类型。

下面,首先定义一个文本文件,内容可以随便添加(/demo/test23.txt 文件)。

```
Hello, Ajax!
```

然后,在 ASP.NET 页面中使用 Ajax 获取 test23.txt 文件的内容,如下面的代码(/demo/test23.aspx)。

```
<%@ Page Language="C#" %>

<!DOCTYPE html>
<script runat="server">

</script>
```

```
<html xmlns="http://www.w3.org/1999/xhtml">
<head runat="server">
<meta http-equiv="Content-Type" content="text/html; charset=utf-8"/>
    <title></title>
</head>
<body>
    <form id="form1" runat="server">
    <h1 id="hello"></h1>
    </form>
</body>
</html>

<script src="/js/Ajax.js"></script>
<script>
    var url = "test23.txt";
    ajaxGetText(url, "", function (txt) {
        var el = document.getElementById("hello");
        el.innerText = txt;
    });
</script>
```

可以看到,在页面中的 <h1> 元素中并没有内容。然后,使用一个 <script> 元素引用 /js/Ajax.js 文件。最后,在另一个 <script> 元素中调用了 ajaxGetText() 函数,请注意函数的第 3 个参数定义了一个完整的函数,挑出来单独看一下,如下面的代码。

```
function (txt) {
    var el = document.getElementById("hello");
    el.innerText = txt;
}
```

这个函数的实际执行位置如图 22-40 所示。

```
function ajaxGetText(url, param, fn)
{
    var xhr = new XMLHttpRequest();
    if (xhr == null) return;
    xhr.onreadystatechange = function () {
        if (xhr.readyState == 4) {
            if (xhr.status == 200 || xhr.status == 304) {
                fn(xhr.responseText);
                xhr = null;
            }
        }
    };
    xhr.open("GET", url + "?" + param, true);
    xhr.send(null);
}
```

```
function (txt) {
    var el = document.getElementById("hello");
    el.innerText = txt;
}
```

图 22-40 使用 Ajax 获取文本内容

接下来,创建 ajaxPostText() 函数,其功能同样是获取指定资源中的文本内容,但会使用 POST 方式传递参数,如下面的代码(/js/Ajax.js 文件)。

```
// 使用 POST 方式传递参数,获取文本内容
function ajaxPostText(url, param, fn) {
    var xhr = new XMLHttpRequest();
```

```
        if (xhr == null) return;
        xhr.onreadystatechange = function () {
            if (xhr.readyState == 4) {
                if (xhr.status == 200 || xhr.status == 304) {
                    fn(xhr.responseText);
                    xhr = null;
                }
            }
        };
        xhr.open("POST", url, true);
        xhr.setRequestHeader("Content-Type",
                        "application/x-www-form-urlencoded;");
        xhr.send(param);
}
```

与 ajaxGetText() 函数的不同点在于：
- open() 方法中，第一个参数设置为 POST，第二个参数中只需要基本的 URL，不需要添加传递的数据。
- 添加了 setRequestHeader() 方法，它的功能是设置向服务器发送请求的元数据，代码中，重新指定了 Content-Type 参数的内容，这是为了配合 POST 方式传递参数而设置的。
- send() 方法中的参数指定需要发送的数据。

此外，虽然 ajaxPostText() 与 ajaxGetText() 函数的内部实现有一些不同，但它们的调用方式是一致的。

最后，认识一下 XMLHttpRequest 对象中的 responseXml 属性，其功能是以 XML 对象的形式返回所需要的资源，可以通过 DOM 的操作方式来操作这个对象。在 /js/Ajax.js 文件中，分别定义了 ajaxGetXml() 和 ajaxPostXml() 函数来获取 XML 对象，如下面的代码。

```
// 使用 GET 方法传递参数，获取 XML 数据
function ajaxGetXml(url, param, fn) {
    var xhr = new XMLHttpRequest();
    if (xhr == null) return;
    xhr.onreadystatechange = function () {
        if (xhr.readyState == 4) {
            if (xhr.status == 200 || xhr.status == 304) {
                fn(xhr.responseXML);
                xhr = null;
            }
        }
    };
    xhr.open("GET", url + "?" + param, true);
    xhr.send(null);
}

// 使用 POST 方法传递参数，获取 XML 数据
function ajaxPostXml(url, param, fn) {
    var xhr = XMLHttpRequest();
    if (xhr == null) return;
    xhr.onreadystatechange = function () {
        if (xhr.readyState == 4) {
```

```
                if (xhr.status == 200 || xhr.status == 304) {
                    fn(xhr.responseXML);
                    xhr = null;
                }
            }
        };
        xhr.open("POST", url, true);
        xhr.setRequestHeader("Content-Type",
                             "application/x-www-form-urlencoded;");
        xhr.send(param);
    }
```

22.9 全站编译

网站的发布有很多方法，这里只介绍使用 aspnet_compiler.exe 命令编译网站的方法。网站编译后发布，可以避免页面首次载入时的编译过程，有效提高网站的响应速度。

在网站发布前，还有一项工作需要完成，就是要取消网站的调试状态，在 Web.config 配置文件中将 <compilation /> 中的 debug 属性设置为 false，如下面的代码。

```
<compilation debug="false" targetFramework="4.0"/>
```

下面的代码（请输入在一行）会将 d:\WebDemo 目录下的网站编译，并将结果生成到 d:\WebRelease 目录中。

```
C:\Windows\Microsoft.NET\Framework64\v4.0.30319\aspnet_compiler.exe
-v / -p d:\WebDemo d:\WebRelease
```

使用此方法发布网站时，应该在网站发布的服务器中操作，还需要注意 aspnet_compiler.exe 命令的版本。编译完成后，只需要在 IIS 配置中将网站的物理路径设置为编译结果的目录即可，如代码中的 d:\WebRelease 目录。

22.10 示例：基于数据库的用户注册与登录

本节将在网站中添加用户注册和登录功能，其中会使用很多已经介绍过的内容，可以当作是一个 ASP.NET 网站开发的综合演示。

22.10.1 实现验证码

验证码的功能就是确认是否为真正的用户在操作，而不是网络机器人在干坏事，其实现原理也是非常的简单，基本步骤如下：

（1）服务器端生成验证码；
（2）页面中显示验证码图片；
（3）用户输入验证码；
（4）提交到服务器进行验证。

如下代码（/app_code/cschef.webx.CCVerificationCode.cs 文件）封装了 CVerificationCode 类，其功能就是提供基本的验证码功能。

```csharp
using System;
using System.Web;
using System.Drawing;
using System.Drawing.Imaging;
using System.Text;

namespace cschef.webx
{
    public static class CVerificationCode
    {
        // 随机数对象
        static Random myRandom = new Random();
        // 格式刷
        static Brush[] myBrushes = { Brushes.Black,Brushes.Red,
                                     Brushes.Blue,Brushes.Purple,
                                     Brushes.Navy,Brushes.Green};
        // 画笔
        static Pen[] myPens = { Pens.Black,Pens.Red,
                                Pens.Blue,Pens.Purple,
                                Pens.Navy, Pens.Green};
        // 给出随机格式刷
        static Brush GetBrush()
        {
            return myBrushes[myRandom.Next(0, myBrushes.Length)];
        }
        // 给出随机画笔
        static Pen GetPen()
        {
            return myPens[myRandom.Next(0, myPens.Length)];
        }
        // 给出随机字体
        static Font GetFont()
        {
            return new Font("Georgia", (float)myRandom.Next(22, 32),
              FontStyle.Italic | FontStyle.Bold, GraphicsUnit.Pixel);
        }
        // 创建验证码及图片
        public static void Create(string key)
        {
            const int width = 100;
            const int height = 40;
            using (Bitmap bmp = new Bitmap(width, height))
            {
                Graphics g = Graphics.FromImage(bmp);
                g.Clear(Color.White);
                StringBuilder code = new StringBuilder(5);
                // 5个数字
                for (int i = 0; i < 5; i++)
                {
                    string ch = myRandom.Next(0, 10).ToString();
                    //
                    int tmp = i * 16;
                    int x = myRandom.Next(tmp - 3, tmp + 4);
                    int y = myRandom.Next(0, 10);
                    g.DrawString(ch, GetFont(), GetBrush(), x, y);
```

```csharp
            //
            code.Append(ch);
        }
        // 绘制前景
        for (int i = 0; i < 9; i++)
        {
            int x1 = myRandom.Next(0, width);
            int y1 = myRandom.Next(0, height);
            int x2 = myRandom.Next(0, width);
            int y2 = myRandom.Next(0, height);
            g.DrawLine(GetPen(), x1, y1, x2, y2);
        }
        // 保存验证码
        SaveCode(key, code.ToString());
        // 发送图片
        HttpContext.Current.Response.ContentType =
            "image/png";
        HttpContext.Current.Response.AppendHeader(
            "Content-Disposition",
            "attachment;filename=verificationcode.png");
        bmp.Save(HttpContext.Current.Response.OutputStream,
            ImageFormat.Png);
    }
}

// 保存验证码
private static void SaveCode(string key, string code)
{
    HttpContext.Current.Session[key] = code;
}

// 检查输入的验证码
public static bool Check(string key, string inputCode)
{
    string savedCode =
        CC.ToStr(HttpContext.Current.Session[key]);
    if (savedCode == "" || inputCode == "")
        return false;
    else
        return string.Compare(savedCode, inputCode, false) == 0;
}

    //
  }
}
```

首先定义了几个静态成员，包括：

- myRandom，定义为 Random 对象，用于生成随机数。其中 Next() 方法用于返回随机整数，在指定参数时应注意，参数一设置允许的最小值，参数二则设置为允许最大值加 1 的值，如需要产生 0 ~ 9 的整数，则应该使用 myRandom.Next(0, 10)。
- myBrushes，定义为 Brush 对象数组，包含了用于绘制的格式刷对象。
- myPens，定义为 Pen 对象数组，包含用于绘制的画笔对象。

其次是 3 个简单的方法，包括：

- GetBrush() 方法，随机返回一个格式刷对象。
- GetPen() 方法，随机返回一个画笔对象。
- GetFont() 方法，随机返回一个字体对象。

创建验证码的主要操作就是 Create() 方法，它会创建验证码，并将生成的图片发送到当前会话的缓存，其中：

- 验证码图片的尺寸是 100 像素 ×40 像素，可以根据实际需要修改这个尺寸。
- 生成验证码时，使用了 5 个随机的一位数，并分别绘制到一个随机的位置。请注意，字符绘制的位置并不是完全随机，而是确定了大概的位置，这是为了保证字符显示的顺序。
- 验证码生成并绘制以后，又在图片中随机绘制了 9 条线，这样是为了使图片中的数字不易被网络机器人识别。
- SaveCode() 方法用于在服务器端保存验证码，以便对用户的输入进行验证。在代码中，只是简单使用 Session 集合保存用户验证码。实际应用中，如果在线用户量比较大，还可以使用其他的保存策略，例如将验证码临时保存到数据库中。
- 发送图片前，调用了 Response 对象中的一个成员，使用 ContentType 属性设置发送内容的类型（MIME），指定为 PNG 格式图片。
- AppendHeader() 方法用于添加发送内容的元数据，这里将发送的内容命名为 verificationcode.png。
- 最后，使用 Bitmap 对象（bmp）的 Save() 方法将图片以 PNG 格式发送到 Response.OutputStream 对象中。

Check() 方法用于验证用户输入的验证码是否正确，在这里会区分字母的大小写。

此外，关于验证码的生成，也可以使用数字和字符的组合，或者使用汉字、计算题等，只要注意保存需要验证的内容就可以了。

下面的 GetChar() 方法（/app_code/cschef.webx.CVerificationCode.cs 文件）用于随机产生大写字母、小写字母或数字。

```
// 随机给出字符
private static string GetChar()
{
    int n = myRandom.Next(0, 3);
    switch(n)
    {
        case 1:
            // 大写字母
            return ((char)myRandom.Next(65,91)).ToString();
        case 2:
            // 小写字母
            return ((char)myRandom.Next(97,123)).ToString();
        default:
            // 1 位数字
            return myRandom.Next(0,10).ToString();
    }
}
```

如果需要，可以在 Create() 方法中修改字符产生的代码，如：

```
//string ch = myRandom.Next(0, 10).ToString();
string ch = GetChar();
```

关于用户的操作代码，继续使用 CUser 类封装，如下面的代码（cschef.appx.CUser.cs 文件）。

```
using System;
using System.Web;
using cschef;

namespace cschef.appx
{
    public class CUser : CDbRecord
    {
        public CUser()
            : base(CApp.MainDb, "user_main", "UserId") { }
        // 其他代码
    }
}
```

CUser 继承了 CDbRecord 类，这样就可以方便操作 user_main 数据表了。

下面 4 个方法，分别用于创建、验证用户注册、登录和验证登录时的验证码，如下面的代码（cschef.appx.CUser.cs 文件）。

```
// 创建注册验证码
public static void CreateRegisterVerificationCode()
{
    webx.CVerificationCode.Create("user_register_verificationcode");
}

// 验证输入的注册验证码
public static bool CheckRegisterVerificationCode(string inputCode)
{
    return webx.CVerificationCode.Check("user_register_verificationcode",
            inputCode);
}

// 创建登录验证码
public static void CreateLoginVerificationCode()
{
    webx.CVerificationCode.Create("user_login_verificationcode");
}

// 验证输入的登录验证码
public static bool CheckLoginCheckCode(string inputCode)
{
    return webx.CVerificationCode.Check("user_login_verificationcode",
            inputCode);
}
```

可以看到，有了 CVerificationCode 类的封装，这些功能的实现是非常简单的。接下来实现用户的注册和登录功能。

22.10.2 注册

如下代码（/user/Register.aspx 文件）创建了一个用户注册的页面。

```
<%@ Page Language="C#" %>

<!DOCTYPE html>

<script runat="server">
    private void btnRegister_Click(object o, EventArgs e)
    {

    }
</script>

<html xmlns="http://www.w3.org/1999/xhtml">
<head runat="server">
<meta http-equiv="Content-Type" content="text/html; charset=utf-8"/>
    <title>用户注册</title>
    <style>
        .data_form tr td{
            padding:10px;
        }
        #checkcode {
            vertical-align:middle;
        }
        #lblMsg {
            color:red;
        }
    </style>
</head>
<body>
    <form id="form1" runat="server">
    <h1>用户注册</h1>
    <asp:Label ID="lblMsg" runat="server" />
    <table border="0" class="data_form">
        <tr><td>用户名</td>
            <td><asp:TextBox ID="txtUserName" MaxLength="15"
                Width="200" runat="server"/> </td>
        </tr>
        <tr><td>密码</td>
            <td><asp:TextBox ID="txtUserPwd" TextMode="Password"
                MaxLength="15" Width="200" runat="server" /></td>
        </tr>
        <tr><td>密码确认</td>
            <td><asp:TextBox ID="txtUserPwd1" TextMode="Password"
                MaxLength="15" Width="200" runat="server" /></td>
        </tr>
        <tr><td>电子信箱</td>
            <td><asp:TextBox ID="txtEmail" MaxLength="50"
                Width="300" runat="server" /></td>
        </tr>
        <tr><td>称呼</td>
            <td><asp:RadioButtonList ID="rlstSex"
                RepeatDirection="Horizontal" runat="server">
```

```
                <asp:ListItem Value="0" Text="保密" Selected="True"/>
                <asp:ListItem Value="1" Text="先生" />
                <asp:ListItem Value="2" Text="女士" />
            </asp:RadioButtonList> </td>
    </tr>
    <tr><td> 验证码 </td>
        <td>
            <asp:TextBox ID="txtVerificationCode" MaxLength="5"
                runat="server" style="width:5em;" />
            <img id="vcImg" src="/user/RegisterVerificationCode.aspx" />
            <a href="javascript:changeImage();">看不清</a>
        </td>
    </tr>
    </table>
    <asp:Button ID="btnRegister" Text="注 册"
        OnClick="btnRegister_Click" runat="server" />
    </form>
</body>
</html>

<script>
    function changeImage() {
        var cc = document.getElementById("vcImg");
        cc.setAttribute("src",
          "/user/RegisterVerificationCode.aspx?ts="+new Date().getTime());
    }
</script>
```

页面显示结果如图 22-41 所示。

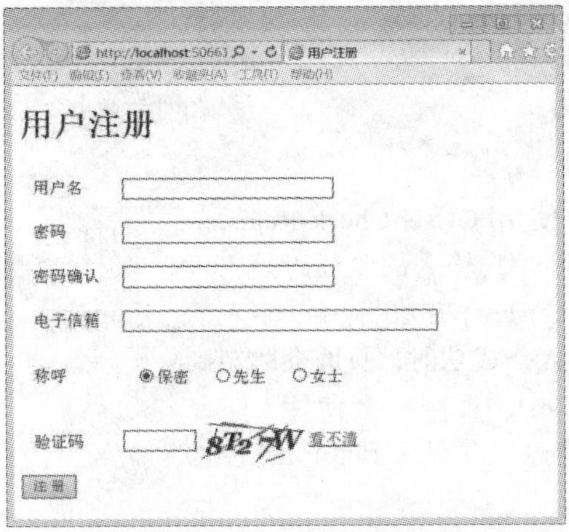

图 22-41 用户注册页面

在 /user/Register.aspx 页面中的大多数内容并不难理解，下面着重看一下验证码的显示。

首先，使用一个 <img> 标签显示验证码图片，其中的 src 属性表示图片的路径，这里设置为 /user/RegisterVerificationCode.aspx 文件，它的内容是什么呢？如下面的代码。

```
<%@ Page Language="C#" %>
```

```
<script runat="server">
    private void Page_Load()
    {
        CUser.CreateRegisterVerificationCode();
    }
</script>
```

就这么简单!

回到 Register.aspx 页面,在验证码图片后面定义了一个 <a> 元素,其中 href 属性定义为执行一个 JavaScript 函数,即 changeImage() 函数。可以看到,在 changeImage() 函数中,使用 document.getElementById() 方法获取验证码的 <img> 元素,然后,通过 setAttribute() 方法重新设置了 src 属性,这里使用 Date 对象中的 getTime() 方法获取当前时间,并将时间设置为验证码图片生成页面的 ts 参数,设置即时参数的目的是防止不必要的缓存,也就是说,验证码是不需要缓存的。

如下代码(/user/Register.aspx 文件)是真正执行注册的操作。

```
private void btnRegister_Click(object o, EventArgs e)
{
    // 检查输入的验证码
    if (CUser.CheckRegisterVerificationCode(txtVerificationCode.Text)
            == false)
    {
        lblMsg.Text = "验证码输入错误";
        return;
    }
    //
    long result = CUser.Register(txtUserName.Text,
            txtUserPwd.Text,txtUserPwd1.Text,txtEmail.Text,
            CC.ToInt(rlstSex.SelectedValue));
    //
    if (result > 0)
        Response.Redirect("/user/Login.aspx");
    else
        lblMsg.Text = CUser.GetMsg(result);
}
```

在代码中,首先使用 CUser.Check-Register-VerificationCode() 方法判断用户输入的验证码是否正确。然后,通过 CUser.Register() 方法将用户输入的注册信息保存到数据库,操作成功时,页面会跳转到登录页面(/user/Login.aspx),否则,会使用 CUser.GetMsg() 方法获取错误信息,并显示到 lblMsg 控件中,如图 22-42 所示。

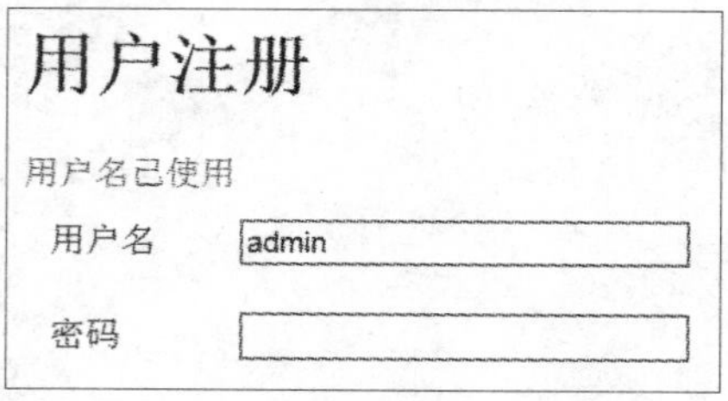

图 22-42 注册操作错误提示

在 CUser 类中, Register() 和 GetMsg() 方法的定义如下(/app_code/cschef.appx.CUser.cs 文件)。

```
// 用户注册
public static long Register(string sUserName,
    string sPwd1, string sPwd2,string sEmail="",int iSex =0)
{
```

```csharp
        if (string.Compare(sPwd1, sPwd2, false) != 0) return -1000L;
        CUser user = new CUser();
        // 用户名是否已使用
        long result = user.Find(new CDataCollection("UserName", sUserName));
        if (result > 0) return -1001L;
        //
        CDataCollection data = new CDataCollection();
        data.Append("UserName", sUserName);
        data.Append("UserPwd", CC.GetSha1(sPwd1));
        data.Append("Email", sEmail);
        data.Append("Sex", iSex);
        data.Append("IsLocked", 0);
        return user.Save(data);
    }

    //
    public static string GetMsg(long code)
    {
        switch (code)
        {
            case -1000L:
                return "密码输入不一致";
            case -1001L:
                return "用户名已使用";
            default:
                return "未知错误";
        }
    }
```

22.10.3 登录与跳转

登录页面的实现相对简单一些,如下面的代码(/user/Login.aspx 文件)。

```asp
<%@ Page Language="C#" %>

<!DOCTYPE html>

<script runat="server">
    private void btnLogin_Click(object o, EventArgs e)
    {
    }
</script>

<html xmlns="http://www.w3.org/1999/xhtml">
<head runat="server">
<meta http-equiv="Content-Type" content="text/html; charset=utf-8"/>
    <title>用户登录</title>
    <style>
        .data_form tr td{
            padding:10px;
        }
        #checkcode {
            vertical-align:middle;
        }
```

```
            #lblMsg {
                color:red;
            }
        </style>
    </head>
    <body>
        <form id="form1" runat="server">
        <div>
        <h1>用户登录</h1>
        <asp:Label ID="lblMsg" runat="server" />
        <table border="0" class="data_form">
            <tr><td>用 户</td>
                <td><asp:TextBox ID="txtUserName" MaxLength="15"
                    Width="200" runat="server"/> </td>
            </tr>
            <tr><td>密 码</td>
                <td><asp:TextBox ID="txtUserPwd" TextMode="Password"
                    MaxLength="15" Width="200" runat="server" /></td>
            </tr>
            <tr><td>验证码</td>
                <td>
                    <asp:TextBox ID="txtVerificationCode" MaxLength="5"
                        runat="server" style="width:5em;" />
                    <img id="vcImg" src="/user/LoginVerificationCode.aspx" />
                    <a href="javascript:changeImage();">看不清</a>
                </td>
            </tr>
        </table>
        <asp:Button ID="btnLogin" Text="登 录"
            OnClick="btnLogin_Click" runat="server" />
        </div>
        </form>
    </body>
</html>

<script>
    function changeImage() {
        var cc = document.getElementById("vcImg")
        cc.setAttribute("src",
            "/user/LoginVerificationCode.aspx?ts="+new Date().getTime());
    }
</script>
```

其显示结果如图 22-43 所示。

在这里,验证码生成的页面是 /user/LoginVerificationCode.aspx,具体代码如下。

```
<%@ Page Language="C#" %>

<script runat="server">
    private void Page_Load()
    {
        CUser.CreateLoginVerificationCode();
    }
</script>
```

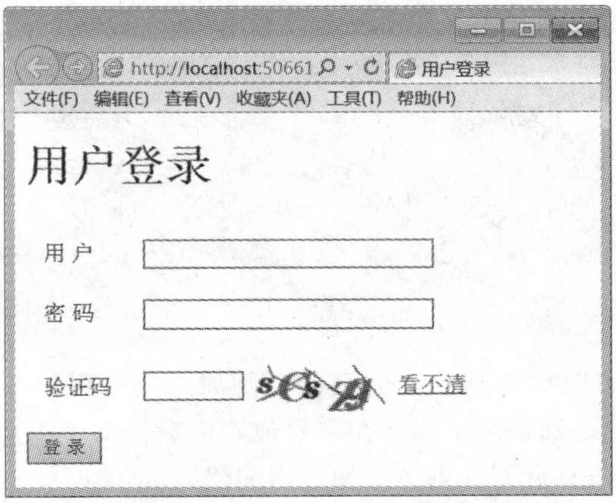

图 22-43　用户登录页面

如下代码是在 /user/Login.aspx 页面中单击"登　录"按钮之后的操作。

```
private void btnLogin_Click(object o, EventArgs e)
{
    // 检查输入的验证码
    if (CUser.CheckLoginVerificationCode(txtVerificationCode.Text) == false)
    {
        lblMsg.Text = " 验证码输入错误 ";
        return;
    }
    //
    if (CUser.Login(txtUserName.Text, txtUserPwd.Text))
        Response.Redirect("/"); // 返回主页
    else
        lblMsg.Text = " 登录失败 ";
}
```

在代码中，使用 CUser.CheckLoginVerificationCode() 方法检查用户输入的登录验证码是否正确。然后，使用 CUser.Login() 方法验证登录操作是否正确，如果登录成功则跳转到网站的首页，否则提示"登录失败"。请注意，对于登录操作失败的原因，并没有显示更详细的内容，这是出于安全方面的考虑。

如下代码（/app_code/cschef.appx.CUser.cs 文件）就是 CUser.Login() 方法的实现。

```
public static bool Login(string sUser, string sPwd)
{
    CDataCollection cond = new CDataCollection();
    cond.Append("UserName", sUser);
    cond.Append("UserPwd", CC.GetSha1(sPwd));
    cond.Append("IsLocked", 0);
    CUser user = new CUser();
    //
    HttpContext.Current.Session["username"] = sUser;
    //
    return user.Find(cond) > 0;
}
```

此外，还在 CUser 类中定义了一个静态属性，用于返回当前会话中已登录的用户名，如下面的代码（/app_code/cschef.appx.CUser.cs 文件）。

```csharp
// 当前登录的用户名
public static string Current
{
    get
    {
        return CC.ToStr(HttpContext.Current.Session["username"]);
    }
}
```

登录成功以后，还可以跳转到指定的页面。例如，当用户打开一个页面时，需要验证用户的身份，此时就会跳转到登录页面，在登录成功以后，应该返回这个页面。对于这个功能，可以创建 /user/Test.aspx 页面来测试，如下面的代码。

```
<%@ Page Language="C#" %>

<!DOCTYPE html>

<script runat="server">
    private void Page_Load()
    {
        if(!IsPostBack)
        {
            if (CUser.Current == "")
                Response.Redirect(
                    @"/user/Login.aspx?re="+ Request.RawUrl);
        }
    }
</script>

<html xmlns="http://www.w3.org/1999/xhtml">
<head runat="server">
<meta http-equiv="Content-Type" content="text/html; charset=utf-8"/>
    <title></title>
</head>
<body>
    <h1>登录才能看哈！</h1>
    <h3>当前用户：<% =CUser.Current %></h3>
</body>
</html>
```

可以看到，在打开此页面时，如果没有用户登录，则跳转到 /user/Login.aspx 页面，并使用 re 参数指定当前页面的 URL。然后，在登录页面中，登录成功时，返回 re 参数指定的页面，以下就是 /user/Login.aspx 页面中对 btnLogin_Click() 方法的修改。

```csharp
private void btnLogin_Click(object o, EventArgs e)
{
    // 检查输入的验证码
    if (CUser.CheckLoginCheckCode(txtCheckCode.Text) == false)
    {
        lblMsg.Text = "验证码输入错误";
        return;
    }
    //
```

```
if (CUser.Login(txtUserName.Text, txtUserPwd.Text))
{
    string s = Request.QueryString["re"];
    if (s.Substring(0, 1) == "/")
        Response.Redirect(s);
    else
        Response.Redirect("/");
}
else
{
    lblMsg.Text = " 登录失败 ";
}
```

请注意登录成功后的操作，对 re 参数内容的第一个字符进行判断，当第一个字符是"/"，也就是跳转到的目标是本网站的页面时，就跳转到 re 参数指定的页面，否则跳转到网站首页。

下面，在 VS Express 2013 for Web 开发环境中选择 /user/Test.aspx 文件，单击工具栏中的执行按钮，页面就会自动跳转到登录页面，如图 22-44 所示。

可以看到，在登录页面的 URL 中包含 re 参数，当用户正确登录后，就会自动跳转到 re 参数指定的页面。图 22-45 所示就是使用 admin 用户登录成功后跳转到 /user/Test.aspx 页面的结果。

图 22-44　页面跳转

图 22-45　登录跳转

第 23 章 项目示例 1：截屏程序

在前面的内容中，每一章都侧重一个主题，而接下来的 3 章会分别创建 3 个完整的项目，从中可以看到大量开发技术和方法的综合应用。首先从一个简单的小工具开始。

本章会使用 .NET Framework 资源创建一个截屏程序，大家可以通过这个项目练习截取屏幕图像、窗体、通知图标、菜单等资源的综合应用。

截取屏幕的操作，最简单的方法就是使用 Graphics 类中定义的 CopyFromScreen() 方法，先来看一个简单的示例，如下面的代码。

```
Bitmap bmp = new Bitmap(640, 480);
Graphics g = Graphics.FromImage(bmp);
g.CopyFromScreen(0, 0, 0, 0, new Size(640, 480));
bmp.Save(@"d:\screen.png", ImageFormat.Png);
```

代码会截取当前屏幕的从左上角开始的，宽度为 640 像素，高度为 480 像素区域的图像，然后保存为 "d:\screen.png" 文件。其中，CopyFromScreen() 方法的参数设置如下：

- 参数一，设置屏幕截取位置左上角的 X 坐标；
- 参数二，设置屏幕截取位置左上角的 Y 坐标；
- 参数三，设置绘制到 Bitmap 对象中的左上角 X 坐标；
- 参数四，设置绘制到 Bitamp 对象中的左上角 Y 坐标；
- 参数五，设置截取图像的尺寸。

23.1 实现截屏

接下来，为了更好玩，创建一个简单的截屏程序，内容位于源代码中的 CSnip 项目，这是一个 Windows 窗体应用程序，项目中只使用了 Form1 窗体。下面就来看一下这个截屏程序是如何实现的。

首先，在 Form1 窗体中添加一个 ContextMenuStrip 控件，并使用默认的名称 contextMenuStrip1。然后添加两个菜单项 Snip 和 Exit，双击它们，就可以编辑菜单项的响应代码了。这两个菜单操作的响应代码如下（Form1.cs 文件）。

```
private void snipToolStripMenuItem_Click(object sender, EventArgs e)
{
    // 开始新的截图
    this.WindowState = FormWindowState.Maximized;
}
private void exitToolStripMenuItem_Click(object sender, EventArgs e)
{
    // 退出程序
    Application.Exit();
}
```

然后，使用 NotifyIcon 控件添加一个通知栏的图标，同样使用默认的名称 notifyIcon1。可以选用自己喜欢的图标，设置它的 Icon 属性，也可以使用源代码中包含的图标。

接下来选中 notifyIcon1 控件，在属性窗口中选择"事件"，并双击其中的"MouseClick"事件，如图 23-1 所示。

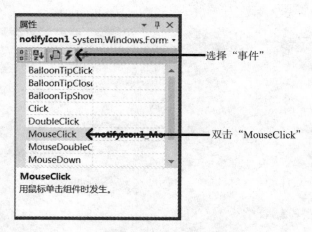

图 23-1　选择控件事件

在 notifyIcon1 控件的 MouseClick 事件中，需要添加如下代码。

```
private void notifyIcon1_MouseClick(object sender, MouseEventArgs e)
{
    // 显示操作菜单
    contextMenuStrip1.Show(Cursor.Position);
}
```

代码的功能很简单，就是将 contextMenuStrip1 菜单显示在通知图标的位置。其中 Cursor.Position 表示鼠标在屏幕中的当前位置。

请注意，也可以设置 notifyIcon1 控件的 ContextMenuStrip 属性为 "contextMenuStrip1"，不过，这样只在单击鼠标右键时显示菜单，而这里的代码可以实现单击鼠标左右键时都会显示菜单。

接下来的代码是窗体的初始化，在 Load 事件中完成，双击 Form1 窗体即可进入 Load 事件的代码编辑，如下面的代码。

```
private void Form1_Load(object sender, EventArgs e)
{
    // 窗体初始化
    this.Text = "";
    this.ControlBox = false;
    this.FormBorderStyle = FormBorderStyle.None;
    this.Opacity = 0.5;    // 50% 透明度
    this.WindowState = FormWindowState.Maximized;
}
```

关于截取屏幕的操作，可使用窗体的 3 个鼠标事件来完成，在窗体的属性窗口中选择事件，然后通过双击打开以下 3 个事件并编写响应代码。

❑ MouseDown 事件，记录鼠标单击开始的坐标。

- **MouseMove** 事件，如果按下鼠标左键则视为正在截屏，这时同步绘制一个红色的矩形框，以便清楚地显示截取的区域。
- **MouseUp** 事件，松开鼠标左键时，视为截屏操作结束，保存为 PNG 图片，并自动使用默认程序打开图片。

下面就是截屏操作的完整代码。

```csharp
// 记录鼠标单击开始坐标
int x, y;

private void Form1_MouseDown(object sender, MouseEventArgs e)
{
    // 记录鼠标单击开始坐标
    x = e.X;
    y = e.Y;
}

private void Form1_MouseMove(object sender, MouseEventArgs e)
{
    if (e.Button == MouseButtons.Left)
    {
        int startX = x, startY = y, endX = e.X, endY = e.Y, temp;
        // 如果向上或向右选择，交换坐标数据
        if (startX > endX)
        {
            temp = startX;
            startX = endX;
            endX = temp;
        }
        if (startY > endY)
        {
            temp = startY;
            startY = endY;
            endY = temp;
        }
        // 准备绘制红框
        Graphics g = this.CreateGraphics();
        g.Clear(this.BackColor);
        // 截取宽度或高度不为 0，则绘制红框
        if (startX != endX && startY != endY)
        {
            // 正在截取，画红框
            g.DrawRectangle(Pens.Red, startX, startY,
                            endX - startX, endY - startY);
        }
    }
}

private void Form1_MouseUp(object sender, MouseEventArgs e)
{
    if (e.Button == MouseButtons.Left)
    {
        int startX = x, startY = y, endX = e.X, endY = e.Y, temp;
        // 截取宽度或高度为 0，则退出截屏状态
        if (startX == endX || startY == endY)
```

```csharp
            this.WindowState = FormWindowState.Minimized;
            return;
        }
        // 如果向上或向右选择，交换坐标数据
        if(startX>endX)
        {
            temp = startX;
            startX = endX;
            endX = temp;
        }
        if(startY>endY)
        {
            temp = startY;
            startY = endY;
            endY = temp;
        }
        // 截取的尺寸
        Size s = new Size(endX - startX, endY - startY);
        // 窗体最小化
        this.WindowState = FormWindowState.Minimized;
        // 获取截取的图像
        using (Bitmap bmp = new Bitmap(s.Width, s.Height))
        {
            Graphics g = Graphics.FromImage(bmp);
            g.CopyFromScreen(startX, startY, 0, 0, s);
            // 保存截取的图片并自动打开
            string filename = string.Format(@"d:\截图{0}.png",
                DateTime.Now.ToString("yyyyMMddHHmmss"));
            bmp.Save(filename,
                System.Drawing.Imaging.ImageFormat.Png);
            System.Diagnostics.Process.Start(filename);
        }
    }
    else
    {
        // 退出截屏状态
        this.WindowState = FormWindowState.Minimized;
    }
}
```

启动 CSnip 程序后，会自动进入截屏模式，这时会显示一个 50% 透明度的窗体，同时，在通知栏会显示本程序的图标，如图 23-2 所示（这是本程序截的图）。

图 23-2　通知栏图标

截屏操作完成后，如果截取的宽度或高度为 0，则不进行任何操作。否则会自动保存到 D 盘，文件名以"截图"开始，加上完成的日期与时间。文件保存为 PNG 格式。

23.2　实时显示截取内容

以上是截屏的基础操作，接下来，可以对程序进行一些细节上的改进。例如，在截取的过程中，实时显示截取的内容，这个功能并不难实现，只需要在绘制红框之前使用 CopyFromScreen() 方法绘制已选择的屏幕图像就可以了，以下是对 Form1 中 MouseMove 事件代码的修改。

```csharp
private void Form1_MouseMove(object sender, MouseEventArgs e)
{
    if (e.Button == MouseButtons.Left)
    {
        int startX = x, startY = y, endX = e.X, endY = e.Y, temp;
        // 如果向上或向右选择，交换坐标数据
        if (startX > endX)
        {
            temp = startX;
            startX = endX;
            endX = temp;
        }
        if (startY > endY)
        {
            temp = startY;
            startY = endY;
            endY = temp;
        }
        // 准备绘制红框
        //Graphics g = this.CreateGraphics();
        gForm.Clear(this.BackColor);
        // 截取宽度或高度不为0，则绘制红框
        if (startX != endX && startY != endY)
        {
            // 实时显示截取的屏幕图像
            gForm.CopyFromScreen(startX, startY, startX, startY,
                new Size(endX-startX,endY-startY));
            // 正在截取，画红框
            gForm.DrawRectangle(Pens.Red, startX, startY,
                endX - startX, endY - startY);
        }
    }
}
```

代码的修改主要是后半部分，除了实时显示截取图像之外，还使用了 gForm 对象，这样就不需要每次移动鼠标时都调用 this.CreateGraphics() 方法创建 Graphics 对象，提高了代码执行效率。那么 gForm 对象是什么时候创建的呢？如下面的代码。

```csharp
public partial class Form1 : Form
{
    // 记录鼠标单击开始坐标
    int x, y;
    //
    Graphics gForm;
    //
    private void Form1_Load(object sender, EventArgs e)
    {
        // 窗体初始化
        this.Text = "";
        this.ControlBox = false;
        this.FormBorderStyle = FormBorderStyle.None;
        this.Opacity = 0.5; // 50% 透明度
        this.WindowState = FormWindowState.Maximized;
```

```
            //
            gForm = this.CreateGraphics();
        }
        // 其他代码
        // ...
    }
```

可以看到，gForm 对象定义为内部字段，并在 Form1 窗体的 Load 事件中进行初始化。

23.3 响应键盘操作

另一个功能是按下键盘的 ESC 键时，可以退出截图操作，实现这一功能，首先需要将 Form1 窗体 KeyPreview 属性设置为 True。然后，在 Form1 窗体的 KeyUp 事件中编写如下代码。

```
private void Form1_KeyUp(object sender, KeyEventArgs e)
{
    if(e.KeyCode == Keys.Escape)
    {
        this.WindowState = FormWindowState.Minimized;
    }
}
```

23.4 保存到剪切板

接下来，再为截屏程序添加一个功能，就是截取完成后将图片对象直接保存到系统剪切板中，这个功能也非常简单，只需要在 Form1 窗体的 MouseUp 事件中，在保存图片文件操作后加一行代码就可以了，如下面的代码。

```
// 其他代码
// 获取截取的图像
using (Bitmap bmp = new Bitmap(s.Width, s.Height))
{
    // 其他代码
    // 复制到剪切板
    Clipboard.SetImage(bmp);
}
// 其他代码
```

代码中，使用了 Clipboard 对象中的 SetImage() 方法，它的功能就是在剪切板中添加图像数据。接下来可以直接将图像粘贴到需要的位置。

此外，使用剪切板操作图像时，相关的方法包括：
❑ SetImage() 方法，将图像对象（Image 类型）保存到剪切板；
❑ GetImage() 方法，给出剪切板中的图像对象（Image 类型）；
❑ ContainsImage() 方法，判断剪切板中的内容是否可以转换为图像。

23.5 添加自动保存选项

现在，如果不需要将截图保存到文件的功能，可以取消相应的代码。或者可以在程序中添加一个是否自动保存文件的选项，例如，在 contextMenuStrip1 菜单中添加 Auto Save 项，通过 contextMenuStrip1 控件的右键菜单，打开它的属性窗口，通过 Items 属性项打开编辑菜单项窗口，如图 23-3 所示。

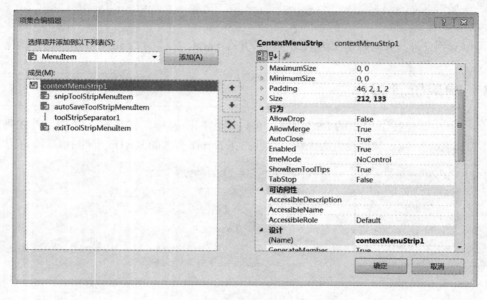

图 23-3　编辑 ContextMenuStrip 菜单项

完成后，contextMenuStrip1 控件显示结果如图 23-4 所示。

图 23-4　ContextMenuStrip 菜单

接下来双击 Auto Save 项，在它的 Click 事件中添加如下代码，以改变自动保存的状态。

```
private void autoSaveToolStripMenuItem_Click(object sender, EventArgs e)
{
    // 是否自动保存
    autoSaveToolStripMenuItem.Checked =
        !autoSaveToolStripMenuItem.Checked;
}
```

接下来，继续修改 Form1 窗体的 MouseUp 事件，如下面的代码。

```csharp
// 其他代码
// 获取截取的图像
using (Bitmap bmp = new Bitmap(s.Width, s.Height))
{
    Graphics g = Graphics.FromImage(bmp);
    g.CopyFromScreen(startX, startY, 0, 0, s);
    // 保存截取的图片并自动打开
    if (autoSaveToolStripMenuItem.Checked)
    {
        string filename = string.Format(@"d:\截图{0}.png",
            DateTime.Now.ToString("yyyyMMddHHmmss"));
        bmp.Save(filename, System.Drawing.Imaging.ImageFormat.Png);
        System.Diagnostics.Process.Start(filename);
    }
    // 复制到剪切板
    Clipboard.SetImage(bmp);
}
// 其他代码
```

可以看到，代码会根据 Auto Save 菜单项（autoSaveToolStripMenuItem）中的 Checked 属性值判断是否进行保存操作。

大多数情况下，这个程序用起来还不错。不过，也会有一个小问题，有些类型的窗口是截不了的，如 QQ 的窗口。当然，这并不是这里的代码有错误，而是这类窗口创建的方法与 .NET Framework 中的窗体创建方法不同，所以，在处理上也会有区别，如果大家有兴趣，可以继续改进此项目。

第 24 章 项目示例 2：迷你账本

说起账本，不知道大家有没有记账的习惯呢？不过，想要钱花得明白，有一本小账是很有必要的。

本章创建的就是一个账本管理项目，在这个项目中，将看到窗体 MDI、布局、数据库操作等知识的综合应用。

下面就从需求分析开始，进行项目的设计与开发工作。

24.1 项目概况

做一个项目，首先应该了解项目的目的，也就是具体的工作内容、流程及需要的工作结果。还好，记个流水账并不是一件太复杂的事情。

那么，账本程序应该有一些什么功能呢？
（1）账目的基本管理功能，如账目的录入、修改和删除功能；
（2）多个账本管理，方便小金库管理；
（3）账目的安全性；
（4）账目的查询功能；
（5）账目数据的统计功能。

接下来讨论如何根据已掌握的开发技术来实现这些功能。

24.1.1 账目的基本操作

管理账目数据的首选当然是使用数据库，基于功能上的要求，创建一个单机版的窗体项目就可以了，所以，数据库使用便于部署的 Access 也就可以了。

对于账目数据的基本操作，相信实现起来也是很简单的，这里已经封装了数据库基本操作组件，如 IDbEngine、IDbRecord 和 IDbQuery 组件。只要创建好了数据库，就可以很方便地使用这些组件来操作账目数据，如添加、修改、删除、查询等。

24.1.2 多账本管理

现代社会，生活丰富多彩，对于生活的不同方面分别记账是一件很常见的事情，例如基本生活消费、汽车的费用，再或者是网购的费用统计等。

这样就需要创建多个账本，而账本与具体的账目之间应该有一个关联，例如通过主子表结构，也就是通过数据表的主键（PK）与外键（FK）来创建这样的数据结构。

24.1.3 安全性

如果家庭成员较多，可能会分别管理自己的账目，当然，也可以给小孩建立一个账本来管理其压岁钱。此时可以分别给账本加上密码。

不过，作为家长，可能需要对全家的收支情况有一个总体的掌握，所以，添加"家长"的角色，它可以查询和统计所有的账目，对于查询的结果也可以进行编辑。这里，"家长"的角色就像数据库系统中的超级管理员，可以对所有的数据进行操作。

程序中，应该有"家长"角色的明确标识，例如使用一个全局的数据项，如 CApp 类的 IsAdmin 字段。

关于安全，还应该注意项目本身的数据库安全问题，对于网络数据库，无论是在连接还是在执行 SQL 时，都应保持权限最小化的原则。而数据库服务器则需要专职管理员进行维护。对于 Access 这样的桌面数据库，只使用一个数据库文件就可以了，只是需要注意，对于正式发布的版本，应该给 Access 数据库加上密码。此外，如磁盘损坏等原因，也可能造成数据库文件的损坏，所以，作为开发者，给用户一些提示是很有必要的，例如提示用户将数据备份到移动存储设备，或者是"云"存储空间。

24.1.4 账目查询

账目的查询工作，分为两种情况。默认情况下，只能查询当前账本中的数据。而对于"家长"，则可以查询全部账本的数据。

24.1.5 账目统计

账目数据的统计，对于普通的流水账，只提供收入、支出和结余的计算。此功能同样分为两种情况，第一种就是统计当前账本的数据，第二种就是对于"家长"角色，可以统计全部账本或者是选择需要统计的账本。同时，还可以指定需要统计的日期范围。

接下来进入项目的正式开发工作。

24.2 项目准备

开发具体的功能之前，需要做一些基础开发，以及一些必要的项目准备工作，例如，创建项目数据库，对项目进行初始化，以及主界面的设计等。

24.2.1 创建项目数据库

首先，创建项目数据库，对于 Access 数据库，可以创建一个初始数据库，然后使用其副本进行测试。软件在发布时，应该提供一个原始数据库给用户使用。

本项目中，将创建的 Access 数据库命名为 account_book.mdb，在源代码中的 CAccountBook 中的初始数据库目录中可以找到。

在 account_book 数据库中，首先定义了 user_main 表，大家一定很熟悉了，这个表的功能就是保存用户信息。不过，在本项目中，并不需要过多的用户信息，只需要保存"家长"角色的密码即可。

user_main 表中的字段定义如下：

❑ UserId，自动编号；

- UserName,主键,文本(15字符);
- UserPwd,文本(40字符);
- Email,文本(50个字符);
- IsLocked,数字(长整型);
- Sex,数字(长整型)。

此外,在 user_main 表中添加了一个条初始记录,也就是"家长"的信息,这条记录如图 24-1 所示,其中,用户名为 admin,密码为空字符串的 SHA1 编码。

UserId	UserName	UserPwd	Email	IsLocked	Sex
1	admin	DA39A3EE5E6B4B0D3255BFEF95601890AFD80709		0	0

图 24-1 "家长"角色信息

保存账本信息的是 account_book 表,其字段定义如下:
- AcctId,自动编号;
- AcctName,主键,文本(30个字符)。保存账本的名称;
- AcctPwd,文本(40)个字符。保存账本的密码;
- AcctDescription,备注。保存账本的说明。

为了用户打开项目就能直接使用,会创建一个"默认账本",其密码同样定义为空字符串的 SHA1 编码形式,如图 24-2 所示。

AcctId	AcctName	AcctPwd	AcctDescrip
1	默认账本	DA39A3EE5E6B4B0D3255BFEF95601890AFD80709	系统自带账本

图 24-2 默认账本信息

在项目中,将所有的账目保存在一个数据表中,这样做的原因是便于数据的汇总和统计。另一方面,即使是使用 32 位的整数 Identity,也足够项目使用了,所以,不必担心在一个表中保存所有账目信息会出现问题。

这里用于保存账目的数据表是 account_record 表,其字段定义如下:
- RecId,自动编号;
- RecTitle,文本(30个字符),账目标题;
- RecTypeId,数字(长整型),标识支出(1)或收入(2);
- Income,货币,收入金额;
- Expenditure,货币,支出金额;
- RecDate,日期时间,账目发生的完整日期;
- RecYear,数字(长整型),账目发生的年份;
- RecMonth,数字(长整型),账目发生的月份;
- RecDay,数字(长整型),账目发生的日期;
- RecQuarter,数字(长整型),账目发生的季度;
- RecWeekOfYear,数字(长整型),账目发生在一年的第几周;
- RecDescription,备注;
- AcctId,数字(长整型),账目所属账本编号。

此外，创建了一个代码类的数据表，即 account_record_type 表，它包括 RecTypeId 和 RecTypeName 两个字段，其中，1 表示支出，2 表示收入，如图 24-3 所示。

最后，在 account_book 数据库中，创建一个 v_account_record 查询，它显示了完整的账目信息，用于账目数据的快速查询，其定义如图 24-4 所示。

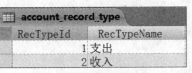

图 24-3　账目类型代码

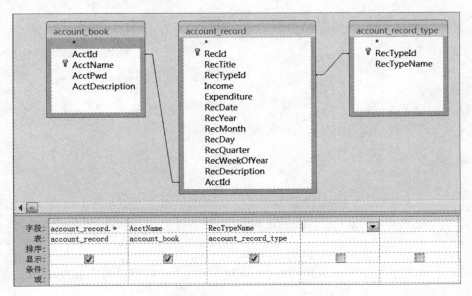

图 24-4　账目信息查询

接下来，在开发与测试过程中，复制一个 account_book.mdb 文件的副本到 D: 盘。稍后，在代码中会使用这个数据库文件进行测试。

24.2.2　初始化 CAccountBook 项目

现在，可以创建一个 Windows 窗体应用项目，并将所需要的代码库文件（cschef 和 cschef.winx 命名空间）复制到当前项目。然后，通过添加现有项将这些文件添加到项目中。

在讨论数据操作组件时，已经进行过项目的初始化操作了。实际开发中，不同的项目当然会有不同的初始化工作，在本项目中，同样使用 CApp 类作为项目的主类，其定义见下面的代码（CApp.cs 文件）。

```
using System;
using System.IO;
//
using cschef;
using cschef.winx;

namespace CAccountBook
{
    // 账目类型
    public enum EAcctRecType
```

```csharp
    {
        Expenditure = 1,
        Income = 2
    }

    //
    public static class CApp
    {
        // 数据库文件
        // 测试用
        static string dbFileName = @"d:\account_book.mdb";
        // 发布用
        // string dbFileName =
        //         Path.Combine(CPath.AppDir, @"account_book.mdb");

        // 主数据库
        public static IDbEngine MainDb =
            new CAccessEngine(CAccess.GetCnnStr2003(dbFileName));

        // 是否为管理员（家长登录）
        public static bool IsAdmin = false;

        // 初始化 CDbRecord 和 CDbQuery
        //
        static IDbRecord CreateDbRecordObject(IDbEngine dbe,
            string sTable, string sIdName)
        {
            return new CAccessRecord(dbe, sTable, sIdName);
        }
        static IDbQuery CreateDbQueryObject(IDbEngine dbe,
            string sTable)
        {
            return new CAccessQuery(dbe, sTable);
        }
        //
        // 项目初始化
        public static bool Init()
        {
            //
            if (MainDb.Connected == false)
            {
                CDialog.ShowWarning("项目数据库错误，请与管理员或开发者联系");
                return false;
            }
            // 数据组件初始化
            CDbRecord.DbRecordObjectBuilder =
                new DDbRecordObjectBuilder(CreateDbRecordObject);
            CDbQuery.DbQueryObjectBuilder =
                new DDbQueryObjectBuilder(CreateDbQueryObject);
            //
            return true;
        }
        //
    }
}
```

首先定义了 EAcctRecType 枚举类型，用于定义账目类型，即支出（Income）和收入（Expenditure）。

在 CApp 类中，使用 dbFileName 字段定义数据库的文件路径。开发与测试中，我们会使用 "d:\account_book.mdb" 库文件。而在正式发布时，可以将数据库文件放在主程序相同的位置，代码中已经给出获取数据库文件路径的代码，只不过加了注释，可以参考使用。

接下来，同样使用 MainDb 对象作为项目的主数据引擎，它定义为 IDbEngine 接口类型。本项目使用 Access 数据库，所以，会初始化为 CAccessEngine 对象。

IsAdmin 字段定义为 bool 类型，用于标识"家长"身份，默认情况下当然是 false 值了。

CreateDbRecordObject() 和 CreateDbQueryObject() 方法分别创建用于 Access 数据库的 IDbRecord 和 IDbQuery 组件。在 Init() 方法中，分别创建 CDbRecord.DbRecordObjectBuilder 和 CDbQuery.DbQueryObjectBuilder 委托对象。这样操作后，项目中的 CDbRecord 和 CDbQuery 类就可以直接操作 Access 数据库了。

Init() 方法用于整个项目的初始化操作，需要在程序启动时执行一次，这里选择在 Program.cs 文件中的 Main() 方法中执行 CApp.Init() 方法，如下面的代码。

```
static void Main()
{
    //
    if (CApp.Init() == false) return;
    //
    Application.EnableVisualStyles();
    Application.SetCompatibleTextRenderingDefault(false);
    //Application.Run(new Form1());
    Application.Run(new FrmMain());
}
```

在这里启动 FrmMain 窗体，这就是项目的主窗体，下面创建这个窗体。

24.2.3 主窗体

在项目中添加一个 MDI 父窗体，并命名为 FrmMain，如图 24-5 所示。

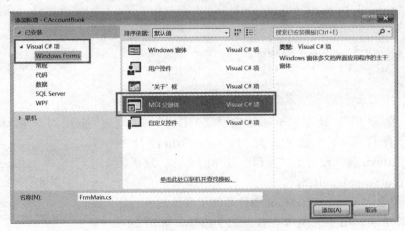

图 24-5 创建项目主窗体

默认情况下，模板会创建一个包含常用菜单和工具栏的 MDI 父窗体，但在这里的项目中并不需要这么多功能。接下来，可以修改菜单项和工具栏的设计，最终完成的界面如图 24-6 所示。

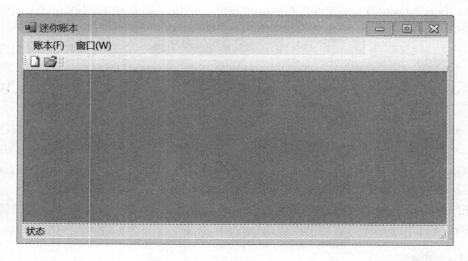

图 24-6　项目主窗体

这里，需要注意以下设置。

默认情况下，需要窗体最大化，所以，应将 WindowState 属性设置为"Maximized"值。

窗体中主菜单命名为"menuStrip"，需要在 FrmMain 窗体中的 MainMenuStrip 属性中进行设置。

"账本"菜单中，需要如图 24-7 中所示的项目。

其中，"新建账本"和"打开账本"与工具栏中的新建和打开图标操作是一致的，这种功能是在 FrmMain.Designer.cs 文件中自动生成的，如下代码就是从此文件中摘取的内容。

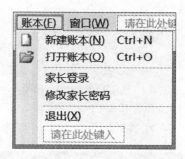

图 24-7　"账本"菜单设计

```
this.newToolStripMenuItem.Click +=
    new System.EventHandler(this.ShowNewForm);
this.openToolStripMenuItem.Click +=
    new System.EventHandler(this.OpenFile);
this.newToolStripButton.Click +=
    new System.EventHandler(this.ShowNewForm);
this.openToolStripButton.Click +=
    new System.EventHandler(this.OpenFile);
```

"窗口"菜单用于显示 FrmMain 窗体（MDI 父窗体）中打开的子窗体列表，并可以关闭所有打开的子窗体。此时，menuStrip 控件的 MdiWindowListItem 属性设置为"窗口"菜单的名称，这里使用"windowToolStripMenuItem"。

"窗口"菜单除了显示 FrmMain 中打开的子窗体列表，还创建了一个菜单项，用于关闭所有打开的子窗体，如图 24-8 所示。

图 24-8　"窗口"菜单

"关闭所有窗口"项命名为 closeAllToolStripMenuItem,可以通过双击打开它的响应事件,如下代码展示了关闭所有已打开的子窗体的操作。

```
private void closeAllToolStripMenuItem_Click(object sender,
    EventArgs e)
{
    foreach(Form child in this.MdiChildren)
    {
        child.Close();
    }
}
```

退出程序时,可以通过窗体的关闭按钮,也可以通过菜单项"账本"→"退出"。下面就是退出菜单的响应代码。

```
private void ExitToolsStripMenuItem_Click(object sender, EventArgs e)
{
    this.Close();
}
```

如果需要在退出时显示一个确认对话框,应该在窗体的 FormClosing 事件中添加相关代码,如下所示。

```
private void FrmMain_FormClosing(object sender, FormClosingEventArgs e)
{
    if (CDialog.ShowQes(
        MessageBoxButtons.YesNo, "真的要退出迷你账本吗?") !=
        DialogResult.Yes)
        e.Cancel = true;
}
```

在 FrmMain 窗体的 FormClosing 事件中,这里显示了一个提问对话框,使用 CDialog 类时请注意引用 cschef.winx 命名空间。

无论用户是通过关闭按钮还是菜单项关闭 FrmMain 窗体,都会显示对话框,当选择"是"时就会退出窗体,由于 FrmMain 窗体是项目的主窗体,所以,退出此窗体后也就是退出程序。如果项目中有需要退出的处理代码,例如关闭一些资源时,可以在 FrmMain 窗体的 FormClose 事件中添加相关操作。

在 FormClosing 事件中,对象 e 定义为 FormClosingEventArgs 类型,通过将其 Cancel 属性设置为 false 就可以中止窗体的关闭操作。

创建好了主窗体,接下来实现项目的具体功能。

24.3 系统与账本操作

接下来实现具体的软件功能,包括"家长"角色的管理、账本管理,以及账目的管理。

24.3.1 家长权限

"家长"角色的管理,主要包括登录和修改密码两项操作,使用 CUser 类进行用户信息的操作，如下面的代码所示（CUser.cs 文件）。

```csharp
using System;
using System.Collections.Generic;
using System.Text;
//
using cschef;

namespace CAccountBook
{
    public class CUser : CDbRecord
    {
        // 构造函数
        public CUser() : base(CApp.MainDb, "user_main", "UserId") { }

        // 管理员登录（家长登录）
        public static bool AdminLogin(string sPwd)
        {
            CDataCollection cond = new CDataCollection();
            cond.Append("UserName", "admin");
            cond.Append("UserPwd", CC.GetSha1(sPwd));
            // 检查登录
            CUser user = new CUser();
            return user.Find(cond) > 0;
        }

        // 修改管理员密码
        public static bool ModifyAdminPwd(string sOld,string
            sNew,string sConfirm)
        {
            // 旧密码是否正确，登录测试
            if (AdminLogin(sOld) == false) return false;

            // 新密码是否输入一致
            if (string.Compare(sNew, sConfirm,false) != 0) return false;
            // 保存新密码
            CUser user = new CUser();
            long result = user.Save(
                new CDataCollection("UserPwd", CC.GetSha1(sNew)),
                new CDataCollection("UserName","admin"));
            //
            return result > 0;
        }
        //
    }
}
```

可以看到，CUser 继承于 CDbRecord 类，并在构造函数中设置为操作 user_main 表。

AdminLogin() 方法用于管理员，也就是"家长"角色的登录，其参数带入登录密码。请注意，密码都会通过 CC.GetSha1() 方法转换为 SHA1 算法的字符串。密码正确，也就是 admin 用户成功登录时，AdminLogin() 方法返回 true 值，否则返回 false 值。

ModifyAdminPwd() 方法用于修改 admin 用户的密码，三个参数分别是旧的密码、新的密码和新密码确认。方法中，首先通过 AdminLogin() 方法判断旧密码是否正确，然后，在两个新密码一致的情况下，会在 user_main 表中更新 admin 用户的密码。

接下来通过两个窗体分别实现"家长"登录和修改密码的操作。首先是登录操作，由于在本项目中只使用 admin 一个用户，所以，在登录时并不需要输入用户名，只输入密码即可，这样创建的 FrmAdminLogin 窗体就如图 24-9 所示。

这里将 FrmMain 窗体的 MaximizeBox 和 MinimizeBox 属性设置为 Flase，即不显示最小化和最大化按钮。将 StartPosition 属性设置为 "CenterScreen"，这样，当窗体启动时就会位于屏幕的中央位置。

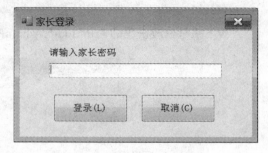

图 24-9 "家长"登录窗体

FrmAdminLogin 窗体中包括的控件有：
- label1 标签，显示提示信息。
- textBox1 文本框，用于输入登录密码。其中的 MaxLength 属性设置为 15，PasswordChar 属性设置为 * 字符。
- button1 按钮，即"登录"按钮。
- button2 按钮，即"取消"按钮。

大家也一定猜到，主要的操作就在"登录"按钮中。双击此控件，编辑登录操作代码如下（FrmAdminLogin.cs 文件）。

```
private void button1_Click(object sender, EventArgs e)
{
    // 管理员登录操作
    bool result = CUser.AdminLogin(textBox1.Text);
    CApp.IsAdmin = result;
    if(result)
    {
        Application.OpenForms["FrmMain"].Text = "[家长] 迷你账本";
        this.Close();
    }
    else
    {
        Application.OpenForms["FrmMain"].Text = "迷你账本";
        CDialog.ShowWarning("密码错误");
    }
}
```

登录操作会将登录结果赋值到 CApp.IsAdmin 中，这样，就可以全局使用"家长"的登录状态了。此外，登录成功后还会将主窗体（FrmMain）的标题设置为"[家长]迷你账本"，请注意，这里使用 Application.OpenForms 集合获取打开的主窗体对象。

那么，如何启动家长登录窗口呢？通过菜单"账本"→"家长登录"项，编写如下代码（FrmMain.cs 文件）。

```
private void loginStripMenuItem2_Click(object sender, EventArgs e)
{
    // 家长登录
    FrmAdminLogin f = new FrmAdminLogin();
```

```
        f.ShowDialog();
}
```

接下来是修改密码的 FrmModifyAdminPwd 窗体,如图 24-10 所示。

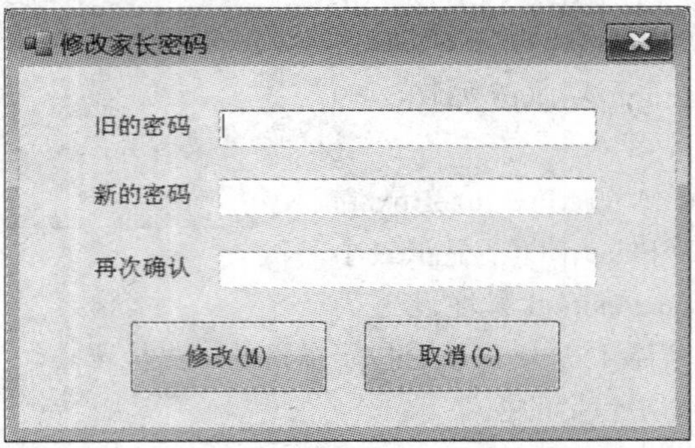

图 24-10 修改家长密码窗体

其中,3 个文本框分别用于输入一次旧密码和两次新密码,它们的 MaxLength 属性都设置为 15,而 PasswordChar 属性也都设置为 * 字符。

双击打开"修改"按钮,其修改密码的操作代码如下(FrmModifyAdminPwd.cs 文件)。

```
private void button1_Click(object sender, EventArgs e)
{
    // 修改家长密码
    bool result = CUser.ModifyAdminPwd(textBox1.Text,
                textBox2.Text, textBox3.Text);
    if(result)
    {
        CDialog.ShowInf(" 密码已成功修改 ");
        this.Close();
    }
    else
    {
        CDialog.ShowWarning(" 密码修改失败,请重新输入您的密码 ");
    }
}
```

有了 CUser 类的封装,修改管理员登录密码的操作同样简单。接下来,通过主窗体菜单项"账本"→"修改家长密码"打开此窗体,如下面的代码(FrmMain.cs 文件)。

```
private void pwdToolStripMenuItem_Click(object sender, EventArgs e)
{
    // 修改家长密码
    FrmModifyAdminPwd f = new FrmModifyAdminPwd();
    f.ShowDialog();
}
```

24.3.2 账本管理

在项目概况中已经讨论过,在本项目中需要管理多个账本,其中包括"默认账本"。

首先来看账本的处理，这里定义了 CAcctBook 类来操作账本数据，如下面的代码
（CAcctBook.cs 文件）。

```
using System;
using cschef;

namespace CAccountBook
{
    public class CAcctBook : CDbRecord
    {
        // 构造函数
        public CAcctBook() :
            base(CApp.MainDb, "account_book", "AcctId") { }

        // 账本已存在
        public static bool Exists(string sName)
        {
            CDataCollection cond =
                new CDataCollection("AcctName", sName);
            CAcctBook ab = new CAcctBook();
            return ab.Find(cond) > 0;
        }

        // 添加新的账本
        public static long Add(string sName, string sPwd,
            string sDescription)
        {
            CDataCollection data = new CDataCollection();
            data.Append("AcctName", sName);
            data.Append("AcctPwd", CC.GetSha1(sPwd));
            data.Append("AcctDescription", sDescription);
            //
            CAcctBook ab = new CAcctBook();
            return ab.Save(data);
        }

        // 其他代码
    }
}
```

可以看到，CAcctBook 类继承于 CDbRecord 类，用于操作 account_book 数据表。然后定义了两个静态方法：

❑ Exists() 方法用于判断指定的账本名称是否已存在；

❑ Add() 方法用于添加新的账本信息，参数包括账本名称、账本密码和备注信息。

接下来，添加账本的界面定义为 FrmAcctBookAdd 窗体，如图 24-11 所示。

其中，使用了 4 个文本框，包括：

❑ textBox1 文本框，用于输入账本名称，MaxLength 属性设置为 30。

❑ textBox2 和 textBox3 文本框，用于输入账本的初始密码。其中，MaxLength 属性设置为 15，PasswordChar 属性设置为 * 字符。

❑ textBox4 文本框，用于输入账本的备注信息，请注意将其 Multiline 属性设置为 True，ScrollBars 属性设置为 Vertical。

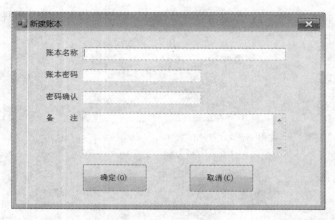

图 24-11 新建账本窗体

打开"确定"按钮，添加账本的操作代码如下（FrmAcctBookAdd.cs 文件）。

```csharp
private void button1_Click(object sender, EventArgs e)
{
    // 添加账本
    string sName = textBox1.Text.Trim();
    if(sName == "")
    {
        CDialog.ShowInf("请输入账本名称");
    }
    else if (CAcctBook.Exists(sName))
    {
        CDialog.ShowInf("账本已存在");
    }else if(textBox2.Text != textBox3.Text)
    {
        CDialog.ShowInf("密码输入不一致");
    }
    else
    {
        long result =
            CAcctBook.Add(sName, textBox2.Text, textBox4.Text);
        if (result > 0)
        {
            if (CDialog.ShowQes(MessageBoxButtons.YesNo,
                "账本已成功创建，要立即打开吗?") == DialogResult.Yes)
            {
                // 打开新账本
                FrmAcctBook f = new FrmAcctBook();
                f.AcctId = result;
                f.Text = sName;
                f.MdiParent = Application.OpenForms["FrmMain"];
                f.Show();
            }
        }
        else
        {
```

```
            CDialog.ShowWarning("新建账本失败,你可以重启程序后再试");
        }
        this.Close();
    }
}
```

代码中,在保存新账本信息之前对数据进行检查,基本的判断包括:
- 账本名称不能为空,而且不能重复。
- 两次输入的密码必须一致。

在主窗体中,可以通过菜单项"账本"→"新建账本"或工具栏中的新建图标启动 FrmAcctBookAdd 窗体,如下面的代码。

```
private void ShowNewForm(object sender, EventArgs e)
{
    // 新建账本
    FrmAcctBookAdd f = new FrmAcctBookAdd();
    f.ShowDialog();
}
```

账本信息保存成功后,会提示是否立即打开新创建的账本。可以看到,账本的主窗体是 FrmAcctBook,稍后,就会看到这个窗体的设计。

接下来,再来看账本密码的操作,在 CAcctBook 类中,封装了相关的方法,如下面的代码(CAcctBook.cs 文件)。

```
// 检查密码
public static bool CheckPwd(long iAcctId, string sPwd)
{
    CDataCollection cond = new CDataCollection();
    cond.Append("AcctId", iAcctId);
    cond.Append("AcctPwd", CC.GetSha1(sPwd));
    CAcctBook ab = new CAcctBook();
    return ab.Find(cond) > 0;
}

// 修改账本密码
public static bool ModifyPwd(long iAcctId,
    string sOld, string sNew, string sConfirm)
{
    // 检查旧的密码
    if (CheckPwd(iAcctId, sOld) == false) return false;
    if (string.Compare(sNew, sConfirm, false) != 0) return false;
    // 修改密码
    CDataCollection data = new CDataCollection();
    data.Append("AcctId", iAcctId);
    data.Append("AcctPwd", CC.GetSha1(sNew));
    CAcctBook ab = new CAcctBook();
    return ab.Save(data) > 0;
}
```

这里,在 CAcctBook 类中继续添加了两个静态方法:
- CheckPwd() 方法,判断指定 Identity 的账本密码是否正确。可用于账本打开时的密码检查,也可用于修改账本密码前的检查。

❏ ModifyPwd() 方法，修改指定 Identity 的账本的密码。

24.3.3 打开账本

由于在初始数据库中创建了"默认账本"，所以，用户拿到程序后可以直接使用，并不需要先创建账本再使用。下面就是在主窗体中显示打开账本窗体的代码（FrmMain.cs），可以通过菜单项"账本"→"打开账本"或工具栏中的"打开"图标调用。

```
private void OpenFile(object sender, EventArgs e)
{
    // 打开账本
    FrmAcctBookOpen f = new FrmAcctBookOpen();
    f.ShowDialog();
}
```

这里，使用 FrmAcctBookOpen 窗体打开账本，其界面设计如图 24-12 所示。

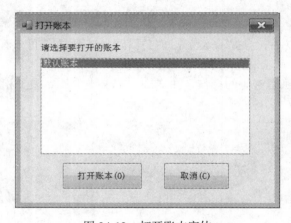

图 24-12　打开账本窗体

在 FrmAcctBookOpen 窗体的 Load 事件中，首先需要将账本信息绑定到 listBox1 控件中，其操作代码如下（FrmAcctBookOpen.cs 文件）。

```
private void FrmAccountBookOpen_Load(object sender, EventArgs e)
{
    // 绑定账本列表
    DataSet ds = CApp.MainDb.GetDataSet("account_book",
                "AcctId,AcctName",null);
    if (ds != null)
    {
        listBox1.DataSource = ds.Tables[0];
        listBox1.DisplayMember = "AcctName";
        listBox1.ValueMember = "AcctId";
    }
}
```

代码很简单，通过 IDbEngine 组件中的 GetDataSet() 方法获取 account_book 表中 AcctId 和 AcctName 字段的数据，然后绑定到 listBox1 列表控件，其中，AcctId 字段数据设置为列表项的值，AcctName 字段数据设置为列表项的显示内容。

接下来就是账本的打开操作，FrmAcctBookOpen 窗体的"打开账本"按钮实际执行打开操作，代码如下（FrmAcctBookOpen.cs 文件）。

```csharp
private void button1_Click(object sender, EventArgs e)
{
    // 打开账本
    if (listBox1.SelectedIndex < 0)
    {
        CDialog.ShowInf("请选择要打开的账本");
    }
    else
    {
        //
        string sPwd;
        if (CDialog.PasswordInputBox("请输入账本密码", out sPwd) ==
                false)
            return;
        //
        long acctId = CC.ToLng(listBox1.SelectedValue);
        if (CAcctBook.CheckPwd(acctId, sPwd) == false)
        {
            CDialog.ShowWarning("账本密码错误");
            return;
        }
        //
        FrmAcctBook f = new FrmAcctBook();
        f.AcctId = CC.ToLng(listBox1.SelectedValue);
        f.Text = listBox1.Text;
        f.MdiParent = Application.OpenForms["FrmMain"];
        f.Show();
        this.Close();
    }
}
```

代码中首先检查了是否选中了列表中的账本名称。

然后，通过一个输入对话框输入账本密码，调用 CDialog.PasswordInputBox() 方法来执行此操作。

接下来是通过 listBox1.SelectedValue 属性获取选中账本的 AcctId 数据，并通过 CAcctBook.CheckPwd() 方法检查输入的账本密码是否正确。

密码正确时，打开 FrmAcctBook 窗体，这是账本的主窗体，请注意，这里会将账本的主窗体定义为 FrmMain 的子窗体，并在窗体标题中显示账本的名称。如图 24-13 所示就是打开默认账本后的界面。

请注意，FrmAcctBook 窗体中的 AcctId 属性是我们添加的，用于标识当前窗体正在操作的账本，如下面的代码（FrmAcctBook.cs 文件）。

```csharp
public partial class FrmAcctBook : Form
{
    // 当前账本 ID
    public long AcctId { get; set; }
    // 其他代码
}
```

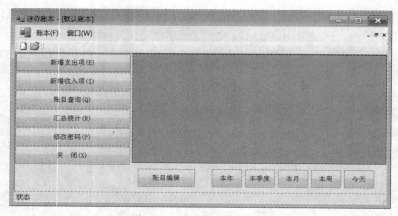

图 24-13　账本主窗体

可以看到，账本的操作就比较多了，稍后会逐一讨论，现在来看一下 FrmAcctBook 窗体的布局设计。

首先，在 FrmAcctBook 窗体中使用一个 SplitContainer 控件，用于分隔左栏（Panel1）和右栏（Panel2）。其中，将 splitContainer1 控件的 FixedPanel 属性设置为 FixedPanel.Panel1，并将 SplitterDistance 属性设置为 300，这样，左栏（Panel1）的宽度就不会随着窗体的缩放而变化，而总是显示为 300 像素。

左栏（Panel1）定义了一系列的账本操作按钮，如图 24-14 所示。

图 24-14　左栏操作按钮

左栏的一系列按钮，其 Dock 属性都设置为 Top，这样，它们就可以像图 24-14 那样上下依次排列了。

右栏（Panel2）则用于显示账目信息，以及账目编辑按钮和基本的周期查询按钮，如图 24-15 所示。

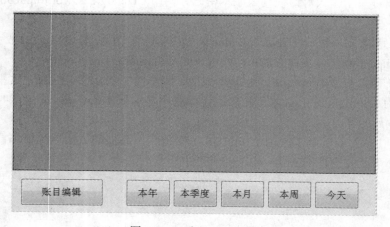

图 24-15　账目显示区域

在右栏中，又使用了 splitContainer2 控件，分为上下两个区域，此时，应将

splitContainer2 控件的 Orientation 属性设置为 Horizontal。

其中，上面的区域（Panel1）中添加了一个 dataGridView1 控件，用于显示账目数据，其 Dock 属性设置为 Fill，这样就可以自动填充整个区域。此外，由于 dataGridView1 控件在这里只是用于显示账本数据，所以，还将 AllowUserAddRows 属性设置为 false，并将 ReadOnly 属性设置为 true。

此外，将 splitContainer2 的 FixedPanel 属性设置为 Panel2，即下面的按钮区域设置为固定高度。

接下来是账本的一个基本操作，即修改密码，通过 FrmAcctBookPwd 窗体来操作，如图 24-16 所示。

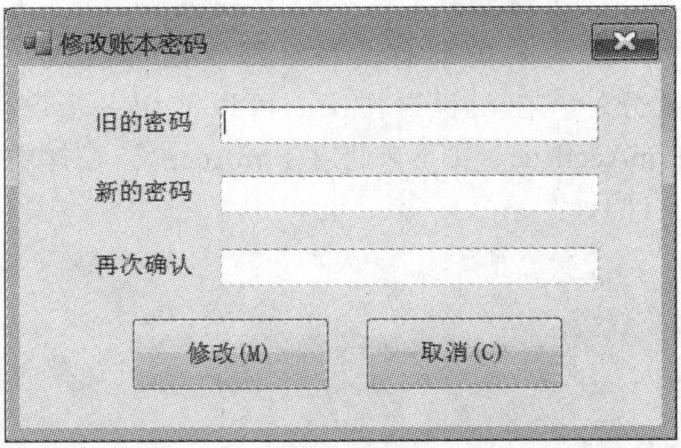

图 24-16　修改账本密码

其中，"修改"按钮的操作如下。

```
private void button1_Click(object sender, EventArgs e)
{
    // 修改账本密码
    if(CAcctBook.ModifyPwd(AcctId,textBox1.
        Text,textBox2.Text,textBox3.Text))
    {
        CDialog.ShowInf("账本密码已成功修改");
        this.Close();
    }
    else
    {
        CDialog.ShowWarning("账本密码修改错误，请确认输入的密码");
    }
}
```

在 FrmAcctBook 窗体的"修改密码"按钮中，使用如下代码调用 FrmAcctBookPwd 窗体（FrmAcctBook.cs 文件）。

```
// 修改账本密码
FrmAcctBookPwd f = new FrmAcctBookPwd();
f.AcctId = this.AcctId;
f.ShowDialog();
```

请注意，FrmAcctBookPwd 窗体中的 AcctId 属性是我们添加的，如下面的代码（FrmAcctBookPwd.cs 文件）。

```
public partial class FrmAcctBookPwd : Form
{
    // 其他代码
    public long AcctId { get; set; }
    // 其他代码
}
```

接下来看账目的操作。

24.4 添加账目

账目的类型有两种，即支出和收入，在数据库中，它们是使用 RecTypeId 字段来区分的。在账目操作中，可以使用一个窗体来操作这两种类型的账目，这个窗体就是 FrmAcctRec。接下来，在 FrmAcctRec 窗体中添加几个属性，如下面的代码（FrmAcctRec.cs 文件）。

```csharp
using System;
using System.Collections.Generic;
using System.ComponentModel;
using System.Data;
using System.Drawing;
using System.Linq;
using System.Text;
using System.Threading.Tasks;
using System.Windows.Forms;
//
using cschef;
using cschef.winx;

namespace CAccountBook
{
    public partial class FrmAcctRec : Form
    {
        // 账目编号
        public long RecId { get; set; }
        // 账本编号
        public long AcctId { get; set; }
        // 账目类型
        public EAcctRecType RecTypeId { get; set; }

        // 其他代码
    }
}
```

其中，3 个属性包括：

❑ RecId 属性，标识正在操作的账目记录，即对应 account_record 表中的 RecId 字段数据；
❑ AcctId 属性，标识账目属于哪一个账本，对应 AcctId 字段；
❑ RecTypeId 属性，标识当前账目的类型，即支出（Extenditure）或收入（Income）。对应 RecTypeId 字段。

图 24-17 显示了 FrmAcctRec 窗体的界面。

其中：

❑ "账目标题"使用 RecTitle 控件（TextBox 类型），MaxLength 属性设置为 30；
❑ "日期"使用 RecDate 控件（DateTimePickter 类型）；
❑ "金额"使用 IncomeOrExpenditure 控件（NumericUpDown 类型），其中最小值为 0，最大值为 99999999.99，DecimalPlaces 属性设置为 2，即保留两位小数；
❑ "备注"使用 RecDescription 控件（TextBox 类型），Multiline 属性设置为 true，ScrollBars 属性设置为 Vertical。

图 24-17　账本编辑窗体

24.4.1　新增支出项

新增支出项的操作从 FrmAcctBook 窗体开始，在"新增支出项"按钮中添加如下代码（FrmAcctBook.cs 文件）。

```
// 新增支出项
FrmAcctRec f = new FrmAcctRec();
f.Text = "新增支出项";
f.AcctId = this.AcctId;
f.RecId = 0;
f.RecTypeId = EAcctRecType.Expenditure;
//
f.ClearData();
f.ShowDialog();
```

请注意对 FrmAcctRec 窗体属性的设置，如：
- Text 显示为"新增支出项"，这样用户就可以很清楚地知道自己操作的是什么类型的账目；
- AcctId 属性，设置要将账目添加到哪个账本；
- RecId 属性，添加新记录时，将 RecId 属性设置为 0；
- RecTypeId 属性，设置为正在处理支出账目。

此外，FrmAcctRec 窗体中的 ClearData() 方法用于将账目数据显示为初始数据，其定义如下面的代码（FrmAcctRec.cs 文件）。

```
public void ClearData()
{
    RecTitle.Text = "";
    RecDate.Value = DateTime.Today;
    IncomeOrExpenditure.Value = 0m;
    RecDescription.Text = "";
}
```

如下代码（FrmAcctRec.cs 文件）用来保存账目记录，它们设置 FrmAcctRec 窗体中的"保存"按钮。

```
// 保存数据项
```

```csharp
// 检查数据正确性
string sTitle = RecTitle.Text.Trim();
if (sTitle == "")
{
    CDialog.ShowInf("请输入账目标题");
    return;
}
//
CDataCollection data = new CDataCollection();
// 添加基本数据
data.Append("AcctId", AcctId);
data.Append("RecTitle", sTitle);
data.Append("RecDate", RecDate.Value);
data.Append("RecTypeId", (int)RecTypeId);
if(RecTypeId==EAcctRecType.Expenditure)
{
    data.Append("Expenditure", IncomeOrExpenditure.Value);
    data.Append("Income", 0m);
}
else{
    data.Append("Income", IncomeOrExpenditure.Value);
    data.Append("Expenditure", 0m);
}
data.Append("RecDescription", RecDescription.Text);
// 扩展日期相关数据
data.Append("RecYear", RecDate.Value.Year);
data.Append("RecMonth", RecDate.Value.Month);
data.Append("RecDay", RecDate.Value.Day);
data.Append("RecQuarter", RecDate.Value.Quarter());
data.Append("RecWeekOfYear", RecDate.Value.WeekOfYear());
// RecId值
if (RecId > 0) data.Append("RecId", RecId);
// 保存数据
CAcctRec rec = new CAcctRec();
long result = rec.Save(data);
if(result>0)
{
    RecId = result;
    CDialog.ShowInf("账目信息已成功保存");
}
else
{
    CDialog.ShowWarning("账目信息保存错误，请稍后重试");
}
```

保存数据时，窗体中显示的数据项只有 4 种：
- 账目标题。即账目内容的摘要，可以看到，此项不能为空。
- 日期。即账目发生的日期，由于使用了 DateTimePicker 控件，所以，对于日期格式的正确性不需要担心。
- 金额。账目发生的金额，由于在 NumericUpDown 控件使用 MinValue 和 MaxValue 属性设置了数据范围为 0 ~ 99999999.99，这样就可以保证输入数据格式的正确性。
- 备注。可以为空。

在保存账目时，还需要处理一些界面以外的数据，如：
- RecId 属性，当 RecId 为 0 时就是添加新记录，大于 0 时就是在修改相应的账目记录。保存账目数据成功后，会将 RecId 属性设置为 Save() 方法的返回值，这样就可以避免重复添加相同的账目数据。
- AcctId 属性，指定账目属于哪个账本。
- RecTypeId 属性，用于标识账目类型，并将金额保存到相应的字段中，如支出金额（Expenditure）和收入金额（Income）。
- 日期的分项数据，如年、月、日、季度和一年中的第几周。保存这些数据的作用是方便查询数据。

24.4.2 新增收入项

在 FrmAcctBook 窗体的"新增收入项"按钮中，添加如下代码。

```
// 新增收入项
FrmAcctRec f = new FrmAcctRec();
f.Text = "新增收入项";
f.AcctId = this.AcctId;
f.RecId = 0;
f.RecTypeId = EAcctRecType.Income;
//
f.ClearData();
f.ShowDialog();
```

这里，同样调用了 FrmAcctRec 窗体，与新增支出项设置不同的只有两点，即窗体的标题和 RecTypeId 属性的设置。

在 FrmAcctRec 窗体中，通过刚才编写的代码，可以分别处理支出账目和收入账目。

24.5 账目查询与编辑

前面已经实现了添加账目的功能，接下来需要对已添加的账目进行查询、编辑和删除操作。

下面，从固定周期的账目查询功能开始。

24.5.1 周期查询

首先按天、月、年、季度或周进行账目查询，为了方便这些常用的查询操作，在 FrmAcctBook 窗体中添加了相关的操作按钮，如图 24-18 所示。

图 24-18　账目周期查询

实际上，可以看到，不同周期查询的操作，只是数据查询条件有所不同，而显示查询结果等操作是一致的，所以，创建一个方法进行查询结果的显示操作，如下面的代码

（FrmAcctBook.cs 文件）。

```csharp
// 根据条件显示账目信息
public void ShowQueryResult(CDataCollection cond)
{
    string fields = @"RecId,RecTitle as 账目标题,
RecTypeName as 账目类型,Expenditure as 支出金额,
Income as 收入金额,RecDate as 日期";
    DataSet ds =
        CApp.MainDb.GetDataSet("v_account_record", fields, cond);
    if (ds == null)
    {
        dataGridView1.DataSource = null;
        CDialog.ShowInf("没有满足条件的账目信息");
    }
    else
    {
        dataGridView1.DataSource = ds.Tables[0];
        // 调整列宽
        dataGridView1.Columns[0].Visible = false;
        for(int i=1;i<dataGridView1.Columns.Count;i++)
        {
            dataGridView1.Columns[i].Width = 150;
            dataGridView1.Columns[i].HeaderCell.Style.Alignment =
                DataGridViewContentAlignment.MiddleCenter;
        }
        // 金额显示格式
        dataGridView1.Columns["收入金额"].DefaultCellStyle.Format = "f2";
        dataGridView1.Columns["支出金额"].DefaultCellStyle.Format = "f2";
    }
}
```

由于日期相关的操作都是具体数值，而且各个条件之间的关系应该是与（And）关系，所以，只使用 CDataCollection 对象传递查询条件，然后通过 IDbEngine.GetDataSet() 方法查询。

请注意查询时的字段设置，对于需要显示的字段，这里使用了汉字别名。而且，查询并不是从账目数据表，而是从 v_account_record 查询（视图）中。

当有查询结果时，会将查询结果（DataSet 对象）绑定到 dataGridView1 控件。同时会隐藏 RecId 字段，只显示账目相关的数据。对于收入金额和支出金额，会以两位小数的形式显示。

下面是 FrmAcctBook 窗体中，"今天" 按钮的操作代码（FrmAcctBook.cs 文件），会查询系统日期当天（系统日期）的账目数据。

```csharp
// 显示今天的账目
CDataCollection cond = new CDataCollection();
cond.Append("AcctId", AcctId);
cond.Append("RecYear", DateTime.Today.Year);
cond.Append("RecMonth", DateTime.Today.Month);
cond.Append("RecDay", DateTime.Today.Day);
//
ShowQueryResult(cond);
```

请注意，这里添加了 4 个查询条件，包括账本 ID（AcctId）和年、月、日。包含 AcctId 数据的作用就是指定只能查询当前账本的数据。

如下代码（FrmAcctBook.cs 文件）用于查询当前账本中本年度（系统日期）账目。

```
// 显示本年账目
CDataCollection cond = new CDataCollection();
cond.Append("AcctId", AcctId);
cond.Append("RecYear", DateTime.Today.Year);
//
ShowQueryResult(cond);
```

如下代码用于查询当前账本本季度（系统日期）的账目（FrmAcctBook.cs 文件）。

```
// 显示本季度账目
CDataCollection cond = new CDataCollection();
cond.Append("AcctId", AcctId);
cond.Append("RecYear", DateTime.Today.Year);
cond.Append("RecQuarter", DateTime.Today.Quarter());
//
ShowQueryResult(cond);
```

如下代码用于查询当前账本本月（系统日期）的账目（FrmAcctBook.cs 文件）。

```
// 显示本月账目
CDataCollection cond = new CDataCollection();
cond.Append("AcctId", AcctId);
cond.Append("RecYear", DateTime.Today.Year);
cond.Append("RecMonth", DateTime.Today.Month);
//
ShowQueryResult(cond);
```

如下代码用于查询当前账本本周（系统日期）的账目（FrmAcctBook.cs 文件）。

```
// 显示本周账目
CDataCollection cond = new CDataCollection();
cond.Append("AcctId", AcctId);
cond.Append("RecYear", DateTime.Today.Year);
cond.Append("RecWeekOfYear", DateTime.Today.WeekOfYear());
//
ShowQueryResult(cond);
```

可以在账本中添加一些账目记录，并指定不同的日期，然后分别按周期进行查询。查询结果类似图 24-19 所示。

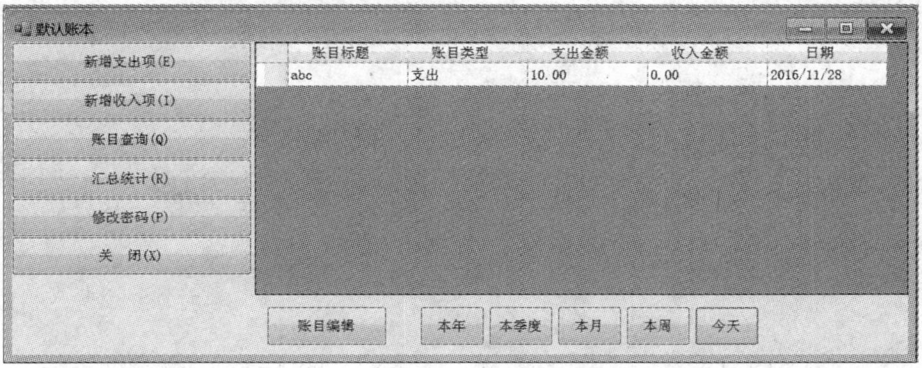

图 24-19 账目查询结果

接下来，如果需要编辑某一条账目，可以在查询结果中单击选择，并通过单击"账目编辑"按钮打开账目信息，下面就是账目编辑功能相关操作。

24.5.2 编辑账目信息

在 FrmAcctBook 窗体的"账目编辑"按钮中，打开选中的账目记录，其操作见如下代码（FrmAcctBook.cs 文件）。

```
// 打开选择的账目进行编辑
if (dataGridView1.CurrentRow == null)
{
    CDialog.ShowInf("请选择需要编辑的账目信息");
    return;
}
long recid = CC.ToLng(dataGridView1.CurrentRow.Cells["RecId"].Value);
if(recid>0)
{
    FrmAcctRec f = new FrmAcctRec();
    f.ShowData(recid);
    f.ShowDialog();
}
```

在这里，同样使用 FrmAcctRec 窗体编辑账目信息，此时，调用了其中的 ShowData() 方法显示账目数据，其定义如下（FrmAcctRec.cs 文件）。

```
// 根据 RecId 显示数据，注意属性的赋值
public void ShowData(long recid)
{
    CAcctRec rec = new CAcctRec();
    CDataCollection data = rec.Load(recid);
    if (data == null) return;
    // 后台数据
    RecId = recid;
    AcctId = data.GetItem("AcctId").LngValue;
    RecTypeId = (EAcctRecType)(data.GetItem("RecTypeId").IntValue);
    // 显示数据
    RecTitle.Text = data.GetItem("RecTitle").StrValue;
    RecDate.Value = data.GetItem("RecDate").DateValue;
    RecDescription.Text = data.GetItem("RecDescription").StrValue;
    // 账目类型
    if (RecTypeId == EAcctRecType.Expenditure)
    {
        IncomeOrExpenditure.Value =
                data.GetItem("Expenditure").DecValue;
        Text = "支出账目";
    }
    else if (RecTypeId == EAcctRecType.Income)
    {
        IncomeOrExpenditure.Value = data.GetItem("Income").DecValue;
        Text = "收入账目";
    }
}
```

代码中，通过 RecId 载入账目数据，请注意，在显示账目数据时，应对 FrmAcctRec 窗

体的 RecId、AcctId 和 RecTypeId 属性赋值，这样才保证数据处理的完整性。

当在 FrmAcctRec 窗体中执行"保存"时，由于 RecId 值大于 0，所以执行的就是账目数据的更新操作。

24.5.3 综合查询

前面分别提供了按年、季度、月、周和天的基本周期查询功能，这里将创建综合查询操作，用户可以自己设置日期范围和搜索的内容。此外，对于"家长"来讲，则可以查询所有账本的账目数据。为了实现查询功能，使用了 FrmAcctRecQuery 窗体，其定义如图 24-20 所示。

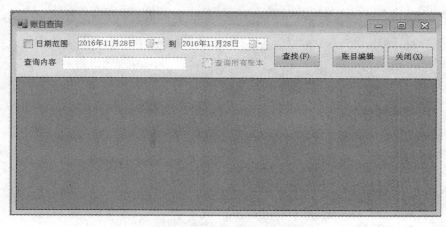

图 24-20　账目的综合查询

界面设计并没有太复杂的元素，主要注意以下一些内容：
- 是否设置日期范围使用了 CheckBox 控件，而日期的范围使用了两个 DateTimePicker 控件。
- 查询内容用于输入需要查询的文本内容，可以输入账目标题、账本名称和账目类型内容，即 v_account_record 查询中的 RecTitle、AcctName 和 RecTypeName 字段。
- 是否查询所有账本，只有以"家长"身份登录后才能选择，也就是说，只有"家长"才能查询所有的账本。

在 FrmAcctBook 窗体的"账目查询"按钮中添加如下代码（FrmAcctBook.cs 文件），以打开 FrmAcctRecQuery 窗体。

```
// 打开账目查询窗口
FrmAcctRecQuery f = new FrmAcctRecQuery();
f.CurrentAcctId = this.AcctId;
f.MdiParent = Application.OpenForms["FrmMain"];
f.Show();
```

请注意，FrmAcctRecQuery 窗体的 CurrentAcctId 属性是我们自己创建的，用于标识用户打开的当前账本。MdiParent 属性同样会将打开的 FrmAcctRecQuery 窗体设置为 FrmMain 窗体的子窗体。

接下来看一下 FrmAcctRecQuery 窗体中的"查询"操作，如下面的代码（FrmAcctRecQuery.cs 文件）。

```csharp
// 查询按钮操作
// 组织查询条件
// 关键字查询
string[] keywords = textBox1.Text.Trim().Split(' ');
CConditionGroup condGroup = new CConditionGroup();
for(int i=0;i<keywords.Length;i++)
{
    condGroup.Conditions.Add(
        CCondition.CreateFuzzyCondition("RecTitle",keywords[i]));
    condGroup.Conditions.Add(
        CCondition.CreateFuzzyCondition("AcctName", keywords[i]));
    condGroup.Conditions.Add(
        CCondition.CreateFuzzyCondition("RecTypeName", keywords[i]));
}
CAcctRecQuery qry = new CAcctRecQuery();
qry.AddConditionGroup(condGroup);
// 日期范围
if(checkBox2.Checked)
{
    DateTime d1 = dateTimePicker1.Value;
    DateTime d2 = dateTimePicker2.Value;
    if (d1 > d2) CC.Swap<DateTime>(ref d1, ref d2);
    DateTime dateFrom =
        new DateTime(d1.Year, d1.Month, d1.Day);
    DateTime dateTo =
        new DateTime(d2.Year, d2.Month, d2.Day, 23, 59, 59);
    qry.AddCondition(
        CCondition.CreateRangeCondition("RecDate", dateFrom, dateTo));
}
// 账本范围
if (checkBox1.Checked == false)
{
    qry.AddCondition(
        CCondition.CreateCompareCondition("AcctId",
        ECompareOperator.Equal, CurrentAcctId));
}
// 执行查询
string fields = @"RecId,AcctName as 账本名称,
RecTitle as 账目标题,RecTypeName as 账目类型,
Expenditure as 支出金额,Income as 收入金额,RecDate as 日期";

//
DataSet ds = qry.Query(fields);
if (ds == null)
{
    dataGridView1.DataSource = null;
    CDialog.ShowInf("没有满足条件的账目信息");
}
else
{
    dataGridView1.DataSource = ds.Tables[0];
    // 调整列宽
```

```
    dataGridView1.Columns[0].Visible = false;
    for (int i = 1; i < dataGridView1.Columns.Count; i++)
    {
        dataGridView1.Columns[i].Width = 150;
        dataGridView1.Columns[i].HeaderCell.Style.Alignment =
            DataGridViewContentAlignment.MiddleCenter;
    }
    dataGridView1.Columns["支出金额"].DefaultCellStyle.Format = "f2";
    dataGridView1.Columns["收入金额"].DefaultCellStyle.Format = "f2";
}
```

在执行查询之前，分别组织了 3 个条件，即：

- 查询内容。在查询对象中添加了用于 RecTitle、AcctName 和 RecTypeName 字段的模糊查询。可以看到，如果查询多个文本内容，可以使用空格进行分割。
- 指定日期范围，只有"日期范围"选中时才会添加日期条件。请注意，在这里，如果 dateTimePicker1 的值大于 dateTimePicker2 的值，则进行数据的交换操作。然后，将较早日期的时间设置为 00:00:00，而较大值日期的时间设置为 23:59:59，这样可以有效地包含最小值和最大值全天的数据。
- 查询账本的范围，如果没有选择"查询所有账本"，则添加 AcctId 条件，说明只查询当前账本（CurrentAcctId 属性值）。

查询操作时，显示的数据字段使用了别名，最终查询结果类似图 24-21 中所示。

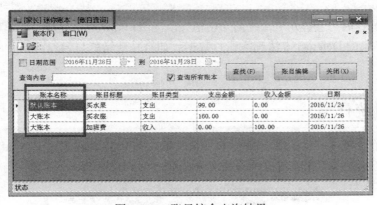

图 24-21　账目综合查询结果

在图 24-21 中，可以看到，已经使用了"家长"身份登录，这样就可以查询所有账本的内容了。本例中显示了"默认账本"和"大账本"中的账目数据。

对于查询的结果，同样可以进行编辑操作，如下代码（FrmAcctRecQuery.cs 文件）是"账目编辑"按钮的操作代码。

```
// 打开选择的账目进行编辑
if (dataGridView1.CurrentRow == null)
{
    CDialog.ShowInf("请选择需要编辑的账目信息");
    return;
}
long recid = CC.ToLng(dataGridView1.CurrentRow.Cells["RecId"].Value);
if (recid > 0)
{
```

```
        FrmAcctRec f = new FrmAcctRec();
        f.ShowData(recid);
        f.ShowDialog();
}
```

是不是比较熟悉，这里的代码与 FrmAcctBook 窗体中的"账目编辑"按钮的操作代码完全一样。

24.5.4 删除

对于不再需要的账目，可以打开账目编辑窗体后进行删除操作，在 FrmAcctRec 窗体的"删除"按钮中添加如下代码（FrmAcctRec.cs 文件）。

```
// 删除账目
if (CDialog.ShowQes(MessageBoxButtons.YesNo, "真要删除账目信息吗？") ==
    DialogResult.Yes)
{
    if (RecId > 0)
    {
        CAcctRec rec = new CAcctRec();
        rec.Delete(RecId);
    }
    this.Close();
}
```

执行删除操作时，会显示一个提问对话框，以便用户确认删除操作。用户确认后，会使用 CAcctRec 对象的 Delete() 方法删除账目数据。如果是新增账目操作时执行删除操作，会直接关闭窗体。

24.6 账目统计

账本程序的最后一个功能是数据统计，本项目只提供总收入、总支出和结余的计算功能。图 24-22 所示就是用于账目统计的 FrmQueryRecReport 窗体。

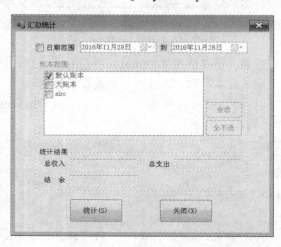

图 24-22 账目统计窗体

在家可以看到，除了账本范围的选择，其他的元素都已经使用多次了。图 24-22 中的"账本范围"显示为禁用状态，而选中的账本正是打开的当前账本，在 FrmAcctRecReport 窗体中同样使用 CurrentAcctId 属性标识。

在 FrmAcctBook 窗体中，在"汇总统计"按钮中添加如下代码，用来打开 FrmAcctRecReport 窗体。

```
// 打开汇总统计窗口
FrmAcctRecReport f = new FrmAcctRecReport();
f.CurrentAcctId = this.AcctId;
f.ShowDialog();
```

在 FrmAcctRecReport 窗体中，显示账本列表的控件使用了 CheckedBoxList，在窗体的 Load 事件中绑定了账本信息，如下面的代码（FrmAcctRecReport.cs 文件）。

```
private void FrmAcctRecReport_Load(object sender, EventArgs e)
{
    // 绑定账本名称
    // 指定当前账本
    DataSet ds =
      CApp.MainDb.GetDataSet("account_book", "AcctId,AcctName", null);
    //
    for (int i = 0; i < ds.Tables[0].Rows.Count; i++)
    {
        long acctid = CC.ToLng(ds.Tables[0].Rows[i]["AcctId"]);
        checkedListBox1.Items.Add(
            ds.Tables[0].Rows[i]["AcctName"],
            acctid == CurrentAcctId);
    }
    // 判断家长模式
    groupBox1.Enabled = CApp.IsAdmin;
}
```

接下来，为了方便用户选择账本，定义了"全选"和"全不选"按钮，其中，全选操作代码如下（FrmAcctRecReport.cs 文件）。

```
// 账本全选
for (int i = 0; i < checkedListBox1.Items.Count; i++)
    checkedListBox1.SetItemChecked(i, true);
```

全不选操作代码如下（FrmAcctRecReport.cs 文件）。

```
// 账本全不选
for (int i = 0; i < checkedListBox1.Items.Count; i++)
    checkedListBox1.SetItemChecked(i, false);
```

接下来是真正的统计操作，在"统计"按钮中添加如下代码（FrmAcctRecReport.cs 文件）。

```
//
if(checkedListBox1.CheckedItems.Count==0)
{
    CDialog.ShowInf("请至少选择一个账本");
    return;
}
//
```

```csharp
CAcctRecQuery qry = new CAcctRecQuery();
// 账本范围，根据账本名称查询
object[] acctNames = new object[checkedListBox1.CheckedItems.Count];
for (int i = 0; i < checkedListBox1.CheckedItems.Count; i++)
    acctNames[i] = checkedListBox1.CheckedItems[i].ToString();
CCondition cond =
    CCondition.CreateValueListCondition("AcctName", acctNames);
qry.AddCondition(cond);
// 日期范围
if (checkBox1.Checked)
{
    DateTime d1 = dateTimePicker1.Value;
    DateTime d2 = dateTimePicker2.Value;
    if (d1 > d2) CC.Swap<DateTime>(ref d1, ref d2);
    DateTime dateFrom =
        new DateTime(d1.Year, d1.Month, d1.Day);
    DateTime dateTo =
        new DateTime(d2.Year, d2.Month, d2.Day, 23, 59, 59);
    qry.AddCondition(
        CCondition.CreateRangeCondition("RecDate", dateFrom, dateTo));
}
//
DataSet ds =
    qry.Query("sum(Income) as I,sum(Expenditure) as E, (I-E) as S");
if (ds == null)
{
    CDialog.ShowInf("没有满足条件的统计结果");
}
else
{
    textBox1.Text =
        CC.ToDec(ds.Tables[0].Rows[0]["I"]).ToString("f2");
    textBox2.Text =
        CC.ToDec(ds.Tables[0].Rows[0]["E"]).ToString("f2");
    //
    decimal surplus = CC.ToDec(ds.Tables[0].Rows[0]["S"]);
    textBox3.Text = surplus.ToString("f2");
    if (surplus < 0)
        textBox3.BackColor = Color.FromArgb(255,196,196);
}
```

首先，至少应该选中 1 个账本，当然这只是对"家长"而言。然后，会创建一个列表值查询条件，其中的数据就是选中的账本名称。

接着是日期范围的指定，其操作与数据查询时的日期范围设置相同。

请注意查询时的字段设置，调用了 sum() 函数同时计算 Income 字段和 Expenditure 字段中数据的合计，这样就可以计算出所选账本中的收入总和（I）和支出总和（E），然后，使用收入总和减去支出总和就得到了指定范围内的结合情况（S）。

显示统计结果时，这里使用了两位小数的格式，而且，在结余为负数时，会将结余的文本框背景色显示了浅红色。

第25章 项目示例3：Web版个人助手

本章将创建一个完整的Web项目，主要对个人数据进行管理，如个人信息、通讯录管理、账本功能。在很多Web项目中（如邮件服务、电子商务、论坛、博客等），都可以看到类似的功能。

通过本项目，可以看到在ASP.NET网站项目中各种技术的综合应用，如HTML、CSS、JavaScript、Ajax、SQL Server数据库等，同时，也可以看到封装代码库在项目中的大量使用。

本章项目位于PersonalAssistant目录，可以在Visual Studio中打开此项目查看完整的代码。

25.1 项目概况

以下是关于项目功能的几点思考。

（1）用户管理功能，包括注册、登录，以及修改个人信息与登录密码等。根据前面学习的内容，可以考虑数据库、验证码等技术的应用。其中，对于用户注册与登录功能，可以在需要时再向用户显示操作界面。

（2）通讯录功能，数据当然会用数据库进行管理，而且，不同的用户应该使用独立的数据表存放通讯录数据。

（3）账本功能，虽然第24章创建了Windows窗体版本的账本管理应用，但在网站中也会很多不同点，例如，在网站中，创建的是多用户应用，所以，不同用户的账目数据也应该存放在用户独立的数据表中。

图25-1显示了网站功能的基本结构，接下来会逐步实现这些功能。

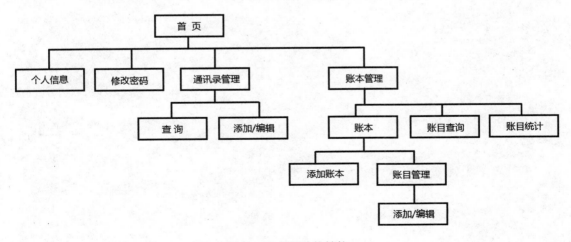

图25-1 项目功能结构

接下来，就来开发这个项目，首先是一些准备工作。

25.2 项目准备

本项目使用 VS Express 2013 for Web 开发，也可以使用更新版本的 Visual Studio 开发或查看源代码。

首先，将 CSChef 项目中所有 cschef 命名空间下的代码文件复制到项目中的 app_code\lib 目录下。这里，不需要包含 cschef.sysx 和 cschef.winx 命名空间下的代码库。

接下来继续准备项目所需的其他资源。

25.2.1 准备数据库

对于本项目，数据库的支持自然是少不了的，这里使用 SQL Server 数据库，项目数据库名称为 cdb_personal_assistant，初始化时会创建以下几个数据表。

- 基本用户表 user_main；
- 账本信息表 account_book；
- 账目类型表 account_record_type。

如下就是 cdb_personal_assistant 数据库的初始化代码，文件位于源代码中的"PersonalAssistant/sql/ 01- 数据库初始化 .sql"。

```sql
create database cdb_personal_assistant;
go

use cdb_personal_assistant;
go

-- 用户表
create table user_main (
UserId bigint identity(1,1) not null primary key,
UserName nvarchar(15) not null unique,
UserPwd nvarchar(40) not null check(len(UserPwd)=40),
Sex int not null default(0),
Email nvarchar(50),
IsLocked int not null default(1),
Fullname nvarchar(50),
Addr nvarchar(50),
PostalCode nvarchar(6),
Phone nvarchar(15),
);

-- 账本信息表
create table account_book(
AcctId bigint identity(1,1) not null primary key,
UserId bigint not null foreign key references user_main(UserId),
AcctName nvarchar(30) not null,
AcctDescription nvarchar(max),
);

-- 账目类型
```

```
create table account_record_type(
RecTypeId int not null primary key,
RecType nvarchar(2),
);

insert into account_record_type(RecTypeId,RecType) values(1,'支出');
insert into account_record_type(RecTypeId,RecType) values(2,'收入');
```

其中，用户表包括了一些基本的用户信息字段：

- UserId，用户 ID，定义为主键；
- UserName，用户名，最多 15 个字符；
- UserPwd，登录密码，保存为 SHA1 散列算法编码；
- Sex，性别，默认为 0，约定 1 表示男，2 表示女；
- Email，电子邮箱；
- IsLocked，是否锁定；
- Fullname，用户全名；
- Addr，地址；
- PostalCode，6 位邮政编码；
- Phone，电话。

账本信息表，主要定义账本名称，以及所属的用户，字段包括：

- AcctId，账本 ID，定义为主键；
- UserId，账本所属的用户 ID，定义为外键（FK），引用用户表中的 UserId 字段；
- AcctName，账本名称；
- AcctDescription，账本描述。

在本项目中，因为用户登录需要密码，所以，就不再使用账本密码了。

账本类型表就比较简单了，字段定义包括：

- RecTypeId，账目类型 ID，约定 1 表示支出，2 表示收入；
- RecType，账目类型名称。

此外，在初始数据中，我们已经定义了相应的账本类型数据。

25.2.2　项目初始化

大家也许已经很熟悉了，项目初始化工作主要还是对数据操作组件的初始化，如下面的代码（/app_code/CApp.cs 文件）。

```
using System;
using System.Collections.Generic;
using System.Web;
using cschef;

public static class CApp
{
    // 数据库连接串
    private static string dbCnnStr =
        CSql.GetRemoteCnnStr("(local)", "sa", "DEVTest_123456",
                             "cdb_personal_assistant");
```

```csharp
    // 主数据引擎
    public static IDbEngine MainDb = new CSqlEngine(dbCnnStr);

    // 数据组件初始化
    private static IDbRecord CreateDbRecordObject(
        IDbEngine dbe, string tableName, string idName)
    {
        return new CSqlRecord(dbe, tableName, idName);
    }
    private static IDbQuery CreateDbQueryObject(
        IDbEngine dbe, string tableName)
    {
        return new CSqlQuery(dbe, tableName);
    }

    // 项目初始化
    public static void Init()
    {
        // 数据组件
        CDbRecord.DbRecordObjectBuilder =
            new DDbRecordObjectBuilder(CreateDbRecordObject);
        CDbQuery.DbQueryObjectBuilder =
            new DDbQueryObjectBuilder(CreateDbQueryObject);
        //
    }
}
```

在这里，主要初始化了 CDbRecord 和 CDbQuery 组件。接下来，需要在 Global.asax 文件中的 Application_Start() 事件中执行 CApp.Init() 方法，如下面的代码。

```
<%@ Application Language="C#" %>

<script runat="server">

    void Application_Start(object sender, EventArgs e)
    {
        // 在应用程序启动时运行的代码
        CApp.Init();
    }

    // 其他代码
</script>
```

接下来可以在网站根目录下使用 Test.aspx 页面进行简单测试，如下面的代码。

```
<%@ Page Language="C#" %>

<!DOCTYPE html>

<script runat="server">
    private void Page_Load()
    {
        Response.Write(CApp.MainDb.Connected);
    }
</script>
```

如果数据库连接成功，则在页面中显示 True 值，如图 25-2 所示。

图 25-2　数据库连接测试

25.2.3　处理会话数据

在不同的 Web 服务器或动态页面技术中，会话数据的保存有多种形式，如保存在内存、文件或数据库里。在 ASP.NET 项目中，默认情况下的会话数据会保存在用户访问进程中。但是，如果网站的应用分布在多个服务器中，会话数据的传递就成了问题，此时，将会话数据保存在独立的数据库中就是一个不错的解决方案。

下面就来了解如何让 ASP.NET 会话数据自动保存到 SQL Server 数据库中。

首先需要在 ASP.NET 对应版本的 .NET Framework 安装目录中找到 InstallSqlState.sql 文件，然后在 SQL Server 中执行它。可以看到，在 SQL Server 中会新增加一个 ASPState 数据库，而在 tempdb 数据库中，会增加 ASPStateTempApplications 和 ASPStateTempSessions 数据表。

接下来，在网站的 Web.config 配置文件中设置相关信息，如下面的代码。

```
<sessionState mode="SQLServer" sqlConnectionString=""></sessionState>
```

在 <sessionState> 项目配置中，需要将 mode 设置为 SQLServer，而 sqlConnectionString 属性则根据数据库的实际连接设置，如使用 Windows 验证登录，可以写成：

```
Data Source=.; Integrated Security=SSPI;
```

如果是远程数据库服务器，则需要取消 Windows 验证方式，并指定具体的数据库服务器（地址和实例），以及 UserId 和 Password 参数。关于 SQL Server 数据连接的更多设置，可以参考第 17 章的相关内容。

虽然可以自动化会话数据的操作，但通过亲手编写代码操作会话数据，可以加深多种技术综合应用的映像。下面通过编程来实现使用数据库管理会话数据的功能。

首先，在 cdb_personal_assistant 数据库创建会话数据表 session_main，如下面的代码（PersonalAssistant/sql/ 02- 会话数据表创建 .sql）。

```
use cdb_personal_assistant;
go

-- 创建会话数据表
create table session_main(
Rid bigint identity(1,1) not null primary key,
SessionId nvarchar(50) not null,
SKey nvarchar(50) not null,
```

```
    SValue nvarchar(50) not null,
    CreationIp nvarchar(23),
    CreationTime datetime,
);
```

其中的字段包括：
- Rid，自动 Identity 字段；
- SessionId，用于保存 ASP.NET 生成的 SessionID 值；
- SKey，会话数据名称；
- SValue，会话数据值；
- CreationIp，数据创建用户的 IP 地址；
- CreationTime，数据创建时间。

接下来，使用 CSession 类来处理会话操作，其定义如下面的代码（/app_code/CSession.cs 文件）。

```csharp
using System;
using System.Web;
using cschef;
using cschef.webx;

// 本项目用户会话操作封装
public class CSession : CDbRecord
{
    // 构造函数
    public CSession()
        : base(CApp.MainDb, "session_main", "Rid") { }

    // 添加当前会话数据
    public static void SetData(string key, string value)
    {
        CDataCollection data = new CDataCollection();
        data.Append("SessionId",
            HttpContext.Current.Session.SessionID);
        data.Append("SKey", key);
        data.Append("SValue", value);
        data.Append("CreationIp", CWeb.UserIp);
        data.Append("CreationTime", DateTime.Now);
        CSession s = new CSession();
        s.Save(data);
    }

    // 返回当前会话指定项目数据
    public static string GetData(string key)
    {
        CDataCollection cond = new CDataCollection();
        cond.Append("SessionId",
            HttpContext.Current.Session.SessionID);
        cond.Append("SKey", key);
        return CC.ToStr(CApp.MainDb.GetValue("session_main",
            "SValue", cond));
    }

    // 当前会话指定数据项是否存在
```

```csharp
public static bool KeyExists(string key)
{
    CDataCollection cond = new CDataCollection();
    cond.Append("SessionId",
        HttpContext.Current.Session.SessionID);
    cond.Append("SKey", key);
    CSession s = new CSession();
    return s.Find(cond) > 0;
}

// 更新当前会话指定数据
public static void UpdateData(string key,string value)
{
    CDataCollection cond = new CDataCollection();
    cond.Append("SessionId",
        HttpContext.Current.Session.SessionID);
    cond.Append("SKey", key);
    CDataCollection data = new CDataCollection();
    data.Append("SValue", value);
    CSession s = new CSession();
    s.Save(data, cond);
}

// 清除当前会话指定数据
public static void ClearData(string key)
{
    CDataCollection cond = new CDataCollection();
    cond.Append("SessionId",
        HttpContext.Current.Session.SessionID);
    cond.Append("SKey", key);
    CSession s = new CSession();
    s.Delete(cond);
}

// 清除当前会话所有数据
public static void ClearAll(string ssid = "")
{
    if (HttpContext.Current == null) return;
    CDataCollection cond = new CDataCollection();
    if (ssid == "")
        cond.Append("SessionId",
            HttpContext.Current.Session.SessionID);
    else
        cond.Append("SessionId", ssid);
    //
    CSession s = new CSession();
    s.Delete(cond);
}

//
}
```

可以看到，CSession 类继承于 CDbRecord 类，这样，可以很方便地对 session_main 数据表进行操作。接下来的类成员包括：

- 构造函数，继承于 CDbRecord，并指定 session_main 表的名称和 Identity 字段名，同

时使用 CApp.MainDb 作为数据库引擎；
- SetData(string key, string value) 方法，设置当前会话的数据项，项目名称和值都使用字符串形式；
- GetData(string key) 方法，给出当前会话中数据项的值，返回 string 类型；
- KeyExists(string key) 方法，判断当前会话的数据项是否存在，返回 bool 类型；
- UpdateData(string key,string value) 方法，更新当前会话中已存在数据项的值；
- ClearData(string key) 方法，删除当前会话中指定的数据项目；
- ClearAll(string ssid = "") 方法，清理当前会话中的所有数据。

使用 CSession 类处理会话数据时，我们会自动根据 Session 对象中的 SessionID 属性来确定当前会话。然后，所有数据项信息都会保存在 session_main 数据表中。

实际应用中，如果 session_main 表中的数据量较大，可以定期删除会话数据，例如可以根据 CreationTime 字段的数据删除一天或一周前的会话数据，具体操作可以根据项目中用户的应用特点来确定。

25.2.4 修改 CVerificationCode 类

在第 22 章中，处理验证码时，数据都保存在 Session 对象中，本项目中将会话数据都保存在数据库中，所以，对于 CVerificationCode 类也需要进行相应的修改，主要是保存验证码和检查验证码的操作，如下面的代码（/app_code/cschef.webx.CVerificationCode.cs 文件）。

```
// 保存验证码
private static void SaveCode(string key, string code)
{
    //HttpContext.Current.Session[key] = code;
    if (CSession.KeyExists(key))
        CSession.UpdateData(key, code);
    else
        CSession.SetData(key, code);
}

// 检查输入的验证码
public static bool Check(string key, string inputCode)
{
    //string savedCode = CC.ToStr(HttpContext.Current.Session[key]);
    string savedCode = CSession.GetData(key);
    if (savedCode == "" || inputCode == "")
        return false;
    else
        return string.Compare(savedCode, inputCode, false) == 0;
}
```

代码中的 SaveCode() 方法，使用 CSession 类来保存和读取会话数据，也就是将验证码数据保存到 session_main 表中。Check() 方法从 session_main 表中读取验证码并进行输入验证。

25.2.5　Web.Config 配置与自定义控件

不同的项目都会根据需要进行相应的配置，下面是本项目中的 Web.config 配置文件的内容。

```xml
<?xml version="1.0"?>
<configuration>
  <system.web>
    <compilation debug="true" targetFramework="4.0"/>
    <pages>
      <namespaces>
        <add namespace="System.Data"/>
        <add namespace="System.Collections"/>
        <add namespace="cschef"/>
        <add namespace="cschef.webx"/>
      </namespaces>
      <controls>
        <add tagPrefix="chy" tagName="PageHeader"
            src="/control/CPageHeader.ascx"/>
        <add tagPrefix="chy" tagName="PageFooter"
            src="/control/CPageFooter.ascx" />
        <add tagPrefix="chy" tagName="DateTextBoxEx"
            src="/control/CDateTextBoxEx.ascx" />
      </controls>
    </pages>
  </system.web>
</configuration>
```

其中，<compilation> 中的 debug 属性设置为 true，即进行调试。在网站发布时，可以修改此属性为 false 值。

在 <namespaces></namespaces> 中引用了几个命名空间，这样，ASP.NET 页面中就可以直接引用这些资源了。

在 <controls></controls> 中注册了 3 个自定义控件，分别是 ASP.NET 页面的页眉、页脚和日期选择控件。其中的 CDateTextBoxEx 控件可以直接从第 22 章的代码中复制使用，而页眉和页脚则是本项目中重新定义的。

如下代码（/control/CPageHeader.ascx 文件）就是本项目中 ASP.NET 页面的页眉控件。

```
<%@ Control Language="C#" ClassName="CPageHeader" %>
<%@ OutputCache Duration="60" VaryByParam="none" Shared="true" %>

<div class="header">
    <a href="/" class="logo">个人助手</a>
</div>
```

接下来是页脚代码，如下面的代码（/control/CPageFooter.ascx 文件）。

```
<%@ Control Language="C#" ClassName="CPageFooter" %>
<%@ OutputCache Duration="60" VaryByParam="none" Shared="true" %>

<div class="footer">
    个人助手开发者　版权所有 &copy;
</div>
```

可以看到，页眉和页脚的内容都非常简单，而且使用了共享缓存。

25.2.6 ASP.NET 页面模板

在一个项目中，一般会为页面的创建提供一个模板，如下代码就是 PersonalAssistant 项目中的页面模板（/Template.aspx）。

```
<%@ Page Language="C#" %>

<!DOCTYPE html>

<script runat="server">

</script>

<html xmlns="http://www.w3.org/1999/xhtml">
<head runat="server">
<meta http-equiv="Content-Type" content="text/html; charset=utf-8"/>
    <title> </title>
    <link rel="stylesheet" href="/css/Common.css" />
</head>
<body>
    <form id="form1" runat="server">
    <chy:PageHeader ID="header1" runat="server" />
    <div>

    </div>
    <chy:PageFooter ID="footer1" runat="server" />
    </form>
</body>
</html>
```

在 Web 窗体模板的基础之上，添加了一些内容，<link> 元素用于引用外部文件，在这里，引用了网站中通用的 CSS 样式表，它们位于 /css/Common.css 文件，可以从中查看具体的样式设置。

在 Web 窗体（form1）中，添加了页眉和页脚控件。

最后需要注意的是，在页面的最后，还会根据需要添加 JavaScript 脚本。本项目中，通用的脚本文件存放于 /js 目录中。

25.3 首页

首页是一个网站的起点。

虽然用户可以收藏网站中的其他页面，但首页的功能和作用还是非常重要的，其中，最基本的作用就是作为网站浏览或服务应用的起点，无论是新的访问者，还是在网站中"迷路"的用户。

在 PersonalAssistant 项目的首页使用静态页面，首页的完整代码如下（/Index.html）。

```
<!DOCTYPE html>
<html xmlns="http://www.w3.org/1999/xhtml">
```

```html
<head>
    <meta http-equiv="Content-Type" content="text/html; charset=utf-8" />
    <title>个人助手首页</title>
    <link rel="stylesheet" href="/css/Common.css" />
    <style>
        .naviItem {
            display: block;
            width: 10em;
            height: 4em;
            text-align: center;
            line-height: 4em;
            vertical-align: middle;
            background-color: steelblue;
            box-shadow: #aaa 2px 2px;
            text-decoration: none;
            color: white;
            font-weight: bold;
            font-family: '微软雅黑';
            margin:2em;
            float:left;
        }
    </style>
</head>
<body>
    <div class="header">
        <span class="logo">个人助手</span>生活、工作好帮手!
    </div>
    <div id="statusStrip">欢迎回来! 今天是 </div>

    <a class="naviItem" href="/addrlist/Index.aspx">通讯录管理</a>

    <a class="naviItem" href="/acct/Index.aspx">账本管理</a>

    <a class="naviItem" href="/user/Info.aspx">个人信息</a>

    <a class="naviItem" href="/user/Password.aspx">修改密码</a>

    <div class="footer">个人助手开发者 版本所有 &copy;</div>
</body>
</html>
<script src="/js/Ajax.js"></script>
<script>
        // 显示日期
        ajaxGetText("/tool/Today.aspx", "", function (txt) {
            document.getElementById("statusStrip").innerHTML += txt;
        });
</script>
```

这个HTML页面中,主要包括基本的HTML内容、一些CSS样式定义,以及使用JavaScript应用了一点点Ajax来显示日期及农历信息。

在Index.html页面中,同样定义了页眉和页脚,只不过,它们的CSS定义在/css/Common.css文件中,定义如下。

```
* {
    margin:0;
```

```css
        padding:0;
}
.header {
    display:block;
    clear:both;
    width:100%;
    height:80px;
    line-height:80px;
    vertical-align:middle;
}
.logo {
    text-decoration:none;
    font-size:2em;
    font-family:'微软雅黑';
    font-weight:900;
    color:steelblue;
    margin-left:0.5em;
    margin-right:0.5em;
}
.footer {
    display:block;
    clear:both;
    width:100%;
    text-align:center;
    padding-top:2em;
    padding-bottom:2em;
}
```

在这里，* 通配符将所有页面元素的外部间隔和内部空白都设置为 0，这样就可以完全控制元素的定位了。而在页眉中，还定义了网站 Logo 的显示样式。最后是页脚的样式定义。

在首页中显示日期及农历信息时调用了 /tool/Today.aspx 页面，定义如下。

```
<%@ Page Language="C#" %>
<%@ OutputCache Duration="60" VaryByParam="none"%>

<script runat="server">
    private void Page_Load()
    {
        Response.Write(DateTime.Today.ToLongDateString());
        Response.Write(" ");
        Response.Write(DateTime.Today.ToString("dddd"));
        Response.Write(" ");
        Response.Write(new CChineseLunisolar().ToString());
    }
</script>
```

这样，首页最终的显示结果如图 25-3 所示。

如果改变浏览窗口大小，还可以发现，此页面还是响应式的，如图 25-4 所示。

接下来开始实现真正的"动态"部分。

第 25 章 项目示例 3：Web 版个人助手

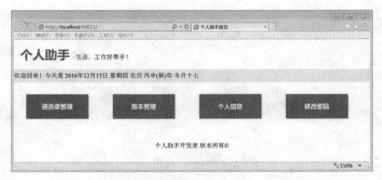

图 25-3　网站首页

图 25-4　不同尺寸的首页

25.4　用户注册

在初始化数据库时，并没有创建默认的用户，也就是说，在 PersonalAssistant 项目中，用户必须注册才能使用。不过，在首页中并没有创建注册的链接，对此，前面说过，注册、登录等功能只会在需要时显示。

实际上，首页中显示的 4 个功能都是需要用户登录后操作的，所以，当打开无论哪一个功能时，都会自动跳转到用户登录界面。当然，如果用户还没有注册，还有一个注册链接帮助用户跳转到注册页面。

25.4.1　封装代码

在业务代码中，同样使用 CUser 类来封装用户的相关操作，基本定义如下面的代码（/app_code/CUser.cs 文件）。

```
using System;
using System.Collections.Generic;
using System.Web;
```

```csharp
using cschef;
using cschef.webx;

public class CUser : CDbRecord
{
    // 构造函数
    public CUser() :
        base(CApp.MainDb, "user_main", "UserId") { }

    // 当前登录用户 ID
    public static long CurUserId
    {
        get
        {
            return CC.ToLng(CSession.GetData("userid"));
        }
    }

    // 当前登录用户名
    public static string CurUserName
    {
        get
        {
            return CSession.GetData("username");
        }

        // 其他代码
    }
}
```

代码中,CUser 类继承于 CDbRecord 类,并会操作 user_main 数据表。接下来的两个静态属性,CurUserId 属性表示当前会话中登录用户的 ID,而 CurUserName 属性表示当前会话中登录用户的用户名。可以看到,这两个会话数据都使用 CSession 类处理,也就是说,这些会话数据都会保存在 session_main 表中。

接下来实现注册相关的内容,首先是验证码的生成和检查工作,如下面的代码(/app_code/CUser.cs 文件)。

```csharp
// 创建注册验证码
public static void CreateRegisterVerificationCode()
{
    CVerificationCode.Create("user_register_checkcode");
}

// 检查注册验证码
public static bool CheckRegisterVerificationCode(string code)
{
    return CVerificationCode.Check("user_register_checkcode", code);
}
```

此外,新用户注册前,还需要判断用户名是否使用,如下面的代码(/app_code/CUser.cs 文件)。

```csharp
// 用户名是否已存在
public static bool UserNameExists(string username)
```

```
{
    CDataCollection cond = new CDataCollection();
    cond.Append("UserName", username);
    CUser user = new CUser();
    return user.Find(cond) > 0;
}
```

25.4.2 注册页面

接下来是页面部分的创建工作，用户操作的相关内容会组织在 /user 目录中，如下代码（/user/Register.aspx 文件）就是注册页面的基本定义。

```
<%@ Page Language="C#" %>

<!DOCTYPE html>

<script runat="server">
    // 注册操作
    protected void btnRegister_Click(object sender, EventArgs e)
    {
    }
</script>

<html xmlns="http://www.w3.org/1999/xhtml">
<head runat="server">
<meta http-equiv="Content-Type" content="text/html; charset=utf-8"/>
    <title>用户注册</title>
    <link rel="stylesheet" href="/css/Common.css" />
</head>
<body>
    <form id="form1" runat="server">
    <chy:PageHeader ID="header1" runat="server" />
    <div class="dataForm">
    <h1>用户注册</h1>
        <table>
        <tr><td><label for="userName">用户名</label></td>
            <td><asp:TextBox ID="userName" MaxLength="15"
                Width="200" runat="server" />
        </td></tr>
        <tr><td><label for="userPwd">密 码</label></td>
            <td><asp:TextBox ID="userPwd" TextMode="Password"
                MaxLength="15" Width="200" runat="server" />
        </td></tr>
        <tr><td><label for="userPwdConfirm">密码确认</label></td>
            <td><asp:TextBox ID="userPwdConfirm" TextMode="Password"
                MaxLength="15" Width="200" runat="server" />
        </td></tr>
        <tr><td><label for="sex">称 呼</label></td>
            <td><asp:RadioButtonList ID="sex"
                    RepeatDirection="Horizontal" runat="server">
    <asp:ListItem Value="0" Text=" 保密 "
        Selected="True"></asp:ListItem>
            <asp:ListItem Value="1" Text=" 先生 "></asp:ListItem>
            <asp:ListItem Value="2" Text=" 女士 "></asp:ListItem>
```

```
            </asp:RadioButtonList>
        </td></tr>
        <tr><td><label for="email">E-mail</label></td>
            <td><asp:TextBox ID="email" MaxLength="50" Width="300"
                runat="server"></asp:TextBox>
        </td></tr>
        <tr>
            <td><label for="checkCode">验证码</label></td>
            <td>
    <asp:TextBox ID="vCode" MaxLength="5" Width="80"
            runat="server" />
    <img id="vcImg" src="/user/RegisterVerificationCode.aspx"
            alt="Verification Code" style="vertical-align: top;" />
    <a href="javascript:changeImage();">换一张</a>
            </td>
        </tr>
        </table>
        <asp:Button ID="btnRegister" CssClass="buttonLarger"
            Text="注 册" OnClick="btnRegister_Click"
            OnClientClick="return checkData();" runat="server" />
    </div>
    <chy:PageFooter ID="footer1" runat="server" />
    </form>
</body>
</html>
<script>
```

页面显示如图 25-5 所示。

图 25-5 用户注册页面

接下来看看验证码的显示与更换。

验证码的生成页面定义在 /user/RegisterVerificationCode.aspx 文件，其内容如下。

```
<%@ Page Language="C#" %>
<script runat="server">
    private void Page_Load()
    {
```

```
            CUser.CreateRegisterVerificationCode();
    }
</script>
```

如果在 Register.aspx 页面中看不清楚验证码图片，还可以单击"换一张"来更换图片和验证码，这个功能可以使用 JavaScript 函数来实现，如下面的代码（/user/Register.aspx 文件）。

```
<script>
// 换验证码图片
function changeImage() {
    document.getElementById("vcImg").setAttribute("src",
        "/user/RegisterVerificationCode.aspx?ts=" +
            new Date().toString());
}
</script>
```

在这个脚本中，重新设置了验证码图片（img 元素）的 src 属性，并指定 ts 参数当前时间，这样做是为了避免不必要的缓存。

25.4.3 保存用户信息

保存数据之前，应该对数据进行检查，这个工作会分别在客户端和服务器端进行。

在客户端，进行基本的填写检查，如对必填的信息进行检查，在 Register.aspx 页面中，定义了 JavaScript 函数 checkData() 来执行数据检查工作，函数最终会返回 true 或 false 值，如下面的代码（/user/Register.aspx 文件）。

```
</html>
<script>
// 客户端验证数据
function checkData()
{
    // 用户名长度
    var u = document.getElementById("userName").value;
    if (u.length < 6) {
        alert(" 用户名至少需要 6 个字符 ");
        return false;
    }
    // 密码
    var p = document.getElementById("userPwd").value;
    var pConfirm = document.getElementById("userPwdConfirm").value;
    if (p.length < 6 ) {
        alert(" 密码至少需要 6 个字符 ");
        return false;
    }
    if (p != pConfirm) {
        alert(" 两次密码不一致 ");
        return false;
    }
    // 验证码
    var cc = document.getElementById("vCode").value;
    if (cc.length != 5)
    {
        alert(" 请输入验证码 ");
```

```
            return false;
        }
        //
        return true;
    }
</script>
```

在"注册"按钮中，将 OnClientClick 属性设置为此 "return checkData();"，这样就可以在提交页面数据之前进行一些基本的检查工作，检查通过后，会将数据提交到服务器，此时，在服务器端还需要进行进一步的检查工作。

在服务器端的检查工作，定义为 CheckData() 方法，如下面的代码（/user/Register.aspx 文件）。

```
<script runat="server">
    // 注册操作
    protected void btnRegister_Click(object sender, EventArgs e)
    {
    }

    // 检查数据
    protected bool CheckData()
    {
        // 用户名
        string sUser = userName.Text.Trim();
        if (sUser.Length < 6)
        {
            CJs.Alert("用户名至少需要 6 个字符");
            return false;
        }
        // 用户名是否已存在
        if (CUser.UserNameExists(sUser))
        {
            CJs.Alert("用户名已使用");
            return false;
        }
        // 用户名规则
        if (CCheckData.IsUserName(sUser) == false)
        {
        CJs.Alert("用户名应使用字母开头，并由字母、数字和下画线组成");
            return false;
        }
        // 密码
        if (userPwd.Text.Length < 6)
        {
            CJs.Alert("密码至少需要 6 个字符");
            return false;
        }
        if (string.Compare(userPwd.Text, userPwdConfirm.Text, false)
            != 0)
        {
            CJs.Alert("两次密码不一致");
            return false;
        }
        // 验证码
```

```
            if (CUser.CheckRegisterVerificationCode(vCode.Text) == false)
            {
                CJs.Alert("验证码输入错误");
                return false;
            }
            //
            return true;
        }
</script>
```

请注意，CheckData() 方法在 Register.aspx 页面的顶部的服务器代码块中。在这里，当出现错误时，使用 CJs.Alert() 方法显示一个 JavaScript 消息对话框来显示提示内容，如下代码就是 CJs 类的定义（/app_code/cschef.webx.CJs.cs 文件）。

```
using System;
using System.Web;
using System.Web.UI;

namespace cschef.webx
{
    public static class CJs
    {
        // 脚本开始与结束标签
        const string scriptStartTag = @"<script>";
        const string scriptEndTag = @"</script>";

        // 消息对话框
        public static void Alert(string msg)
        {
            CWeb.Write(string.Format("{0}alert('{1}');{2}",
                scriptStartTag, msg, scriptEndTag));
        }

        // 跳转
        public static void Open(string url)
        {
            CWeb.Write(
                string.Format("{0}window.open('{1}','_self');{2}",
                    scriptStartTag, url, scriptEndTag));
        }
        //
    }
}
```

虽然这种在页面添加一些 JavaScript 代码的方式不够优雅，但这是服务器端在页面动态加入 JavaScript 脚本最简单的方法了。在 CJs 类中，另一个方法是 Open()，其功能是使用了 window.open() 方法打开其他页面，第一个参数指定打开页面的 URL 地址，第二个参数指定为 "_self"，即在当前窗口中打开新页面。

最终，当数据检查通过后，会在 btnRegister_Click() 方法中完成用户信息的保存工作，如下面的代码（/user/Register.aspx 文件）。

```
// 保存用户注册信息
protected void btnRegister_Click(object sender, EventArgs e)
```

```csharp
{
    // 数据检查
    if (CheckData() == false) return;
    // 保存用户数据
    CDataCollection data = new CDataCollection();
    data.Append("UserName", userName.Text);
    data.Append("UserPwd", CC.GetSha1(userPwd.Text));
    data.Append("Sex", CC.ToInt(sex.SelectedValue));
    data.Append("Email", email.Text);
    // 可通过邮件确认注册操作
    data.Append("IsLocked", 0);
    //
    CUser user = new CUser();
    if(user.Save(data)>0)
    {
        // 注册成功
        CJs.Alert("您已成功注册");
        CJs.Open("/user/Login.aspx");
    }else{
        CJs.Alert("注册失败,请稍后重试! ");
    }
}
```

注册成功后，会自动跳转到登录页面，接下来看一看登录功能的实现。

25.5 登录

用户登录的操作代码，继续封装在 CUser 类中，相关的方法如下面的代码（/app_code/CUser.cs 文件）。

```csharp
// 创建登录验证码
public static void CreateLoginVerificationCode()
{
    CVerificationCode.Create("user_login_checkcode");
}

// 登录操作, 为了安全, 只判断登录是否成功
public static bool Login(string sUser, string sPwd, string sCheckCode)
{
    // 检查验证码
    if (CVerificationCode.Check("user_login_checkcode", sCheckCode) ==
                false)
        return false;
    // 检查登录信息
    CDataCollection cond = new CDataCollection();
    cond.Append("UserName", sUser);
    cond.Append("UserPwd", CC.GetSha1(sPwd));
    cond.Append("IsLocked", 0);
    CUser user = new CUser();
    CDataCollection rec = user.Load("UserId,UserName", cond);
    if (rec != null)
    {
        CSession.SetData("userid", rec.GetValue(0).ToString());
        CSession.SetData("username", rec.GetValue(1).ToString());
```

```
            return true;
        }
        else
        {
            // 清理会话数据
            CSession.ClearAll();
            return false;
        }
    }
```

其中：

- CreateLoginVerificationCode() 方法用于生成用户登录验证码。
- Login() 方法会通过指定的用户名、密码、输入的验证码来检查登录操作。登录成功时，会将用户的 ID 和用户名通过 CSession 类保存到 session_main 数据表中，登录失败会清除当前会话的所有数据项。

请注意，在这里，由于登录操作相对简单，所以，将验证码判断的操作与用户名和登录密码的判断放在一起处理。

接下来，用于生成登录验证码的部分定义在 /user/LoginVerificationCode.aspx 页面，如下面的代码。

```
<%@ Page Language="C#" %>
<script runat="server">
    private void Page_Load()
    {
        CUser.CreateLoginVerificationCode();
    }
</script>
```

最后是登录页面，如下面的代码（/user/Login.aspx 文件）。

```
<%@ Page Language="C#" %>

<!DOCTYPE html>

<script runat="server">
    // 登录操作
    protected void btnLogin_Click(object sender, EventArgs e)
    {
        if (CUser.Login(userName.Text, userPwd.Text, vCode.Text))
        {
            // 登录成功
            string re = CC.ToStr(Request.QueryString["re"]);
            if (re == "" || re.Substring(0, 1) != "/")
                Response.Redirect("/");
            else
                Response.Redirect(re);
        }
        else
        {
            // 登录失败
            CJs.Alert("登录失败，请检查您的登录信息");
        }
    }
```

```
</script>

<html xmlns="http://www.w3.org/1999/xhtml">
<head runat="server">
<meta http-equiv="Content-Type" content="text/html; charset=utf-8"/>
    <title>用户登录</title>
    <link rel="stylesheet" href="/css/Common.css" />
</head>
<body>
    <form id="form1" runat="server">
    <chy:PageHeader ID="header1" runat="server" />
    <div class="dataForm">
        <h1>用户登录</h1>
    <table>
        <tr><td><label for="userName">用 户</label></td>
            <td><asp:TextBox ID="userName" MaxLength="15"
                Width="200" runat="server" /></td>
        </tr>
        <tr><td><label for="userPwd">密 码</label></td>
            <td><asp:TextBox ID="userPwd" TextMode="Password"
                MaxLength="15" Width="200" runat="server" /></td>
        </tr>
        <tr>
            <td><label for="checkCode">验证码</label></td>
            <td>
                <asp:TextBox ID="vCode" MaxLength="5"
                    Width="80" runat="server" />
                <img id="vcImg" src="/user/LoginVerificationCode.aspx"
                    alt="Verification Code"
                    style="vertical-align:top;"/>
                <a href="javascript:changeImage();">换一张</a>
            </td>
        </tr>
    </table>
        <asp:Button ID="btnLogin" CssClass="buttonLarger"
            Text=" 登 录 " OnClick="btnLogin_Click" runat="server" />
        <a href="/user/Register.aspx">立即注册</a>
    </div>
        <chy:PageFooter ID="footer1" runat="server" />
    </form>
</body>
</html>
<script>
    // 换验证码图片
    function changeImage() {
        document.getElementById("vcImg").setAttribute("src",
            "/user/LoginVerificationCode.aspx?ts=" +
            new Date().toString());
    }
</script>
```

页面显示如图 25-6 所示。

登录成功后，将根据 re 参数的内容进行跳转，当 re 为本网站的页面时会跳转到此页面。如果没有 re 参数或者指定的页面不是本网站的页面，则跳转到首页。

第 25 章 项目示例 3：Web 版个人助手 513

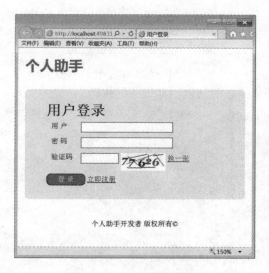

图 25-6 用户登录页面

接下来的功能都需要用户登录后操作，为了避免不必要的运行错误，可以将网站的启动设置为"特定页"。这样，网站就会通过默认的首页设置启动，如 Index.html、Default.aspx 等页面。

在"解决方案资源管理器"中，通过网站项目的右键菜单项"属性页"打开设置界面。然后，在"启动选项"页中选择"特定页"，如图 25-7 所示。

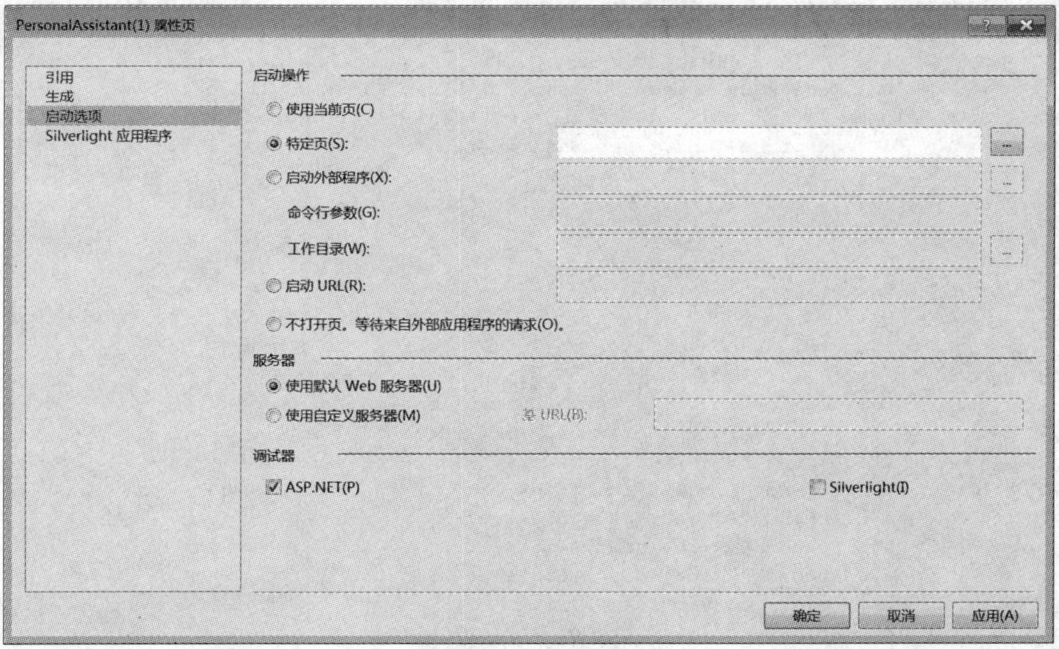

图 25-7 设置网站启动页

启动网站时都会从 Index.html 页面开始。

25.6 个人信息

修改个人信息的功能并不难实现,只是简单显示、检查和保存用户信息就可以了。可以使用 /user/Info.aspx 页面来完成此功能,如下面的代码。

```
<%@ Page Language="C#" %>

<!DOCTYPE html>

<script runat="server">
//
    private void Page_Load()
    {
        // 检查登录状态
        long userid = CUser.CurUserId;
        if (userid <= 0)
        {
            Response.Redirect("/user/Login.aspx?re=" +
                              Request.RawUrl);
        }
        // 首次打开显示原信息
        if (IsPostBack == false)
        {
            CUser user = new CUser();
            CDataCollection rec = user.Load(userid);
            if (rec != null)
            {
                fullname.Text = rec.GetItem("Fullname").StrValue;
                sex.SelectedValue = rec.GetItem("Sex").StrValue;
                email.Text = rec.GetItem("Email").StrValue;
                phone.Text = rec.GetItem("Phone").StrValue;
                addr.Text = rec.GetItem("Addr").StrValue;
                postalCode.Text = rec.GetItem("PostalCode").StrValue;
            }
        }
    }
    // 保存个人信息
    protected void btnSave_Click(object sender, EventArgs e)
    {
        CDataCollection data = new CDataCollection();
        data.Append("Fullname", fullname.Text);
        data.Append("Sex", CC.ToInt(sex.SelectedValue));
        data.Append("Email", email.Text);
        data.Append("Phone", phone.Text);
        data.Append("Addr", addr.Text);
        data.Append("PostalCode", postalCode.Text);
        CUser user = new CUser();
        if(user.Save(data,CUser.CurUserId)>0)
        {
            CJs.Alert("个人信息已成功保存");
            CJs.Open("/");
        }
        else
```

```
                {
                    CJs.Alert("个人信息保存错误,请稍后重试");
                }
        }
</script>

<html xmlns="http://www.w3.org/1999/xhtml">
<head runat="server">
<meta http-equiv="Content-Type" content="text/html; charset=utf-8"/>
    <title>个人信息</title>
    <link rel="stylesheet" href="/css/Common.css" />
</head>
<body>
    <form id="form1" runat="server">
    <chy:PageHeader ID="header1" runat="server" />
    <div class="dataForm">
    <h1>个人信息</h1>
        <table>
            <tr><td><label for="fullname">姓 名</label></td>
            <td><asp:TextBox ID="fullname"
                    MaxLength="50" runat="server" />
        </td>
        </tr>
        <tr><td><label for="sex">称 呼</label></td>
            <td>
                <asp:RadioButtonList ID="sex"
                        RepeatDirection="Horizontal"
                        runat="server">
                    <asp:ListItem Value="0" Text=" 保密 ">
                    </asp:ListItem>
                    <asp:ListItem Value="1" Text=" 先生 ">
                    </asp:ListItem>
                    <asp:ListItem Value="2" Text=" 女士 ">
                    </asp:ListItem>
                </asp:RadioButtonList>
            </td>
        </tr>
        <tr>
            <td><label for="email">E-mail</label></td>
            <td><asp:TextBox ID="email" MaxLength="50"
            Width="300" runat="server" /></td>
        </tr>
        <tr><td><label for="phone">电 话</label></td>
            <td>
            <asp:TextBox ID="phone" MaxLength="15" runat="server" />
            </td>
        </tr>
        <tr><td><label for="addr">地 址</label></td>
            <td><asp:TextBox ID="addr" MaxLength="50"
                Width="400" runat="server" /></td>
        </tr>
        <tr><td><label for="postalCode">邮政编码</label></td>
            <td><asp:TextBox ID="postalCode" MaxLength="6"
                Width="80" runat="server" /></td>
        </tr>
```

```
                </table>
                <asp:Button ID="btnSave" CssClass="buttonLarger" Text="保 存"
                    OnClick="btnSave_Click" runat="server" />
        </div>
        <chy:PageFooter ID="footer1" runat="server" />
    </form>
</body>
</html>
```

页面显示如图 25-8 所示。

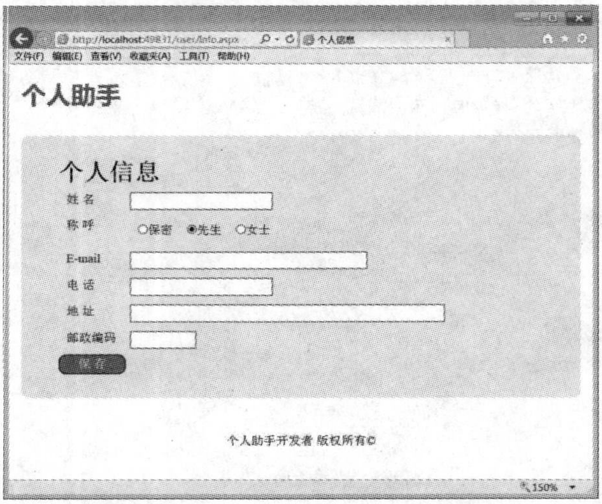

图 25-8　修改个人信息页面

修改个人信息时，用户必须已经登录，所以，在 Page_Load() 方法中，也就是页面的 Load 事件中，会对用户的登录状态进行检查，其中，采用的方法就是使用 CUser.CurUserId 属性进行判断，如果当前会话中的用户 ID 大于 0，则说明用户已经登录，否则就说明用户没有登录。

当用户没有登录时，会跳转到登录页面（/user/Login.aspx），并会使用 re 参数带上当前页面的地址。

在 Page_Load() 方法中，如果用户已经登录，则显示用户的信息。请注意，应该是在页面首次打开的情况下显示个人信息，此时，我们使用页面的 IsPostBack 属性判断页面的回传状态。

最后，个人信息的保存就比较简单了，只是使用了基本的数据组件来完成这项操作。个人信息保存成功后，会跳转到首页。

25.7　修改密码

修改密码时，需要 3 个数据，即旧的密码和两次输入的新密码。只有旧的密码正确，以及两次输入的新密码一致时，才执行修改密码的操作。在 CUser 类中，封装了 ModifyPassword() 方法来完成修改密码的操作，如下面的代码（/app_code/CUser.cs 文件）。

```csharp
// 修改密码
public static bool ModifyPassword(string oldPwd,
        string newPwd, string newPwdConfirm)
{
    // 检查旧密码
    long userid = CurUserId;
    CDataCollection cond = new CDataCollection();
    cond.Append("UserId", userid);
    cond.Append("UserPwd", CC.GetSha1(oldPwd));
    CUser user = new CUser();
    if (user.Find(cond) <= 0) return false;
    // 检查新密码
    if (newPwd.Length < 6 ||
            string.Compare(newPwd, newPwdConfirm, false) != 0)
    {
        return false;
    }
    // 更新密码
    cond = new CDataCollection();
    cond.Append("UserId", userid);
    CDataCollection data = new CDataCollection();
    data.Append("UserPwd", CC.GetSha1(newPwd));
    return user.Save(data, cond) > 0;
}
```

可以看到，修改密码的操作是很简单的，只是需要注意，密码是经过 SHA1 编码后保存到数据库。

接下来是用户修改密码页面，如下面的代码（/user/Password.aspx 文件）。

```
<%@ Page Language="C#" %>

<!DOCTYPE html>

<script runat="server">
    private void Page_Load()
    {
        if (CUser.CurUserId <= 0)
            Response.Redirect("Login.aspx?re=" + Request.RawUrl);
    }
    //
    protected void btnPassword_Click(object s, EventArgs e)
    {
        if(CUser.ModifyPassword(oldPwd.Text,
                    newPwd.Text,newPwdConfirm.Text))
            {
                CJs.Alert("登录密码已成功修改");
                CJs.Open("/");
            }
            else
            {
                CJs.Alert("登录密码修改失败，请重试！");
            }
    }
</script>
```

```html
<html xmlns="http://www.w3.org/1999/xhtml">
<head runat="server">
<meta http-equiv="Content-Type" content="text/html; charset=utf-8"/>
    <title>修改登录密码</title>
    <link rel="stylesheet" href="/css/Common.css" />
</head>
<body>
    <form id="form1" runat="server">
    <chy:PageHeader ID="header1" runat="server" />
    <div class="dataForm">
    <h1>修改登录密码</h1>
    <table>
        <tr><td><label for="oldPwd">旧的密码</label></td>
            <td><asp:TextBox ID="oldPwd" TextMode="Password"
                MaxLength="15" Width="200" runat="server" /></td>
        </tr>
         <tr><td><label for="newPwd">新的密码</label></td>
            <td><asp:TextBox ID="newPwd" TextMode="Password"
                MaxLength="15" Width="200" runat="server" /></td>
        </tr>
         <tr><td><label for="newPwdConfirm">密码确认</label></td>
            <td><asp:TextBox ID="newPwdConfirm" TextMode="Password"
                MaxLength="15" Width="200" runat="server" /></td>
        </tr>
    </table>
    <asp:Button ID="btnPassword" CssClass="buttonLarger"
        Text=" 修改密码 " OnClick="btnPassword_Click" runat="server" />
    </div>
    <chy:PageFooter ID="footer1" runat="server" />
    </form>
</body>
</html>
```

页面显示如图 25-9 所示。

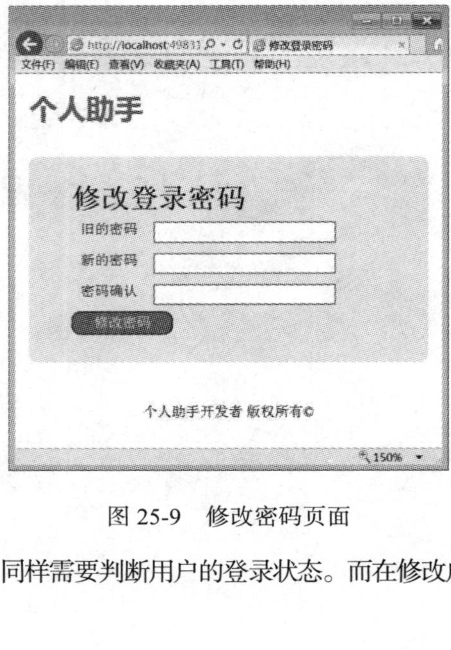

图 25-9　修改密码页面

在 Page_Load() 方法中，同样需要判断用户的登录状态。而在修改成功后，也同样跳转到首页。

用户操作的功能已经完成，接下来将实现通讯录和账本功能。在这两个功能的实现过程中将会看到更多技术的综合应用。

25.8 通讯录功能

项目概况中已经说过，不同用户的通讯录数据应该存放在独立的数据表中，在这里，约定用户通讯录的数据表名称为"addrlist_<userid>"。

在通讯录功能中，主要使用 ASP.NET 技术完成，可以与稍后实现的账本功能进行一些对比，以便深入理解不同技术的应用特点。

25.8.1 准备数据表

当新用户使用通讯录功能时，就需要动态创建数据表。对于这一操作，可以在 SQL Server 数据库中创建一个存储过程（Stored Procedure）来实现，如下面的代码（PersonalAssistant/sql/03- 创建用户通讯录表存储过程 .sql）。

```sql
use cdb_personal_assistant;
go

-- 创建用户通讯录数据表
create proc usp_create_addrlist_table
@tablename as nvarchar(50)
as
begin
declare @sql as nvarchar(500);
set @sql = 'create table '+ @tablename +'(
Alid bigint identity(1,1) not null primary key,
Fullname nvarchar(50),
Phone nvarchar(15),
Email nvarchar(50),
Addr nvarchar(50),
PostalCode nvarchar(6),
Comment nvarchar(max))';
--
exec sp_executesql @sql;
end
go
```

可以在 SQL Server Management Studio 中执行此代码。然后通过下面的代码测试此存储过程的使用。

```sql
use cdb_personal_assistant;
go

exec usp_create_addrlist_table 'addrlist_0';
```

执行此代码，会创建一个名为 addrlist_0 的通讯录数据表，其中字段定义如下：
- Alid，联系人记录 ID，定义为主键；
- Fullname，联系人姓名；
- Phone，联系人的电话；

- Email，电子邮箱；
- Addr，地址；
- PostalCode，邮政编码；
- Comment，备注信息。

25.8.2　CAddrList 类

项目中，使用 CAddrList 类操作用户的通讯录数据，其基本定义如下（/app_code/CAddrList.cs 文件）。

```csharp
using System;
using cschef;

public class CAddrList : CDbRecord
{
    // 私有的构建函数
    private CAddrList(IDbEngine dbe, string tableName, string idName) :
        base(dbe, tableName, idName) { }
    // 其他代码
}
```

代码中，将 CAddrList 类的构造函数定义为私有的，这样，就不能使用代码"CAddrList al = new CAddrList();"创建 CAddrList 对象了，为什么要这样做呢？

项目中，我们已经约定，不同用户使用不同的通讯录数据表，这就需要使用一定的机制保证用户只能操作自己的通讯录数据。

如下代码（/app_code/CAddrList.cs 文件）使用当前会话中的用户 ID 来确定通讯录数据表。

```csharp
// 用户通讯录数据表名称
public static string UserTableName
{
    get
    {
        long userid = CUser.CurUserId;
        if (userid <= 0) return "";
        return string.Format("addrlist_{0}", userid);
    }
}
```

代码中定义了 UserTableName 静态属性，其功能就是返回当前会话中登录用户的通讯录数据表名称，如果无法获取用户登录信息，则返回空字符串。

接下来使用 CreateObject() 静态方法来创建 CAddrList 对象，如下面的代码（/app_code/CAddrList.cs 文件）。

```csharp
// 创建对象
public static CAddrList CreateObject()
{
    // 确定用户通讯录数据表
    string tableName = UserTableName;
    if (tableName == "") return null;
    return new CAddrList(CApp.MainDb, tableName, "Alid");
}
```

代码中，如果无法确定用户通讯录表名称，则返回 null 值，否则通过 CApp.MainDb、用户通讯录表名以及 AId 字段一起创建 CAddrList 对象。

此外，在创建用户通讯录数据表时，还需要判断数据表是否已经存在，实现这一功能，可以在数据库中创建另一个存储过程，如下面的代码（PersonalAssistant/sql/05- 判断数据表是否存在 .sql 文件）。

```sql
use cdb_personal_assistant;
go

-- 创建用户通讯录数据表
create proc usp_table_exists
@tablename as nvarchar(50)
as
select object_id(@tablename);
```

代码中，调用了 SQL Server 中的 object_id() 函数判断表名是否存在，如果存在则返回一个大于零的整数，否则返回 NULL 值。

最后，在 CAddrList 类中定义 CreateTable() 方法，用于创建用户的通讯录数据表，如下面的代码（/app_code/CAddrList.cs 文件）。

```csharp
// 创建用户通讯录数据表
public static void CreateTable()
{
    string tableName = UserTableName;
    if (tableName == "") return;
    //
    CDataCollection table =
            new CDataCollection("tablename", tableName);
    object result =
            CApp.MainDb.SpGetValue("usp_table_exists",table);
    if (CC.ToInt(result) == 0)
    {
        // 创建用户通讯录数据表
        CApp.MainDb.SpGetValue("usp_create_addrlist_table", table);
    }
}
```

应该在什么时候创建用户通讯录数据表呢？这里的选择是在打开通讯录主页（/addrlist/Index.aspx）的时候。

25.8.3 通讯录主页（/addrlist/Index.aspx）

在网站首页，单击"通讯录管理"，会跳转到 /addrlist/Index.aspx 页面，如果用户没有登录则会跳转到登录页面，登录成功时返回通讯录主页。

通讯录主页的代码如下（/addrlist/Index.aspx）。

```
<%@ Page Language="C#" %>

<!DOCTYPE html>

<script runat="server">
```

```csharp
        // 用于显示通讯录的字段列表
        const string fields = @"Alid as 序号,Fullname as 姓名,Phone as 电话,
Email,Addr as 地址,PostalCode as 邮政编码";

        //
        private void Page_Load()
        {
            // 登录检查
            if(CUser.CurUserId<=0)
            {
                Response.Redirect("/user/Login.aspx?re=" +
                    Request.RawUrl);
            }
            // 清空信息
            lblMsg.Text = "";
            // 初始化
            if(IsPostBack==false)
            {
                CAddrList.CreateTable();
                // 绑定通讯录数据
                DataSet ds = CApp.MainDb.GetDataSet(
                        CAddrList.UserTableName, fields, null);
                if (ds == null)
                {
                    lblMsg.Text = "还没有添加联系人哦!^-^";
                }
                else
                {
                    grdAddrList.DataSource = ds.Tables[0];
                    grdAddrList.DataBind();
                }
            }

        }

        // 搜索
        protected void btnSearch_Click(object sender, EventArgs e)
        {

        }

</script>

<html xmlns="http://www.w3.org/1999/xhtml">
<head runat="server">
<meta http-equiv="Content-Type" content="text/html; charset=utf-8"/>
    <title>通讯录</title>
    <link rel="stylesheet" href="/css/Common.css" />
</head>
<body>
    <form id="form1" runat="server">
    <chy:PageHeader ID="header1" runat="server" />
    <div class="dataForm">
        <h1> 通讯录 </h1>
        <div class="toolStrip">
```

```
            <asp:TextBox ID="txtKeyword" MaxLength="30"
                Width="200" runat="server" />
            <asp:Button ID="btnSearch" CssClass="toolStripButton"
              OnClick="btnSearch_Click" Text=" 搜 索 " runat="server" />
            <input type="button" class="toolStripButton" id="btnAdd"
                value=" 添加 "
                onclick="window.open('Edit.aspx','_self');" />
        </div>

        <asp:Label ID="lblMsg" runat="server"></asp:Label>

        <asp:GridView ID="grdAddrList"
               CssClass="searchResult" runat="server" >
           <Columns>
               <asp:HyperLinkField HeaderText=" 操作 "
                   Text=" 编辑 " DataNavigateUrlFields=" 序号 "
           DataNavigateUrlFormatString="/addrlist/Edit.aspx?id={0}" />
           </Columns>
        </asp:GridView>
    </div>
    <chy:PageFooter ID="footer1" runat="server" />
    </form>
</body>
</html>
```

先看一下页面的初始显示结果，如图 25-10 所示。

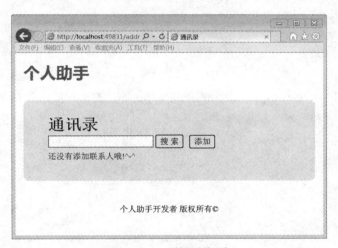

图 25-10　通讯录主页

图 25-10 中显示的是没有添加联系人时的界面，在页面中主要定义了以下一些元素：
❑ txtKeyword 控件，定义为 TextBox 类型，用于输入查询关键字；
❑ btnSearch 控件，即"搜索"按钮，定义为 Button 类型，用于执行查询操作；
❑ btnAdd 控件，即"添加"按钮，定义为 Button 类型，用于跳转到添加联系人的页面；
❑ lblMsg 控件，定义为 Label 类型，用于显示提示信息；
❑ grdAddrList 控件，用于显示联系人信息，定义为 GridView 类型。

在 Page_Load() 方法中首先进行了用户的登录状态检查，然后将 lblMsg 内容设置为空。

请注意，在页面初始化过程中，调用了 CAddrList.CreateTable() 方法，即会执行用户通讯录数据表的创建工作。然后会显示已添加的联系人信息。

此外，进行"添加"操作时，会直接打开 /addrlist/Edit.aspx 页面，稍后会讨论此页面的创建工作。

25.8.4　查询（CAddrListQuery 类）

在通讯录主页（/addrlist/Index.aspx）中，使用 CAddrListQuery 类执行联系人的查询操作，其定义如下（/app_code/CAddrListQuery.cs 文件）。

```csharp
using System;
using cschef;

// 用户通讯录查询组件
public class CAddrListQuery : CDbQuery
{
    //
    private CAddrListQuery(IDbEngine dbe, string tableName)
        : base(dbe, tableName) { }

    // 创建对象
    public static CAddrListQuery CreateObject()
    {
        string tableName = CAddrList.UserTableName;
        if (tableName == null) return null;
        return new CAddrListQuery(CApp.MainDb, tableName);
    }
    //
}
```

下面是在 /addrlist/Index.aspx 页面中的查询操作，即"搜索"按钮的 Click 事件响应代码。

```csharp
// 搜索
protected void btnSearch_Click(object sender, EventArgs e)
{
    string[] keywords = txtKeyword.Text.Trim().Split(' ');
    CConditionGroup condGroup = new CConditionGroup();
    for (int i = 0; i < keywords.Length; i++)
    {
        condGroup.Conditions.Add(
            CCondition.CreateFuzzyCondition("Fullname",
                keywords[i]));
        condGroup.Conditions.Add(
            CCondition.CreateFuzzyCondition("Phone", keywords[i]));
        condGroup.Conditions.Add(
            CCondition.CreateFuzzyCondition("Email", keywords[i]));
        condGroup.Conditions.Add(
            CCondition.CreateFuzzyCondition("Addr", keywords[i]));
    }
    // 使用通讯录查询组件查询
    CAddrListQuery qry = CAddrListQuery.CreateObject();
    qry.AddConditionGroup(condGroup);
    //
```

```
        DataSet ds = qry.Query(fields);
        if (ds == null)
        {
            grdAddrList.DataSource = null;
            grdAddrList.DataBind();
            lblMsg.Text = "没有找到相关联系人";
        }
        else
        {
            grdAddrList.DataSource = ds.Tables[0];
            grdAddrList.DataBind();
        }
    }
```

由于单个用户通讯录的联系人不会太多，所以，直接使用 GridView 控件显示通讯录数据。在这里，再单独看一个 GridView 控件的应用，如下面的代码（/addrlist/Index.aspx）。

```
<asp:GridView ID="grdAddrList" CssClass="searchResult" runat="server" >
<Columns>
    <asp:HyperLinkField HeaderText=" 操作 "
        Text=" 编辑 " DataNavigateUrlFields=" 序号 "
        DataNavigateUrlFormatString="/addrlist/Edit.aspx?id={0}" />
</Columns>
</asp:GridView>
```

除了自动绑定数据以外，还添加了一个自定义列，定义为超链接字段（HyperLinkField），其中的属性包括：

❑ HeaderText，表格中显示的列名；
❑ Text，超链接中显示的内容；
❑ DataNavigateUrlFields，导航 URL 字符串中参数使用的数据字段名；
❑ DataNavigateUrlFormatString，导航 URL 的字符串，其中，可以使用格式化字符串。

在添加一些联系人以后，就可以看到查询结果了。此时，每个联系人前面的"编辑"链接实际指向就是" /addrlist/Edit.aspx?id=<id>"链接，单击此链接就可以打开 Edit.aspx 页面进行联系人信息的编辑操作。

此外，绑定联系人信息时请注意，这里定义了常量 fields，其中指定了一些字段的别名。

25.8.5 编辑联系人（/addrlist/Edit.aspx）

联系人的操作包括添加、修改与删除，可以使用一个页面同时处理这 3 种操作，这个页面就是 /addrlist/Edit.aspx，其定义如下。

```
<%@ Page Language="C#" %>

<!DOCTYPE html>

<script runat="server">
    private void Page_Load()
    {
```

```csharp
// 权限判断
if(CUser.CurUserId<=0)
{
    Response.Redirect("/user/Login.aspx?re=" +
        Request.RawUrl);
}
// 初始化
if(IsPostBack==false)
{
    long alid = CC.ToLng(Request.QueryString["id"]);
    if(alid>0)
    {
        // 显示记录
        CAddrList al = CAddrList.CreateObject();
        CDataCollection rec = al.Load(alid);
        if(rec!=null)
        {
            fullname.Text=rec.GetItem("Fullname").StrValue;
            phone.Text = rec.GetItem("Phone").StrValue;
            email.Text = rec.GetItem("Email").StrValue;
            addr.Text = rec.GetItem("Addr").StrValue;
            postalCode.Text =
                rec.GetItem("PostalCode").StrValue;
            comment.Text = rec.GetItem("Comment").StrValue;
        }
    }
    //
    lblMsg.Text = "";
}

// 保存当前记录
protected void btnSave_Click(object sender, EventArgs e)
{
    if (CheckData() == false) return;
    // 保存数据
    CDataCollection data = new CDataCollection();
    data.Append("Fullname", fullname.Text);
    data.Append("Phone", phone.Text);
    data.Append("Email", email.Text);
    data.Append("Addr", addr.Text);
    data.Append("PostalCode", postalCode.Text);
    data.Append("Comment", comment.Text);
    long alid = CC.ToLng(Request.QueryString["id"]);
    if (alid > 0) data.Append("Alid", alid);
    //
    CAddrList al = CAddrList.CreateObject();
    if(al.Save(data)>0)
    {
        lblMsg.Text = "联系人信息已成功保存";
    }
    else
    {
        lblMsg.Text = "联系人信息保存错误,请稍后重试";
    }
```

```csharp
    }

    // 数据检查
    private bool CheckData()
    {
        if(fullname.Text.Trim()=="")
        {
            lblMsg.Text = " 请输入姓名 ";
            return false;
        }
        //
        return true;
    }

    // 删除当前记录
    protected void btnDelete_Click(object sender, EventArgs e)
    {
        long alid = CC.ToLng(Request.QueryString["id"]);
        if (alid > 0)
        {
            CAddrList al = CAddrList.CreateObject();
            al.Delete(alid);
        }
        CJs.Alert(" 联系人已删除 ");
        CJs.Open("Index.aspx");
    }
</script>

<html xmlns="http://www.w3.org/1999/xhtml">
<head runat="server">
<meta http-equiv="Content-Type" content="text/html; charset=utf-8"/>
    <title> 编辑联系人 </title>
    <link rel="stylesheet" href="/css/Common.css" />
</head>
<body>
    <form id="form1" runat="server">
    <chy:PageHeader ID="header1" runat="server" />
    <div class="dataForm">
    <h1> 编辑联系人 </h1>
        <div class="toolStrip">
            <asp:Button ID="btnSave" Text=" 保 存 "
                OnClick="btnSave_Click"
                CssClass="toolStripButton" runat="server" />
            <asp:Button ID="btnDelete" Text=" 删 除 "
                OnClick="btnDelete_Click"
             OnClientClick="return confirm(' 真的要删除当前联系人吗 ?');"
                CssClass="toolStripButton" runat="server" />
            <input type="button" value=" 返 回 "
                onclick="window.open('Index.aspx', '_self');"
                class="toolStripButton" />
        </div>
        <asp:Label ID="lblMsg" runat="server" />
        <table>
            <tr><td><label for="fullname"> 姓 名 </label></td>
                <td><asp:TextBox id="fullname" MaxLength="50"
```

```
                        runat="server" /></td>
        </tr>
        <tr><td><label for="phone">手机号码</label></td>
            <td><asp:TextBox id="phone" MaxLength="15"
                    runat="server" /></td>
        </tr>
        <tr><td><label for="email">E-mail</label></td>
            <td><asp:TextBox id="email" MaxLength="50"
                    Width="300" runat="server" /></td>
        </tr>
        <tr><td><label for="addr">地 址</label></td>
            <td><asp:TextBox id="addr" MaxLength="15"
                    Width="400" runat="server" /></td>
        </tr>
        <tr><td><label for="postalCode">邮政编码</label></td>
            <td><asp:TextBox id="postalCode" MaxLength="6"
                    runat="server" /></td>
        </tr>
        <tr><td><label for="comment">备 注</label></td>
            <td><asp:TextBox id="comment" TextMode="MultiLine"
                    Rows="5" Width="400" runat="server" /></td>
        </tr>
    </table>
    </div>
    <chy:PageFooter ID="footer1" runat="server" />
    </form>
</body>
</html>
```

页面显示如图 25-11 所示。

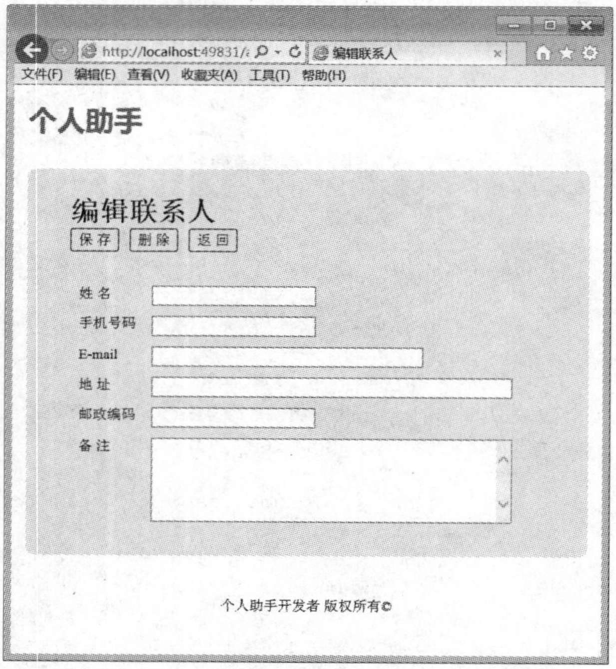

图 25-11　编辑联系人信息

页面的 Page_Load() 方法中，同样需要对用户登录状态进行判断。然后会在页面初始化时判断 id 参数，如果大于 0，则显示相应的联系人信息。

"保存"操作中，定义了 CheckData() 方法判断数据的正确性，然后通过 CAddrList 类将联系人数据保存到当前用户的通讯录数据表中。

"删除"操作中，首先使用了 OnClientClick 属性显示一个 JavaScript 确认对话框（confirm），以便让用户确认删除操作。然后，会根据页面 id 参数的数据确定联系人记录 ID，并通过 CAddrList 类的 Delete() 方法执行删除操作。

"返回"操作会直接跳转到 /addrlist/Index.aspx 页面。

到这里，通讯录管理的功能就完成了。接下来完成本项目中的最后一项工作，即账本功能的实现。

25.9 账本功能

相对于通讯录功能，账本的实现就要复杂一些了，在这里使用更加灵活的方式来处理，当然也会应用更多的开发技术与方法，如 HTML、CSS、JavaScript、Ajax 等。

25.9.1 准备数据库

初始化项目数据库时，已经创建了 account_book 表，也就是说，这里将所有用户的账本信息都放在了这个数据表中。而用户账目的管理与用户通讯录数据的管理方法类似，同样需要动态创建用户账目数据表，这里，同样在数据库中使用存储过程来创建用户账目数据表和查询视图，如下面的代码（PersonalAssistant/sql/ 04- 创建用户账目表与视图存储过程 .sql 文件）。

```sql
use cdb_personal_assistant;
go

-- 创建用户账目数据表和查询视图
create proc usp_create_acctrec_table
@tablename as nvarchar(50)
as
begin
-- 创建账目数据表
declare @sql as nvarchar(1000);
set @sql = 'create table '+ @tablename +'(
RecId bigint identity(1,1) not null primary key,
AcctId bigint not null foreign key references account_book(AcctId),
RecTitle nvarchar(30) not null,
RecTypeId int not null check(RecTypeId in (1,2)),
Income decimal(10,2) not null default(0.00),
Expenditure decimal(10,2) not null default(0.00),
RecDate datetime not null,
RecYear int not null,
RecMonth int not null,
RecDay int not null,
RecQuarter int not null,
RecWeekOfYear int not null,
```

```
    RecDescription nvarchar(max),
)';
--
exec sp_executesql @sql;
-- 创建查询视图
set @sql = 'create view v_' + @tablename +
' as select T.RecType,R.RecId,R.RecTypeId,R.AcctId,R.RecTitle,
R.RecDate,R.Income,R.Expenditure,R.RecDescription,
R.RecYear,R.RecMonth,R.RecDay,R.RecQuarter,R.RecWeekOfYear from '
+ @tablename + ' as R join account_record_type as T
on R.RecTypeId = T.RecTypeId;';
--
exec sp_executesql @sql;
end
go
```

在 SQL Server Management Studio 中执行下面的代码，可以测试 usp_create_acctrec_table 存储过程的使用。

```
use cdb_personal_assistant;
go

exec usp_create_acctrec_table 'acctrec_0';
```

执行此代码，会在 cdb_personal_assistant 数据库中创建 acctrec_0 数据表和 v_acctrec_0 视图。

其中，用户账目数据表命名为 accotrec_<userid>，其字段定义如下：
- RecId，记录编号，定义为主键；
- AcctId，账目所属账本编号；
- RecTitle，账目标题；
- RecTypeId，账目类型标识，约定为支出（1）或收入（2）；
- Income，收入金额；
- Expenditure，支出金额；
- RecDate，账目发生的完整日期；
- RecYear，账目发生的年份；
- RecMonth，账目发生的月份；
- RecDay，账目发生在月份中的哪一天；
- RecQuarter，账目发生的季度；
- RecWeekOfYear，账目发生在一年的第几周；
- RecDescription，备注。

在用户对应的账目查询视图（v_acctrec_<userid>）中，主要是将 acctrec_<userid> 与 account_record_type 表进行关联，这样，用户就可以很方便地通过关键字"收入"或"支出"来查询账目信息了。

25.9.2 CAcctBook 和 CAcctRec 类

账本的管理相对简单，这里定义了 CAcctBook 类来处理账本数据（account_book 表），如下面的代码（/app_code/CAcctBook.cs 文件）。

```csharp
using System;
using cschef;

public class CAcctBook : CDbRecord
{
    // 构造函数
    public CAcctBook() :
        base(CApp.MainDb, "account_book", "AcctId") { }

    // 当前用户的账本名称是否已使用
    public static bool Exists(string acctName)
    {
        CDataCollection cond = new CDataCollection();
        cond.Append("UserId", CUser.CurUserId);
        cond.Append("AcctName", acctName);
        CAcctBook ab = new CAcctBook();
        return ab.Find(cond) > 0;
    }

    // 检查账本 ID 是否属于当前用户
    public static bool CheckAcctId(long acctid)
    {
        long userid = CUser.CurUserId;
        if (userid <= 0 || acctid <= 0) return false;
        CDataCollection cond = new CDataCollection();
        cond.Append("AcctId", acctid);
        cond.Append("UserId", userid);
        CAcctBook ab = new CAcctBook();
        return ab.Find(cond) > 0;
    }

    //
}
```

除了通过继承 CDbRecord 类简化账本数据操作，这里还定义了两个方法，分别是：

❑ Exists() 方法，检查当前用户是否已经使用了指定的账本名称；
❑ CheckAcctId() 方法，检查账本 ID 是否属于当前用户。

接下来是用户账目管理类的创建。不同的用户会使用独立的账目数据表，所以，也应该进行相应的处理，如下代码（/app_code/CAcctRec.cs 文件）就是用于处理账目的 CAcctRec 类。

```csharp
using System;
using cschef;
using cschef.webx;

public class CAcctRec : CDbRecord
{
    //
    private CAcctRec(IDbEngine dbe, string tableName, string idName)
        : base(dbe, tableName, idName) { }

    // 用户数据表名
```

```csharp
        public static string UserTableName
        {
            get
            {
                long userid = CUser.CurUserId;
                if (userid == 0) return "";
                return string.Format("acctrec_{0}", userid);
            }
        }

        // 创建对象
        public static CAcctRec CreateObject()
        {
            string tableName = UserTableName;
            if (tableName == "") return null;
            return new CAcctRec(CApp.MainDb, tableName, "RecId");
        }

        // 创建用户数据表
        public static void CreateTable()
        {
            string tableName = UserTableName;
            if (tableName == "") return;
            //
            CDataCollection table =
                new CDataCollection("tablename", tableName);
            object result =
                CApp.MainDb.SpGetValue("usp_table_exists", table);
            if (CC.ToInt(result) == 0)
            {
                // 创建用户账目记录数据表
                CApp.MainDb.SpGetValue("usp_create_acctrec_table",
                                      table);
            }
        }
        //
}
```

其中：

- CAcctRec 类继承于 CDbRecord 类，但构造函数同样定义为私有的；
- 静态的 UserTableName 属性用于返回用户的账目数据表名称；
- CreateObject() 静态方法，用于创建处理当前用户账目的 CAcctRec 对象；
- CreateTable() 静态方法，用于创建用户账目数据表和账目查询视图，其中调用了 usp_table_exists 存储过程来判断用户账目表是否已经存在，而数据表的创建工作调用了 usp_create_acctrec_table 存储过程。

接下来，在用户账本和账目管理的操作中会看到 CAcctBook 和 AcctRec 类的应用。

25.9.3 账本管理

在首页（/Index.html）中，单击"账本管理"，就可以打开账本功能的主页面，即 /acct/Index.aspx 页面，其定义如下。

```aspx
<%@ Page Language="C#" %>

<!DOCTYPE html>

<script runat="server">
    private void Page_Load()
    {
        // 权限检查
        if(CUser.CurUserId==0)
        {
            Response.Redirect("/user/Login.aspx?re=" +
                Request.RawUrl);
        }
        // 初始化
        if(IsPostBack==false)
        {
            // 创建用户数据表
            CAcctRec.CreateTable();
            // 显示账本列表
            DataSet ds =
                CApp.MainDb.GetDataSet("account_book",
                    "AcctId,AcctName",
                    new CDataCollection("UserId",CUser.CurUserId));
            if(ds!=null)
            {
                lstAcctBook.DataSource = ds.Tables[0];
                lstAcctBook.DataValueField = "AcctId";
                lstAcctBook.DataTextField = "AcctName";
                lstAcctBook.DataBind();
            }
        }
    }

    protected void btnOpen_Click(object sender, EventArgs e)
    {
        if(lstAcctBook.Items.Count==0)
        {
            CJs.Alert("还没有添加账本哦,亲! ^_^");
        }
        else if (lstAcctBook.SelectedIndex < 0)
        {
            CJs.Alert("请选择账本");
        }
        else
        {
            string url =
                string.Format("/acct/AcctRec.aspx?acctid={0}",
                lstAcctBook.SelectedValue);
            Response.Redirect(url);
        }
    }
</script>

<html xmlns="http://www.w3.org/1999/xhtml">
<head runat="server">
```

```
        <meta http-equiv="Content-Type" content="text/html; charset=utf-8"/>
    <title> 我的账本 </title>
        <link rel="stylesheet" href="/css/Common.css" />
        <style>
            .acctBookList {
                display:block;
                margin-top:0.5em;
                margin-bottom:0.5em;
                width:22em;
            }
        </style>
</head>
<body>
    <form id="form1" runat="server">
        <chy:PageHeader ID="header1" runat="server" />
    <div class="dataForm">
    <h1> 我的账本 </h1>
        <asp:ListBox CssClass="acctBookList" ID="lstAcctBook"
            Rows="8" runat="server"></asp:ListBox>
        <asp:Button ID="btnOpen" CssClass="buttonLarger" Text=" 打 开 "
            OnClick="btnOpen_Click" runat="server" />
        <input type="button" class="buttonLarger" value=" 添 加 "
            onclick="window.open('AcctBookAdd.aspx', '_self');" />
        <input type="button" class="buttonLarger" value=" 统 计 "
            onclick="window.open('Report.aspx', '_self');" />
        <input type="button" value=" 查 询 "
            onclick="window.open('/acct/Query.aspx', '_self');"
            class="buttonLarger" />
    </div>
        <chy:PageFooter ID="footer1" runat="server" />
    </form>
</body>
</html>
```

页面显示如图 25-12 所示,其中已经添加了一个账本。在 /acct/Index.aspx 页面中,创建的主要内容包括:

- Page_Load() 方法中同样进行了用户登录状态检查。页面初始化中,调用了 CAcctRec.CreateTable() 方法,其功能是创建当前用户的账目数据表。接下来会在 lstAcctBook 控件(ListBox)中绑定用户的账本列表。
- btnOpen_Click() 方法用于打开用户选择的账本,它会打开 /acct/AcctRec.aspx 页面,稍后会创建此文件。

此外,关于账目查询和统计功能稍后会有实现,接下来看一下添加账本的页面,如下面的代码(/acct/AcctBookAdd.aspx 文件)。

图 25-12　账本管理主页

```
<%@ Page Language="C#" %>

<!DOCTYPE html>
```

```
<script runat="server">
    //
    private void Page_Load()
    {
        // 登录检查
        if (CUser.CurUserId == 0)
        {
            Response.Redirect("/user/Login.aspx?re=" +
                Request.RawUrl);
        }
        //
    }

    // 添加账本
    protected void btnAdd_Click(object sender, EventArgs e)
    {
        string name = acctName.Text.Trim();
        if (name == "")
        {
            CJs.Alert("请输入账本名称");
        }else if(CAcctBook.Exists(name))
        {
            CJs.Alert("账本已存在");
        }
        else
        {
            // 添加账本信息
            CDataCollection data = new CDataCollection();
            data.Append("AcctName", name);
            data.Append("AcctDescription",
                acctDescription.Text.Trim());
            data.Append("UserId", CUser.CurUserId);
            //
            CAcctBook ab = new CAcctBook();
            if(ab.Save(data)>0){
                CJs.Alert("账本已成功添加");
                CJs.Open("Index.aspx");
            }
            else
            {
                CJs.Alert("添加账本失败,请稍后再试");
            }
        }
    }
</script>

<html xmlns="http://www.w3.org/1999/xhtml">
<head runat="server">
<meta http-equiv="Content-Type" content="text/html; charset=utf-8"/>
    <title>添加账本</title>
    <link rel="stylesheet" href="/css/Common.css" />
</head>
<body>
    <form id="form1" runat="server">
    <chy:PageHeader ID="header1" runat="server" />
```

```
                <div class="dataForm">
                <h1>添加账本</h1>
                    <table>
                        <tr><td><label for="acctName">账本名称</label></td>
                            <td>
                                <asp:TextBox ID="acctName" MaxLength="30"
                                    Width="300" runat="server" />
                            </td>
                        </tr>
                        <tr><td><label for="acctDescription">描　述</label></td>
                            <td>
                                <asp:TextBox ID="acctDescription"
                                    TextMode="MultiLine" Rows="5" Width="300"
                                    runat="server" />
                            </td>
                        </tr>
                    </table>
                    <asp:Button ID="btnAdd" Text="添　加"
                        CssClass="buttonLarger"
                        OnClick="btnAdd_Click" runat="server" />
                    <input type="button" value="返　回" class="buttonLarger"
                        onclick="window.open('Index.aspx', '_self');" />
                </div>
                <chy:PageFooter ID="footer1" runat="server" />
            </form>
        </body>
</html>
```

页面显示如图 25-13 所示。

图 25-13　添加账本

25.9.4　账目查询

回到 /acct/Index.aspx 页面，当选择账本并单击"打开"按钮后，就会跳转到 /acct/AcctRec.aspx 页面，同时会使用 acctid 参数带入账本 ID，如图 25-14 所示。

如果用户已经添加了账目，那么，在这里可以显示一些近期的账目记录，便于用户浏览和编辑。此时就需要使用账目的查询功能。项目中，可以使用 CAcctRecQuery 类来实现账目查询功能。

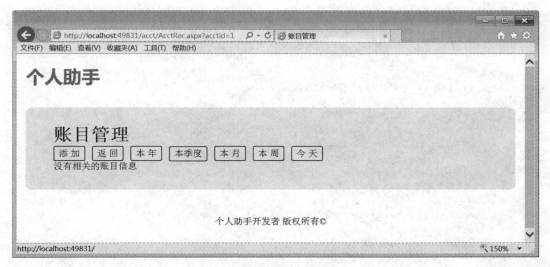

图 25-14　账目管理主页

如下代码（/app_code/CAcctRecQuery.cs 文件）是 CAcctRecQuery 类的基本实现。

```
using System;
using System.Data;
using System.Text;
using System.Web;
using cschef;
using cschef.webx;

public class CAcctRecQuery : CDbQuery
{
    // 构造函数
    private CAcctRecQuery(IDbEngine dbe, string tableName)
        : base(dbe, tableName) { }

    // 创建对象
    public static CAcctRecQuery CreateObject()
    {
        // 当前用户的账本
        string tableName = CAcctRec.UserTableName;
        if (tableName == "") return null;
        return new CAcctRecQuery(CApp.MainDb, "v_" + tableName);
    }
    // 其他代码
}
```

代码中使用 CreateObject() 创建 CAcctRecQuery 对象，只是需要注意，在这里查询的是 v_acctrec_<userid> 视图。

接下来分别是查询本年、本季度、本月、本周和当天账目的方法，它们都返回 DataSet 对象，如果没有查询结果，则返回 null 值。如下面的代码（/app_code/CAcctRecQuery.cs 文件）。

```
// 返回指定账本，固定日期范围的账目
// 账目编号，本年、本月、当天、当前季度、本周
```

```csharp
// 查询结果返回的字段
const string resultFields = @"RecId,AcctId,RecTitle as 账目标题,RecDate as 日期,RecType as 账目类型,Expenditure as 支出,Income as 收入 ";

// 指定年份
public static DataSet GetCurYear(long acctId)
{
    // 查询条件
    CCondition cond1 = CCondition.CreateCompareCondition(
        "AcctId", ECompareOperator.Equal, acctId);
    CCondition cond2 = CCondition.CreateCompareCondition(
        "RecYear", ECompareOperator.Equal, DateTime.Now.Year);
    cond2.ConditionRelation = EConditionRelation.R_And;
    // 条件组
    CConditionGroup condGrp = new CConditionGroup();
    condGrp.Conditions.Add(cond1);
    condGrp.Conditions.Add(cond2);
    //
    CAcctRecQuery qry = CAcctRecQuery.CreateObject();
    qry.AddConditionGroup(condGrp);
    return qry.Query(resultFields);
}

// 指定月份
public static DataSet GetCurMonth(long acctId)
{
    // 查询条件
    CCondition cond1 = CCondition.CreateCompareCondition(
            "AcctId", ECompareOperator.Equal, acctId);
    CCondition cond2 = CCondition.CreateCompareCondition(
            "RecYear", ECompareOperator.Equal, DateTime.Now.Year);
    cond2.ConditionRelation = EConditionRelation.R_And;
    CCondition cond3 = CCondition.CreateCompareCondition(
            "RecMonth", ECompareOperator.Equal, DateTime.Now.Month);
    cond3.ConditionRelation = EConditionRelation.R_And;
    // 条件组
    CConditionGroup condGrp = new CConditionGroup();
    condGrp.Conditions.Add(cond1);
    condGrp.Conditions.Add(cond2);
    condGrp.Conditions.Add(cond3);
    //
    CAcctRecQuery qry = CAcctRecQuery.CreateObject();
    qry.AddConditionGroup(condGrp);
    return qry.Query(resultFields);
}

// 指定当天
public static DataSet GetToday(long acctId)
{
    // 查询条件
    CCondition cond1 = CCondition.CreateCompareCondition(
        "AcctId", ECompareOperator.Equal, acctId);
    CCondition cond2 = CCondition.CreateCompareCondition(
        "RecYear", ECompareOperator.Equal, DateTime.Now.Year);
    cond2.ConditionRelation = EConditionRelation.R_And;
```

```csharp
        CCondition cond3 = CCondition.CreateCompareCondition(
            "RecMonth", ECompareOperator.Equal, DateTime.Now.Month);
        cond3.ConditionRelation = EConditionRelation.R_And;
        CCondition cond4 = CCondition.CreateCompareCondition(
            "RecDay", ECompareOperator.Equal, DateTime.Now.Day);
        cond3.ConditionRelation = EConditionRelation.R_And;
        // 条件组
        CConditionGroup condGrp = new CConditionGroup();
        condGrp.Conditions.Add(cond1);
        condGrp.Conditions.Add(cond2);
        condGrp.Conditions.Add(cond3);
        condGrp.Conditions.Add(cond4);
        //
        CAcctRecQuery qry = CAcctRecQuery.CreateObject();
        qry.AddConditionGroup(condGrp);
        return qry.Query(resultFields);
    }

    // 指定当前季度
    public static DataSet GetCurQuarter(long acctId)
    {
        // 查询条件
        CCondition cond1 = CCondition.CreateCompareCondition(
            "AcctId", ECompareOperator.Equal, acctId);
        CCondition cond2 = CCondition.CreateCompareCondition(
            "RecYear", ECompareOperator.Equal, DateTime.Now.Year);
        cond2.ConditionRelation = EConditionRelation.R_And;
        CCondition cond3 = CCondition.CreateCompareCondition(
            "RecQuarter", ECompareOperator.Equal,
            DateTime.Now.Quarter());
        cond3.ConditionRelation = EConditionRelation.R_And;
        // 条件组
        CConditionGroup condGrp = new CConditionGroup();
        condGrp.Conditions.Add(cond1);
        condGrp.Conditions.Add(cond2);
        condGrp.Conditions.Add(cond3);
        //
        CAcctRecQuery qry = CAcctRecQuery.CreateObject();
        qry.AddConditionGroup(condGrp);
        return qry.Query(resultFields);
    }

    // 指定本周
    public static DataSet GetCurWeek(long acctId)
    {
        // 查询条件
        CCondition cond1 = CCondition.CreateCompareCondition(
            "AcctId", ECompareOperator.Equal, acctId);
        CCondition cond2 = CCondition.CreateCompareCondition(
            "RecYear", ECompareOperator.Equal, DateTime.Now.Year);
        cond2.ConditionRelation = EConditionRelation.R_And;
        CCondition cond3 = CCondition.CreateCompareCondition(
            "RecWeekOfYear", ECompareOperator.Equal,
            DateTime.Now.WeekOfYear());
        cond3.ConditionRelation = EConditionRelation.R_And;
```

```
    // 条件组
    CConditionGroup condGrp = new CConditionGroup();
    condGrp.Conditions.Add(cond1);
    condGrp.Conditions.Add(cond2);
    condGrp.Conditions.Add(cond3);
    //
    CAcctRecQuery qry = CAcctRecQuery.CreateObject();
    qry.AddConditionGroup(condGrp);
    return qry.Query(resultFields);
}
```

代码中定义了 5 个方法，分别是：
- GetCurYear() 方法，返回当前用户指定账本中的当年账目；
- GetCurMonth() 方法，返回当前用户指定账本中的本月账目；
- GetToday() 方法，返回当前用户指定账本中当天的账目；
- GetCurQurarter() 方法，返回当前用户指定账本中本季度的账目；
- GetCurWeek() 方法，返回当前用户指定账本中本周的账目。

此外，请注意 resultFields 常量，它定义了返回字段及它们的别名。

除了按一定周期进行查询，还可以根据关键字查询一个或多个账本中的账目，如下面的代码（/app_code/CAcctRecQuery.cs 文件）。

```
public static DataSet Search(string keyword, params object[] acctid)
{
    string[] keywords = keyword.Trim().Split(' ');
    CConditionGroup condGrp = new CConditionGroup();
    for (int i = 0; i < keywords.Length; i++)
    {
        CCondition cond =
            CCondition.CreateFuzzyCondition("RecTitle", keywords[i]);
        condGrp.Conditions.Add(cond);
    }
    //
    CAcctRecQuery qry = CAcctRecQuery.CreateObject();
    qry.AddConditionGroup(condGrp);
    // 指定账本
    if (acctid.Length > 0)
    {
        qry.AddCondition(
            CCondition.CreateValueListCondition("AcctId", acctid));
    }
    //
    return qry.Query(resultFields);
}
```

在这个版本的 Search() 方法中，参数一指定查询关键字，方法中会使用空格将其分解成多个查询字符串。参数二定义为参数数组，可以添加一个或多个账本 ID，用于指定账目的查询范围。

当然，还可以指定账目查询的日期范围，如下面的代码（/app_code/CAcctRecQuery.cs 文件），定义了 Search() 方法的另一个版本。

```
public static DataSet Search(string keyword,
```

```csharp
    DateTime startTime,DateTime endTime,params object[] acctid)
{
    string[] keywords = keyword.Trim().Split(' ');
    CConditionGroup condGrp = new CConditionGroup();
    for (int i = 0; i < keywords.Length; i++)
    {
        CCondition cond =
            CCondition.CreateFuzzyCondition("RecTitle", keywords[i]);
        condGrp.Conditions.Add(cond);
    }
    //
    CAcctRecQuery qry = CAcctRecQuery.CreateObject();
    qry.AddConditionGroup(condGrp);
    // 指定日期范围
    qry.AddCondition(CCondition.CreateDateRangeCondition(
        "RecDate", startTime, endTime));
    // 指定账本
    if (acctid.Length > 0)
    {
        qry.AddCondition(
            CCondition.CreateValueListCondition("AcctId", acctid));
    }
    //
    return qry.Query(resultFields);
}
```

以上定义了一系列的账目查询方法，它们都会以 DataSet 对象的形式返回查询结果。那么，如何在页面中显示这些查询结果呢？当然可以使用 GridView 等类型的 Web 控件来显示数据，不过，在这里会自己生成查询结果的 HTML 代码，如下面的代码（/app_code/CAcctRecQuery.cs 文件）。

```csharp
// 以 HTML 表格显示查询结果
public static string ShowResult(DataSet ds)
{
    if (ds == null) return "没有相关的账目信息 ";
    DataTable t = ds.Tables[0];
    StringBuilder sb =
        new StringBuilder("<table class='searchResult'>", 5000);
    // 显示标题
    sb.Append("<tr>");
    for (int i = 2; i < t.Columns.Count;i++ )
    {
        sb.AppendFormat("<th>{0}</th>", t.Columns[i].ColumnName);
    }
    // 添加操作列
    sb.Append("<th> 操作 </th>");
    sb.Append("</tr>");
    // 显示数据行
    for (int row = 0; row < t.Rows.Count;row++ )
    {
        sb.AppendFormat("<tr id='{0}'>", t.Rows[row][0]);
        for (int col = 2; col < t.Columns.Count;col++ )
        {
            if (t.Columns[col].ColumnName == " 日期 ")
                sb.AppendFormat("<td>{0}</td>",
```

```
                            CC.ToDate(t.Rows[row][col]).ToShortDateString());
                else
                    sb.AppendFormat("<td>{0}</td>", t.Rows[row][col]);
            }
            // 操作列
            sb.Append("<td>");
            sb.AppendFormat(@"<a href='/acct/AcctRecEdit.aspx?acctid={0}&recid={1}
                &re={2}'>编辑</a>",
                t.Rows[row]["AcctId"],
                t.Rows[row]["RecId"],HttpContext.Current.Request.RawUrl);
            sb.AppendFormat(@"<a href='javascript:deleteAcctRec({0});'>删除</a>", t.Rows[row]["RecId"]);
            sb.Append("</td>");
            //
            sb.Append("</tr>");
        }
        //
        sb.Append("</table>");
        return sb.ToString();
    }
```

接下来继续 /acct/AcctRec.aspx 页面的创建工作，其代码定义如下。

```
<%@ Page Language="C#" %>

<!DOCTYPE html>

<script runat="server">
    private void Page_Load()
    {
        // 登录检查
        if (CUser.CurUserId == 0)
        {
            Response.Redirect("/user/Login.aspx?re=" +
                Request.RawUrl);
        }
        // 判断账本ID有效性
        long acctid = CC.ToLng(Request.QueryString["acctid"]);
        if (acctid == 0 && CAcctBook.CheckAcctId(acctid) == false)
        {
            CJs.Alert("选择的账本无效，请重新登录后再试");
            CJs.Open("/user/Login.aspx");
            return;
        }

        // 初始化
        if (IsPostBack == false)
        {
            // 显示本周账目
            btnCurWeek_Click(null, null);
        }
    }

    // 添加
    protected void btnAdd_Click(object sender, EventArgs e)
    {
        // 跳转到账目编辑页面
```

```csharp
            Response.Redirect("/acct/AcctRecEdit.aspx?acctid=" +
                CC.ToStr(Request.QueryString["acctid"]));
        }

    private void btnReturn_Click(object s, EventArgs e)
    {
        // 返回账本选择
        Response.Redirect("/acct/Index.aspx");
    }

    //
    private void btnCurYear_Click(object s, EventArgs e)
    {
        DataSet ds = CAcctRecQuery.GetCurYear(
            CC.ToLng(Request.QueryString["acctid"]));
        searchResult.Text = CAcctRecQuery.ShowResult(ds);
    }
    //
    private void btnCurQuarter_Click(object s, EventArgs e)
    {
        DataSet ds = CAcctRecQuery.GetCurQuarter(
            CC.ToLng(Request.QueryString["acctid"]));
        searchResult.Text = CAcctRecQuery.ShowResult(ds);
    }
    //
    private void btnCurMonth_Click(object s, EventArgs e)
    {
        DataSet ds = CAcctRecQuery.GetCurMonth(
            CC.ToLng(Request.QueryString["acctid"]));
        searchResult.Text = CAcctRecQuery.ShowResult(ds);
    }
    //
    private void btnCurWeek_Click(object s, EventArgs e)
    {
        DataSet ds = CAcctRecQuery.GetCurWeek(
            CC.ToLng(Request.QueryString["acctid"]));
        searchResult.Text = CAcctRecQuery.ShowResult(ds);
    }
    //
    private void btnToday_Click(object s, EventArgs e)
    {
        DataSet ds = CAcctRecQuery.GetToday(
            CC.ToLng(Request.QueryString["acctid"]));
        searchResult.Text = CAcctRecQuery.ShowResult(ds);
    }
</script>

<html xmlns="http://www.w3.org/1999/xhtml">
<head runat="server">
<meta http-equiv="Content-Type" content="text/html; charset=utf-8"/>
    <title>账目管理</title>
    <link rel="stylesheet" href="/css/Common.css" />
</head>
<body>
    <form id="form1" runat="server">
```

```
            <chy:PageHeader ID="header1" runat="server" />
        <div class="dataForm">
        <h1>账目管理 </h1>
            <div class="toolStrip">
                <asp:Button ID="btnAdd" Text="添 加"
                    CssClass="toolStripButton" OnClick="btnAdd_Click"
                    runat="server" />
                <asp:Button ID="btnReturn" Text="返 回"
                    CssClass="toolStripButton" OnClick="btnReturn_Click"
                    runat="server" />
                <asp:Button ID="btnCurYear" Text="本 年"
                    CssClass="toolStripButton" OnClick="btnCurYear_Click"
                     runat="server" />
                <asp:Button ID="btnCurQuarter" Text="本季度"
                    CssClass="toolStripButton"
                    OnClick="btnCurQuarter_Click" runat="server" />
                <asp:Button ID="btnCurMonth" Text="本 月"
                    CssClass="toolStripButton"
                    OnClick="btnCurMonth_Click"  runat="server" />
                <asp:Button ID="btnCurWeek" Text="本 周"
                    CssClass="toolStripButton" OnClick="btnCurWeek_Click"
                    runat="server" />
                <asp:Button ID="btnToday" Text="今 天"
                    CssClass="toolStripButton" OnClick="btnToday_Click"
                    runat="server" />
            </div>
            <asp:Label ID="searchResult" runat="server" />
        </div>
            <chy:PageFooter ID="footer1" runat="server" />
        </form>
    </body>
</html>
<script src="/js/Common.js"></script>
<script src="/js/Ajax.js"></script>
<script src="/acct/tool/Acct.js"></script>
```

页面中共有 7 个按钮，分别是：

- "添加"，跳转到 /acct/AcctRecEdit.aspx 页面添加账目，请注意，跳转时要使用 acctid 参数带入账本 ID。
- "返回"，跳转到 /acct/Index.aspx 页面，即返回账本主页面，使用 btnReturn_Click() 方法执行。实际上，对于这种简单的跳转链接，也可以直接使用 <input type="button" /> 标签或 <a> 标签来实现。
- "本年"，显示当前账本中本年度的账目，使用 btnCurYear_Click() 方法执行。
- "本季度"，显示当前账本中本季度的账目，使用 btnCurQuarter_Click() 方法执行。
- "本月"，显示当前账本中本月的账目，使用 btnCurMonth_Click() 方法执行。
- "本周"，显示当前账本中本周的账目，使用 btnCurWeek_Click() 方法执行。
- "今天"，显示当前账本中当天的账目，使用 btnToday_Click() 方法执行。

在 Page_Load() 方法中，不但对用户登录状态进行判断，而且会对 acctid 参数带入的账本 ID 进行验证，以确保此账本是属于当前用户。在初始化中，会调用 btnCurWeek_Click() 方法来显示当前账本中本周的账目。

此外，在 /acct/Index.aspx 页面中单击"查询"按钮，可以跳转到 /acct/Query.aspx 页面，在这里，可以使用更多条件查询账目，如下代码就是查询页面的定义。

```aspx
<%@ Page Language="C#" %>

<!DOCTYPE html>

<script runat="server">
    private void Page_Load()
    {
        // 检查登录状态
        if (CUser.CurUserId == 0)
        {
            Response.Redirect("/user/Login.aspx?re=" +
                Request.RawUrl);
        }
        // 绑定用户账本
        if(IsPostBack == false)
        {
            // 初始日期
            dateFrom.Date = DateTime.Now;
            dateTo.Date = DateTime.Now;
            //
            CAcctBook ab = new CAcctBook();
            CDataCollection cond =
                new CDataCollection("UserId", CUser.CurUserId);
            DataSet ds = CApp.MainDb.GetDataSet(
                "account_book", "AcctId,AcctName", cond);
            if (ds != null)
            {
                lstAcctBook.DataSource = ds.Tables[0];
                lstAcctBook.DataTextField = "AcctName";
                lstAcctBook.DataValueField = "AcctId";
                lstAcctBook.DataBind();
            }
        }
    }

    // 搜索
    protected void btnSearch_Click(object sender, EventArgs e)
    {
        // 账本范围
        List<object> acctid = new List<object>();
        for(int i=0;i < lstAcctBook.Items.Count;i++)
        {
            if (lstAcctBook.Items[i].Selected)
                acctid.Add(CC.ToLng(lstAcctBook.Items[i].Value));
        }
        if (acctid.Count<=0)
        {
            CJs.Alert("请选择账本");
            return;
        }
        // 关键字
        string k = txtKeyword.Text.Trim();
```

```csharp
        // 是否指定日期范围
        DataSet ds;
        if (chkDate.Checked)
            ds = CAcctRecQuery.Search(k,
                dateFrom.Date, dateTo.Date, acctid.ToArray());
        else
            ds = CAcctRecQuery.Search(k, acctid.ToArray());
        // 显示结果
        lblResult.Text = CAcctRecQuery.ShowResult(ds);
    }

    protected void btnSelectAll_Click(object sender, EventArgs e)
    {
        for(int i=0;i<lstAcctBook.Items.Count;i++)
        {
            lstAcctBook.Items[i].Selected = true;
        }
    }

    protected void btnUnselectAll_Click(object sender, EventArgs e)
    {
        for (int i = 0; i < lstAcctBook.Items.Count; i++)
        {
            lstAcctBook.Items[i].Selected = false;
        }
    }
</script>

<html xmlns="http://www.w3.org/1999/xhtml">
<head runat="server">
<meta http-equiv="Content-Type" content="text/html; charset=utf-8"/>
    <title>账目查询</title>
    <link rel="stylesheet" href="/css/Common.css" />
</head>
<body>
    <form id="form1" runat="server">
        <chy:PageHeader ID="header1" runat="server" />
    <div class="dataForm">
    <h1>账目查询</h1>
        <table>
            <tr><td><asp:CheckBox ID="chkDate" Text=" 选择日期 "
                    runat="server" /></td>
                <td> 从 <chy:DateTextBoxEx ID="dateFrom"
                    runat="server" /></td>
                <td> 至 <chy:DateTextBoxEx ID="dateTo"
                    runat="server" /></td>
            </tr>
            <tr><td> 查询账本 </td>
                <td colspan="2"><asp:CheckBoxList
                        ID="lstAcctBook" runat="server" />
                    <asp:Button ID="btnSelectAll" Text=" 全选 "
                        OnClick="btnSelectAll_Click"
                        CssClass="buttonSmaller" runat="server" />
                    <asp:Button ID="btnUnselectAll" Text=" 全不选 "
                        OnClick="btnUnselectAll_Click"
```

```
                    CssClass="buttonSmaller" runat="server" />
                </td>
            </tr>
            <tr><td> 查询内容 </td>
                <td colspan="2">
                    <asp:TextBox ID="txtKeyword" MaxLength="30"
                        Width="200" runat="server" />
                    <asp:Button ID="btnSearch" Text=" 搜 索 "
                        CssClass="toolStripButton" runat="server"
                        OnClick="btnSearch_Click" />
                    <input type="button" value=" 返 回 "
                        onclick="window.open('/acct/Index.aspx','_self');"
                        class="toolStripButton" />
                </td>
            </tr>
        </table>
        <asp:Label ID="lblResult" runat="server"></asp:Label>
    </div>
        <chy:PageFooter ID="footer1" runat="server" />
    </form>
</body>
</html>
<script src="/js/Common.js"></script>
<script src="/js/Ajax.js"></script>
<script src="/acct/tool/Acct.js"></script>
```

页面显示如图 25-15 所示。

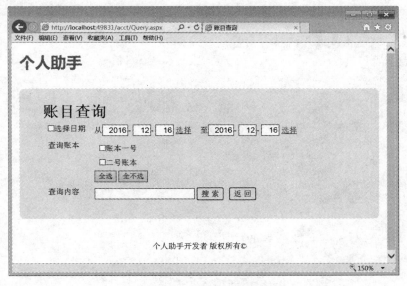

图 25-15 账目查询页面

页面中，可以指定日期范围、账本范围或关键字进行账目的查询操作。具体的查询操作由 btnSearch_Click() 方法完成。其中，在指定日期范围和没有指定日期范围时，分别调用了 CAcctRecQuery.Search() 方法的两个版本。最后会在 lblResult 中显示查询结果，即生成的 HTML 表格代码。

在查询结果中，可以选择编辑或删除账目，下面介绍这些操作的具体实现。

25.9.5 账目添加与修改

账目的编辑分为两个组成部分：一方面，使用 /acct/AcctRecEdit.aspx 添加或修改账目信息；另一方面，使用 Ajax 方式执行账目的删除操作。首先来看添加和修改账目的操作。

如下代码就是 /acct/AcctRecEdit.aspx 页面的代码。

```csharp
<%@ Page Language="C#" %>

<!DOCTYPE html>

<script runat="server">
    private void Page_Load()
    {
        // 登录检查
        if(CUser.CurUserId==0)
        {
            Response.Redirect("/user/Login.aspx?re=" +
                Request.RawUrl);
        }
        //
        long recid = CC.ToLng(Request.QueryString["recid"]);
        if (IsPostBack == false)
        {
            if (recid > 0)
            {
            // 显示当前记录
            CAcctRec rec = CAcctRec.CreateObject();
            CDataCollection data = rec.Load(recid);
            //
            recTitle.Text = data.GetItem("RecTitle").StrValue;
            int iRecTypeId = data.GetItem("RecTypeId").IntValue;
            recType.SelectedValue = iRecTypeId.ToString();
            if (iRecTypeId == 1)
                incomeOrExpenditure.Text =
                    data.GetItem("Expenditure").StrValue;
            else
                incomeOrExpenditure.Text =
                    data.GetItem("Income").StrValue;
            //
            recDate.Date = data.GetItem("RecDate").DateValue;
            recDescription.Text =
                data.GetItem("RecDescription").StrValue;
            }
            else
            {
                recDate.Date = DateTime.Now;
            }
```

```csharp
}

// 保存账目数据
protected void btnSave_Click(object sender, EventArgs e)
{
    // 检查数据正确性
    if (CheckData() == false) return;
    //
    CDataCollection data = new CDataCollection();
    data.Append("RecTitle", recTitle.Text);
    int iRecType = CC.ToInt(recType.SelectedValue);
    data.Append("RecTypeId", iRecType);
    if (iRecType == 1)
    {
        data.Append("Expenditure",
            CC.ToDec(incomeOrExpenditure.Text));
        data.Append("Income", 0m);
    }
    else
    {
        data.Append("Expenditure", 0m);
        data.Append("Income",
            CC.ToDec(incomeOrExpenditure.Text));
    }
    data.Append("RecDescription", recDescription.Text);
    DateTime dRecDate = recDate.Date;
    data.Append("RecDate", dRecDate);
    long iAcctId = CC.ToLng(Request.QueryString["acctid"]);
    data.Append("AcctId", iAcctId);
    // 附加日期数据
    data.Append("RecYear", dRecDate.Year);
    data.Append("RecMonth", dRecDate.Month);
    data.Append("RecDay", dRecDate.Day);
    data.Append("RecQuarter", dRecDate.Quarter());
    data.Append("RecWeekOfYear", dRecDate.WeekOfYear());
    // 记录 ID
    long iRecId = CC.ToLng(Request.QueryString["recid"]);
    if (iRecId > 0) data.Append("RecId", iRecId);
    // 保存数据
    CAcctRec rec = CAcctRec.CreateObject();
    if(rec.Save(data)>0)
    {
        CJs.Alert(" 账目已成功保存 ");
        string re = CC.ToStr(Request.QueryString["re"]);
        if (re == "")
            CJs.Open("/acct/AcctRec.aspx?acctid=" +
                CC.ToStr(Request.QueryString["acctid"]));
        else
            CJs.Open(re);
    }
    else
    {
        CJs.Alert(" 账目保存错误，请稍后重试 ");
    }
}
```

```csharp
        // 检查数据正确性
        private bool CheckData()
        {
            // 判断选择的账本ID是否有效
            long acctid = CC.ToLng(Request.QueryString["acctid"]);
            if (acctid == 0 && CAcctBook.CheckAcctId(acctid) == false)
            {
                CJs.Alert("请选择账本后重试");
                CJs.Open("/acct/Index.aspx");
                return false;
            }
            // 账目标题不能为空
            if(recTitle.Text.Trim()=="")
            {
                CJs.Alert("请输入账目标题");
                return false;
            }
            // 金额
            if(CCheckData.IsNumeric(incomeOrExpenditure.Text)==false)
            {
                CJs.Alert("金额应该是大于或等于0的数值");
                return false;
            }
            decimal dec = CC.ToDec(incomeOrExpenditure.Text);
            if(dec<0m || dec>99999999.99m)
            {
                CJs.Alert("金额应该大于等于0并小于100000000的数值");
                return false;
            }
            //
            return true;
        }

        // 返回
        protected void btnReturn_Click(object sender, EventArgs e)
        {
            string re = CC.ToStr(Request.QueryString["re"]);
            if (re == "")
                Response.Redirect("/acct/AcctRec.aspx?acctid="+
                    CC.ToStr(Request.QueryString["acctid"]));
            else
                Response.Redirect(re);
        }
</script>

<html xmlns="http://www.w3.org/1999/xhtml">
<head runat="server">
<meta http-equiv="Content-Type" content="text/html; charset=utf-8"/>
    <title>账目编辑</title>
    <link rel="stylesheet" href="/css/Common.css" />
</head>
<body>
    <form id="form1" runat="server">
    <chy:PageHeader ID="header1" runat="server" />
```

```html
<div class="dataForm">
<h1>账目编辑</h1>
    <table>
        <tr><td><label for="recTitle">账目标题</label></td>
            <td>
                <asp:TextBox ID="recTitle" MaxLength="30"
                    Width="300" runat="server" />
            </td>
        </tr>
        <tr><td><label for="recType">账目类型</label></td>
            <td>
                <asp:RadioButtonList ID="recType"
                    RepeatDirection="Horizontal" runat="server">
                    <asp:ListItem Value="1" Text="支出"
                        Selected="True"></asp:ListItem>
                    <asp:ListItem Value="2" Text="收入">
                        </asp:ListItem>
                </asp:RadioButtonList>
            </td>
        </tr>
        <tr><td><label for="recDate">日 期</label></td>
            <td>
                <chy:DateTextBoxEx ID="recDate" runat="server" />
            </td>
        </tr>
        <tr>
          <td><label for="incomeOrExpenditure">金 额</label></td>
            <td>
                <asp:TextBox ID="incomeOrExpenditure"
                    MaxLength="11" Width="150"
                    runat="server" style="text-align:right;" />
            </td>
        </tr>
        <tr><td><label for="recDescription">备 注</label></td>
            <td>
                <asp:TextBox ID="recDescription"
                    TextMode="MultiLine" Rows="5" Width="400"
                     runat="server" />
            </td>
        </tr>
    </table>
    <asp:Button ID="btnSave" Text="保 存" OnClick="btnSave_Click"
        CssClass="buttonLarger" runat="server" />
    <asp:Button ID="btnReturn"
        Text="返 回" OnClick="btnReturn_Click"
        CssClass ="buttonLarger" runat="server" />
</div>
<chy:PageFooter ID="footer1" runat="server" />
</form>
</body>
</html>
```

页面显示如图 25-16 所示。

AcctRecEdit.aspx 页面中，Page_Load() 方法中的主要操作包括用户登录状态的检查，以及对 recid 参数的判断，如果 recid 为有效的账目记录 ID，则会在页面中显示此账目信息。

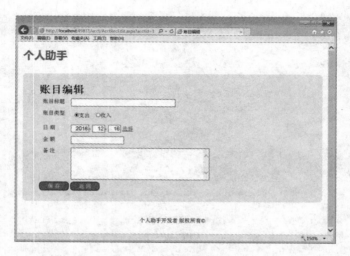

图 25-16　账目编辑页面

返回操作使用 btnReturn_Click() 方法执行，在这里会对 re 参数进行判断，如果包括 re 参数则返回此页面，否则返回 AcctRec.aspx 页面。这么做的原因是，可能会从 AcctRec.aspx 页面单击"添加"或"编辑"跳转到 AcctRecEdit.aspx 页面，也可能在账目查询结果中点击"编辑"跳转到 AcctRecEdit.aspx 页面，这样就需要在 AcctRecEdit.aspx 页面中确定"从哪来回哪去"。

最后是账目信息的保存操作，使用 CheckData() 方法对数据的正确性进行检查。其中，应注意对 acctid 的判断，即再次确定指定的账本是否属于当前用户。数据检查通过后，会通过 btnSave_Click() 方法中的代码保存账目信息，请注意保存日期相关的附加数据，这依然是为了简化查询操作。

25.9.6　账目删除

在 CAcctRecQuery.ShowResult() 方法中生成查询结果的 HTML 代码时，定义了账目的两个操作链接，分别是"编辑"和"删除"，如图 25-17 所示。

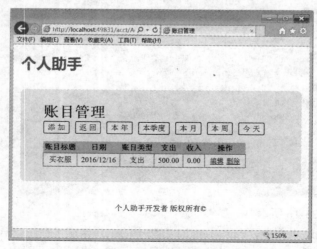

图 25-17　账目信息及操作链接

其中，编辑操作会链接到 AcctRecEdit.aspx 页面，同时指定 acctid（账本 ID）、recid（账目记录 ID）和 re（当前页面）参数。

删除操作，定义了一个 JavaScript 函数来执行，如下面的代码。

```
<a href='javascript:deleteAcctRec(19);'>删除</a>
```

其中的参数指定为账目记录 ID，那么，deleteAcctRec() 函数定义在什么地方呢？

可以在 /acct/tool/Acct.js 文件中找到它，如下面的代码。

```
// 删除账目记录
function deleteAcctRec(recid) {
    if (confirm("真的要删除当前账目吗?") == false) return;
    //
    var url = "/acct/tool/DeleteAcctRec.aspx";
    var param = "recid=" + recid;
    ajaxGetText(url, param, function (txt) {
        var result = parseInt(txt);
        if (result > 0) {
            var e = document.getElementById(String(recid));
            if (e) e.parentElement.removeChild(e);
            alert("账目已成功删除");
        }
        else {
            alert("删除账目操作失败，请稍后重试");
        }
    });
}
```

其中，通过 Ajax 方法调用了 /acct/tool/DeleteAcctRec.aspx 页面，并指定账目记录 ID 作为 recid 参数的值。

如下代码就是 /acct/tool/DeleteAcctRec.aspx 页面的定义。

```
<%@ Page Language="C#" %>
<script runat="server">
    private void Page_Load()
    {
        // 删除当前用户的账目记录
        // 检查用户登录情况
        if (CUser.CurUserId <= 0) Response.Write(-1);
        // 检查记录 ID
        long recid = CC.ToLng(Request.QueryString["recid"]);
        if (recid == 0) Response.Write(-1);
        // 执行删除
        CAcctRec ar = CAcctRec.CreateObject();
        Response.Write(ar.Delete(recid));
    }
</script>
```

在执行删除操作时，首先对用户登录状态进行判断，然后在用户账目中删除 recid 值的记录。操作成功会返回一个大于 0 的值。在 deleteAcctRec() 函数中，我们也是通过这个返回值来确认删除执行结果。

实现账目删除操作时，结合了业务代码、JavaScript 函数和 ASP.NET 页面等技术的综合应用，大家应该明确这些技术在功能实现中的功能和特点，以便在实际开发中灵活应用。

25.9.7 账目统计

与Windows窗体版本一样,对于账目统计,这里只是计算总的收入、支出与结余的金额。在CAcctRecQuery类中定义了统计相关的方法,如下面的代码(/app_code/CAcctRecQuery.cs 文件)。

```csharp
// 统计
public static DataSet Report(DateTime startTime,
    DateTime endTime, params object[] acctid)
{
    CAcctRecQuery qry = CAcctRecQuery.CreateObject();
    // 指定日期范围
    qry.AddCondition(CCondition.CreateDateRangeCondition(
        "RecDate", startTime, endTime));
    // 指定账本
    if (acctid.Length > 0)
    {
        qry.AddCondition(
            CCondition.CreateValueListCondition("AcctId", acctid));
    }
    //
    return qry.Query("sum(Income) as I,sum(Expenditure) as E");
}

public static DataSet Report(params object[] acctid)
{
    CAcctRecQuery qry = CAcctRecQuery.CreateObject();
    // 指定账本
    if (acctid.Length > 0)
    {
        qry.AddCondition(
            CCondition.CreateValueListCondition("AcctId", acctid));
    }
    //
    return qry.Query("sum(Income) as I,sum(Expenditure) as E");
}

// 生成统计结果HTML
public static string ShowReport(DataSet ds)
{
    if (ds == null || ds.Tables.Count < 1) return "";
    decimal income = CC.ToDec(ds.Tables[0].Rows[0]["I"]);
    decimal expenditure = CC.ToDec(ds.Tables[0].Rows[0]["E"]);
    decimal surplus = income - expenditure;
    StringBuilder sb =
        new StringBuilder("<table class='searchResult'>");
    sb.AppendFormat("<tr><td> 收入总额 </td><td>{0}</td></tr>",income);
    sb.AppendFormat("<tr><td> 支出总额 </td><td>{0}</td></tr>",
        expenditure);
    sb.AppendFormat("<tr><td> 结 余 </td><td>{0}</td></tr>",surplus);
    //
    sb.Append("</table>");
    return sb.ToString();
}
```

代码中，定义了两个版本的 Report() 方法，其中，第一个版本可以根据日期范围和指定的账本进行统计，而第二个版本则会统计指定账本中的全部账目。Report() 方法会返回两个数据，即指定范围内的总收入和总支出，这两个数据都是通过数据库中的 sum() 函数统计出来的。

接下来，使用 ShowReport() 方法显示统计结果，这里，我们依然使用自己生成的 HTML 代码来显示统计结果，只不过在统计结果之前，使用"总收入 – 总支出"计算出了结余金额（surplus）。

在 /acct/Index.aspx 页面中单击"统计"按钮，会打开统计页面，其代码如下（/acct/Report.aspx 页面）。

```
<%@ Page Language="C#" %>

<!DOCTYPE html>

<script runat="server">
    private void Page_Load()
    {
        // 检查登录状态
        if (CUser.CurUserId == 0)
        {
            Response.Redirect("/user/Login.aspx?re=" +
                Request.RawUrl);
        }
        // 绑定用户账本
        if(IsPostBack == false)
        {
            //
            dateFrom.Date = DateTime.Now;
            dateTo.Date = DateTime.Now;
            //
            CAcctBook ab = new CAcctBook();
            CDataCollection cond =
                new CDataCollection("UserId", CUser.CurUserId);
            DataSet ds = CApp.MainDb.GetDataSet(
                "account_book", "AcctId,AcctName", cond);
            if (ds != null)
            {
                lstAcctBook.DataSource = ds.Tables[0];
                lstAcctBook.DataTextField = "AcctName";
                lstAcctBook.DataValueField = "AcctId";
                lstAcctBook.DataBind();
            }
        }
    }

    // 搜索
    protected void btnReport_Click(object sender, EventArgs e)
    {
        // 账本范围
        List<object> acctid = new List<object>();
        for(int i=0;i < lstAcctBook.Items.Count;i++)
        {
```

```csharp
            if (lstAcctBook.Items[i].Selected)
                acctid.Add(CC.ToLng(lstAcctBook.Items[i].Value));
        }
        if (acctid.Count<=0)
        {
            CJs.Alert("请选择账本");
            return;
        }
        // 是否指定日期范围
        DataSet ds;
        if (chkDate.Checked)
            ds = CAcctRecQuery.Report(
                dateFrom.Date, dateTo.Date, acctid.ToArray());
        else
            ds = CAcctRecQuery.Report(acctid.ToArray());
        // 显示结果
        lblReport.Text = CAcctRecQuery.ShowReport(ds);
    }

    protected void btnSelectAll_Click(object sender, EventArgs e)
    {
        for(int i=0;i<lstAcctBook.Items.Count;i++)
        {
            lstAcctBook.Items[i].Selected = true;
        }
    }

    protected void btnUnselectAll_Click(object sender, EventArgs e)
    {
        for (int i = 0; i < lstAcctBook.Items.Count; i++)
        {
            lstAcctBook.Items[i].Selected = false;
        }
    }
</script>

<html xmlns="http://www.w3.org/1999/xhtml">
<head runat="server">
<meta http-equiv="Content-Type" content="text/html; charset=utf-8"/>
    <title>账目统计</title>
    <link rel="stylesheet" href="/css/Common.css" />
</head>
<body>
    <form id="form1" runat="server">
        <chy:PageHeader ID="header1" runat="server" />
    <div class="dataForm">
    <h1>账目统计</h1>
        <table>
            <tr><td><asp:CheckBox ID="chkDate"
                Text="选择日期" runat="server" /></td>
                <td>从 <chy:DateTextBoxEx ID="dateFrom"
                    runat="server" /></td>
                <td>至 <chy:DateTextBoxEx ID="dateTo"
                    runat="server" /></td>
            </tr>
```

```
            <tr><td>查询账本</td>
                <td colspan="2">
                    <asp:CheckBoxList ID="lstAcctBook"
                        runat="server" />
                    <asp:Button ID="btnSelectAll" Text=" 全选 "
                        OnClick="btnSelectAll_Click"
                        CssClass="buttonSmaller" runat="server" />
                    <asp:Button ID="btnUnselectAll" Text=" 全不选 "
                        OnClick="btnUnselectAll_Click"
                        CssClass="buttonSmaller" runat="server" />
                </td>
            </tr>
        </table>
        <asp:Button ID="btnReport" Text=" 统 计 "
            CssClass="toolStripButton" runat="server"
            OnClick="btnReport_Click" />
        <input type="button" value=" 返 回 "
            onclick="window.open('/acct/Index.aspx','_self');"
            class="toolStripButton" />
        <asp:Label ID="lblReport" runat="server"></asp:Label>
    </div>
        <chy:PageFooter ID="footer1" runat="server" />
    </form>
</body>
</html>
<script src="/js/Common.js"></script>
<script src="/js/Ajax.js"></script>
<script src="/acct/tool/Acct.js"></script>
```

页面显示如图 25-18 所示。

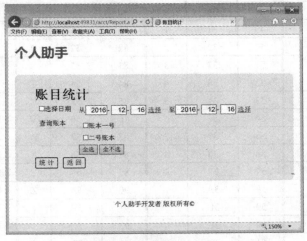

图 25-18　账目统计页面

可以看到账目统计的条件设置与账目查询的条件设置非常相似，只是少了关键字查询功能。

统计操作定义在 btnReport_Click() 方法中，与账目查询相似，在指定日期和不指定日期的情况下，分别调用了 CAccrRecQuery.Report() 方法的不同版本，最终的统计结果会显示在 lblReport 控件中。

附录 A ASCII 码表

不应被忘记的基础知识，ASCII 编码（0~127）。

十进制	十六进制	字符	十进制	十六进制	字符	十进制	十六进制	字符	十进制	十六进制	字符
0	0	空值	32	20	空格	64	40	@	96	60	`
1	1		33	21	!	65	41	A	97	61	a
2	2		34	22	"	66	42	B	98	62	b
3	3		35	23	#	67	43	C	99	63	c
4	4		36	24	$	68	44	D	100	64	d
5	5		37	25	%	69	45	E	101	65	e
6	6		38	26	&	70	46	F	102	66	f
7	7		39	27	'	71	47	G	103	67	g
8	8	退格	40	28	(	72	48	H	104	68	h
9	9	制表	41	29	)	73	49	I	105	69	i
10	0A	换行	42	2A	*	74	4A	J	106	6A	j
11	0B		43	2B	+	75	4B	K	107	6B	k
12	0C		44	2C	,	76	4C	L	108	6C	l
13	0D	回车	45	2D	-	77	4D	M	109	6D	m
14	0E		46	2E	.	78	4E	N	110	6E	n
15	0F		47	2F	/	79	4F	O	111	6F	o
16	10		48	30	0	80	50	P	112	70	p
17	11		49	31	1	81	51	Q	113	71	q
18	12		50	32	2	82	52	R	114	72	r
19	13		51	33	3	83	53	S	115	73	s
20	14		52	34	4	84	54	T	116	74	t
21	15		53	35	5	85	55	U	117	75	u
22	16		54	36	6	86	56	V	118	76	v
23	17		55	37	7	87	57	W	119	77	w
24	18		56	38	8	88	58	X	120	78	x
25	19		57	39	9	89	59	Y	121	79	y
26	1A		58	3A	:	90	5A	Z	122	7A	z
27	1B		59	3B	;	91	5B	[	123	7B	{
28	1C		60	3C	<	92	5C	\	124	7C	|
29	1D		61	3D	=	93	5D	]	125	7D	}
30	1E		62	3E	>	94	5E	^	126	7E	~
31	1F		63	3F	?	95	5F	_	127	7F	

附录 B 二进制、十进制与十六进制对照表

二进制	十进制	十六进制
0000	0	0
0001	1	1
0010	2	2
0011	3	3
0100	4	4
0101	5	5
0110	6	6
0111	7	7
1000	8	8
1001	9	9
1010	10	A
1011	11	B
1100	12	C
1101	13	D
1110	14	E
1111	15	F

附录 C 基本数据类型对照表

C# 与 .NET Framework 基本数据类型对照表。

分类	C# 类型	.NET 类型	取值范围与说明
整型	sbyte	SByte 结构	–128 到 127 的整数（1 字节）
	byte	Byte 结构	0 到 255 的无符号整数（1 字节）
	short	Int16 结构	–32 768 到 32 767 的整数（2 字节）
	ushort	UInt16 结构	0 到 65 535 的无符号整数（2 字节）
	int	Int32 结构	–2 147 483 648 到 2 147 483 647 的整数（4 字节）
	uint	UInt32 结构	0 到 4 294 967 295 的无符号整数（4 字节）
	long	Int64 结构	–9 223 372 036 854 775 808 到 9 223 372 036 854 775 807 的整数（8 字节）
	ulong	UInt64 结构	0 到 18 446 744 073 709 551 615 的无符号整数（8 字节）
浮点型	float	Single 结构	–3.4e38 到 3.4e38 的单精度数字（占 4 字节）
	double	Double 结构	–1.7e308 到 1.7e308 的双精度数字（占 8 字节）
Decimal	decimal	Decimal 结构	–79 228 162 514 264 337 593 543 950 335 到 79 228 162 514 264 337 593 543 950 335 的十进制数（16 字节）
布尔型	bool	Boolean 结构	true 或 false，在 .NET 中定义为 true 和 false
字符	char	Char 结构	Unicode 字符（2 字节）
字符串	string	String 结构	Unicode 字符序列，0 到 2^{31} 个 Unicode 字符。定义为不可变字符串
对象	object	Object 结构	任何类型，它是 .NET 所有类型的终极基类
日期与时间	—	DateTime 结构	公元 0001 年 1 月 1 日 00:00:00 到 9999 年 12 月 31 日 23:59:59（8 字节）